普通高等教育"十一五"国家级规划教材 计算机系列教材

"十二五"江苏省高等学校重点教材（编号：2013-1-020）

张艳 主编
徐月美 姜薇 副主编

新编Visual Basic
程序设计教程（第二版）

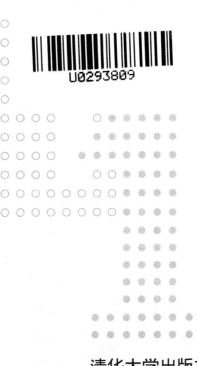

U0293809

清华大学出版社

北 京

内 容 简 介

本书是为将 Visual Basic 作为首门程序设计课程学习的读者编写的,主要以 Visual Basic 6.0(简称 VB)为语言背景,介绍高级程序设计语言程序设计和面向对象的方法。本书结合大量实例,深入浅出地介绍了 VB 语言基础、VB 程序设计的基本控制结构、数组、过程、常用控件、界面设计、文件、图形操作和多媒体应用以及 VB 数据库访问技术等。本书围绕非计算机专业基础课程的特点和教学思路,结合计算机等级考试大纲,对教材内容进行了严格筛选,有目的地设计教材知识体系。本书对程序设计的基本知识、基本语法、编程方法和常用算法都进行了较为系统、详细的介绍,目的是让读者学会分析问题并具备简单编程的能力。本书内容实用、新颖、概念清晰、逻辑性强、层次分明,例题、习题丰富,既注重培养学生基本的程序设计能力,又重点向学生介绍了可视化编程技术和面向对象的方法,适合教师课堂教学和学生自学。

本书自 2001 年出版以来,已修订 5 版,重印多次,深受广大师生好评。这次的修订版是在上一版(2010年出版)的基础上,针对初学者的特点,结合编者多年的教学实践,重点对习题内容及格式进行了重新编排,对部分章节内容及例题和实验题做了调整和修订。本书可作为高等学校非计算机专业学生的计算机程序设计课程教材,也可作为 VB 程序设计语言的自学用书或参加计算机等级考试的参考用书。

图书在版编目(CIP)数据

新编 Visual Basic 程序设计教程/张艳主编. —2 版. —北京:清华大学出版社,2014 (2018.1 重印)
计算机系列教材
ISBN 978-7-302-35124-5

Ⅰ. ①新… Ⅱ. ①张… Ⅲ. ①BASIC 语言－程序设计－教材 Ⅳ. ①TP312

中国版本图书馆 CIP 数据核字(2014)第 012450 号

责任编辑:闫红梅 王冰飞
封面设计:傅瑞学
责任校对:梁 毅
责任印制:王静怡

出版发行:清华大学出版社
　　　　网　　　址:http://www.tup.com.cn,http://www.wqbook.com
　　　　地　　　址:北京清华大学学研大厦 A 座　　　　邮　　编:100084
　　　　社 总 机:010-62770175　　　　邮　　购:010-62786544
　　　　投稿与读者服务:010-62776969,c-service@tup.tsinghua.edu.cn
　　　　质 量 反 馈:010-62772015,zhiliang@tup.tsinghua.edu.cn
　　　　课 件 下 载:http://www.tup.com.cn,010-62795954
印 装 者:北京密云胶印厂
经　　销:全国新华书店
开　　本:185mm×260mm　　　印　　张:27.25　　　字　　数:679 千字
版　　次:2010 年 11 月第 1 版　　2014 年 2 月第 2 版　　印　　次:2018 年 1 月第 5 次印刷
印　　数:12001~14000
定　　价:44.50 元

产品编号:057527-01

前　言

　　Visual Basic(简称 VB)采用面向对象与事件驱动的程序设计思想,使编程变得更加方便、快捷。它具有简单易学、功能强大、资源丰富等特点,是初学者首选的理想语言。因此,许多高校都将它作为计算机程序设计的第一门课程,而且是非计算机专业学生的必修课程。2006 年 9 月,教育部高等学校计算机科学与技术教学指导委员会正式出版了《关于进一步加强高等学校计算机基础课程的意见暨计算机基础课程教学基本要求》,在该"要求"中,VB 被列为"计算机程序设计基础"课程三种可选语言之一。同时,教育部考试中心以及有些省市也把 VB 程序设计纳入计算机等级考试的科目。

　　本书紧紧围绕教育部的《关于进一步加强高等学校计算机基础课程的意见暨计算机基础课程教学基本要求》,结合计算机等级考试大纲来制定编写大纲。本书针对非计算机专业基础课程的特点和教学思路,对教材内容进行了严格筛选,有目的地设计教材知识体系。针对初学者对程序设计所知甚少的实际情况,本书力求通过 VB,既向学生传授程序设计的基本知识、设计思想和设计方法,又使学生学会可视化程序设计的通用方法和步骤。全书通过大量典型实例,深入浅出地介绍了 VB 语言的基本知识(语言基本元素与结构、语言本身所支持的数据类型、数组、各种表达式的使用)、结构化程序设计知识(程序的输入/输出、程序的基本控制结构、过程及文件的使用等)、面向对象程序设计的概念及可视化程序设计的基本方法、程序设计常用算法等。

　　本书在编排上注重内容由浅入深、循序渐进、重点突出、简洁实用,力求做到基本概念和语法表达准确,通俗易懂,概念清晰,例题丰富。每章章末还配有大量典型习题,以方便学生练习巩固。

　　全书共分两篇。第一篇为知识篇,包括 12 章:第 1 章 Visual Basic 程序设计概述;第 2 章简单的 VB 程序设计;第 3 章 VB 语言基础;第 4 章算法基础和 VB 程序的基本控制结构;第 5 章数组;第 6 章过程;第 7 章程序调试和错误处理;第 8 章常用控件;第 9 章界面设计;第 10 章文件;第 11 章图形操作和多媒体应用;第 12 章数据库访问技术。第二篇为实验篇,提供了与知识篇相应章节配套的上机实验题,共计 13 个实验,其知识点覆盖全面,使学生可通过上机实践掌握所学内容,提高动手能力和编程技能;另外,针对初学者在上机编程时常出现的问题,每个实验还给出了常见错误及难点分析,以起到一定的指导作用。

　　《新编 Visual Basic 程序设计教程(第二版)》是在原有教材《新编 Visual Basic 程序设计教程》(2010 年出版第一版)的基础上修订而成的,使其内容更符合初学者的特点,以及程序设计语言课程教学的规律。《新编 Visual Basic 程序设计教程(第二版)》中编者结合了多年的教学实践,重点对每章习题的内容及格式进行了重新编排和整理,补充了大量新题;对例题及实验题做了部分调整；对《新编 Visual Basic 程序设计教程》中 Visual Basic 程序设计概述、简单的 VB 程序设计、VB 语言基础、算法基础和 VB 程序的基本控制结构、数组、过程等章节的部分内容进行了更新，对其他章节内容进行了完善。

本书的编写大纲是由张艳、徐月美、姜薇共同讨论制订的。本书由张艳任主编，徐月美、姜薇任副主编。张艳编写第 1～6、12 章，徐月美编写第 8～10 章，姜薇编写第 7、11 章。实验篇的相应实验内容也由各人负责编写。张瑾、聂茹、孙晋非、王娟、高娟做了一些程序调试和协助整理工作。张艳对全书内容进行了统稿、核对。

在本书的编写和出版过程中，得到了中国矿业大学计算机科学与技术学院院长夏士雄教授、副院长周勇副教授、计算机基础部主任孙仁科老师以及计算机学院许多教师的关心和大力支持，本书还参阅和引用了参考文献作者的研究成果，在此一并表示衷心的感谢。

虽然本书是编者在总结多年的教学实践经验基础上编写而成的，也经过了多次修订，但由于编者水平有限，书中仍难免存在不足或疏漏之处，恳请同行专家、广大读者提出宝贵意见。

编　者

2013 年 11 月

目 录

知 识 篇

实 验 篇

知　识　篇

第1章 Visual Basic 程序设计概述

Visual Basic(VB)是在 Windows 操作系统平台下,用于开发和创建具有图形用户界面的应用程序的强有力的工具之一。它不仅简单易学、功能强大,而且采用了面向对象与事件驱动的程序设计思想,是初学者首选的理想语言。

本章简要介绍 VB 的发展历程、功能特点以及 VB 集成开发环境。

1.1 Visual Basic 概述

1.1.1 VB 的发展

1988 年,Microsoft 公司推出了 Windows 操作系统,以其为代表的图形用户界面(Graphical User Interface,GUI)在微机界引起了一场革命。在图形用户界面中,用户只要通过鼠标的点击或拖动就可以形象地完成各种操作,而不必输入复杂的命令,深受众多用户的欢迎,同时也让编程人员跃跃欲试,能否自己动手设计 Windows 用户界面,以满足各种应用程序的需要。但是,在 VB 出现之前,要开发一个 Windows 应用程序,编程人员需要编写大量的程序代码。为了提高编程效率、简化工作量,Microsoft 公司在 1991 年推出了 Visual Basic 1.0 版本。虽然相对来说,VB 1.0 的功能还比较有限,但它已经为开发 Windows 环境下应用程序提供了强有力的工具,它的诞生标志着软件设计和开发的一个新时代的开始。

Visual 意为"可视化",指的是一种开发图形用户界面的方法,利用这种方法,编程人员不需要编写大量代码去描述界面元素的外观和位置,只要把预先建立的对象(如命令按钮、文本框)拖放到屏幕上即可,VB 会自动将对象的程序代码和数据生成并封装起来。

Basic 是指 BASIC(Beginners All-purpose Symbolic Instruction Code,初学者符号指令代码)语言———一种在计算技术发展史上应用最广泛的计算机语言。自 20 世纪 60 年代 BASIC 语言出现以来,它就凭借其短小精悍、简单易学、人机对话和程序调试方便等特点,很快获得广大计算机用户和编程人员的喜爱,从而得到广泛的应用。随着计算机技术的不断发展以及结构化程序的需要,BASIC 语言也从基本的 BASIC 语言发展到了 20 世纪 80 年代的 Quick BASIC、True BASIC 和 Turbo BASIC 等语言。

因此,Visual Basic 是基于 BASIC 的可视化的程序设计语言,它既保持了原 BASIC 语言所具有的简单、易学、易用的特点,又在编程系统中采用了面向对象、事件驱动的编程机制,用一种巧妙的方法把 Windows 的复杂性编程封装起来,提供一种"所见即所得"的可视化程序设计方法,为应用程序的界面设计提供了最迅速、便捷的途径。VB 同时还是一个包括了编辑、测试和程序调试等各种程序开发工具的集成开发环境(Integrated Development Environment,IDE),从应用程序的界面设计、程序编码、测试和调试、编译及建立可执行程序,直到应用程序的发布,种种功能,VB 无所不包。不论是 Windows 应用程序的资深专业开发人员还是初学者,VB 都为他们提供了完整的开发工具。

随着微型计算机技术的飞速发展，Windows 以其具有多任务性、图形用户界面、动态数据交换、对象链接与嵌入等强大功能，成为当今微机操作系统的主流产品。许多商用软件公司为适应这种形势推出了众多 Windows 环境中的软件开发工具，如 Visual C++、Visual Basic、Borland C++、Delphi、PowerBuilder 等。但对于希望在 Windows 环境中开发一般应用程序的初学者来说，VB 无疑是最理想的。使用 VB 不仅可以感受到 Windows 带来的新技术、新概念和新的开发方法，而且 VB 是目前众多 Windows 软件开发工具中效率最高的一个。现在，甚至许多大型的商品化软件也都是采用 VB 平台开发的。学习和掌握 VB，已成为现代社会对信息技术人才的需求之一。

1.1.2　VB 的版本简介

VB 迄今已有多个版本。随着 Windows 操作系统平台的不断更新，Microsoft 公司陆续推出与之相配套的 VB 版本，而且随着版本的不断升级，VB 的功能更加强大、系统更加完善。本书以目前使用最多的 VB 6.0 来介绍 VB 的使用。

1998 年，Microsoft 公司发布的 Microsoft Visual Studio 6.0 开发工具套件中包含了 VB 6.0，VB 6.0 是专门为 Microsoft 公司的 32 位操作系统设计的，可用来建立 32 位的应用程序。在 Windows 9x/NT/2000/XP 环境下，用 VB 6.0 编译器可以自动生成 32 位的应用程序。这样的应用程序在 32 位操作系统下运行，速度更快、更安全，并适合在多任务环境下运行。

为满足不同的开发需求，VB 6.0 有 3 种发行版本。

- 学习版（Learning）：主要是为初学 VB 的人员了解基于 Windows 的应用程序开发而设计的，它提供了 VB 6.0 所有的内部控件，具备建立 Windows 应用程序的全部工具，能够轻松地开发 Windows 应用程序。
- 专业版（Professional）：主要是供计算机专业人员使用的版本，它包含了学习版的全部内容，并且提供了开发复杂应用程序时所需的功能完备的一组工具，包含了多种 ActiveX 控件。
- 企业版（Enterprise）：最完备的版本，除包含专业版的全部功能之外，还提供了开发网络应用的数据库工具和用于管理程序员组的工具，可创建更高级的分布式、高性能的客户-服务器或 Internet 与 Intranet 上的应用程序。

尽管本书使用的是 VB 6.0 中文企业版，但介绍的内容尽可能与版本无关。

自 2002 年以来，Microsoft 公司基于. NET 架构陆续推出了 Visual Basic. NET 2002/2003、Visual Basic 2005/2008/2010/2012，但这些版本与 VB 6.0 并不完全兼容。

1.1.3　VB 的功能特点

1. 面向对象的可视化开发工具

VB 应用面向对象的程序设计方法（Object Oriented Programming），把程序和数据封装在一起视为一个对象，而且每个对象都是可视的。程序员在设计时不必为界面设计编写大量的代码，只需根据界面设计的要求，用系统提供的工具直接在创建程序时系统自动生成的"窗体"上"画"出诸如"按钮"、"文本框"、"滚动条"等各种对象，并为每个对象设置属性，VB 会自动产生界面设计代码，程序员的编程工作仅限于编写相关对象要实现的程序功能的那部分代码，从而大大提高了程序设计效率。面向对象的编程提供了代码的可重用手段，提高了应用程序的可维护性，加快了应用程序的开发速度。

2. 事件驱动的编程机制

所谓事件驱动，是指程序的执行是靠事件的发生引起的。传统的程序设计是一种面向过程的方式,程序总是按事先设计的流程运行。但在图形界面的应用程序中,是由用户操作引发某个事件来驱动程序的执行,或借助某种外界操作引发特定的事件处理程序,从而完成所需功能。程序员在设计程序时,只需编写若干微小的子程序,即过程。这些过程分别面向不同的对象,是用来响应用户动作的代码,而各个动作之间不一定有联系。这样的应用程序代码一般较短,所以程序既易于编写又易于维护。

3. 易学易用、功能强大的应用程序集成开发环境(IDE)

在 VB 集成开发环境中,用户可设计程序的界面、编写代码、调试程序,直至把应用程序编译成可执行文件直接在 Windows 中运行,或将应用程序制作成安装盘等。所有这些操作均可通过 IDE 提供的各种菜单或工具按钮来完成,从而使用户在友好的开发环境中设计出界面美观、功能完备的 Windows 应用程序。

4. 结构化的程序设计语言

VB 具有丰富的数据类型,众多的内部函数,模块化、结构化的程序结构,简单易学。此外,作为一种程序设计语言,VB 还有许多独到之处,例如:

- 强大的数值和字符串处理功能;
- 丰富的图形指令,可方便地绘制各种图形;
- 提供定长和动态(可变长)数组,有利于简化内存管理;
- 过程可递归调用,使程序更为简练;
- 支持随机文件访问和顺序文件访问;
- 提供了一个可供应用程序调用的包含多种类型的图标库;
- 具有完善的运行出错处理功能。

5. 强大的数据库访问能力

VB 具有很强的数据库管理功能,它嵌入了结构化查询语言(SQL),不仅可以管理 Microsoft Access 格式的数据库,还能访问其他外部数据库,如 FoxPro、Paradox 等格式的数据库,也可访问 Microsoft Excel、Lotus 1-2-1 等多种电子表格。另外,VB 还提供了开放式数据连接(ODBC)功能,可以直接访问或通过建立连接的方式使用并操作后台大型网络数据库,如 SQL Server、Oracle 等。VB 6.0 进一步加强了数据库访问能力,它采用了一种新的数据访问技术 ADO(ActiveX Data Object),使之能更好地访问本地和远程的数据库,支持所有的 OLE DB 数据库产品。ADO 包括了现有的 ODBC,而且占用的内存少、访问速度快,同时提供的 ADO 控件不仅可以用最少的代码开发应用程序,而且也可取代 Data 控件和 RDO 控件。

6. ActiveX 技术

ActiveX 技术发展了原有的 OLE 技术,它使开发人员摆脱了特定语言的束缚,可方便地使用其他应用程序的功能。使用 VB 能开发集声音、图像、动画、文字处理、电子表格和 Web 等对象于一体的应用程序。

7. Internet 应用程序开发功能

在 VB 6.0 中,Internet 应用程序的开发更加容易,功能更加强大。在应用程序内可以通过 Internet 或 Intranet 访问文档和应用程序,也可以创建 Internet 服务器程序,包括 IIS (Internet Information Server)应用程序,并且支持动态 HTML 技术(DHTML)的应用程序,具有 Web 应用程序发布功能。

8. 提供多种向导

VB 提供了多种向导,例如安装程序向导、数据窗体向导、应用程序向导、数据对象向导以及类生成工具。这些向导使程序开发人员更容易设计出界面美观、功能完善的应用程序。

9. 完善的在线帮助功能

VB 6.0 有两张光盘的文档资料，其中包括 VB 6.0 程序员设计手册、全文搜索索引、VB 文档（VB Documentation）、VB 程序样例（VB Product Samples）等。通过复制、粘贴操作，可获取大量的示例代码，为用户的学习和使用提供了极大的方便。

1.2　VB 6.0 的安装和启动

1.2.1　安装

VB 6.0 系统的安装与其他 Windows 应用程序的安装方法基本一致，既可以执行 VB 自动安装程序，也可以运行光盘上的 Setup.exe，在安装程序的指示下进行安装。

在安装过程中，根据屏幕提示用户要输入 CD 序列号、姓名及工作单位，指定安装路径和选择安装方式等。

VB 6.0 的安装方式有典型安装和自定义安装两种。

- 典型安装：VB 将最典型的组件安装到硬盘上，这需要 128MB 的硬盘空间。初学者可采用这方式。
- 自定义安装：VB 将按用户的要求安装组件到硬盘上。

安装程序完成基本文件复制后，将提示用户重新启动计算机。计算机重新启动后，系统将进行必要的设置，然后提示用户是否需要安装 MSDN（MicroSoft Developer Network library）。与以前的 VB 版本不同，VB 6.0 的联机帮助文档只有在安装了 MSDN 以后才可使用。

在第一次完成 VB 6.0 的安装后，用户根据需要可以随时添加或删除某些组件，只要在 Windows"控制面板"中选择"添加/删除程序"命令即可。

1.2.2　启动

VB 6.0 的启动步骤如下：

① 单击"开始"按钮。

② 选择"程序"菜单，并将鼠标指针移动到 Visual Basic 6.0 选项。

③ 单击 Visual Basic 6.0 选项即可启动 VB 6.0。

启动 VB 系统后，进入如图 1-1 所示的 VB 6.0 主屏幕窗口，在其中的"新建工程"对话框中有 3 个选项卡："新建"、"现存"和"最新"，它们可以使用户能够以不同方式开始自己的工程。

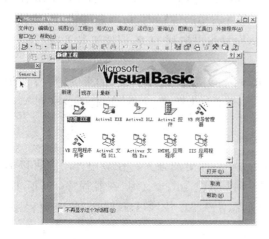

图 1-1　VB 6.0 主屏幕窗口

- "新建"：建立一个新的工程文件。
- "现存"：选择和打开已有的工程文件。
- "最新"：列出最近使用过的工程文件供选择和打开。

　　当要新建一个工程时,选择"新建"选项卡,选择"标准 EXE"选项后,单击"打开"按钮,就可以进入如图 1-2 所示的 VB 6.0 应用程序集成开发环境进行新工程的创建。在 VB 中,一个工程就是包含一个完整程序的最小单位。

图 1-2　VB 6.0 应用程序集成开发环境

　　若在桌面上有 VB 6.0 快捷方式图标,用户也可直接双击该图标启动 VB 系统。

1.3　VB 6.0 集成开发环境

　　VB 拥有一个功能强大而又易于操作的集成开发环境(IDE),所有的图形界面设计和代码的编写、程序的编译、程序的调试及运行均在该集成环境中完成,这为 VB 应用程序的开发提供了极大的便利。

　　VB 6.0 的集成开发环境(见图 1-2)与 Microsoft 大家族中的软件有类似的界面和操作方法。例如,工具按钮具有提示功能;单击鼠标右键可显示上下文关联菜单;用户可自定义菜单;在对象浏览器窗口中可查看对象及相关属性等。为使读者能尽快熟悉和掌握 VB 集成开发环境,本节将对 VB 集成开发环境中的主要组成部分(即主窗口、工具箱、窗体窗口、属性窗口、代码窗口、工程资源管理器窗口、窗体布局窗口)进行详细介绍。

1.3.1　主窗口

　　主窗口由标题栏、菜单栏和工具栏组成,如图 1-3 所示。

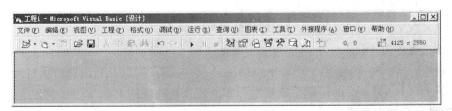

图 1-3　主窗口

1. 标题栏

标题栏除了可显示正在开发或调试的工程名外,还可用于显示系统当前的工作模式。例如，若标题栏中的标题为"工程 1—Microsoft Visual Basic［设计］"，则说明此时正在开发的工程名为"工程 1"，集成开发环境处于设计模式。另外，中括号中的信息内容会随着工作模式的不同而改变。

VB 有 3 种工作模式，即设计（Design）模式、运行（Run）模式和中断（Break）模式。

- 设计模式：可进行用户界面的设计和代码的编写，以完成应用程序的开发。
- 运行模式：表明正在运行应用程序，这时不可编辑代码，也不可编辑界面。
- 中断模式：当一个应用程序在 VB 环境下进行调试（即试运行），由于某种原因其运行被暂时终止时，应用程序的运行暂时中断，这时可以编辑代码，但不可编辑界面。按 F5 键或单击"继续"按钮 ▸ ，程序继续运行；单击"结束"按钮 ■ ，程序停止运行。在此模式下会弹出立即窗口，在该窗口内可输入简短的命令，并立即执行。

标题栏最左端的图标是窗口控制菜单按钮，最右端分别是"最小化"、"最大化"和"关闭"按钮。

2. 菜单栏

VB 6.0 菜单栏中包含 13 个下拉式菜单，除了 Windows 应用程序窗口标准的"文件"、"编辑"、"视图"、"窗口"和"帮助"菜单之外，还提供了编程专用的功能菜单，如"工程"、"格式"、"调试"、"运行"、"查询"、"图表"、"工具"和"外接程序"。这些菜单中包含的菜单项是程序开发过程中需要的命令，选择并执行其中某个命令的操作方法与其他 Windows 程序完全相同。

- "文件"（File）：用于创建、打开、保存、显示最近的工程、打印、生成可执行文件，以及退出 VB 开发环境等。
- "编辑"（Edit）：用于程序源代码的编辑。菜单中弹出的菜单项内容随用户所选择的操作对象的不同而不同。
- "视图"（View）：用于打开各种窗口、工具栏的显示或隐藏。
- "工程"（Project）：用于控件、模块和窗体等对象的处理（添加或删除），以及查看和设置工程的属性。
- "格式"（Format）：用于窗体中控件的对齐、尺寸大小、间距调整等格式化操作。这给界面设计带来很大的方便，使界面中的控件规范化排列。
- "调试"（Debug）：用于程序的调试、查错。
- "运行"（Run）：用于程序的启动、中断和停止等。
- "查询"（Query）：用于数据库表的查询及相关操作。查询设计器使用户能用可视化工具来创建查询数据库和修改数据库内容的 SQL 语句。
- "图表"（Diagram）：图表设计器使用户能用可视化的手段来表示图表及其相互关系，而且可以修改应用程序所包含的数据库对象。
- "工具"（Tools）：用于集成开发环境的设置及原有工具的扩展。
- "外接程序"（Add-Ins）：用于为工程增加或删除外接程序。
- "窗口"（Windows）：用于屏幕窗口的层叠、平铺等布局以及列出所有已打开的文档。
- "帮助"（Help）：帮助用户系统地学习和掌握 VB 的使用方法及程序设计方法。

3. 工具栏及数字显示区

VB 的工具栏由若干命令按钮组成，在编程环境下提供对于常用菜单命令的快速访问。按照默认规定，启动 VB 后显示"标准"工具栏。"标准"工具栏上各命令按钮的含义说明如图 1-4 所示。

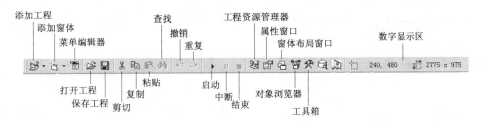

图 1-4   "标准"工具栏

除了"标准"工具栏外，VB 6.0 还提供了"编辑"工具栏、"窗体编辑器"工具栏、"调试"工具栏和"自定义"工具栏。如果要显示或隐藏这些工具栏，可以从"视图"菜单的"工具栏"命令中选择。

数字显示区包含两部分，左边部分显示当前选中对象的坐标位置（窗体左上角为坐标原点，即（0，0）位置），右边部分显示当前选中对象的大小（即高度和宽度）。

1.3.2   工具箱

工具箱（Tool Box）又称控件工具箱，由若干控件工具图标组成，用于界面设计时在窗体中放置控件。图 1-5 是系统默认的工具箱布局，由 21 个工具图标构成，显示了各种控件的制作工具，包括指针（Pointer）、文本框（TextBox）、图片框（PictureBox）、标签（Label）等。其中，除指针外的 20 个控件称为标准控件工具（注意，指针不是控件，仅用于移动窗体和控件，以及调整它们的大小）。

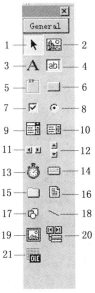

图 1-5   工具箱

表 1-1 列出了工具箱中各标准控件的名称和作用。

用户也可根据需要通过"工程"菜单中的"部件"命令向工具箱中添加系统提供的其他控件工具（如 ActiveX 控件或可插入对象）。在设计状态下，工具箱总是显示的。若不想显示工具箱，可以将其关闭；若要再显示，可以选择"视图"菜单中的"工具箱"命令。在运行状态下，工具箱会自动隐去。

表 1-1   VB 6.0 的标准控件

编号	名 称	作 用
1	Pointer(指针)	它不是控件。用于改变窗体和控件的大小及位置等
2	PictureBox(图片框)	用于显示文本、图形或图像。还可作为其他控件的容器
3	Label(标签)	可以显示(输出)文本信息，但不能输入文本
4	TextBox(文本框)	可以输入文本的显示区域，既可输入也可输出文本，并可进行编辑
5	Frame(框架)	组合相关的对象，将性质相同的控件集中在一起
6	CommandButton(命令按钮)	用于向 VB 应用程序发出指令，当单击此按钮时，可执行指定的操作
7	CheckBox(复选框)	又称检查框，用于多项选择
8	OptionButton(单选钮)	用于从多个选项中单选其一
9	ComboBox(组合框)	为用户提供对列表的选择，或者允许用户在附加框内输入选择项。它把 TextBox 和 ListBox 组合在一起，既可选择内容，又可进行编辑

续表

编号	名　　称	作　　用
10	ListBox(列表框)	用于显示可供用户选择的固定列表
11	HScrollBar(水平滚动条)	用于表示在一定范围内的数值选择,常放在列表框或文本框中用来浏览信息,或用来设置数值输入
12	VScrollBar(垂直滚动条)	用于表示在一定范围内的数值选择,常放在列表框或文本框中用来浏览信息,或用来设置数值输入
13	Timer(时钟)	在给定的时刻触发某一事件
14	DriveListBox(驱动器列表框)	显示当前系统中驱动器的列表
15	DirListBox(目录列表框)	显示当前驱动器的目录列表
16	FileListBox(文件列表框)	显示当前目录中文件的列表
17	Shape(形状)	在窗体中绘制矩形等几何图形
18	Line(直线)	在窗体中画直线
19	Image(图像框)	显示一个位图式图像,可作为背景或装饰的图像元素
20	Data(数据)	用于访问数据库
21	OLE(OLE 容器)	用于对象的链接与嵌入

1.3.3　窗体窗口

窗体(Form)窗口也称为窗体设计器窗口,如图 1-2 的中间部分所示。窗体窗口是一个用于设计并生成应用程序界面的编辑窗口,是 VB 应用程序的主要部分。用户通过在窗体中添加控件、图形和图像来创建应用程序所希望的外观。窗体是放置其他控件的容器,其作用好比绘画时的画布。用户通过与窗体上的各种对象进行交互来实现应用程序的种种功能。

在启动 VB 开始创建一个新工程时,窗体设计器中总是显示一个空白的初始窗体(见图 1-2),初始窗体名为 Form1。窗体窗口具有标准窗口的一切功能,可被移动、改变大小及缩成图标。

一个应用程序至少有一个窗体,也可以拥有多个窗体,每个窗体都有自己的窗体设计器窗口,并且每个窗体必须有一个唯一的窗体名称。默认情况下,窗体分别以 Form1、Form2、Form3……命名,用户也可以在设置窗体属性时更改成自己想用的新名称,以便理解记忆每个窗体的功能和作用。

在设计状态下,所有窗体都是可见的,在编程中设置窗体的 Visible 属性(True 或 False)或执行窗体的 Show/Hide 方法来决定其在运行时的隐现。

在设计状态下,窗体窗口显示的网格点可以帮助用户对窗体上安排的控件准确定位,网格的间距可以通过选择“工具”菜单中的“选项”命令,在“通用”选项卡的“窗体网格设置”项中进行改变。运行时,窗体上的网格不显示。

除了一般窗体外,还有一种 MDI(Multiple Document Interface)多文档窗体,它可以包含子窗体,每个子窗体都是独立的。

1.3.4　属性窗口

属性(Properties)窗口由标题栏、对象列表框、属性显示排列方式、属性列表框及属性含义说明 5 个部分组成(见图 1-6),显示了一个对象在设计阶段所有的有效属性。通过属性窗口可以设置或修改对象(窗体或控件等)的属性的取值。属性是指对象的特征,如标题、名称、颜色、字体、大小等。

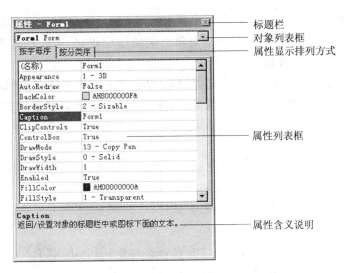

图 1-6　属性窗口

- 标题栏：显示"属性—所选对象名"。
- 对象列表框：显示当前选定对象的名称和类型。单击其右边的箭头，打开下拉式列表框，可从中选取本窗体的各个对象。对象选定后，下面的属性列表框中就会列出与该对象有关的各个属性及其设定值。对于不同对象，属性列表框中所列出的属性是不同的。
- 属性显示排列方式：有"按字母序"和"按分类序"两个选项卡。图 1-6 中显示的是"按字母序"排列的属性列表框。
- 属性列表框：由左、右两栏组成，分别列出所选对象在设计模式下可更改的属性名称及默认值。用户可以选定某个属性，然后对该属性值进行设置或修改。
- 属性含义说明：当在属性列表框中选取某个属性时，在该区给出该属性的相关说明。

1.3.5　代码窗口

代码(Code)窗口也称为代码编辑器窗口，是用来显示和编辑应用程序代码、进行程序设计的窗口，如图 1-7 所示。应用程序的每个窗体或标准模块都有一个单独的代码编辑器窗口。用户可以打开多个代码窗口查看不同窗体、标准模块中的代码，并可在各个窗口间复制代码。

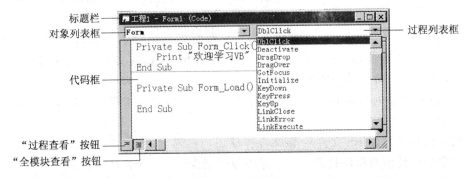

图 1-7　代码窗口

代码窗口主要包括以下组成内容。

- 标题栏：显示工程名、模块名及"(Code)"。

- 对象列表框：下拉式列表框，存储并显示当前被选中的窗体及其所包含的全体控件对象名。其中，"（通用）"表示与特定对象无关的通用代码，一般在此声明非局部变量或由用户编写自定义函数和过程。
- 过程列表框：下拉式列表框，存储并显示各种事件过程名称（还可以显示用户自定义过程名）。在对象列表框中选择对象名，在过程列表框中选择事件过程名，即可构成选中对象的事件过程模板，用户可在该模板内输入代码。其中，"（声明）"表示声明非局部变量。
- 代码框：程序代码编辑区，能方便地进行代码的输入、编辑和修改。
- "过程查看"按钮：只能显示新选的一个过程。
- "全模块查看"按钮：显示模块中的全部过程。

打开代码窗口有以下 3 种方法。

- 从工程资源管理器窗口中选择一个窗体或标准模块，并单击"查看代码"按钮。
- 从窗体窗口中打开代码窗口，可双击一个控件或窗体本身。
- 从"视图"菜单中选择"代码窗口"命令。

1.3.6　工程资源管理器窗口

工程资源管理器（Project Explorer）窗口也称为工程浏览器窗口，如图 1-8 所示。在该窗口中会列出当前工程的所有窗体和模块。

图 1-8　工程资源管理器窗口

在 VB 中，创建一个应用程序称为建立一个工程。一个 VB 应用程序由若干个不同类型的文件组成，工程就是这些文件的集合。也就是说，VB 是用工程来管理一个应用程序中的所有不同类型的文件。工程文件的扩展名为.vbp。

工程资源管理器窗口用层次化树形结构管理方式显示各类文件，允许同时打开多个工程（这时以工程组的形式显示）。

工程资源管理器窗口有一个小工具栏，上面的 3 个按钮分别用于查看代码、查看对象和切换文件夹。在工程资源管理器窗口中选定对象，单击"查看对象"按钮，即可在窗体窗口中显示所要查看的窗体对象；单击"查看代码"按钮，则会出现该对象的代码窗口，可显示及编辑代码；单击"切换文件夹"按钮，则决定是否将工程中的文件列表项按文件夹的形式显示。

工程资源管理器的列表窗口以层次列表形式列出组成当前工程的所有文件，主要包含以下 3 种类型的文件。

- 窗体模块文件（.frm 文件）：该文件存储用户图形界面、窗体上使用的所有控件对象、对象的属性值及程序代码。一个应用程序至少包含一个窗体文件。
- 标准模块文件（.bas 文件）：该文件存储模块级或全局级变量和用户自定义的通用过程。通用过程是指可以被应用程序各处调用的过程。
- 类模块文件（.cls 文件）：用户可以用类模块来建立自己的对象。类模块包含用户对象的属性及方法，但不包含事件代码。

注意：工程文件(.vbp 文件)保存的仅仅是该工程所包含各类文件的一个列表，并不保存用户图形界面、程序代码等，因此，保存工程时勿忘保存窗体以及其他模块文件(如果有)。

工程资源管理器的作用在开发一个规模庞大的应用程序时体现得非常明显，因为这时窗体窗口和代码窗口都很多，当需要从众多的对象中选出自己需要的部分时，只需在工程资源管理器中找到并双击它即可。同时，通过工程资源管理器可以整体地浏览一个工程，这对大型程序开发工作非常有用。

1.3.7　窗体布局窗口

窗体布局(Form Layout)窗口位于屏幕的右下角，如图 1-9 所示。在此窗口中可使用表示屏幕的小图像来指定程序运行时窗体的初始位置，还可用鼠标直接拖动 Form 小图像来安排窗体在运行时的位置。这主要为了使所开发的应用程序能在各个不同分辨率的屏幕上正常运行，在多窗体应用程序中较有用，可指定每个窗体相对于屏幕的位置。这个窗口增强了 VB 的可视化功能。

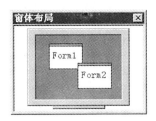

图 1-9　窗体布局窗口

在 VB 集成开发环境中，除上述介绍的几种主要窗口外，还有几个在必要时才会显示出来的窗口，如用于程序调试的立即窗口、本地窗口和监视窗口，用于设计窗体菜单的菜单编辑器窗口等，这些窗口将在后面的章节中介绍。

1.4　使用帮助系统

为了帮助程序开发人员方便地开发应用程序，而无须过多地参阅相关书籍，VB 提供了很好的在线帮助和自学习功能，尤其在 VB 6.0 中提供了简便快捷的帮助主题和内容详细的联机手册。使用 VB 的帮助功能，不仅可以引导初学者入门，而且可以帮助各层次的用户完成应用程序的设计。学会使用帮助系统是学习和掌握 VB 的最佳捷径。

1.4.1　获得联机帮助

VB 6.0 是采用 MSDN 库来提供联机帮助的，因此，必须保证计算机上安装了 MSDN 库，这样才可使用 VB 6.0 的联机帮助功能。MSDN 库是 Visual Studio 6.0 的组成部分，其中包含所有 Visual Studio 6.0 的帮助选项，如 Visual Basic、Visual C++、Visual FoxPro、Visual InterDev、Visual J++、Visual SourceSafe 等。

与以前版本中采用的联机手册和在线帮助相比，MSDN 提供的内容更加丰富，使用更加灵活。它包括示例代码、文档、技术文章以及在开发应用程序中所需的相应信息。

最新的联机版 MSDN 是免费的，用户可从 http://msdn.microsoft.com/zh-cn/ 上获得。

进入 MSDN 最直接的方法是在 Windows 中单击"开始"按钮，选择"程序"命令，然后选择 Microsoft Developer Network 中的 MSDN Library Visual Studio 6.0 (CHS)。其实，VB 6.0 本身也提供了一些对 MSDN 帮助系统的快捷访问方式，如使用帮助菜单、按 F1 键、利用对话框中选项卡的帮助按钮等。

1.4.2　使用 MSDN 帮助系统

MSDN 帮助系统实际上是一本集程序设计指南、用户使用手册以及库函数等内容于一体的电子书库。MSDN 启动后，将显示如图 1-10 所示的界面。

图 1-10　MSDN 帮助系统

MSDN 帮助系统有些地方类似 IE 浏览器，其使用方法非常简单，只要单击左边窗格的树形列表中的目录名，相应的信息就会显示在右边窗格中。另外，还可以根据需要对库中的内容进行搜索、索引等操作。VB 的帮助信息是以超文本的形式组织的，凡是带有下划线的彩色文字都是所谓的"链接"。鼠标指针指向链接会变成手掌形，在链接上单击，即可链接到另一个主题、网页、其他主题的列表或某个应用程序。用户也可选中某个词或短语使其突出显示（反相显示），然后按 F1 键，查看"索引"中是否有包含该词或短语的主题。

MSDN 帮助系统窗口中的左边窗格含有"目录"、"索引"、"搜索"及"书签"选项卡。

1. 使用目录

当已经知道要查找内容的主题时，使用"目录"选项卡，其中包含了 Visual Studio 的所有文档。VB 6.0 的文档包括 VB 6.0 的新内容、入门、程序员指南、部件工具指南、数据访问指南、语言参考、控件参考、界面参考、示例应用程序、其他信息等。"目录"选项卡采用分层方式分类列出各种帮助信息，每一个类中包含若干小类，小类中又包含更小的类，以此类推。图 1-11 所示的是一个查找函数 Abs 的例子，依次展开"MSDN Library Visual Studio 6.0\Visual Basic 文档\参考\语言参考\函数\A"，在字母 A 开头的函数中可以找到函数 Abs，单击它进入帮助界面。帮助界面提供了函数功能说明、语法说明、备注等内容，还有"请参阅"、"示例"等选项。"请参阅"提供相关的其他函数，"示例"提供该函数的应用举例。

2. 使用索引

当已经知道与要查找内容主题相关的关键字时，使用"索引"选项卡。"索引"选项卡显示了一个关键字列表，这些关键字与一个或多个 MSDN Library 主题相关联。这里的索引与图书的索引十分相似，是按字母顺序排列帮助信息的。在输入框中输入待查关键字，则索引窗口中的光标会自动跳转到对应的区域。例如，输入字母 A，光标就会跳转到以 A 开头的区域中，接着输入字母 b，光标继续前进，直到找到目标（函数Abs）。找到并选中函数 Abs 后，单击"显示"按钮，就进入该函数的帮助界面。

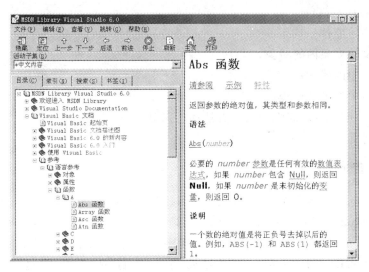

图 1-11　有关 Abs 函数的帮助

3．使用搜索

当查找某项信息时，如果不知道该信息的主题，也不知道与该信息主题相关的关键字，那么可以使用"搜索"选项卡进行全文搜索，其工作界面如图 1-12 所示。全文搜索的基本表达式由所需查找的词或短语组成，还可以使用通配符表达式、嵌套表达式、布尔操作符、相似字匹配、前一次搜索结果的列表或只搜索标题等方式来优化搜索。

4．使用书签

书签主要用于收集一些用户经常访问的帮助主题，以提高获得帮助的效率。

建立一个书签的步骤很简单。首先在目录、索引或搜索的查询结果中选中一个主题，然后选择"书签"选项卡，在"当前主题"栏中就会出现该主题，单击"添加"按钮就可在书签中加入该主题。

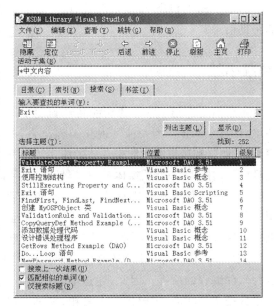

图 1-12　全文搜索的工作界面

在书签的列表中选中主题，可以显示它或从书签中删除它。

1．4．3　上下文相关帮助

VB 中的许多地方上下文是相互关联的，上下文相关意味着不必使用"帮助"菜单也可以直接获得有关该部分内容的帮助。例如，为了获得有关 VB 语言中任何关键词的帮助，只需将光标放到关键词上，然后按 F1 键即可。

在 VB 集成开发环境的任何上下文相关部分上按 F1 键，即可显示有关该部分的信息。VB 支持的上下文相关部分包括以下内容：

- VB 中的每个窗口;
- 工具箱中的控件;
- 窗体或文档对象内的对象;
- 属性窗口中的属性;
- 代码窗口中的事件过程;
- 关键词(声明、函数、属性、事件、方法和特殊对象);
- 错误信息等。

1.4.4　运行"帮助"中的示例

　　VB 帮助系统提供了上百个示例,为用户学习、理解和掌握 VB 编程提供了很大的帮助。示例默认安装在"\Program Files\Microsoft Visual Studio\MSDN98\98vs\2052\Samples\VB98\"子目录中。用户可打开所需的工程,运行并观察其效果,学习其中各控件的使用,领会示例代码的编程思想,也可以通过 Windows 的剪贴板,通过"复制"和"粘贴"将这些代码移植到用户自己的应用程序中。

　　除了使用 MSDN 帮助系统外,用户还可通过访问 Internet 上的相关站点获得更多、更新的帮助信息。

本章小结

　　本章简要介绍了 VB 的功能及特点、VB 的安装与启动,主要介绍了 VB 6.0 的集成开发环境(IDE)。VB 作为一种可视化编程语言,其集成开发环境是集界面设计、程序代码编辑、程序编译、调试和运行等功能于一体的应用程序开发系统。VB 的 IDE 窗口由主窗口(包含菜单栏、工具栏等)、控件工具箱、窗体窗口、属性窗口、代码窗口、工程资源管理器窗口等部分组成。

　　菜单栏提供了几乎所有的 VB 命令和选项;工具栏显示 VB 的常用命令;工具箱提供常用控件;窗体窗口用来设计生成应用程序界面;属性窗口可设置对象的属性;代码窗口用于编写程序代码;工程资源管理器窗口管理和显示该工程中的窗体和模块等资源。

　　VB 6.0 的可视化开发环境极大地方便了用户编程,了解一种开发软件的环境是熟练使用这种软件编程的前提。因此,通过本章的学习,读者应熟悉并掌握菜单栏中各菜单命令和工具栏中各按钮的功能,了解控件工具箱、窗体窗口、属性窗口、代码窗口、工程资源管理器窗口的功能和使用等。

　　本章最后详细介绍了 VB 6.0 的帮助系统及其使用。VB 6.0 提供的 MSDN 帮助系统内容十分丰富,读者应该充分利用这一信息资源和示例资源,同时还可通过 Internet 得到更多的网上资源信息。

思考与练习题

一、选择题

1. Visual Basic 是用于开发_____环境下应用程序的工具。
　　A. DOS　　　　　B. Windows　　　　　C. DOS 和 Windows　　　　D. UNIX
2. VB 6.0 是_____位操作系统下应用程序的开发工具。

　　A．32　　　　　　　B．16　　　　　　　C．32 或 16　　　　　　D．64

　　3．VB 6.0 集成环境的主窗口不包括_____。

　　A．标题栏　　　　　B．菜单栏　　　　　C．状态栏　　　　　　D．工具栏

二、填空题

　　1．Visual Basic 是一种面向_____的可视化程序设计语言。

　　2．VB 的 3 种工作模式是：设计、_____和_____。

　　3．VB 集成开发环境的工程资源管理器窗口中有 3 个按钮。单击_____按钮，可显示窗体窗口；单击_____按钮，则显示代码窗口。

三、问答题

　　1．简述 VB 的功能特点。

　　2．VB 的集成开发环境的菜单栏中有多少个菜单项？每个菜单项都包括一些什么命令？其"编辑"菜单中的命令与 Microsoft Word"编辑"菜单中的命令是否有相同或相似的部分？

　　3．VB 集成开发环境中，工具栏的作用是什么？VB 6.0 的集成开发环境都有哪些工具栏？"标准"工具栏中有哪些按钮？每个按钮的功能是什么？

　　4．阅读 MSDN 帮助系统的部分内容，在"目录"选项卡中依次展开"MSDN Library Visual Studio 6.0\Visual Basic 文档\使用 Visual Basic \程序员指南\Visual Basic 基础\用 Visual Basic 开发应用程序\Visual Basic 概念"。

第 2 章　简单的 VB 程序设计

本章首先介绍面向对象程序设计的一些基本概念,然后通过一个简单的例子说明 VB 应用程序设计的一般过程。

2.1　面向对象的程序设计方法概述

2.1.1　程序设计方法的发展

自1946年计算机问世以来,短短的几十年里,计算机技术迅猛发展,计算机应用日益扩大。在技术发展和应用需求的驱动下,计算机学科在基础方法研究、学科领域拓宽、应用范围扩展等方面都取得了显著的成绩。在此过程中,程序设计方法和软件开发环境也日趋成熟和完善。

程序设计是根据特定的问题,使用某种程序设计语言,设计、编制和调试程序的过程,是在一定的环境中进行的。环境包括在程序设计过程中可能使用的各种软件工具。

程序设计方法是研究如何将复杂问题的求解转换为计算机能执行的简单操作的方法,它涉及大型软件系统的研制过程中结构程序设计的组织、程序设计系统的可靠性、软件工程、软件调试、软件综合等方面。随着人们认识问题的深入、计算机技术的发展和计算机应用的扩展,程序设计方法发生了显著的变化。

2.1.2　初期的程序设计

计算机在发展初期,价格昂贵、内存很小、CPU 运行速度慢,因此,衡量程序质量优劣的标准是占内存的大小和运行时间的长短,这就导致程序员不得不把大量精力耗费在程序设计的技巧上。这些手工编写的各种高效程序,尽管占用的内存小、消耗的 CPU 机时少,但是其程序结构差,从而造成程序的可读性差、可维护性差、通用性更差等问题。

随着计算机技术的发展,特别是 20 世纪 50 年代中期至 60 年代,晶体管和集成电路相继问世,计算机性能价格比不断提高,高级语言蓬勃兴起,计算机应用迅速渗透到各科学技术领域,程序员解决的问题变得更复杂,程序规模也变得更大。另外,采用传统手工作坊式编程方法开发软件时间长、成本高、可靠性低、错误多且难以修改和维护,软件技术的发展跟不上硬件技术的步伐,由此产生了"软件危机"。为此,不少计算机专家着手研究产生软件危机的原因以及解决问题的方法。

2.1.3　结构化程序设计

结构化程序设计是 20 世纪 70 年代由 Dijkstra 提出的,这种传统的程序设计方法很快得到了广泛使用。采用结构化程序设计方法设计的程序段逻辑结构清晰、层次分明,使程序易读、易修改、易维护。

结构化程序设计要求把程序的结构规定为顺序、选择和循环 3 种基本结构，限制使用 GoTo 语句，并采用自顶向下、逐步求精的分析和设计方法，即功能分解法。这种方法将需求空间视为一个功能模块，该模块又进行分解，生成多个小的功能模块，重复分解，直至每个模块具有明确的功能和适当的复杂度，而每个模块功能的实现由上述 3 种基本结构组成。其目的是为了解决由许多人共同开发大型软件时，如何高效率地完成高可靠系统的问题。

结构化程序设计技术虽然已经使用了几十年，但随着计算机技术、软件技术的飞速发展，计算机应用的日益普及，要开发的系统越来越复杂，它的不足之处也随之暴露出来。

首先，结构化程序设计是面向过程的程序设计方法，它把数据和对数据的处理过程分离为相互独立的实体，其程序结构是"数据结构＋算法"。若要修改某个数据结构，需要改动涉及此数据结构的所有处理模块，所以当应用程序比较复杂时，容易出错，难以维护。其次，结构化程序设计方法仍存在与人的思维方式不协调的地方，所以很难自然、准确地反映真实世界。因而用此方法开发出来的软件，有时很难保证质量，甚至需要重新开发。

因此，随着软件开发规模的扩大和更新、扩展的加速，仅仅使用结构化程序设计方法已经不能驾驭软件开发的整个过程，一种全新的软件开发技术应运而生，这就是面向对象的程序设计（Object Oriented Programming，OOP）。

2.1.4　面向对象的程序设计

面向对象的程序设计在 20 世纪 80 年代初就被提出了，它起源于 Smalltalk 语言。面向对象的程序设计和相应的面向对象的问题求解代表了一种全新的程序设计思路和观察、表达、处理问题的角度。

面向对象，实际上就是以对象为中心来分析和解决问题。它不再将问题分解为过程，而是将问题分解为对象。对象是现实世界中可以独立存在、可以被区分的一些实体，也可以是一些概念上的实体。世界是由许多对象组成的。

程序设计中的对象是指将数据（属性）和操作数据的方法封装在一起而形成的一种实体，这些实体具有独立的功能，并隐藏了实现这些功能的复杂性。例如，设计 VB 应用程序时，一个窗体就是一个对象，各种控件也是对象，程序员可以直接使用。程序的设计过程实际上就是设计对象和运用对象的过程。对象之间的相互作用是通过消息传送来实现的。目前，这种"对象＋消息"的面向对象的程序设计模式有取代"数据结构＋算法"的面向过程的程序设计模式的趋向。

当然，面向对象的程序设计并不是要抛弃结构化程序设计方法，而是站在比结构化程序设计更高、更抽象的层次上去解决问题。当问题分解到低级代码模块时，仍需要结构化编程技巧，但是，将一个大问题分解为小问题所采取的思路与结构化方法是不同的。

结构化的分解突出过程，强调的是如何做（How to do），代码的功能如何完成；面向对象的分解突出现实世界和抽象的对象，强调的是做什么（What to do），它将大量的工作由相应的对象来完成，程序员在应用程序中只需说明要求对象完成的任务。

与传统的程序设计方法相比，面向对象的程序设计具有以下优点。

1. 符合人们习惯的思维方法

面向对象技术追求的是软件系统对现实世界的直接模拟。由于对象对应于现实世界中的实体，所以人们可以很自然地按照现实世界中处理实体的方法设计解题模型来处理对象。这样做，无论是当时的设计实现，还是日后的维护、修改和扩充，都可以比较顺利地进行，避免了用传统方法带来的种种困难。同时，软件开发者可以很方便地与问题提出者进行沟通和交流。

2. 可重用性

可重用性是面向对象软件开发的一个核心思路。重复使用一个类(类是对象的定义，即生成对象的模具；而对象是类的实例化)，可以比较方便地构造软件系统，加上继承的方式，极大地提高了软件开发的效率。

3. 可扩展性

对象的封装性及对象之间的松散耦合性，有利于软件的维护和功能的增减。

4. 可管理性

传统的面向过程的开发方法是以过程或函数为基本单元来构建整个系统的，当开发项目的规模变大时，需要的过程和函数数量成倍增多，不利于管理和控制；而面向对象的开发方法则是采用内涵比过程和函数更为丰富、复杂的类作为构建系统的部件，使整个项目的组织更加合理、方便。

5. 与可视化技术相结合，改善了工作界面

随着基于图形界面操作系统的流行，面向对象的程序设计方法也将深入人心。它与可视化技术相结合，已经使人机界面进入 GUI 时代。

目前有很多面向对象的编程语言，例如 Visual Basic、Visual C++、PowerBuilder、Delphi、Visual FoxPro 等都是广受欢迎的面向对象的开发工具。虽然它们风格各异，但都具有共同的概念和编程模式。

2.2 VB 中的对象及其属性、事件和方法

VB 作为一种面向对象的程序设计语言，其程序的核心由对象以及响应各种事件的代码组成。在 VB 中创建应用程序，也就是创建和使用对象的过程。

当运用某个对象完成某项任务时，并不需要知道这个对象是如何工作的，只需编写一段代码简单地给其发出一个动作即可。正确地理解和掌握 VB 中对象的概念，是学习、设计 VB 应用程序的重要环节。

2.2.1 VB 中的对象及其分类

对象是具有特殊属性和行为方法的一个实体，它既包括对象的性质(属性)，也包括对象的动作(方法)和对象的响应(事件)。VB 中的对象与通常的面向对象程序设计中的对象在概念上是一样的，但在使用上有很大的区别。在通常的面向对象程序设计中，对象是由编程人员自己设计的，而在 VB 中，有相当多的对象是由系统设计好的，编程人员可直接使用或对其进行操作，如窗体、工具箱窗口中的各种控件、打印机及剪贴板等，其中经常使用的对象是窗体和各种控件。

VB 中的每个对象都是用类来正式定义的。类是面向对象技术中另一个非常重要的概念，简单地说，类是所有具有一定共性的对象的集合和抽象，是一种抽象的数据类型。例如，我们在说"汽车"时，并不是专指某个特定的事物，而是指一切装有内燃式发动机、传动装置、转向装置、车轮等的可载人或物的车辆；而"那辆白色小轿车"则是指一辆具体的汽车实体，是一个对象，也是"汽车"类的一个实例。也就是说，类是同种对象的抽象，而对象是类的一次实例化的结果。

因此，工具箱窗口中的各种控件工具图标就是代表了各个不同对象的类。通过将类实例

化,可以得到真正的对象。当在窗体上画一个控件时,就由类生成了一个控件实体,即创建了一个控件对象,也简称为控件。

例如,在图 2-1 中,工具箱上的 A 代表了 Label(标签)类,它确定了 Label 的属性、方法和事件;而在窗体上显示的是两个 Label 对象,是类的实例化,它们继承了 Label 类的原有特征和性质,用户也可以根据需要修改它们的属性,如字体大小、边框线等,使它们具有各自的"个性"。

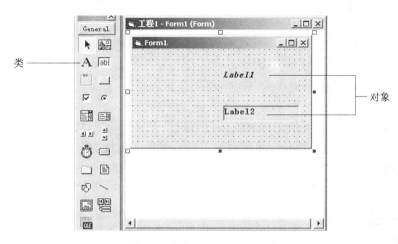

图 2-1   类与对象的相互关系

VB 中有多种不同类型的对象,常用的对象有以下几类。

1. 窗体对象

窗体是最基本的对象,它实际上就是一个窗口,该窗口用于开发人员创建用户界面。应用程序的开发过程,实质上就是根据要求在窗体上放置不同的对象,并对这些对象所对应的事件分别编写事件驱动程序代码的过程。

2. 控件对象

控件是在图形用户界面上进行输入输出信息、启动事件过程等交互操作的图形对象,是进行可视化程序设计的基础和重要工具。VB 中最基本的控件对象包括标签(Label)、文本框(TextBox)、命令按钮(CommandButton)、单选钮(OptionButton)、复选框(CheckBox)、框架(Frame)、列表框(ListBox)、组合框(ComboBox)、图片框(PictureBox)、图像框(Image)、水平滚动条(HScrollBar)、垂直滚动条(VScrollBar)、计时器(Timer)、驱动器列表框(DriveListBox)、目录列表框(DirListBox)、文件列表框(FileListBox)、直线(Line)、形状(Shape)等。

菜单也是控件对象,它不在工具箱中,需要时可用菜单设计编辑器的设计窗口进行创建,具体内容见第 9 章。

VB 中除基本的控件对象外,还有可供用户使用的扩展控件(对应.ocx 文件)。当把这些.ocx文件调入内存后,其对应的控件工具图标便出现在工具箱中,使用方法同基本控件。

3. 系统对象

系统对象有 Printer(打印机)、Screen(屏幕)、Debug(立即窗口)、Clipboard(剪贴板)等。

2.2.2   对象的属性、事件和方法

VB 中的每个对象都具有自己的属性、事件和方法,其中,属性可看作一个对象的性质,事

件可看作对象的响应,方法可看作对象的动作,三者构成了对象的三要素。

1. 属性(Properties)

属性是用来描述和反映对象特征的参数。VB 中对象的数据就保存在属性中。所有 VB 程序中的对象都有许多属性,例如 Name(对象名称)、Caption(标题)、BackColor(背景色)、FontName(字体)及 Visible(是否可见)等属性决定了对象展现给用户的界面具有怎样的外观及功能。VB 为每一类对象规定了若干属性。不同类的对象具有各自不同的属性,但也有一些属性是共有的。例如,每个对象都有 Name(名称)属性;窗体(Form)对象具有 Caption(标题)属性,但没有 Text(文本)属性;而文本框(TextBox)对象具有 Text(文本)属性,但没有 Caption(标题)属性。

改变对象属性的取值就可以改变对象的外观及相关特性,设置对象的属性值有以下两种方法。

① 在设计阶段利用图 1-6 所示的属性窗口直接设置对象的属性。

选中一个对象后,在属性窗口中找到该对象需要设置的属性,通过键盘输入或从系统提供的选项中选择属性值。

② 在程序代码中通过赋值语句设置属性,其语法格式如下。

[对象名.]属性名＝属性值

例如,语句

Form1.Caption＝"VB 程序设计"

其作用是设置 Form1 窗体的标题属性值为"VB 程序设计",这样,一旦程序运行后执行了上述语句,窗体的标题处就会出现"VB 程序设计"的字样。

说明:

① 若省略"对象名",则默认对象是当前窗体。

② 一般不必将对象的全部属性值一一设置,而采用其默认值,只有在某个属性的默认值不能满足需要时才指定所需要的值。

③ VB 中对象的属性有以下几种类型:

- 设计和运行时都能够读取和设置的属性,例如,绝大多数控件都具有的 Caption(标题)属性;
- 只能在设计时设置,不能在运行时改变的属性,例如,文本框的 MultiLine 属性;
- 不能在设计时设置,能在运行时修改的属性,例如,列表框的 Text 属性。

在属性窗口中显示的属性都是在设计时能够修改和设置的属性。

另外,属性又可分为只读属性和可读可写属性。只读属性在程序运行过程中只能读取其值,不能修改其值,例如,列表框的 ListCount 属性。

2. 事件(Event)及事件过程(Event Procedure)

(1) 事件

VB 中的"事件"是指作用在对象上、由 VB 预先设置好的、能够为对象所识别和响应的一系列动作。例如,鼠标在某个对象表面移动时,就触发该对象的 MouseMove(鼠标移动)事件;若用鼠标在该对象上单击一下,则触发该对象的 Click(单击)事件。事件可以由用户触发,也可以由系统触发。例如,加载窗体时触发窗体的 Load 事件,计时器时间间隔到达时触发计时器的 Timer 事件等,均是由系统触发的事件。

每类对象都有一系列预先设置好的对象事件。不同的对象可识别不同的事件,也可识别相同的事件。例如,窗体可识别鼠标单击(Click)或双击(DblClick)事件,而命令按钮只能识别鼠标单击(Click)事件。每类对象所能识别的事件在设计阶段可从该对象的代码窗口右边的"过程列表框"中看出。

(2) 事件过程

VB 采用了事件驱动的编程技术,当事件由用户或系统触发时,对象就会对该事件做出响应。响应某个事件所执行的操作通过一段程序代码实现,这样的一段程序代码就称为对象的事件过程。

对象的事件仅仅指出了对象所能识别的动作,而动作识别后产生的结果如何,还要通过事件过程来实现。事件过程是由编程人员根据响应事件的要求编写的程序代码,是事件的处理程序。一个事件对应一个事件过程。

例如,窗体上有一个名为 cmdOk 的命令按钮对象,当鼠标指针移动时,系统将跟踪鼠标指针的位置,当鼠标在该对象上单击一下时,系统跟踪到指针所指的对象上,并给该对象发送一个 Click 事件,同时向程序传达一个 cmdOk_Click 事件,如果编写了一个处理 cmdOk_Click 事件的程序代码(即事件过程),系统则调用执行这段程序代码所描述的过程。执行结束以后,控制权又交还给系统,并等待下一个事件。若没有事件发生,则整个程序处于停滞等待状态,只有当事件发生时程序才会运行。

事件过程的形式如下:

Private Sub 对象名_事件名([参数列表])
　　⋮　　　　　　　(事件过程代码)
End Sub

其中,事件过程名不是随意命名的。对于控件来说,它由对象名、下划线"_"和事件名 3 个部分组成,如命令按钮 cmdOk 的 Click 事件过程名为 cmdOk_Click;而对于窗体来说,事件过程名由 Form、下划线"_"和事件名 3 个部分组成,如窗体的 Load 事件过程名为 Form_Load。

Sub 为定义过程开始语句,End Sub 为定义过程结束语句,关键字 Private 表示该过程为局部过程。

事件过程代码就是发生该事件时要完成某种功能而由用户编写的程序,由一系列语句行组成。

说明:

① 要对事件过程进行编程,必须进入代码窗口。

② 在代码窗口的对象列表框中选中编程对象,并从事件列表框中选中该对象所要响应的事件后,对应的事件过程框架(模板)由 VB 自动产生,用户只要在事件过程中编写实现具体功能的程序代码即可。

例如,设窗体上有一个命令按钮,其对象名为 cmdExit,要求当用户单击该命令按钮时实现结束程序运行的功能。

对应的事件过程如下:

```
Private Sub cmdExit_Click()
    End                 '结束程序运行的语句
End Sub
```

注意:对于每个对象,VB 系统事先已定义好一系列事件集,但要判定它们具体响应哪些事件以及如何响应这些事件，则是编程人员的责任。例如，当用户单击某个对象，Click 事件发生时，MouseDown、MouseUp 事件也同时发生。若要让系统响应 Click 事件，则把代码写入该事件过程中，而对其他事件不编程，这样应用程序会简单地丢弃那些事件，即不做任何响应。

3. 方法（Method）

VB 中的对象除拥有属于自己的属性和事件外，还拥有属于自己的方法。方法指的是控制对象动作行为的方式，其实是对象本身所内含的一些特殊函数或过程。当用方法来控制某个对象的行为时，其实质就是调用该对象内部的某个特殊的函数或过程。VB 已将这些内部函数或过程编写好并封装起来，作为方法供用户直接调用。利用这些内部函数或过程，可以实现一些特殊的功能或动作，这给用户的编程带来了很大的方便。

例如，显示（Show）和隐藏（Hide）都是控制窗体对象的方法，调用 Hide 方法可将窗体隐藏起来成为不可见，调用 Show 方法可将窗体显示成为可见。至于这些方法是如何实现的，用户不必关心。

VB 中提供了大量的方法，有些方法适用于多个对象，有些方法仅适用于少数几个对象。这在今后的学习中可逐步掌握。

因为方法也是面向对象的，所以在调用时一定要指明对象。对象方法的调用格式如下：

[对象名.]方法名　[参数列表]

其中，若省略对象名，则一般指当前窗体。

有些方法不需要带参数，而有些方法需要带一些参数，此时，只需将所需参数写在方法名后即可。

例 2-1　窗体上有一个命令按钮，其对象名为 cmdDisp，要求当用户单击该命令按钮时，在窗体上显示字符串"欢迎使用 Visual Basic"，并且字体大小为 20 磅。

由于是单击命令按钮这一对象才导致在窗体上显示信息，所以，应对命令按钮对象的单击事件编写事件过程。

事件过程代码要完成以下功能：

① 将窗体上显示字符的字体大小设定为 20 磅，可通过将窗体的 FontSize 属性值设为 20 来实现。

② 窗体对象可调用 Print 方法，以在窗体上显示信息或数据。

具体的事件过程如下：

```
Private Sub cmdDisp_Click( )
    FontSize = 20                          '设置窗体上显示字符的字体大小为 20 磅
    Form1.Print "欢迎使用 Visual Basic"     '这里的对象名 Form1 也可省略不写
End Sub
```

关于 Print 方法以及 VB 的一些常用方法将在 2.5 节中介绍。

2.2.3　事件驱动程序设计

Windows 下应用程序的用户界面都是由窗体、菜单和控件等对象组成的，各个对象的动作以及各对象之间的关联完全取决于操作者所进行的操作。也就是说，程序的运行没有固定的顺序。Windows 程序的这种工作模式被称为事件或消息驱动方式。

事件驱动程序设计的概念对于初学者来说可能有些陌生，但我们对事件这个概念并不感到新奇，在现实世界中每时每刻都在发生着许许多多的事件。例如，驾驶汽车，看电视节目改换频道,计算机开机和关机,操作计算机时的按键动作、移动鼠标、单击鼠标等均可称为事件。

VB 采用事件驱动的编程机制。所谓事件驱动,是指程序的执行是靠事件的发生而引起的。这种机制的优点是编程人员不必具体编写程序执行的顺序,并且在用户与程序的交互中,用户可随时安排程序的执行顺序,或借助某种外界操作引发特定的事件处理程序完成所需的功能。显然,这种机制编程简单、执行灵活。

VB 编程没有明显的主程序概念,编程人员所要做的就是面向不同的对象分别编写它们的事件过程,若希望某个对象在某个事件发生后能完成某个功能,只需在该对象的该事件过程中编写相应的程序代码即可。将这些彼此相互独立的事件过程集合在一起,就构成了一个完整的 VB 应用程序。事件过程的执行与否以及执行的顺序取决于操作时用户所引发的事件。这就是事件驱动方式的应用程序的设计原理。

2.3　简单应用程序的建立

在熟悉了 VB 开发环境以及 VB 编程机制后,本节通过创建一个简单的应用程序的过程来说明使用 VB 编写应用程序的基本步骤和方法。

一般来说,使用 VB 开发应用程序主要完成程序界面设计和程序代码设计两部分工作,大致需要经历以下步骤:

① 设计程序的用户界面。

② 设置对象的属性。

③ 编写对象事件过程的程序代码。

④ 保存工程。

⑤ 运行和调试程序。

⑥ 创建可执行程序。

例 2-2　编程实现以下功能:该应用程序窗体上有一个文本框和 3 个命令按钮,程序运行后将在文本框中显示文字“第一个 VB 应用程序”,如图 2-2 所示。若用鼠标单击“显示”命令按钮,文本框中的文字会变成“欢迎使用 Visual Basic!”,如图 2-3 所示;若单击“清除”命令按钮,则将文本框显示内容清空;若单击“退出”命令按钮,则结束程序的运行。

图 2-2　例 2-2 的运行界面 1　　　　　图 2-3　例 2-2 的运行界面 2

下面按照上述步骤建立这个简单的程序。

2.3.1　设计程序的用户界面

要建立应用程序,首先要建立一个新的工程文件。选择“文件”菜单中的“新建工程”命令,打开“新建工程”对话框,然后选择“标准 EXE”选项,单击“确定”按钮,就可以创建一个新的工程和一个灰色的空白窗体窗口。

窗体是 VB 中最重要的对象,是应用程序运行时与用户进行交互的实际窗口,用户可从工具箱中选择控件对象在窗体上绘制出来,构成界面的对象。在例 2-2 中除窗体外共涉及 4 个控件对象,即一个文本框和 3 个命令按钮。文本框用来输入数据,也可显示信息;命令按钮用来执行有关操作;窗体是上述对象的容器。有关窗体及这些控件的详细使用说明见 2.4 节。

1. 在窗体上添加控件对象

在窗体上添加控件对象(即对象的建立)的步骤如下:

① 将鼠标定位在工具箱中要制作的控件对象对应的图标上,单击进行选择。

② 将鼠标移到窗体上需要添加控件对象的位置,按住鼠标左键将控件对象拖曳到所需大小后释放鼠标。

在窗体上添加控件对象的另一个简单的方法是,直接在工具箱中双击所需的图标,此时会立即在窗体中央出现一个尺寸大小为默认值的控件对象,然后可将该控件对象移到窗体中的其他位置。

2. 控件的基本操作

(1) 控件的选定

单击窗体上的任一控件,该控件的周围出现了 8 个控点,表明该控件被选定,或称为活动的控件,也可说该控件被选中。

单击窗体上无控件部分,窗体被选中,控件周围的控点消失,表明该控件没被选中。

(2) 调整控件框大小

控件被选中后,可通过拖曳控点来调整控件框水平和垂直方向的大小,也可通过属性设置来调整,这将在 2.4.1 节中介绍。

(3) 删除控件

选中(单击)要删除的控件对象,然后按 Delete 键即可删除该控件。

(4) 复制控件

先选中要复制的控件,然后选择"编辑"菜单中的"复制"命令,再选择该菜单中的"粘贴"命令,这时会显示是否要创建控件数组的对话框,单击"否"按钮,就复制了一个与原来对象标题相同但名称不同的新的对象。当然,这个操作也可以通过工具栏按钮进行。

(5) 同时操作多个控件

按住 Shift 键(或 Ctrl 键)后,单击要选的每个控件,即选定了多个控件,此时这些控件的周围都会出现灰色或白色的控点。另一种选定多个控件的方法是,按住鼠标左键并拖动鼠标,用一个虚线矩形框把几个控件框起来。

一旦选定了多个控件,即可同时操作这多个控件。例如,拖动一个控件,其他控件会跟着一起移动;按 Delete 键可同时删除多个控件。

"格式"菜单中有一些命令是用来操作多个控件的。例如,"对齐"使多个控件对齐;"按相同大小制作"使它们具有相同的尺寸;"水平间距"和"垂直间距"用来调整它们之间的距离;"在窗体中居中对齐"使它们位于窗体中心。

一个好的应用程序要有美观、实用的用户界面,例如标准的 Windows 应用程序的界面都是由窗体、窗体中的各种按钮、文本框、菜单、列表框、滚动条等组成的。因此,创建程序的用户界面,实际上就是根据程序的功能要求、程序与用户间需要相互传送信息的形式和内容、程序的工作方式等确定窗体的大小和位置以及窗体中要包含的对象,然后就可以在窗体上绘制和放置所需的控件对象了。

按照上述介绍的控件建立方法和控件基本操作方法,将例 2-2 中需要的 4 个控件对象(一个文本框和 3 个命令按钮)添加到窗体中,所建立的用户界面如图 2-4 所示。

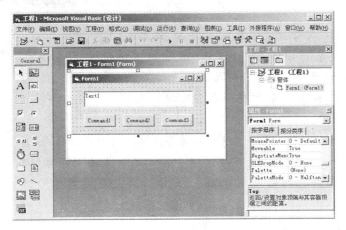

图 2-4　建立用户界面上的对象

2.3.2　设置对象的属性

在对象建立好后,要为其设置属性值。属性是对象特征的表示,不同对象具有不同的属性。设置对象的属性是为了使对象符合应用程序的需要。当在窗体中放置一个控件对象时,VB 会自动为该对象设置一组默认的属性值。对于绝大多数属性来说,设置其属性值有两种方法:一是在设计时通过属性窗口设置;二是通过程序代码,在程序运行时改变其属性。通常,对于反映对象的外观特征的一些不变的属性应在设计阶段完成,而对于一些内在的可变的属性则可在编程中用程序代码设置实现。

在设计阶段进行属性设置的步骤和方法如下:

① 选定要设置属性的对象(可以是窗体或控件)。

② 在属性窗口中选中要修改的属性,在属性值栏中输入或选择所需的属性值(见图 1-6)。

根据程序要求,例 2-2 中各对象的有关属性设置如表 2-1 所示,按照上述设置对象属性的方法即可设置好本例中各对象的属性。

例如,要设置窗体属性,先在窗体窗口或属性窗口的对象列表框中选定窗体对象,再将属性列表框中的 Caption(标题)属性改为例 2-2 的值,而窗体的其他属性均采用默认值。

表 2-1　对象属性设置

默认对象名	设置的对象名 (名称)	标题 (Caption)	文本 (Text)	字号 (FontSize)磅值
Form1	Form1	例 2-2	无定义	默认值
Text1	txtDisp	无定义	空白	14
Command1	cmdDisp	显示	无定义	14
Command2	cmdClear	清除	无定义	14
Command3	cmdEnd	退出	无定义	14

注:表中的"无定义"表示该对象无此属性,"空白"表示无内容。

设置对象属性后,所建立的用户界面如图 2-5 所示。

注意:这里特别要提到的是对象的名称(Name)属性的设置问题,也就是对象的命名。每个对象都有自己的名字,有了名字才能在程序代码中引用该对象。用户在属性窗口中通过设置对象的名称(Name)属性值来给对象命名。给对象命名的规则如下：

① 对象名必须以字母或汉字开头，由字母、汉字、数字串组成，长度小于或等于 40 个字符，其中可以出现下划线（但最好不用，以免与代码中的续行符相混淆）。

② 每个窗体或控件对象都有一个 VB 提供的诸如

图 2-5　设计的用户界面

Form1、Form2、Text1、Command1、Command2 之类的默认名，用户可以保持默认名不变。但这样的名字不易记忆且难以区分，为了便于程序的阅读和调试，本书中采用智能化的命名规则，即每个对象名由 3 个小写字母组成的前缀（指明对象的类型）和表示该对象作用的缩写字母组成，例如例 2-2 中对象的命名 cmdDisp、cmdClear、cmdEnd、txtDisp 等。

表 2-2 列出了常用对象的前缀规定和命名举例。

表 2-2　对象名前缀表例

对象的类型	意　义	默认名称	前　缀	对象名举例
Form	窗体	Form×	frm	frm 输入
PictureBox	图片框	Picture×	pic	picSelect
Label	标签	Label×	lbl	lblMath
TextBox	文本框	Text×	txt	txtInput
Frame	框架	Frame×	fra	fraFont
CommandButton	命令按钮	Command×	cmd	cmdOk
CheckBox	复选框	Check×	chk	chkUnderline
OptionButton	单选钮	Option×	opt	opt 颜色
ComboBox	组合框	Combo×	cbo	cboTeacher
ListBox	列表框	List×	lst	lstSort
HScrollBar	水平滚动条	HScroll×	hsb	hsbBlue
VScrollBar	垂直滚动条	VScroll×	vsb	vsbFee
Timer	计时器	Timer×	tmr	tmrClock
DriveListBox	驱动器列表框	Drive×	drv	drvCurrent
DirListBox	目录列表框	Dir×	dir	dirCurrent
FileListBox	文件列表框	File×	fil	filSource
Shape	形状	Shape×	shp	shpFree
Line	直线	Line×	lin	linRad
Image	图像框	Image×	img	imgIcon
Data	数据控件	Data×	dat	datTv
OLE	OLE 控件	OLE×	ole	oleWord

注：表中的×等于 1、2、3……

另外，在一个控件的事件过程编写完成后，若修改这个控件的名称，VB 不会自动修改相关的事件过程，必须由程序员自己修改。因此，用户应在编写事件过程之前设定好控件的名称。

2.3.3　编写对象事件过程的程序代码

设计好界面后，仅仅是给出了程序的外观。为了让对象能响应用户的操作，还必须编写对象事件过程的程序代码。编程是在代码窗口进行的，所以首先采用 1.3.5 节中介绍的方法进入代码窗口。

代码窗口左边的"对象列表框"列出了该窗体的所有对象(包括窗体),右边的"过程列表框"列出了与选中对象相关的所有事件。

根据例 2-2 要求:

- 程序运行后,在文本框 txtDisp 中显示文字"第一个 VB 应用程序",这就要求对窗体 Form1 的 Load(装载)事件编写事件过程。
- 当单击"显示"命令按钮时,文本框中的文字会自动变成"欢迎使用 Visual Basic!",因此要对命令按钮对象 cmdDisp 的 Click 事件编写事件过程。
- 当单击"清除"命令按钮时,文本框中显示的文字被清空,这要对命令按钮对象 cmdClear 的 Click 事件编写事件过程。
- 当单击"退出"命令按钮时,结束程序的运行,所以要对命令按钮对象 cmdEnd 的 Click 事件编写事件过程。

下面以"显示"命令按钮为例,说明在代码窗口中编写事件过程代码的步骤:

① 单击"对象列表框"右边的箭头,列出该窗体包含的所有对象,然后选择 cmdDisp。

② 单击"过程列表框"右边的箭头,列出与 cmdDisp 对象相关的所有事件,然后选择 Click 事件。此时,代码窗口中显示出 cmdDisp_Click 事件过程代码的模板,如图 2-6 所示。

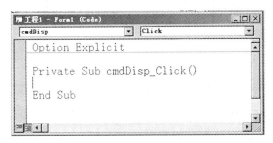

图 2-6　代码窗口

③ 在过程体中加入以下代码:

```
Private Sub cmdDisp_Click()
    '给 txtDisp 文本框的 Text 属性赋值
    txtDisp.Text = "欢迎使用 Visual Basic!"
End Sub
```

采用同样的步骤和方法,编写其他 3 个事件过程的代码:

```
'"清除"命令按钮的 Click 事件过程
Private Sub cmdClear_Click()
    txtDisp.Text=""                '将 txtDisp 文本框显示的内容清空
End Sub
'"退出"命令按钮的 Click 事件过程
Private Sub cmdEnd_Click()
    End                        '程序运行结束
End Sub
'窗体对象的 Load 事件过程
Private Sub Form_Load()
    '给 txtDisp 文本框的 Text 属性赋值
    txtDisp.Text = "第一个 VB 应用程序"
End Sub
```

2.3.4　保存工程

编写完对象的事件过程，在试运行之前应先保存整个工程文件，以防止运行时因意外错误等情况引起"死机"而造成文件丢失，而且将程序文件保存到硬盘上，这样以后可以多次使用。

一个工程中往往会涉及多种文件类型，这将在 2.6 节详细介绍。由于例 2-2 仅涉及一个窗体，因此，只需要保存一个窗体文件和一个工程文件。保存文件的步骤如下：

若用户要保存的是一个新建的工程，则可选择"文件"菜单中的"保存工程"命令，系统首先弹出保存窗体文件的"文件另存为"对话框，如图 2-7 所示。用户可在"保存在"下拉列表框中选择保存的文件夹，在"文件名"文本框中输入文件名（扩展名由系统根据不同的文件类型自动添加）。本例窗体的文件名为"例 2-2.frm"，保存在"书例"文件夹下。

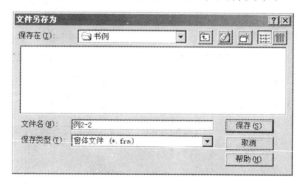

图 2-7　"文件另存为"对话框

窗体保存完毕后，系统会提示用户保存工程文件，即系统弹出"工程另存为"对话框，提示用户输入文件名，操作同上。假设本例工程文件名设置为"例 2-2.vbp"。

注意：

① 第一次保存文件后，若再次修改时想对文件改名存盘，选择"文件"菜单中的"Form1 另存为"（窗体文件）和"工程另存为"（工程文件）命令；若仍以原文件名保存，则选择"保存工程"命令，也可单击"保存工程"按钮。

② 在存盘时一定要搞清楚文件保存的位置和文件名，以免下次使用时找不到，系统默认为 VB 系统目录。为了使用和管理方便，建议把一个工程存储在一个独立的文件夹内。

③ 若以后用户想再次修改或运行该文件，只需选择"文件"菜单中的"打开工程"命令，在弹出的对话框中输入要打开的工程文件名，即可把硬盘上的文件调入内存进行所需的操作。

在整个工程所属文件保存完毕后，就可以运行该应用程序了。

2.3.5　运行和调试程序

在程序设计完成后，需要进行运行和调试，以测试所开发的程序能否实现预定的功能。

VB 提供了两种程序运行模式：编译运行模式和解释运行模式。

在编译运行模式下，有一个编译程序把应用程序的源程序先全部翻译成机器指令表示的目标程序，然后再连接并执行这一目标程序。其过程如图 2-8 所示。

编译程序是一个事先编好的机器指令，在启动 VB 编程时，该编译程序会自动装入内存。编译程序具有两个功能：翻译和查错。它可以分析程序源代码的词法、语法和语义，生成目标程序,优化目标程序。若在编译过程中发现了错误,则向用户报告错误信息,这时不能生成目标程序,直到完全正确才能生成目标程序。在编译运行模式下,程序运行的速度快,占用的内存少,且生成的可执行文件可脱离 VB 环境直接在 Windows 下运行。其具体操作见 2.3.6节中的介绍。

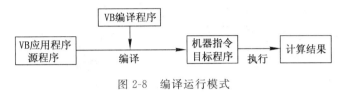

图 2-8　编译运行模式

　　在解释运行模式下,由一个解释程序对应用程序的源程序逐句进行翻译,翻译一句,立即执行一句,即边解释边运行。其过程如图 2-9 所示。由于翻译后的机器代码不保存,如需再次运行该程序,必须再解释一次,显然其运行速度比编译运行模式慢。

图 2-9　解释运行模式

　　采用解释运行模式运行程序,其操作步骤如下:

　　① 选择"运行"菜单中的"启动"命令,或按 F5 键,或单击工具栏上的"启动"按钮 ▸,执行程序。注意,此时 VB 环境的标题已从设计状态变成运行状态。

　　② 显示运行窗体窗口,在文本框中显示文字"第一个 VB 应用程序",如图 2-2 所示。

　　③ 单击"显示"命令按钮,文本框中的文字会变成"欢迎使用 Visual Basic!",如图 2-3 所示。

　　④ 当单击"清除"命令按钮时,文本框中显示的内容被清空。

　　⑤ 当单击"退出"命令按钮时,程序运行结束,系统又回到设计状态。结束程序的运行,也可以单击运行窗体窗口右上角的"关闭"按钮 ⊠,或单击工具栏中的 ▪ 按钮。若程序在运行过程中出错了,系统会显示出错信息,并自动进入"中断"模式,回到代码窗口提示用户进行代码修改,修改好程序后,可再保存,再运行。

　　VB 开发环境提供了强大而又方便的程序调试工具。有关程序调试工具的使用和程序调试的方法将在第 7 章详细介绍。

2.3.6　创建可执行程序

　　在 VB 编程环境中允许将 VB 应用程序编译成可执行程序(.exe 文件),这样用户可在 Windows 环境中直接执行它们,而不必进入到 VB 环境了。

　　下面以例 2-2 设计好的应用程序为例,说明生成可执行程序的步骤。

　　① 选择"文件"菜单中的"生成例 2-2.EXE(K)…"命令,系统显示"生成工程"对话框,如图 2-10 所示。

　　② 在"保存在"下拉列表框中选择生成的 .exe 文件的保存位置。

　　③ 在"文件名"文本框中会显示与原工程文件名一致的可执行文件名,用户也可修改该文件名,本例为"例 2-2"。

　　④ 单击"确定"按钮,即可生成可执行文件。

　　若要运行可执行文件,先退出 VB 环境,然后在"Windows 资源管理器"中双击该文件图标运行。

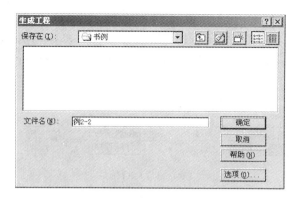

图 2-10　"生成工程"对话框

若用户想对生成的可执行程序增加一些信息，如产品名称、版权和商标、软件制作单位等，则在"生成工程"对话框中单击"选项"按钮，打开"工程属性"对话框，进行上述信息的设置，然后生成可执行的 .exe 文件。

由于可执行程序文件需要一些支持文件才能正常运行，所以要发布应用程序，一般要使用 VB 提供的安装向导将所有相关文件打包。有关内容可参考 VB 联机帮助。

综上所述，VB 应用程序是由两大部分组成的，一是与用户进行交互的窗体（窗体上安排有控件、菜单等对象），即程序的用户界面；二是用于响应各种事件及对输入的数据进行所需处理的程序代码。

2.4　窗体和基本控件

所有的 Windows 应用程序窗口或对话框都是由标签、文本框、列表框、命令按钮、滚动条、命令菜单等组成的。VB 通过控件工具箱提供了这些和用户进行交互的可视化部件，即控件。因此，控件是可视化编程的基础。一方面，控件作为设计界面的工具，使可视化编程变得非常容易；另一方面，VB 的每种控件都与众多的事件相联系，它们也是事件驱动编程的基础。

窗体和控件的属性影响它们的外观和性能。每个控件都具有若干属性，因此，在讨论控件时应着重说明控件的属性。程序员熟练地进行 VB 编程的前提之一，是熟悉每个控件的属性，知道其作用和功能。

为了便于编程，本节先介绍基本属性，然后简要介绍窗体和 3 个最基本的控件——标签、文本框和命令按钮的常用属性、事件和方法。其他常用控件将在第 8 章中介绍。

2.4.1　基本属性

在 VB 中，有许多属性是大多数控件和对象都具备的，为便于读者掌握，这里介绍的所谓基本属性，就是指大多数控件对象和窗体对象都具有的常用属性，也是编程中运用最多的属性。

1. Name 属性

Name（名称）属性是所有对象都具有的属性，用于设置控件对象或窗体对象的名称，程序通过这个名称引用控件或窗体。系统在创建控件或窗体时，自动为它们提供一个默认名称。例如，窗体上放置的第一个命令按钮被默认命名为 Command1，第二个命令按钮被默认命名为 Command2，以此类推。Name 属性在属性窗口的"名称"栏中进行设置或修改。对象名称不会显示在窗体上,其命名规则已在 2.3.2 节说明,而且在程序运行中对象的名称不可以再改变。

2. Caption 属性

Caption(标题)属性用于设置控件或窗体的标题。例如,命令按钮上显示的文字、单选钮/复选框旁边显示的文字。少数控件(如文本框、列表框)没有 Caption 属性。

3. Height、Width、Top 和 Left 属性

Height 和 Width 属性决定了控件的高度和宽度,即控件的尺寸大小;Top 和 Left 属性决定了控件在窗体(容器)中的位置。Top 表示控件到窗体顶部的距离,Left 表示控件到窗体左边框的距离。对于窗体,其容器是屏幕对象(Screen),Top 表示窗体到屏幕顶部的距离,Left 表示窗体到屏幕左边的距离。度量单位由容器的 ScaleMode 属性指定,默认为 twip。

$$1 \text{ twip} = 1/20 \text{ 点} = 1/1440 \text{ 英寸} = 1/567 \text{ cm}$$

在窗体上设计控件时,VB 自动提供了默认坐标系统,窗体的上边框为坐标横轴,左边框为坐标纵轴,窗体左上角的顶点为坐标原点(0,0)。所以,控件的 Top、Left 属性值就是控件的

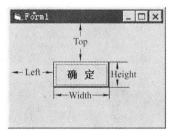

图 2-11　控件大小及位置
属性示意

左上角在窗体中的纵向及横向坐标。

例如,在窗体上建立了一个命令按钮控件,在属性窗口中进行设置:Name 属性设置为 cmdOk,Caption 属性设置为"确定",Height、Width、Top 和 Left 的值决定了该控件的大小及在窗体上的位置,如图 2-11 所示。

通常,用户可用鼠标拖曳来调整控件的大小或位置(实际上也就修改了 Height、Width、Top 和 Left 这些属性的值),但若需要精确地设置控件的大小或位置,则可直接设置这些属性的值。

4. Enabled 属性

Enabled 属性(逻辑型)决定控件是否可用,即是否允许操作。

- True:允许用户进行操作,并对操作进行响应。
- False:禁止用户进行操作。对于大多数控件来说,此时控件标题呈暗淡色。

5. Visible 属性

Visible 属性(逻辑型)决定控件是否可见。

- True:程序运行时控件可见。
- False:程序运行时控件隐藏,用户看不到,但控件本身存在。

注意:可见的对象不一定可操作(当其 Enabled 属性为 False 时),但不可见的对象一定不能操作。

6. Font 系列属性

Font 系列属性决定文本字体的外观,其属性设置对话框如图 2-12 所示。其中:

- FontName 属性是字符型,决定控件上正文的字体。
- FontSize 属性是整型,决定控件上正文的字体大小(点数)。
- FontBold 属性是逻辑型,表示控件上

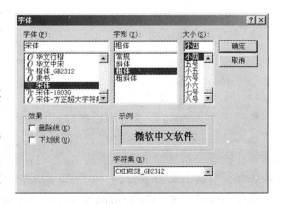

图 2-12　设置 Font 属性的对话框

的正文是否是粗体。

- FontItalic 属性是逻辑型，表示控件上的正文是否是斜体。
- FontStrikethru 属性是逻辑型，表示控件上的正文是否加删除线。
- FontUnderline 属性是逻辑型，表示控件上的正文是否带下划线。

注意：如果用户不设置 Font 属性，系统将使用默认值；如果用户要对某控件设置 Font 属性，则先要选中该控件，再进行有关的设置；若用户要对窗体中的所有控件设置相同的 Font 属性，则首先对窗体设置 Font 属性，以后建立的控件都将服从该属性，除非用户自己再设置控件本身的 Font 属性。

7. BackColor（背景颜色）、ForeColor（前景颜色）属性

BackColor、ForeColor 属性分别用来设置正文以外的显示区域的颜色和控件的前景颜色（即正文颜色）。其值都是十六进制常数，用户可以在调色板中直接选择所需的颜色。

8. BackStyle（背景风格）属性

- 0——Transparent：透明显示，即控件的背景颜色显示不出来，若控件后面有其他控件，则均可透明显示出来。
- 1——Opaque：不透明，此时可为控件设置背景颜色。

9. BorderStyle（边框风格）属性

- 0——None：控件周围没有边框。
- 1——Fixed Single：控件带有单边框。

10. Alignment 属性

Alignment（对齐）属性决定控件中正文的对齐方式。

- 0——Left Justify：正文左对齐。
- 1——Right Justify：正文右对齐。
- 2——Center：正文居中。

11. AutoSize 属性

AutoSize 属性（逻辑型）决定控件是否自动调整大小。

- True：自动调整大小。
- False：保持原设计时的大小，若正文太长则自动裁掉。

12. WordWrap 属性

当 AutoSize 属性设置为 True 时，WordWrap（逻辑型）属性才有效。

- True：表示按照文本和字体大小在垂直方向上改变显示区域的大小，而在水平方向上不发生变化。
- False：表示在水平方向上按正文长度放大和缩小，而在垂直方向上以字体大小来放大或缩小显示区域。

13. MousePointer 属性和 MouseIcon 属性

在使用 Windows 以及应用程序时，当鼠标指针位于窗口的不同位置时，其形状不一定是一样的，有时候是箭头状，有时候是"I"形状等。在 VB 中，也可以改变鼠标指针的形状，只要对需要改变鼠标指针形状的对象的 MousePointer 属性进行设置，该属性值指示在运行时当鼠标指针移动到该对象身上时被显示的鼠标指针的类型。

MousePointer 属性值的范围为 0～15。若将该属性值设为 99，则可通过 MouseIcon 属性设置用户自定义的鼠标图标，MouseIcon 属性值可设置的文件类型为扩展名是 .ico 或 .cur 的

文件。

14. TabIndex 属性和 TabStop 属性

TabIndex 属性决定按 Tab 键时,焦点在各个控件移动的顺序。

TabStop 属性决定焦点是否能停在该控件上。

对象的焦点是对象接收用户鼠标或键盘操作的能力。当对象具有焦点时(对象的标题或标题栏被突出显示时),可接受用户的输入。例如,当一个命令按钮具有焦点时,允许用鼠标、Space 键或 Enter 键按下该按钮;当一个文本框具有焦点时(此时光标在文本框内闪烁),允许用户输入文本。在 Windows 环境下可同时运行多个应用程序,此时会有多个窗口,但焦点只有一个。当具有标题属性的控件获得焦点时,其标题周围会出现一个虚线框。

焦点定位也就是使控件获得焦点,可使用下述方法之一:

- 运行程序时,单击或使用快捷键选择该控件。
- 运行程序时,利用键盘上的 Tab 键或上、下、左、右键移动焦点。
- 在程序代码中利用 SetFocus 方法实现。

仅当控件的 Visible 和 Enabled 属性均为 True 时,控件才能接收焦点。另外,某些控件不具有焦点,例如标签(Label)、框架(Frame)、时钟(Timer)、菜单(Menu)、图片框(PictureBox)、图像框(Image)、直线(Line)、形状(Shape)等。

窗体只有在其中的任何控件都不具有焦点时才能接收焦点。当窗体上有多个控件时,在同一时刻,有且只有一个控件具有焦点。当一个新的控件获得焦点时,原先具有焦点的控件即失去焦点。

按 Tab 键可使焦点从一个控件移到另一个控件,移动的顺序取决于控件的 TabIndex 属性值。TabIndex＝0 的控件首先获得焦点,其次是 TabIndex＝1 的控件,以此类推。按默认值规定,第一个建立的控件,其 TabIndex 属性值为 0,第二个为 1,以此类推。因此,按 Tab 键使焦点在控件之间移动的顺序通常和控件建立的顺序相同,若要改变顺序,可通过改变控件的 TabIndex 属性值来实现。

若将控件的 TabStop 属性设置为 False,则在程序运行中按 Tab 键时将跳过该控件,并按焦点的移动顺序把焦点移到下一个控件上。

注意:程序运行时,不可见或不可用的控件以及不能接收焦点的控件仍保持在 Tab 键顺序中,即仍然具有 TabIndex 属性,但在切换时系统会自动跳过这些控件。

15. 控件的默认属性

在 VB 中,把某个控件的最常用也是最重要的属性称为该控件的值或默认属性。表 2-3 列出了有关控件的默认属性。

表 2-3　部分控件的默认属性

控　件	默 认 属 性	控　件	默 认 属 性
标签	Caption	单选钮、复选框	Value
文本框	Text	列表框、组合框	Text
命令按钮	Value	图片框、图像框	Picture

对于默认属性,在使用时可省略该属性名,直接写控件对象名即可。例如,在例 2-2 中,若要改变文本框 txtDisp 的 Text 属性值为"欢迎使用 Visual Basic!",则下面两条语句是等价的:

txtDisp. Text＝ "欢迎使用 Visual Basic！"
txtDisp＝ "欢迎使用 Visual Basic！"

注意：

① 对象的属性相当于变量，因而不同的属性具有不同的数据类型，例如数值型、逻辑型或字符串型等。

② 以上只介绍了最常用的、具有共性的属性，还有大量的属性将在后面与有关控件一起介绍。

2.4.2　窗体

窗体是 VB 中最重要的对象，用于创建 VB 应用程序的用户界面或对话框。窗体如同一个大容器，在其上可以直观地建立应用程序所涉及的控件。例如，各种按钮、文本框、标签和图片框等。窗体显示出来时，它上面的控件是可见的；窗体移动时，它上面的控件随之移动；窗体隐藏时，它上面的控件也不可见。

在一个工程文件中应至少包含一个窗体，一般情况下会包含多个窗体。在程序运行阶段，每个窗体对应一个窗口。

下面介绍窗体的常用属性、事件和方法。

1. 属性

窗体的属性决定了窗体的外观和操作。

（1）基本属性

Name、Height、Width、Left、Top、Font、Enabled、Visible、ForeColor 和 BackColor 等都是窗体的基本属性。默认情况下，窗体名称（即 Name 属性值）为 Form1、Form2…。

（2）Caption（标题）属性

Caption 属性用来设置或返回窗体标题栏中显示的内容，以说明窗体的作用。当窗体被最小化为任务栏上的按钮时，标题将显示在按钮上。默认情况下，窗体标题为 Form1、Form2…。

（3）BorderStyle（边框风格）属性

该属性确定窗体的边框风格，共有 6 种。

- 0 —— None：窗口无边框，没有标题栏和控制菜单框。
- 1 —— Fixed Single：窗口为固定单线边框，包含控制菜单框、标题栏，程序运行时用户不能改变窗口的大小。
- 2 —— Sizable：默认值，窗口为可调整双线边框，包含控制菜单框、标题栏、最大化按钮和最小化按钮。
- 3 —— Fixed Dialog：窗口为固定双线边框，包含控制菜单框、标题栏，程序运行时用户不能改变窗口的大小。
- 4 —— Fixed ToolWindow：窗口为固定大小工具窗口，包含一个关闭按钮，标题栏字体缩小。
- 5 —— Sizable ToolWindow：窗口为可变大小工具窗口，包含一个关闭按钮，标题栏字体缩小。

（4）MaxButton 和 MinButton 属性（逻辑型）

当 MaxButton 属性为 True 时，窗体右上角有最大化按钮；当为 False 时，无最大化按钮。
当 MinButton 属性为 True 时，窗体右上角有最小化按钮；当为 False 时，无最小化按钮。

这两个属性只有当窗体的 BorderStyle 属性为 1 或 2 时起作用,且只能在属性窗口中设置。

（5）Icon 属性

在属性窗口中,单击该属性设置框右边的"…"（省略号）按钮,打开"加载图标"对话框,可选择一个适当的图标文件装入,运行时当窗体最小化后以该图标显示。

（6）ControlBox 属性（逻辑型）

该属性决定在运行时窗体中是否显示控制菜单,运行时为只读。

ControlBox 属性为 True,运行时窗体左上角有一个控制菜单框（默认值）。

ControlBox 属性为 False,运行时窗体左上角没有控制菜单框。

（7）Picture 属性

该属性用于设置或返回窗体上显示的图片。在属性窗口中,单击 Picture 属性设置框右边的"…"按钮,打开"加载图片"对话框,用户可选择一个图形文件装入,也可在程序代码中通过 LoadPicture 函数加载图形文件。例如:

```
Form1.Picture = LoadPicture("d:\image1.bmp")
```

（8）WindowState 属性

该属性确定窗体在运行时的显示状态,共有 3 种。

- 0 —— Normal：正常窗口状态,有窗口边界（默认值）。
- 1 —— Minimized：最小化状态,以图标方式运行。
- 2 —— Maximized：最大化状态,无边框,充满整个屏幕。

（9）AutoRedraw 属性（逻辑型）

该属性控制窗体上由绘图方法（如 Circle、Cls、Point 和 Print 等）构成的图形或输出结果在窗体被其他窗体遮挡或覆盖后,又返回该窗体时,系统是否自动重绘这些图形。若将 AutoRedraw 属性设置为 True,则系统自动重绘窗体上的所有绘图图形;若为 False（默认值）,则不自动重绘被覆盖掉的图形,此时若要重新展示这些图形,必须调用一些事件过程来执行这项任务。

2. 常用事件

窗体最常用的事件有 Click、DblClick、Load、Activate、Deactivate、Resize 和 Unload。

窗体的 Click 事件和 DblClick 事件较简单,读者通过下面的实例即可理解,这里主要介绍其他几个常用事件。

（1）Load 事件

当把窗体加载到内存工作区（例如启动应用程序）时,系统会自动触发该窗体的 Load 事件。通常,在 Load 事件过程中编写一些对窗体、控件的属性以及一些变量进行初始化的代码。

（2）Activate 事件和 Deactivate 事件

一个应用程序可能会有多个窗体,但在某一时刻只有一个窗体是活动的,称为当前活动窗口。当前活动窗口的特点是标题栏呈高亮度显示。

当一个窗体成为活动窗口时会触发 Activate 事件。Load 事件发生后,系统会自动产生一个 Activate 事件;程序运行时,用户单击某个窗体,或在程序代码中用 Show 方法显示窗体,或用 SetFocus 方法把焦点设置在某窗体上,都能使该窗体成为活动窗口,此时都会触发该窗体的 Activate 事件。使用 Activate 事件过程可以在窗体中显示输出,而 Load 事件过程是不能在窗体中显示输出的。

　　与 Activate 事件相对应,当一个窗体失去焦点成为非活动窗体时,会触发该窗体的 Deactivate 事件。

　　（3）Resize 事件

　　当一个窗体的大小被改变时,会触发该窗体的 Resize 事件。

3. 常用方法

　　窗体常用的方法主要有 Print(打印)、Cls(清除)、Move(移动)、Refresh(刷新)、Show(显示)、Hide(隐藏)。其中,Print、Cls、Move 方法将在 2.5 节介绍。窗体的 Show、Hide 方法将在 6.8 节介绍。

　　例 2-3 设计一个程序,在窗体中通过单击切换文字的显示以及更换窗体背景。

　　要求如下:

　　① 窗体无最大化按钮和最小化按钮,窗体背景色为白色。

　　② 在窗体的 Load 事件中对窗体的标题、字体大小、是否加粗、窗体前景色以及窗体显示的背景图等属性进行设置,而在窗体的 Activate 事件过程中用 Print 方法在窗体上显示"欢迎使用 Visual Basic!"。这样,程序一运行,即可在窗体上看到此行信息。

　　③ 当用户单击窗体时,窗体标题改为"鼠标单击",将窗体背景图清除,并在窗体上输出"VB 是功能强大的编程工具!"。

　　程序运行结果如图 2-13(a)和(b)所示。

(a) 窗体的 Load 和 Activate 事件运行结果　　　　　　(b) 窗体的 Click 事件运行结果

图 2-13　窗体示例的运行界面

　　根据题目要求,首先在属性窗口中将窗体的 MaxButton 和 MinButton 属性均设为 False,将窗体背景色设为白色。

　　程序代码如下:

```
'窗体的 Activate 事件过程
Private Sub Form_Activate()
    Form1.Print "欢迎使用 Visual Basic!"        '在窗体上输出需要的内容
End Sub
'窗体的 Click 事件过程
Private Sub Form_Click()
    Form1.Caption ="鼠标单击"                   '更改窗体标题显示内容
    Form1.Picture = LoadPicture("")            '将窗体背景图清除
    Form1.Print "VB 是功能强大的编程工具!"       '在窗体上输出需要的内容
End Sub
'窗体的 Load 事件过程
Private Sub Form_Load()
```

```
        Form1.FontSize = 16                  '设置字体大小
        Form1.FontBold = True                '设置字体加粗显示
        Form1.ForeColor = &HFF&              '设置窗体前景色为红色
        Form1.Caption ="Welcome you"         '更改窗体标题显示内容
        Form1.Picture=LoadPicture("d:\graphics\J0157191.wmf")   '设置窗体背景图
End Sub
```

2.4.3　标签

标签(Label)主要用来显示(输出)文本信息。标签还常用来给文本框、列表框、滚动条等一些没有标题(Caption)属性的控件对象添加注释文字,以标示它们的功能。

注意:标签不能作为输入信息的界面。也就是说,在标签控件中显示的内容只能用 Caption 属性来设置或修改,不能直接进行编辑。

标签常用的属性、事件和方法如下。

1. 属性

标签最常用的属性有 Name、Caption、Height、Width、Top、Left、Font、Enabled、Visible、Alignment、AutoSize、WordWrap、BorderStyle 和 BackStyle 等。

2. 事件

标签可以接受 Click(单击)、DblClick(双击)和 Change(改变)事件,但程序中很少使用这些事件。

3. 方法

标签常用的方法主要是 Move(移动)方法。采用 Move 方法,同时利用标签背景可设置为透明的特点,能够进行滚动字幕的设计。这将在 8.4.2 节中举例介绍。

4. 标签的应用

标签常用于输出文本信息。在标签中显示的文本是由 Caption 属性控制的,该属性既可在设计时通过属性窗口设置,也可在运行时用代码赋值。

例 2-4　设计一个程序,在窗体上利用两个标签控件制作阴影文字效果。

要求如下:

① 程序启动,在淡蓝底色的窗体上显示出黄色、不带阴影、带边框的文字"欢迎您的到来",如图 2-14(a)所示。

② 当用户双击窗体时,窗体上显示出黄色、带黑色阴影、不带边框的文字"欢迎您的到来",如图 2-14(b)所示。

(a) 黄色、不带阴影、带边框的文字　　　　　(b) 黄色、带黑色阴影、不带边框的文字

图 2-14　标签控件示例的运行界面

根据题目要求,设计步骤如下:

① 将窗体的背景色设为淡蓝色,将窗体的标题设为"阴影字体"。

② 在窗体上建立两个大小(其 Height 和 Width 属性相同)一样的标签控件 Label1 和

Label2，为产生阴影文字效果，这里主要将显示黄色文字的标签控件 Label1 和显示黑色文字的标签控件 Label2 进行错位叠加。它们的属性设置如表 2-4 所示。

表 2-4　标签控件属性设置

默认控件名 （Name）	标题 （Caption）	字体 （FontName）	字体大小 （FontSize）	边框样式 （BorderStyle）	背景样式 （BackStyle）	前景颜色 （ForeColor）	标签定位 （Left，Top）	可见性 （Visible）
Label1	欢迎您的到来	黑体	28	1	0（透明）	黄色	405，600	True
Label2	欢迎您的到来	黑体	28	0	0（透明）	黑色	450，555	False

③ 设计窗体的 DblClick 事件过程，程序代码如下：

```
Private Sub Form_DblClick()
        Label2.Visible = True          '使 Label2 控件显示，产生阴影效果
        Label1.BorderStyle = 0         '使 Label1 控件无边框
End Sub
```

2.4.4　文本框

文本框（TextBox）是一个文本编辑区域，用来处理与文本有关的内容，例如文本的输入、输出、编辑等。该控件对常用的文本编辑键 Del、Insert、BackSpace、PgUp、PgDn 都有反应。文本框可处理一行或多行文本，但一个文本框中的文本的字体、字形是统一的。

文本框常用的属性、方法和事件如下。

1. 属性

（1）基本属性

文本框最常用的属性有 Name、Height、Width、Top、Left、Enabled、Visible、FontName、FontSize、FontBold、FontItalic、FontUnderline 和 Alignment。

（2）Text（文本）属性

该属性用于返回或设置文本框中显示的文本信息。文本框没有 Caption 属性，而是利用 Text 属性来存放文本信息。在程序运行期间，VB 自动将用户通过键盘向文本框输入的文本信息保存在 Text 属性中。因此，在编程中，可通过访问文本框的 Text 属性来获得用户的输入值。

例如，为获得文本框 Text1 中所输入的内容，可通过以下语句实现：

```
Dim Str1 As String
Str1 = Text1.Text
```

若要在程序中清除文本框中的内容，可用以下语句实现：

```
Text1.Text=""
```

（3）MaxLength（最大长度）属性

该属性用于设置文本框所允许输入的最大字符数。其默认值是 0，表示对用户输入的字符数没有限制。若该属性为非 0 值，则表示用户可输入的字符数在该值范围内，对于超出的字符，系统不接受并发出嘟嘟声。需要注意的是，在 VB 中一个汉字的长度相当于一个英文字符。

（4）MultiLine（多行）属性

该属性为逻辑型，取值为 True 或 False，表示文本框正文是否允许多行显示。其默认值为 False，表示文本框只能输入或显示单行文本，不能自动换行。若将该属性设置为 True，则表

示文本框具有文字处理器的自动换行功能,可以输入或显示多行正文,如图 2-15 所示。

注意:MultiLine 属性值只能在属性窗口中设置,不能在程序中改变,即运行时只读。

(5) ScrollBars(滚动条)属性

该属性只有在 MultiLine 属性为 True 时才有效,主要用于为文本框添加滚动条。ScrollBars 属性有以下 4 种取值。

- 0——None:无滚动条。
- 1——Horizontal:加水平滚动条。
- 2——Vertical:加垂直滚动条。
- 3——Both:同时加水平和垂直滚动条(如图 2-16 所示)。

注意:

① 若给文本框添加了水平滚动条,则使文本框的水平编辑区域增大,这样文本框内的自动换行功能会自动消失,只有按 Enter 键才能换行。

② 当文本的内容一次能在文本框内显示完时,即使设置了滚动条,滚动条也不会出现。

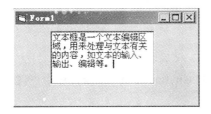

图 2-15　可以自动换行的文本框　　　　图 2-16　带滚动条的文本框

(6) PasswordChar(口令)属性

该属性将文本的显示内容全部替换为该属性所设置的字符。在实际的应用中,该属性常常与 MaxLength 属性配合使用,用于设计密码输入框。例如,若设置该属性值为星号(＊),则无论用户在文本框中输入什么字符,文本框只显示替代字符“＊”,从而避免别人看到输入的真实内容,起到保密的作用。

该属性的默认值为空字符串,表示用户可以看到输入的字符。

注意:PasswordChar 属性的设置不会影响文本框的 Text 属性值,只会影响 Text 属性在文本框中的显示方式。

(7) Locked 属性

该属性用于决定文本框是否可被编辑,默认值为 False,表示可编辑;当设置为 True 时,文本框中的内容不可编辑,成为一个只读的文本框,此时文本框相当于标签的作用。

(8) SelStart、SelLength 和 SelText 属性

在程序运行中,对文本内容进行选择操作时,这 3 个属性用来标识用户选中的文本(以反相显示),它们的含义如下。

- SelStart 属性:其值为非负长整型量,用于指定当前选中文本的起始位置,第一个字符的位置是 0。若当前未选中任何文本,则 SelStart 属性值为当前光标(插入点)的位置。
- SelLength 属性:其值为非负长整型量,用于设置或返回文本框中当前选中的文本长度。若没有文本被选中,则 SelLength 属性值为 0。
- SelText 属性:用来返回当前选中的文本内容(字符串)。在设置了 SelStart 和 SelLength 属性后,VB 会自动将选中的文本送入 SelText 存放。若没有文本被选中,

则 SelText 属性值为空串。此外,当给 SelText 属性赋一个字符串时,就用它来取代被选中的文本,若没有被选中的文本,则将这个字符串插入到当前光标所在的位置。

这 3 个属性一起使用,可完成在文本编辑中设置插入点及范围、选择字符串和清除文本等操作,并且经常与剪贴板一起使用,完成文本信息的剪切、复制及粘贴等功能。

注意:这 3 个属性只能在程序代码中设置或读取,不能在属性窗口中设置属性值。

例 2-5　在下面的窗体单击事件中,将选中文本框 Text1 中的所有文本,并用"This is a new text."代替它。

```
Private Sub Form_Click()
    Text1.SelStart = 0                    '从第一个字符开始反相显示
    Text1.SelLength = Len(Text1.Text)     '一直到文本末尾均反相显示
    Text1.SelText = "This is a new text." '用右边字符串代替选中的文本
End Sub
```

2. 事件

文本框所能响应的事件很多,其中,Change、KeyPress、GotFocus 和 LostFocus 是最重要的事件。

(1) Change(改变)事件

当文本框内的文本发生变化,从而改变文本框的 Text 属性时引发该事件。例如,当用户在文本框内输入一个字符时,就会引发一次该文本框的 Change 事件。因此,若用户输入 Basic 一词,就会引发 5 次 Change 事件。

(2) KeyPress(键盘按下)事件

当用户按下并且释放键盘上的一个 ANSI 键时,就会引发焦点所在控件的 KeyPress 事件,此事件会返回一个 KeyAscii 参数到该事件过程中。例如,当用户输入字符 A 时,返回 KeyAscii 的值为 65,通过使用函数 Chr(KeyAscii)可以将 ASCII 码转换为字符 A。

同 Change 事件一样,在文本框中每输入一个字符就会引发一次该文本框的 KeyPress 事件。在该事件过程中最常用的是判断输入字符是否为回车符(KeyAscii 的值为 13),它通常表示文本输入结束。例 2-7 就是该事件的具体应用。关于 KeyPress 事件更详细的介绍见 8.5.2 节中的内容。

(3) GotFocus(获得焦点)事件

当用户单击或按 Tab 键将焦点移到控件(如文本框、命令按钮等)上时,将触发该控件的 GotFocus 事件。

例如,通常在文本框获得焦点时全选其内容,以方便用户直接修改数据,这样只要对该文本框的 GotFocus 事件过程编写如下代码即可:

```
Private Sub Text1_GotFocus()
    Text1.SelStart=0
    Text1.SelLength=Len(Text1.Text)
End Sub
```

(4) LostFocus(失去焦点)事件

当一个对象失去焦点时,将引发失去焦点事件 LostFocus。焦点的丢失或者是由于按 Tab 键使焦点移到其他控件上,或者是由于用鼠标单击了其他控件或窗体。

在程序运行时,经常需要输入一些数据,数据输入的正确与否将直接影响到程序能否正常运行。因此,有必要对输入的数据进行合法性检验,过滤不合法的数据。

LostFocus 事件过程常用来对文本框中的数据(即 Text 属性值)进行校验,确认其是否合法。若输入内容不符合要求,则可在该事件中通过相关语句和方法(如 SetFocus 方法)禁止将焦点移交给下一个控件,以增强程序的容错能力。这种方法比在 Change 事件过程中检查更为有效。具体实现方法参见例 2-6。

3. 方法

文本框最有用的方法是 SetFocus(设置焦点),该方法是把光标移到指定的文本框中。若在窗体上建立了多个文本框,可以用该方法把焦点(即光标)定位在需要的文本框中。其语法格式为:

[对象名.] SetFocus

CommandButton(命令按钮)、CheckBox(复选框)、PictureBox(图片框)、ListBox(列表框)、窗体以及打印机对象(Printer)等控件也支持 SetFocus 方法。

4. 文本框的应用

文本框常用于应用程序的数据输入框或运行结果显示框,也可作为文本编辑框。

例 2-6　输入圆的半径,求圆的面积。程序界面如图 2-17 所示。

程序要求对输入的半径数据进行合法性检验,即必须是数值数据。当输入结束时,若半径是数值数据,则可求面积(即单击"计算圆面积"按钮实现),否则将显示错误信息(见图 2-18)、清除半径文本框中的内容,并使焦点重新回到输入半径数据的文本框中。有关控件的属性设置如表 2-5 所示。

图 2-17　计算圆的面积

图 2-18　输入数据错误提示框

表 2-5　控件属性设置

默认控件名	设置的控件名 (Name)	标题 (Caption)	文本 (Text)	文本可被编辑 (Locked)	作　用
Label1	lblInput	输入半径	无定义	无定义	提示信息
Label2	lblCircle	圆的面积	无定义	无定义	提示信息
Text1	txtInput	无定义	空白	False(可编辑)	输入半径数据
Text2	txtCircle	无定义	空白	True(不可编辑)	显示圆面积数据
Command1	cmdComp	计算圆面积	无定义	无定义	计算圆面积

程序代码如下:

```
Private Sub cmdComp_Click()
    Dim r As Single, s As Single
    r = Val(txtInput.Text)
    s = 3.14159 * r * r
    txtCircle.Text = Str(s)
End Sub
Private Sub txtInput_LostFocus()
```

```
        If Not IsNumeric(txtInput.Text) Then    '若输入的半径数据不是数值型数据
            MsgBox "输入数据错误,重新输入!"        '显示错误信息
            txtInput.Text=""                     '清除文本框中的内容
            txtCircle.Text=""
            txtInput.SetFocus                    '将焦点重新定位在输入半径文本框中
        Else
            cmdComp.SetFocus                     '将焦点定位在命令按钮上
        End If
    End Sub
```

说明：IsNumeric 函数用来判断某一表达式是否为数值型数据。若表达式为数值型,则函数 IsNumeric(表达式)的返回值为 True,否则为 False。

例 2-7 用 Enter 键充当 Tab 键。

要使对象获得焦点,可在对象上单击,或按 Tab 键把焦点移到此对象上。但当用文本框进行数据输入时,人们经常习惯用 Enter 键作为输入结束,并希望焦点会自动移到下一个待输入的文本框中。本例通过对文本框的 KeyPress 事件编写相应的事件过程实现此项功能。

假设图 2-19 是数据输入界面。用户在文本框中每输入一个符号,都会触发该文本框的 KeyPress 事件,此事件过程可以用参数获取键码的 ASCII 值,而 Enter 键的键码是 13。所以,根据题目要求的功能,可以对每个文本框的 KeyPress 事件编程。

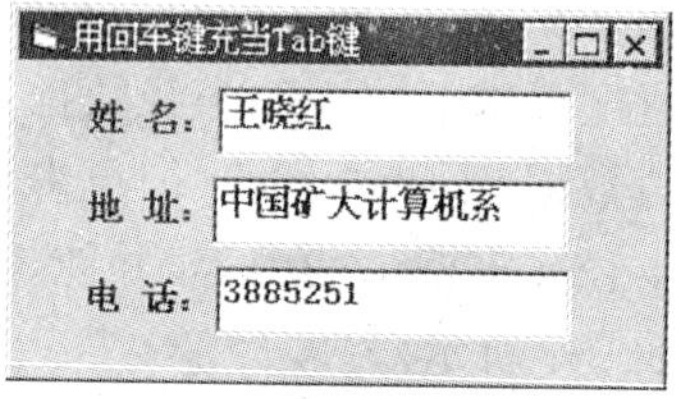

对 txtName 文本框的 KeyPress 事件编写代码：

图 2-19 数据输入界面

```
Private Sub txtName_KeyPress(KeyAscii As Integer)
        '当在 txtName 文本框中按 Enter 键时,光标(焦点)跳到 txtAddress 文本框
        If KeyAscii=13 Then txtAddress.SetFocus
End Sub
```

同理,可对 txtAddress 文本框和 txtTel 文本框的 KeyPress 事件分别编写代码：

```
Private Sub txtAddress_KeyPress(KeyAscii As Integer)
        '当在 txtAddress 文本框中按 Enter 键时,光标(焦点)跳到 txtTel 文本框
        If KeyAscii=13 Then txtTel.SetFocus
End Sub
Private Sub txtTel_KeyPress(KeyAscii As Integer)
        '当在 txtTel 文本框中按 Enter 键时,光标(焦点)跳到 txtName 文本框
        If KeyAscii=13 Then txtName.SetFocus
End Sub
```

例 2-8 用 Change 事件改变文本框的 Text 属性。

在窗体上建立一个命令按钮和 3 个文本框,其 Name 属性均取默认值,即 Command1、Text1、Text2、Text3,然后编写如下事件过程：

```
Private Sub Command1_Click()
        Text1.Text="Visual Basic 程序设计"
End Sub
Private Sub Text1_Change()
        Text2.Text=LCase(Text1.Text)         '将大写字母转换为小写字母
        Text3.Text=UCase(Text1.Text)         '将小写字母转换为大写字母
End Sub
```

程序运行界面如图 2-20 所示。程序运行后，单击命令按钮，则在第 1 个文本框中显示的是由 Command1_Click 事件过程设定的内容。此时，触发了 Text1 的 Change 事件，执行 Text1_Change 事件过程，分别在第 2、第 3 个文本框中用小写字母和大写字母显示 Text1 中的内容。

可见，使用 Change 事件过程可协调在各文本框控件中显示的数据或使它们同步。

图 2-20　例 2-8 的运行界面

2.4.5　命令按钮

在应用程序中，命令按钮（CommandButton）是最基本和最常用的控件对象。在程序执行期间，当用户选择某个命令按钮时，就会执行相应的事件过程，即执行某种特定的操作。命令按钮直观形象、操作方便，其事件过程编程简单。图 2-21 是命令按钮在一些应用程序中的外观。

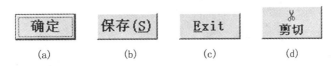

图 2-21　命令按钮外观样式示例

在程序运行时，常用以下方法选中命令按钮：

- 用鼠标单击。
- 按 Tab 键将焦点移到相应命令按钮上（此时命令按钮的标题四周会出现一个虚线矩形框，如图 2-21(a)所示），再按 Enter 键。
- 按快捷键（Alt＋带有下划线的字母），对于如图 2-21(b)和(c)所示的命令按钮，按 Alt＋S 键可选中"保存"按钮，按 Alt＋E 键可选中 Exit 按钮。设置快捷键的方法见下面的 Caption 属性介绍。

用户选中命令按钮，就表示要执行一条命令，但具体产生的动作则由相应的事件过程中的程序代码决定。命令按钮常用的属性、事件和方法如下。

1. 属性

（1）基本属性

命令按钮最常用的属性有 Name、Height、Width、Top、Left、Enabled、Visible、FontName、FontSize、BackColor 和 Index 等。

（2）Caption（标题）属性

该属性用于设置命令按钮的标题，即命令按钮上显示的文本。该属性可为命令按钮创建快捷键，其方法是，在设置 Caption 属性时，在作为快捷键的字母前加一个 &。例如，图 2-21(c)所示的命令按钮，E 是带有下划线的字母（快捷字母），其 Caption 属性值为 &Exit，当用户按下 Alt＋E 键时便可激活并操作该按钮。

（3）Style（风格）属性

该属性用于设置或返回命令按钮的显示类型和行为。Style 属性只能在属性窗口中设置，在运行时是只读的。

- 0——Standard（默认）：标准 Windows 风格命令按钮，按钮上不能显示图形。

- 1——Graphical：图形命令按钮，按钮上可以显示图形的样式，也能显示文字，从而使按钮图文并茂，更加形象直观，如图 2-21（d）所示。

若在 Picture 图片属性中选择了图片文件，则 Style 属性值必须为 1，否则无法显示图形。

（4）Picture（图片）属性

该属性用于为图形命令按钮装入一幅示意图，图片文件可以是扩展名为 .bmp 或 .ico 的文件。VB 中的图片文件存放在 VB 文件夹的 Graphic 子文件夹中。

该属性只有在 Style 属性设置为 1 时才有效。它既可以在属性窗口中设置，也可以在运行时由程序代码设置。

（5）ToolTipText（工具提示）属性

该属性用于设置当鼠标指针在控件上暂停时显示的提示性文本。VB 6.0 的大多数控件均有该属性，该属性一般与 Picture 属性同时使用，为图形命令按钮加简短文字说明其功能。在一些应用程序的工具栏中，当鼠标指针暂停于某个工具按钮上时，系统会自动显示该按钮的功能说明，其实现方法就是运用了该属性。

（6）Default（确认）属性

只有命令按钮支持 Default 属性。当 Default 属性值为 True 时，按 Enter 键就相当于单击该命令按钮。在一个窗体中只能有一个按钮的 Default 属性设置为 True，该按钮被称为窗体的默认按钮。当某按钮的 Default 属性值设置为 True 后，该窗体中的所有其他按钮的 Default 属性全部自动设置为 False。

（7）Cancel（取消功能）属性

当 Cancel 属性值为 True 时，按 Esc 键就相当于单击该命令按钮。若窗体中有多个命令按钮，只要用户设置了某个命令按钮的 Cancel 属性为 True（该按钮也被称为窗体的取消命令按钮），其他命令按钮的 Cancel 属性就会自动设置为 False，因为键盘上的 Esc 键只有一个。

（8）Value（检查按钮状态）属性

该属性在设计阶段无效，只能在程序运行期间设置或引用。Value 属性为逻辑型值，用于检测命令按钮是否被按下。若被按下，则返回 True，否则返回 False（默认值）。

在程序运行中，只要命令按钮的 Value 属性值为 True，便引发该按钮的 Click 事件转去执行其相应的程序。所以，Value 属性的一个重要用途是用于以程序方式来触发某命令按钮的 Click 事件。

例如，若要在窗体的单击事件程序中调用并执行命令按钮 Command2 的 Click 事件过程，则可以用如下语句来实现：

Command2. Value＝True

2. 事件

对于命令按钮来说，最基本也是最重要的事件就是单击。

3. 方法

同文本框一样，命令按钮最有用的方法也是 SetFocus（设置焦点），该方法设置指定的命令按钮获得焦点。获得焦点的按钮，其标题周围有一个虚线边框（见图 2-21（a）），此时按 Enter 键就相当于单击该按钮。

注意：在使用 SetFocus 方法之前，命令按钮必须是可见和可用的，即它的 Visible 属性和 Enabled 属性都为 True。

4. 命令按钮的应用

例 2-9   设计一个计算两数乘法的程序,程序界面如图 2-22 所示。其中,3 个文本框分别用于被乘数数据和乘数数据的输入、乘积数据的输出;单击"计算"命令按钮(或按 Alt＋C 键),则求两数的积;单击"清除"命令按钮(或按 Alt＋U 键),则清除 3 个文本框中显示的内容,并将焦点定在文本框 txtM1 上;单击"退出"命令按钮(或按 Alt＋E 键),则结束程序运行;5 个标签用于显示信息。

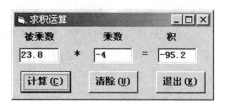

图 2-22 运行界面

对象属性设置如表 2-6 所示。

表 2-6 属性设置

默认控件名	设置的控件名 (Name)	标　题 (Caption)	文　本 (Text)	文本可被编辑 (Locked)	作　用
Label1	Label1	被乘数	无定义	无定义	提示信息
Label2	Label2	乘数	无定义	无定义	提示信息
Label3	Label3	积	无定义	无定义	提示信息
Label4	Label4	*	无定义	无定义	提示信息
Label5	Label5	=	无定义	无定义	提示信息
Text1	txtM1	无定义	空白	False(可编辑)	输入被乘数数据
Text2	txtM2	无定义	空白	False(可编辑)	输入乘数数据
Text3	txtProduct	无定义	空白	True(不可编辑)	显示求积结果数据
Command1	cmdCalculate	计算(&C)	无定义	无定义	计算两数乘积
Command2	cmdErase	清除(&U)	无定义	无定义	清除 3 个文本框中显示的内容,并将焦点定在 txtM1 上
Command3	cmdExit	退出(&E)	无定义	无定义	结束程序运行

程序代码如下:

```
'"计算"按钮的 Click 事件过程
Private Sub cmdCalculate_Click()
    Dim m1 As Single, m2 As Single
    m1 = Val(txtM1.Text)
    m2 = Val(txtM2.Text)
    txtProduct.Text = Str(m1 * m2)
End Sub
'"清除"按钮的 Click 事件过程
Private Sub cmdErase_Click()
    txtM1.Text = ""              '清空文本框
    txtM2.Text = ""
    txtProduct.Text = ""
    txtM1.SetFocus              '将光标定位于 txtM1
End Sub
'"退出"按钮的 Click 事件过程
Private Sub cmdExit_Click()
    End
End Sub
```

2.5　VB 的常用方法

关于 VB 中方法的概念，已在 2.2.2 节中进行了简单叙述。方法实际上是一种过程，但它是面向对象的，因此，方法是附着于对象的特殊过程。

方法大多是执行某种操作。从用户使用的角度来看，方法可以看作某种对象为完成某项任务而采取的措施。引用方法的语法格式也在 2.2.2 节中给出，即为：

[对象名.]方法　[参数列表]

这里介绍常用的方法，其他一些方法将在介绍相关对象时一起介绍。

2.5.1　Print 方法

Print 方法用于将文本输出到屏幕或打印机上。Print 方法调用的语法格式为：

[对象名.]　Print [{Spc(n)|Tab(n)}][表达式列表][;|,]

其中：

- 对象名：即输出对象，可以是窗体（Form）、图片框（PictureBox）或打印机（Printer）。若省略对象名，则把输出内容输出到当前窗体上。
- Spc(n) 函数：对输出进行定位。n 为一正整数，表示在输出下一个表达式之前插入 n 个空格。
- Tab(n) 函数：对输出进行定位。n 为一正整数，指定在第 n 列输出下一个输出项。
- 表达式列表：要输出的数值或字符串表达式，若省略，则输出一个空行。
- "；"：表示光标定位在上一个显示的字符后，即输出内容按紧凑格式输出。
- "，"：表示光标定位在下一个打印区的开始位置处，打印区每隔 14 列开始。

注意：

① Spc 函数与 Tab 函数的作用类似，可以互相代替。但应注意，Tab 函数从输出对象最左端开始计数，而 Spc 函数只表示两个输出项之间的间隔。

② 表达式列表开始打印的位置由输出对象的 CurrentX 和 CurrentY 属性决定，默认为输出对象左上角(0,0)。

例 2-10　用 Print 方法输出如图 2-23 所示的内容，注意 Tab 函数和 Spc 函数的用法。

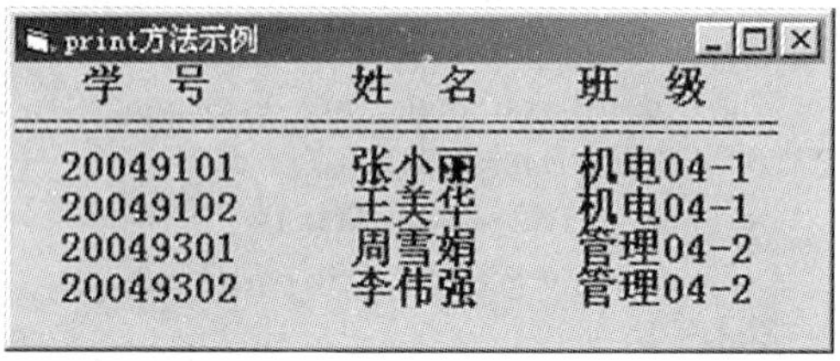

程序代码如下：

图 2-23　Print 方法示例程序

```
Private Sub Form_Load()
    Form1.Show
    Print Tab(4); "学 号"; Spc(6); "姓 名"; Tab(26); "班 级"
    Print "========================"
    Print Tab(3); "20049101"; Spc(5); "张小丽"; Tab(26); "机电 04－1"
    Print Tab(3); "20049102"; Spc(5); "王美华"; Tab(26); "机电 04－1"
    Print Tab(3); "20049301"; Spc(5); "周雪娟"; Tab(26); "管理 04－2"
    Print Tab(3); "20049302";                              '不换行
    Print Spc(5); "李伟强"; Tab(26); "管理 04－2"             '接上行显示
End Sub
```

说明：

① 将 Print 方法与循环语句结合使用，可输出许多有规律的简单图形，参见 4.4.3 节。

② 要在 Form_Load 事件过程中采用 Print 方法输出图形或数据，必须将窗体的 AutoRedraw 属性设置为 True，或先使用窗体的 Show 方法，例如此例。

例 2-11　利用 Print 方法将文本输出到打印机。

打印机（Printer）是系统对象，其属性有 ColorMode（单色还是彩色打印）、Copies（打印份数）、DeviceName（打印机驱动程序名）、FontCount（打印字体号）、FontName（打印字体名）、Page（当前页号）、PaperBin（送纸方式）、PaperSize（打印纸规格）、Port（打印机端口）、PrintQuality（打印质量）等。Printer 对象的属性应通过程序代码进行设置。

程序代码如下：

```
Private Sub Form_Click()
    Printer.FontSize=16
    Printer.Print "Visual Basic"
    Printer.FontUnderline=True
    Printer.Print "程序设计"
    Printer.EndDoc                 '结束打印
End Sub
```

使用 Printer 对象的 PrintPicture 方法，可将图像（.bmp、.ico、.wmf 等文件）打印输出。其详细使用方法请参考 VB 联机帮助。

2.5.2　Cls 方法

Cls 方法可以清除窗体（Form）或图片框（PictureBox）中由 Print 方法和图形方法在运行时显示的文本或图形。Cls 方法调用的语法格式为：

[对象名.] Cls

其中，对象名为窗体或图片框。默认为当前窗体。

注意：

① Cls 方法只清除运行时在窗体或图片框中显示的文本或图形，而对设计时定义的文本或图形不清除。

② Cls 方法使用后，被清除对象的 CurrentX、CurrentY（即绘图坐标，详见第 11 章介绍）属性值设置为 0、0。

例 2-12　窗体上有一个图片框（Picture1）和两个命令按钮。设计时的程序界面如图 2-24（a）所示，Picture1 控件的背景色为白色，前景色为红色。单击"显示"按钮，则在图片框中显示"欢迎使用 VB"，如图 2-24（b）所示；单击"清除"按钮，则清除图片框中的字符。

(a) 设计时的程序界面

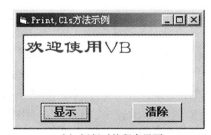

(b) 运行时的程序界面

图 2-24　"Print,Cls 方法示例"程序

程序代码如下:

```
'"显示"按钮的 Click 事件过程
Private Sub cmdDisp_Click()
    Picture1.FontName = "隶书"
    Picture1.FontSize = 22
    Picture1.Print "欢迎使用 VB"
End Sub
'"清除"按钮的 Click 事件过程
Private Sub cmdClear_Click()
    Picture1.Cls
End Sub
```

2.5.3 Move 方法

Move 方法用于移动窗体或控件,并可在移动时动态地改变对象的大小。Move 方法调用的语法格式为:

[对象名.] Move 左边距离 [,上边距离[,宽度[,高度]]]

其中:

- 对象名:可以是窗体及除时钟、菜单以外的所有控件。默认为当前窗体。
- 左边距离、上边距离:用于改变控件的位置。
- 宽度、高度:用于改变控件的大小。若省略宽度、高度参数,则在移动过程中保持对象大小不变。

例 2-13　Move 方法示例。程序设计时的界面如图 2-25(a)所示,窗体上有一个标签控件,显示"Merry Christmas!",带边框;还有两个命令按钮,命令按钮上分别有左上、右下指向图案。程序运行时,两个命令按钮的位置发生改变,如图 2-25(b)所示。单击"向左上方移动"按钮,标签控件向左上方移动,并且标签控件缩小;单击"向右下方移动"按钮,标签控件向右下方移动,并且标签控件放大。

(a) 设计时的程序界面

(b) 运行时的程序界面

图 2-25　Move 方法示例程序

根据题目要求,首先对标签控件的相关属性进行设置,例如 Caption、BorderStyle 以及字体等;对于命令按钮要将其 Style 属性设置为 1,然后设置其 Picture 属性。命令按钮上的图案,这里分别采用了图标文件 ARW10NW.ico 和 ARW10SE.ico,读者可以用 Windows 的"查找"功能找到其具体位置,或用其他示意图标文件代替。

程序代码如下:

'窗体的 Load 事件过程

```
Private Sub Form_Load()
    cmdLeft.Move 0, 0                    '将"向左上方移动"按钮移至窗体左上角
    cmdRight.Move Form1.ScaleWidth-cmdRight.Width, Form1.ScaleHeight-cmdRight.Height
                                         '将"向右下方移动"按钮移至窗体右下角
End Sub
'"向左上方移动"按钮的 Click 事件过程
Private Sub cmdLeft_Click()
    Label1.Move Label1.Left-50, Label1.Top-50, Label1.Width-30, Label1.Height-30
End Sub
'"向右下方移动"按钮的 Click 事件过程
Private Sub cmdRight_Click()
    Label1.Move Label1.Left+50, Label1.Top+50, Label1.Width+30, Label1.Height+30
End Sub
```

说明：窗体的 ScaleWidth 和 ScaleHeight 属性代表窗体的相对宽度和高度，即扣除了窗体的边框和标题栏，在绘图程序中经常用到，详见第 11 章。

2.6　VB 工程结构与工程管理

用户建立一个应用程序后，实际上 VB 系统已根据应用程序的功能建立了一系列的文件。这些文件的有关信息就保存在被称为"工程"（扩展名为 .vbp）的文件中，每次保存工程时，这些信息都要被更新。因此，VB 是使用工程来管理构成应用程序的所有文件的。在保存工程时，系统将把该工程的所有相关文件一起保存；在打开一个工程文件时，系统将把该工程文件中列出的所有文件同时装载。

2.6.1　VB 工程的结构

一个工程包括多种类型的文件，工程文件是与工程相关联的所有文件和对象以及所有设置环境信息的一个简单列表。表 2-7 给出了工程的构成。

表 2-7　一个工程可以包含的文件类型

文 件 类 型	扩展名	文 件 说 明
工程文件	.vbp	与该工程相关的所有文件和对象的清单
窗体文件	.frm	包含窗体及控件的属性设置；窗体级的常量、变量和外部过程的声明；事件过程和用户自定义的过程
窗体的二进制数据文件	.frx	若窗体上控件的数据属性含有二进制属性（如图片或图标），则当保存窗体文件时会自动产生同名的 .frx 文件
标准模块文件	.bas	该文件是可选的，包含模块级或全局级的常量、变量和外部过程的声明，以及用户自定义的、可供本工程内各窗体调用的过程
类模块文件	.cls	该文件是可选的，包含用于创建新的对象类的属性、方法的定义等
资源文件	.res	该文件是可选的，包含不必重新编辑代码就可以改变的位图、字符串和其他数据
ActiveX 控件文件	.ocx	该文件是可选的，可以将其所包含的可选控件添加到工具箱中并在窗体中使用

注意：由于工程文件只是与该工程相关的所有文件和对象的清单，并不真正包含相关的文件和模块本身，因此这些文件和对象也可供其他工程共享。但如果在一个工程中对窗体或模块做了改变，就会影响到共享该模块的其他工程。

2.6.2   工程管理

1. 创建、打开和保存工程

对于工程文件的操作，可以用菜单中的命令或与菜单命令对应的工具栏按钮实现。关于创建一个新的工程、打开一个已有的工程以及保存工程，已在 2.3 节中做了详细介绍，这里仅将"文件"菜单中的几个有关工程操作的命令进行简要介绍，如表 2-8 所示。

表 2-8   工程文件的操作

"文件"菜单中的命令	功 能 说 明
"新建工程"	创建一个新的工程。在创建一个新工程前系统会提示用户保存当前工作的工程文件，显示"新建工程"对话框，选择"标准 EXE"选项
"打开工程"	打开一个已有的工程，包括该工程文件中所列的窗体、模块等文件。在打开工程前系统会提示用户保存当前工作的工程文件
"保存工程"	以原有工程名保存当前工程文件及其所有窗体、模块等文件。当第一次保存工程时，系统会自动弹出"文件另存为"对话框，提示用户输入文件名保存当前工程的所有文件
"工程另存为"	用另一个文件名来保存当前工程
"生成工程 1.EXE"	将当前工程编译成可脱离 VB 环境直接能在操作系统下运行的可执行文件
"打印"	将当前工程的所有窗体图像或程序代码打印出来

2. 添加、移除和保存文件

对于简单的工程，一般只有一个窗体文件，如前面所举的例子。但在实际的应用程序设计中，经常要使用多个窗体文件、标准模块文件等。VB 允许在工程中随时添加或移除这些文件。

（1）向工程添加窗体或模块文件

选择"工程"菜单中的"添加窗体"或"添加模块"命令，系统显示添加对话框，其中有"新建"和"现存"两种选择。

注意：

① 当一个工程中含有多个窗体时，其多个窗体各自的 Name 属性必须互不相同。因此，若所添加的窗体是"现存"的，则在添加前必须保证添加的窗体名与当前工程已有的窗体名不能同名，否则系统显示"名称已使用"信息而不能添加成功。这时，必须将窗体改名后再添加。

② 在工程中添加文件时，只是简单地将对该现存文件的引用纳入工程，而不是添加该文件的副本。因此，如果更改文件并保存，这个更改会影响包含此文件的任何工程。如果想使这个文件的改变不影响其他工程，应将这个文件另外保存。具体操作为：先在工程资源管理器中选定该文件，再从"文件"菜单中选择"Form 另存为"命令；也可以将已有的窗体文件先复制成规定的文件名，再将复制的文件添加到当前工程中，这样对复制文件的改变不会影响其他工程。

（2）从工程中移除窗体或模块文件

先在工程资源管理器中选定要移除的文件，此时"工程"菜单中将显示移除对应的文件类型命令（命令动态变化），直接选择执行即可。

注意： 将文件从工程中移除后，该文件只是不再属于该工程，但是仍存在于硬盘上。如果从工程中移除了某个文件,在保存此工程时,VB 会更新此工程文件中的这个信息。但是,如果是在 VB 之外删除这个文件(例如在 Windows 的资源管理器中删除这个文件),VB 不能更新此工程文件,这样在打开该工程文件时,系统将显示找不到这个文件的错误信息,警告有一个文件丢失。

(3) 只保存窗体或模块文件

先在工程资源管理器中选定要保存的文件,此时"文件"菜单中将显示保存对应的文件类型命令(命令动态变化)。

若选择"保存文件"命令,则以原名保存文件;若第一次保存文件,则弹出"文件另存为"对话框;若选择"文件另存为"命令,则以一个新名保存文件。

注意:当工程中有多个窗体时,必须指定启动窗体。具体方法见 6.8.2 节中的内容。

2.6.3　环境设置

在 VB 中,针对不同的程序设计者提供了一些设置功能来调整最适合用户的程序开发环境。在 VB 6.0 中,环境的设置趋向于智能化,从而使程序设计者的工作轻松且效率高。选择"工具"菜单中的"选项"命令,弹出"选项"对话框,其中的各个选项卡供用户根据自己的需要进行设置。这里仅介绍一些常用的设置。

1. "编辑器"选项卡

在"选项"对话框中选择"编辑器"选项卡,显示内容如图 2-26 所示。该选项卡用于指定代码窗口和工程窗口的设置值,通过设置可使代码编写更加方便,对其中几个主要功能说明如下:

(1) 自动语法检测

当输完一条命令后按 Enter 键时,VB 系统会自动对此行代码进行语法检测。若该项功能选中,当出现语法错误时,就会弹出一个警告信息对话框,如图 2-27 所示。当取消该复选框后,不会出现警告信息对话框,只将错误代码行以红色显示。

(2) 要求变量声明

对于一个有良好编程习惯的程序员来说,应选中该复选框。选中该复选框后,对于新建的程序在模块文件的顶部会自动加入 Option Explicit 的声明,如图 2-28 所示。使用该功能所带来的好处将在 3.3.3 节中详述。

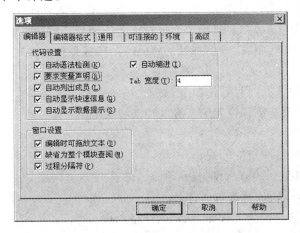

图 2-26　"编辑器"选项卡

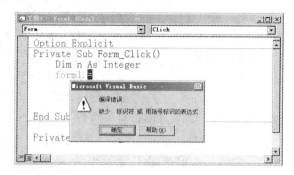
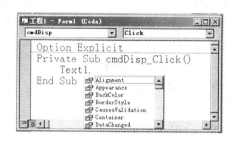

图 2-27　自动语法检测　　　　图 2-28　要求变量声明和自动列出成员

（3）自动列出成员

若选择此功能，当用户在程序中输入对象名和句点后，VB 系统会自动列出该对象在该运行模式下可用的所有成员（属性和方法），如图 2-28 所示。若用户输入属性或方法名的前几个字母，系统会自动检索并显示出需要的属性或方法，用户只要在列表框中选择所需的内容，按空格键或双击均可。

（4）自动显示快速信息

选择此功能后，在输入程序代码时，若要调用函数或过程，只要输入了合法的函数名或过程名，系统就会自动显示该函数或过程的语法格式，以提示用户正确地使用。图 2-29 显示的是 InputBox 函数的语法格式。第一个参数为黑体字，输入第一个参数后，第二个参数又出现，也是黑体。

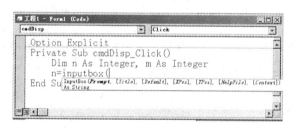

图 2-29　自动显示快速信息

（5）默认为整个模块查阅

若选择此功能，或在代码窗口左下角按下第 2 个按钮（全模块查看），可看到程序的所有过程。若不选中该复选框，一次只能显示一个过程。为了使程序编辑方便，应选中该复选框。若选中"过程分隔符"复选框，则各个过程间以分隔线隔开，效果如图 2-27 所示。

2．"通用"选项卡

在"选项"对话框中选择"通用"选项卡，如图 2-30 所示。该选项卡用于为当前的 VB 工程指定设置值、错误处理以及编译设置值。有关功能说明如下。

（1）窗体网格设置

此选项用于决定窗体网格的外观。

① 显示网格：决定是否在设计时显示网格。默认是显示网格，在设计模式可以看到网格点均匀分布在窗体上，以便放置控件时作为参数坐标。

② 宽度和高度：调整网格的间距，默认的网格单位是 twip（缇）。

③ 对齐控件到网格：自动将控件的外部边缘定位在网格线上。

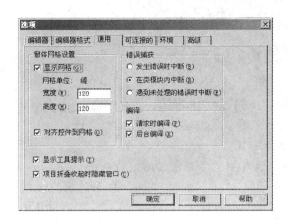

图 2-30 "通用"选项卡

（2）显示工具提示

此选项决定工具栏和工具箱各项显示工具提示。

（3）错误捕获

此选项决定在 VB 开发环境中怎样处理错误,并为后面所有的 VB 实例设置默认的错误捕获状态。一般选用默认的"在类模块内中断",将出错的程序代码行标出,这样对于程序的查错、改错较为方便。

（4）编译

此选项决定如何编译工程,其中的两个选项一般都选中。

本章小结

为便于理解 VB 应用程序的开发过程,本章首先简要介绍了 VB 的一些重要概念。

VB 采用了面向对象、事件驱动的编程机制。事件驱动程序是图形用户界面的本质,程序在特定事件产生时执行该特定事件对应的操作。跟传统的"过程化"应用程序不同,在事件驱动的应用程序中,代码不是按照预定的路径执行,而是在响应不同的事件时执行不同的代码片段。事件的顺序决定了代码执行的顺序。

对象是面向对象程序设计的核心,它是数据和对数据操作方式的综合体。对象具有属性和方法,并响应外部事件。属性、方法和事件是对象的三要素。属性是描述对象特征的数据;方法是对象要执行的动作;事件是预先定义好、能被对象识别的动作。

本章的重点是要掌握 VB 程序设计的基本方法和步骤。通常,创建 VB 应用程序需要完成界面设计和代码设计两大任务,主要包括设计程序的用户界面、设置对象的属性、对象事件过程的代码设计、保存工程、运行和调试程序以及创建可执行程序等步骤。

本章还介绍了基本控件属性,以及 VB 中窗体对象和 3 个常用控件对象(标签、文本框、命令按钮)的功能、常用属性、事件和方法。窗体是创建应用程序界面的基础,控件是构成 VB 应用程序界面的一些基本组成部件。

读者通过本章的学习,可以创建简单的 VB 应用程序。熟练地掌握本章内容是编写 VB 应用程序甚至是编写所有 Windows 应用程序的基础。

思考与练习题

一、选择题

1. 若对窗体重新命名，下列符号中，非法的窗体名有_____个。

① _aform　② 3frm　③ f_1　④ frm 5　⑤ f_1*　⑥ Print_Text　⑦ A♯Form

A. 2　　　　　　　　B. 3　　　　　　　　C. 4　　　　　　　　D. 5

2. 与传统的程序设计语言相比，VB 最突出的特点是_____。

A. 结构化程序设计　　　　　　　B. 程序开发环境

C. 事件驱动编程机制　　　　　　D. 程序调试技术

3. 有程序代码如下：

Command1.Caption="确定"

Command1、Caption 和"确定"分别代表_____。

A. 对象、值、属性　　　　　　　B. 值、属性、对象

C. 对象、属性、值　　　　　　　D. 属性、对象、值

4. 一个对象可执行的动作与可被一个对象识别的动作分别被称为_____。

A. 事件、方法　　　　　　　　　B. 方法、事件

C. 属性、方法　　　　　　　　　D. 过程、事件

5. 窗体的示意图标可用_____属性来设置。

A. Picture　　　　B. Image　　　　C. Icon　　　　D. MouseIcon

6. 要使 Print 方法在 Form_Load 事件中起作用，需要对窗体的_____属性进行设置。

A. BackColor　　　B. ForeColor　　　C. AutoRedraw　　D. Caption

7. 要使窗体在运行时不可改变窗体的大小，且没有最大化和最小化按钮，需要对_____属性进行设置。

A. Width　　　　B. MinButton　　　C. MaxButton　　D. BorderStyle

8. 下列说法中，错误的是_____。

A. 在 VB 窗体中，一个命令按钮就是一个对象

B. 事件是能够被对象识别的状态变化或动作

C. 不同的对象可以具有相同的方法

D. 事件都是由用户的键盘操作或鼠标操作触发的

9. 若窗体的名称属性为 Frm1，窗体上有一个命令按钮，其名称属性为 Cmd1，窗体和命令按钮的 Click 事件过程名分别为_____。

A. Form_Click()　　Command1_Click()　　B. Frm1_Click()　　Command1_Click()

C. Form_Click()　　Cmd1_Click()　　D. Frm1_Click()　　Cmd1_Click()

二、填空题

1. 在 VB 中，应用程序的运行有两种模式，分别是_____和_____。

2. 在 VB 中，事件过程的名字由 3 个部分构成，分别是对象名、下划线和_____。若用户单击了窗体 Form1，则此时将被执行的事件过程的名字是_____。

3. 为了使一个控件在运行时不可见，应将该控件的_____属性设置为_____。

4. 为了使标签控件能自动调整大小以显示其 Caption 属性的全部文本内容，应将该控件

的_____属性设置为 True。

5. 为了防止用户编辑文本框内的内容,应将该控件的_____属性设置为_____。

6. 若要求文本框能显示多行文字,应将该控件的_____属性设置为_____。

7. 若要求在文本框中隐藏用户输入的内容,应对该控件的_____属性进行设置。

8. 若要限制用户在文本框中输入字符的长度,应对该控件的_____属性进行设置。

9. 窗体上有两个文本框,其名称分别为 Text1 和 Text2,在设计阶段需要设置 Text1 的_____属性,并对 Text1 的_____事件编写事件过程,可使得在运行时,若在 Text1 中每输入一个字符,则显示一个“＊”,同时在 Text2 中显示输入的内容,如图 2-31 所示。其中,该事件过程的主要语句是_____。

10. 应用程序如图 2-32 所示,其中文本框的 SelLength 属性为_____,SelStart 属性为_____,SelText 属性为_____。

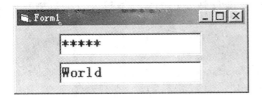

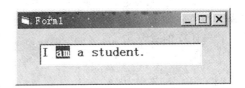

图 2-31　填空题第 9 题　　　　　　　　　图 2-32　填空题第 10 题

三、编程题

1. 对于对象的某些属性设置,除了可以在属性窗口中直接设置外,还可以通过代码设置,这些代码一般放在窗体的什么事件中? 例如,通过程序代码实现下列功能:要求程序一运行,窗体上的 Command1 按钮就定位在窗体的中央,如图 2-33 所示。请写出事件过程。

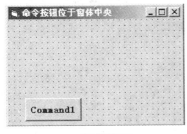

(a) 设计时界面　　　　　　　　　　(b) 运行时界面

图 2-33　编程题第 1 题

2. 设计一个程序,程序界面如图 2-34 所示。窗体上有一个图片框控件 Picture1,4 个命令按钮“春”、“夏”、“秋”、“冬”(名称属性分别为 Command1～Command4),要求程序运行时,若单击某个命令按钮,则在 Picture1 中显示一幅象征“春”、“夏”、“秋”、“冬”的图片(图片文件自己准备)。

四、问答题

1. 什么是面向对象的程序设计? 其特点是什么?

2. 简述对象、属性、事件、方法的概念,并用一个具体例子说明。

图 2-34　编程题第 2 题

3. 简述用 VB 开发应用程序的一般步骤。

4. 设置或修改对象的属性值有哪两种方法,具体如何设置? 属性窗口中的属性列表是否包含了一个对象的所有属性?

5. 窗体的 Caption 属性和 Name 属性有何不同?

6. 有一个红色的、充满氢气的气球,如果不小心松开手抓的引线,就会飞走;如果用针刺它,则会爆破。请问,对于气球对象,哪些是属性,哪些是事件,哪些是方法?

7. 简述事件驱动程序设计的设计原理。

8. 文本框的主要作用是什么? 标签和文本框的区别是什么?

9. 在 VB 6.0 中,命令按钮的显示形式可以有标准的和图形的两种选择,这通过什么属性来设置? 若选择图形的,需要通过什么属性来装入图形? 若已在规定的属性里装入了某个图形文件,但该命令按钮还是不能显示该图形,而只显示 Caption 属性设置的文字,怎样改正?

10. 当在某文本框输入数据后(按了 Enter 键),进行判断认为数据输入错,如何删除原来的数据? 如何使焦点回到该文本框重新输入?

11. 什么时候触发窗体的 Activate 事件?

12. 利用 VB 的帮助功能,查找一些关于窗体、标签、文本框或命令按钮的示例代码,试着将它们复制到你的代码窗口中,并完成必要的界面设计,然后运行程序,查看结果。

第 3 章　VB 语言基础

　　前面已经介绍了最简单的 VB 编程方法以及窗体和基本控件的使用,而语言及语法是程序设计的基础和根本,只有熟练掌握了一门程序设计语言的语法规则,才能编写真正有实用价值的 VB 程序。与任何程序设计语言一样,VB 规定了程序的书写规则、可用于编程的数据类型、基本语句、函数和过程等,本章先对 VB 编程需要的程序书写规则、数据类型、常量与变量、运算符与表达式以及 VB 常用的内部函数等基础知识进行详细介绍。

3.1　VB 程序的书写规则

　　书写一门程序设计语言的程序代码必须遵循该门语言的一些规则或约定,否则编写出的代码就不能被计算机正确识别,产生编译或运行错误。

　　1. VB 代码中不区分字母的大小写

　　为提高程序的可读性,VB 对用户输入的程序代码进行自动转换。

　　VB 系统自动把语句中所有的 VB 关键字(在 VB 程序中显示为蓝色的词)的首字母改为大写字母,把其余字母改为小写;若关键字由多个英文单词组成,则系统自动将每个单词的首字母改为大写。

　　关键字是 VB 系统本身所使用的词,是 VB 语言最重要的部分,也是构成 VB 程序的最基本要素。其中包括预定义的语句(如 End、If、Loop 等)、内部函数和操作符等。这些词都不能用于其他用途。

　　对于用户自定义的变量名、过程名,VB 系统以第一次定义的为准,以后输入的自动向首次定义的转换。

　　2. 语句书写自由

　　语句是构成 VB 程序的最基本成分。一个语句或者用于向系统提供某些必要的信息(如程序中使用的数据类型等),或者规定系统应该执行的某些操作。

　　① VB 程序是按行书写的。一个语句可写在一行上,如果一行代码太长,也可通过在行的末尾加上续行符(空格加下划线"_")而分写在多行上。例如:

```
Dim student_name As String,student_number,computer, _
english As Integer
```

　　注意:续行符后面不能加注释,也不能将变量名或属性名分割在两行上。通常,长语句可将续行符加在运算符的前后或逗号分隔符的后面。使用续行符后可使代码变得清晰易读。

　　② 在同一行上可书写多个语句,但语句之间需要用":"分隔。例如:

```
n=100:y$ ="Visual Basic":m=10
```

　　③ 一行允许多达 255 个字符。

3. 程序的注释有利于程序的维护及调试

为提高程序的可读性，用户可使用注释来说明自己声明某个变量、编写某个语句或建立某个过程的目的、功能和作用。注释部分（在程序代码中呈绿色）在程序运行时不被执行。VB 提供了以下方法给程序添加注释。

① 注释以 Rem 开头，也可以用"'"引导注释内容。用单引号引导的注释可直接出现在语句的后面。

例 3-1　用 Rem 引导注释内容。

```
Private Sub Form_Click()
    Rem 响应单击事件的过程
    Print "OK!"
End Sub
```

例 3-2　用"'"引导注释内容。

```
Private Sub Form_Click()
    '响应单击事件的过程
    Print "OK!"      '在窗体上显示"OK!"
End Sub
```

② 使用 VB 的"块注释/取消注释块"功能，可以非常方便地将若干行语句（或文字）设置为注释或取消注释。

设置注释块的方法是，先选中要加注释的语句行，然后单击"编辑"工具栏中的"设置注释块"按钮。取消注释块的方法是，先选中要取消注释块的注释行，然后单击"编辑"工具栏中的"解除注释块"按钮。

注意：若"编辑"工具栏没在窗口上显示，只要选择"视图"菜单中的"工具栏"子菜单，然后选择"编辑"命令即可。

在设计程序时添加适当的注释是一个良好的编程习惯。通常建议在以下情况添加一些注释：

① 声明一个重要变量，应该描述它的使用。
② 过程的定义，应该包括其功能、输入参数、输出值等内容的说明。
③ 对整个应用程序的说明，一般在应用程序的开头位置给出综述性文字，说明主要数据对象、过程、算法、输入/输出等。

3.2　VB 数据类型

描述客观事物的数、字符以及所有能输入到计算机中并被计算机程序加工处理的符号的集合称为数据。数据是计算机程序处理的对象，也是运算产生的结果。VB 具有强大的数据处理能力，具体表现就是 VB 程序不仅可以处理各种数制的数，而且具有丰富的数据类型。VB 提供了 11 种标准数据类型和一种自定义数据类型的方法。

3.2.1　标准数据类型

表 3-1 中列出了 VB 支持的标准数据类型，包括数据类型的名称、存储大小以及该类型数据的取值范围等。

表 3-1　VB 6.0 的标准数据类型

数据类型	名称关键字	类型符	约定前缀	占字节数	取值范围
字节型	Byte	无	byt	1	0～255
整型	Integer	%	int	2	−32 768～32 767
长整型	Long	&	lng	4	−2 147 483 648～2 147 483 647
单精度型	Single	!	sng	4	负数：−3.402 823E38～−1.401 298E−45 正数：1.401 298E−45～3.402 823E38 可表示最多 7 位有效数字的数
双精度型	Double	#	dbl	8	负数：−1.797 693 134 862 32D308～ 　　　−4.940 656 458 412 47D−324 正数：4.940 656 458 412 47D−324～ 　　　1.797 693 134 862 32D308 可表示最多 15 位有效数字的数
货币型	Currency	@	cur	8	−922 337 203 685 447.580 8～ 922 337 203 685 447.580 7
字符型	String	$	str	与字符串长度有关	0～65 535 个字符
逻辑型	Boolean	无	bln	2	True 或 False
日期型	Date	无	dtm	8	100 年 1 月 1 日～9999 年 12 月 31 日
对象型	Object	无	obj	4	任何对象引用
变体型	Variant	无	vnt	≥16 (根据需要分配)	数值型可达 Double 型的范围； 字符型可达变长字符串型的串长度

由表 3-1 可知,不同类型的数据所占用的存储空间不一样,选择使用合适的数据类型可以优化代码的速度和大小。另外,数据类型不同,对其处理的方法也不同,这就需要进行数据类型的说明或定义。只有在相同(相容)类型的数据之间才能进行操作,否则就会出现错误。

1. 数值(Numeric)数据类型

在表 3-1 中,前 6 种数据类型均可用来保存数值数据,使用时应根据需要选择适当的数据类型,以节省存储空间和提高程序运行速度。如果需要处理的数值超出了相应数据类型数据的取值范围,将产生"数据溢出"错误。

① Integer 型和 Long 型用于保存整数,整数占内存少、运算速度快、精确度高,但表示数的范围小。

② Single 型和 Double 型用于保存浮点实数,浮点实数表示数的范围大,但有误差。单精度浮点数的运算速度优于双精度浮点数,因此,能用单精度表达的数最好不要定义成双精度数。

③ Currency 型是定点实数,保留小数点右边 4 位和小数点左边 15 位。由于货币型的计算比双精度数和单精度数的计算精度更高,所以一般用于货币计算。

④ Byte 型用于存储二进制数。

所有数值型变量均可相互赋值。在将浮点数赋给整数之前,VB 自动将浮点数的小数部分四舍五入,而不是将小数部分去掉。但当小数位恰好是 0.5 时,则舍入到靠近它的偶数。

2. 字符(String)数据类型

String 类型用于存放字符型数据。其字符串是由多个字符组成的一个序列,可由各种 ASCII 字符和汉字组成。在 VB 中,一个字符串通常要用双引号括起来。例如:

"This is a book."

在 VB 中,字符串型变量可分为变长字符串和定长字符串两种。例如变量声明:

```
Dim Str1 As String          '声明 Str1 为变长字符串型变量
Dim Str2 As String * 20     '声明 Str2 为定长字符串型变量,可存放 20 个字符
```

说明:

① 字符串中所包含的字符个数称为字符串长度。在 VB 中,把汉字作为一个字符处理。变长字符串的长度通常不固定,由赋给它的值的长度来决定,随着对字符串型变量赋予新数据,其长度可增可减。

② 对于定长字符串,若赋给它的字符少于定长值,则不足部分由系统自动在右边补空格填满;若超过定长值,则多余部分被自动截去。

3. 日期(Date)数据类型

Date 类型数据用来表示日期和时间。Date 型变量按 8 个字节的浮点数格式来存储,可表示的日期范围从公元 100 年 1 月 1 日到 9999 年 12 月 31 日,可表达的时间范围从 0:00:00 到 23:59:59。

在 VB 中,日期型数据必须用"♯"号括起来,就像字符串型数据用双引号括起来一样,其标准格式有以下 3 种。

① ♯月/日/年♯ :用于表示日期。例如,♯3/18/2013♯ 。

② ♯时:分:秒 AM 或 PM♯:用于表示时间,AM 表示上午,PM 表示下午。例如,♯8:05:37 AM♯ 。

③ ♯月/日/年 时:分:秒 AM 或 PM♯:用于表示日期和时间两部分。例如,♯5/20/2013 21:08:00 PM♯ 。

说明:

① 除上述 3 种标准格式外,VB 也能识别下面一些非标准格式的日期。例如,♯January 1,1997♯、♯1 Jan,97♯、♯2012-5-20 10:28:00 PM♯、♯99,2,8♯、♯5/20/99♯ 等都是合法的日期型数据。不过,在输入这些非标准格式的日期后,VB 会自动将其转换为标准格式的日期。

② VB 不能识别包含"年、月、日"文字信息的日期格式。例如,♯2012 年 2 月 8 日♯ 就属于错误的日期型数据。

③ 当其他数据类型转换为日期型数据时,小数点左边的数字代表日期,小数点右边的数字代表时间;0 为午夜,0.5 为中午 12 点;负数代表的是 1899 年 12 月 30 日之前的日期。

4. 逻辑(Boolean)数据类型

Boolean 类型通常称为布尔类型或逻辑型。逻辑型变量主要用于表示逻辑判断的结果,其取值只有 True(真)和 False(假)两个值。

逻辑型数据可以与整型或长整型数据进行相互转换。当将一个整型或长整型数据赋给一个逻辑型变量时,0 转换为 False,非 0 数转换为 True。当将一个逻辑型数据赋给一个整型或长整型变量时,False 转换为 0,True 转换为 -1。

5. 对象(Object)数据类型

Object 类型数据主要以变量形式存在。Object 型变量通过 32 位(4 个字节)地址来存储,该地址可引用应用程序中的对象。在定义 Object 型变量后,可用 Set 语句将某一实际对象的对象名赋给该对象变量,以后就可以用对象变量名来代替实际的对象名,从而达到利用变量引

用对象的目的。例如:

```
Private Sub Form_Click()
    Dim objFrm As Object                    '定义一个 Object 型变量
    Set objFrm=Form1                        '将窗体对象的对象名赋给对象变量
    '利用对象变量引用实际对象
    objFrm.Caption="对象变量引用实际对象测试"
End Sub
```

6. 变体(Variant)数据类型

Variant 类型是一种特殊的数据类型,是所有未定义的变量的默认数据类型的定义,除定长 String 类型和用户自定义类型的数据以外,它可以保存任何其他类型的数据,其数据类型还可根据上下文的变化而变化,是一种万能的数据类型。这也是 VB 智能性的表现。

另外,Variant 型变量还可保存以下 4 种特殊的数据。

* Empty(空值):表示未指定确定的数据。
* Null(无效):表示数据不合法。
* Error(出错):指出过程中出现了一个错误条件。
* Nothing(无指向):表示数据还没有指向一个具体的对象。

注意:一个变体型变量被定义后,在没有给它赋值时,其所含的值为 Empty(空值)。

要检测变体型变量中保存的数据究竟是什么类型,可用 VarType 函数进行检测,其返回值(整数)与数据类型的关系如表 3-2 所示。

表 3-2　用 VarType 函数检测数据类型

内 部 常 数	VarType 返回值	数 据 类 型
vbEmpty	0	空(Empty)
vbNull	1	无效(Null)
vbInteger	2	整型(Integer)
vbLong	3	长整型(Long)
vbSingle	4	单精度型(Single)
vbDouble	5	双精度型(Double)
vbCurrency	6	货币性(Currency)
vbDate	7	日期型(Date)
vbString	8	字符型(String)
vbObject	9	OLE 自动化对象(OLE Automation Object)
vbError	10	错误(Error)
vbBoolean	11	逻辑型(Boolean)
vbVariant	12	变体数组(Variant)
vbDataObject	13	非 OLE 自动化对象(Non OLE Automation Object)
vbByte	17	字节型(Byte)
vbArray	8192	数组(Array)

说明:尽管变体型变量提高了程序的适应性,但却降低了程序的运行速度,因此,对类型能具体化的变量最好不要定义为变体型。

3.2.2　自定义数据类型

除标准数据类型外,VB 还允许用户根据需要自己定义数据类型。自定义类型必须先通过 Type 语句定义后才能使用。其语法格式为：

Type 自定义类型名
　　元素名 1[(下标)] **As** 类型名
　　元素名 2[(下标)] **As** 类型名
　　　⋮
　　元素名 n[(下标)] **As** 类型名
End Type

其中：

- 自定义类型名：要定义的数据类型的名字，应是合法的标识符。
- 元素名：表示自定义类型中的一个成员。
- 下标：表示成员可以是数组类型。
- 类型名：可以是任何标准类型，也可以是已定义的用户自定义类型。

例如，下面定义了一个学生成绩管理信息的数据类型：

```
Type StudCJType
    iNo As Integer                  '学号
    strName As String * 20          '姓名
    strSex As String * 1            '性别
    sMark(1 To 4) As Single         '4 门课程成绩
    sTotal As Single                '总分
    fTag As Boolean                 '奖惩标志
End Type
```

用户自定义类型是由若干不同类型、互有联系的数据项组成的，便于整体处理这类数据，特别适合于数据库应用程序，常被称为"记录类型"。

用户一旦在窗体模块或标准模块的"通用声明"处用 Type 语句定义了自定义类型，就可以在变量声明时像使用标准数据类型那样使用该类型了。例如，可以在某过程中声明变量如下：

```
Dim StudRecord As StudCJType
```

对用户自定义类型的变量进行存取时，必须采用"变量名.元素名"形式来访问它的元素，就像控件的属性一样。例如：

```
StudRecord.iNo=9801
StudRecord.strName="李晓强"
StudRecord.sMark(1)=95
StudRecord.fTag=True
```

注意：自定义类型的定义必须放在标准模块或窗体模块的"通用声明"处。若放在标准模块中，前面可用 Public 或 Private 修饰，默认是 Public；若放在窗体模块中定义，前面只能用 Private 修饰。

3.3　常量与变量

计算机在处理数据时，必须将数据装入内存。在机器语言和汇编语言中，系统借助于内存单元编号（即内存地址）来访问其中的数据。而在高级程序设计语言中，需要将存放数据的内存单元命名，并通过内存单元名称来访问其中的数据。具有名称代号的内存单元就是变量或常量。

3.3.1　标识符

在编程时,需要声明和命名许多元素(例如常量名、变量名、通用过程名等),标识符就是标识这些元素的符号。标识符的命名规则如下:

①　标识符必须以字母、汉字开头,由字母、汉字、数字或下划线组成。

②　标识符的长度不能超过 255 个字符,控件、窗体、类和模块的名字不能超过 40 个字符。

③　标识符不能与 VB 的关键字同名。

④　VB 不区分变量名的大小写,如 ABC、abc、aBC 等都被认为是相同的变量名,为便于区分,一般变量的首字母用大写字母,其余用小写字母表示,而常量全部用大写字母表示。

⑤　为增加程序的可读性,可在变量名前加一个表明其类型的前缀(见表 3-1),例如 strName、intCount、dtmYear 等。

3.3.2　常量

常量在程序执行期间其值始终保持不变。VB 中的常量有 3 种,即文字常量、符号常量和系统常量。

1. 文字常量

VB 中的文字常量包括数值型常量、字符型常量、逻辑型常量和日期/时间型常量。

(1)数值型常量

一般的数值型常量由正/负号、数字和小数点组成,正数的正号可以省略。VB 中的数值型常量有整型数、长整型数、定点数、浮点数 4 种表示方式。

①　整型数:VB 整型数有 3 种,即十进制整型数、八进制整型数和十六进制整型数。

- 十进制整型数的表示形式与人们日常使用的形式基本相同,可以带正号和负号。数的范围是 $-32\,768 \sim +32\,767$。例如,123、-225、$+3097$。

- 八进制整型数由数字 $0 \sim 7$ 组成,前面加前缀 &O。数的范围是 $\&O0 \sim \&O177777$。例如,&O137(相当于十进制数 95)、&O4567(相当于十进制数 2423)。

- 十六进制整型数由数字 $0 \sim 9$ 及英文字母 $A \sim F$ 组成,前面加前缀 &H。数的范围是 $\&H0 \sim \&HFFFF$。例如,&H137(相当于十进制数 311)、&H12AF(相当于十进制数 4783)。

VB 中的八进制数和十六进制数都是无符号整数。

②　长整型数:VB 长整型数有 3 种,即十进制长整型数、八进制长整型数和十六进制长整型数。其表示形式均同整型数,只不过可表示的数的范围扩大了。

注意:在程序中用八进制或十六进制形式表示的整数、长整数需要输出时,系统将自动把它们转换成十进制数形式输出。

③　定点数:定点数是正的或负的带小数点的数,例如 1.234、-0.345。货币型数也是定点数,例如 345.789@。

④　浮点数:在计算机程序中,很大或很小的数通常以浮点数形式表示。浮点数分为单精度浮点数和双精度浮点数。浮点数由尾数、E(或 D)和指数 3 个部分组成。例如,$+1234.56E+123$、$+0.23456E-120$、$-9.654E6$、$-1234.56D+123$。字母 E(单精度)或 D(双精度)代表乘上 10 的幂次;尾数是实数;指数是整数。数的范围如 3.2.1 节所述。

注意:在书写浮点数时,E(或 D)前面的尾数和后面的指数均不能省略。例如,$E-5$、1E

都是非法的浮点数。

（2）字符型常量

把一串字符用双引号括起来，就构成了一个字符型常量。例如，"欢迎使用 Visual Basic"、"计算机世界"、"3.14159"、"♯6/20/2013♯"等都是合法的字符型常量。

注意：如果在一对双引号中无任何字符，称为空字符串，用""表示，而"　"表示含有一个空格字符的字符串，两者不同。

（3）逻辑型常量

逻辑型常量只有两个取值，即 True 和 False。

（4）日期/时间型常量

日期/时间型常量必须用"♯"括起来。例如，♯5/18/2000♯、♯3/17/2013 11:02:00AM♯。

说明：为显式地说明常量的数据类型，也可在数值常量后面加上类型符。例如，234♯、3456&、3.011!、55555♯、45@。其含义见表 3-1。

2. 符号常量

如果用一个符号代表一个具体的常量值，则该符号称为"符号常量"。引用符号常量可简化程序的输入，便于程序员记忆一些复杂的常量，并且便于程序的修改和阅读。

符号常量的声明可用 Const 语句，其语句格式为：

[Public|Private] Const 符号常量名 [As 类型]＝表达式

其中：

- 若增加 Public 选项（只能在标准模块中用），则被说明的常量可在整个应用程序中使用；若增加 Private 选项，则常量只能在说明的范围内（窗体级或过程内）使用。
- 符号常量名：符号常量名是合法的标识符，一般使用大写，尽量选择有意义的名称。
- As 类型：用于指定符号常量的数据类型，也可以在符号常量名后加类型符。若省略该选项，则数据类型由表达式决定。
- 表达式：可以是文字常量、已定义的符号常量名以及运算符组成的表达式（不能使用函数）。

例如：

```
Const PI As Single＝3.14159      'PI 是单精度型符号常量
Const Max＝130                  'Max 是整型符号常量
Public Const Country$ ＝"CHINA"   'Country 是字符型符号常量
Const BIRTHDAY＝♯3/15/1971♯      'BIRTHDAY 是日期型符号常量
Const PI2＝PI * 2               'PI2 是单精度型符号常量
```

Const 语句可同时定义多个符号常量，各符号常量之间用逗号隔开。例如：

```
Const Max＝130, Min＝10, PI＝3.14159
```

3. 系统常量

除用户自己通过声明建立的符号常量外，VB 还在其系统内部定义了许多具有专用名称和作用的符号常量，称为系统常量。在使用程序代码为窗体及各种控件的某些属性赋予新的取值时，就可以直接使用相应的系统常量。系统常量位于对象库中，在"对象浏览器"的 VB、VBA 等对象库中列举了 VB 的常量，这些系统常量大多以小写"vb"开头。例如，vbCrLf 等于 Chr(13)＋Chr(10)，代表回车换行。

其他提供对象库的应用程序，例如 Microsoft Excel 和 Microsoft Project，也提供了常量列表。在每个 ActiveX 控件的对象库中也定义了常量。因此，为避免不同对象库中的同名常量相互混淆，可使用两个小写字母前缀将它们限定在相关对象库中。例如：

- vb 表示 VB 和 VBA 中的常量。
- xl 表示 Excel 中的常量。
- db 表示 Data Access Object 中的常量。

使用系统常量，可使程序易于阅读和编写。VB 6.0 提供了颜色常量、控件常量、窗体常量、绘图常量、图形常量、键码常量等 32 类近千个系统常量，用户通过 VB 联机帮助即可查找和使用它们。

例如，标签的 Alignment（对齐）属性可接受如表 3-3 所示的常量。

表 3-3　Alignment 常量

常　　量	值	描　　述
vbLeftJustify	0	居左
vbRightJustify	1	居右
vbCenter	2	居中

在程序中若使用语句 Label1. Alignment＝vbCenter，将标签中的内容设置为居中显示，显然要比使用语句 Label1. Alignment＝2 易于阅读。

3.3.3　变量

变量是指在程序运行过程中其值可以发生变化的量。

变量有两个特性，即变量名和数据类型。变量名用于在程序中标识变量和使用变量的值，数据类型决定变量中能保存哪种数据以及可进行哪些运算。

1. 变量名

变量名是一个合法的标识符，且不能与窗体名、控件名重名。此外，变量名应当取容易理解和记忆的符号，还可以给变量名加前缀（见表 3-1）来表明其数据类型。例如，可取名 intNum 或 intNumber 表示整型变量。

2. 变量的声明

任何变量都属于一定的数据类型，数据类型决定计算机如何存储变量。所以，在使用变量前，一般必须先声明变量名及其数据类型，这样系统会在内存中为其分配相应的存储单元，并使用变量名来访问该存储单元。

（1）用 Dim 语句显式声明变量

Dim 语句的格式为：

Dim 变量名［As 类型］［，变量名［As 类型］］…

其中，［As 类型］方括号部分表示该部分可以省略。当省略"As 类型"部分时，系统默认声明的变量是变体型。为方便定义，可在变量名后直接加上类型符来代替"As 类型"。例如：

　　Dim sngRe As Single, intKy As Integer　　'声明 sngRe 为单精度型，intKy 为整型

等价于

　　Dim sngRe!, intKy%　　　　　　　　　'注意：变量名与类型符之间不能有空格

又如：

```
Dim strName As String              '声明 strName 为不定长字符串
Dim strAddress As String * 50      '声明 strAddress 为长度 50 的定长字符串
```

注意：

① 试图用"Dim X,Y,Z As Integer"语句来声明 X、Y、Z 均为整型变量是错误的，因为这实际上只说明了 Z 为整型变量，而 X、Y 省略了类型定义部分，被认为是变体型。所以，要声明 X、Y、Z 均为整型变量，可用下列声明语句：

```
Dim X As Integer, Y As Integer, Z As Integer
```

或

```
Dim X%, Y%, Z%
```

② 声明一个变量后，系统自动为该变量赋予一个初始值。若变量是数值型，则初始值为 0；若为 String 型，则初始值为空串；若为 Boolean 型，则初始值为 False；若为变体型，则初始值为空值（Empty）。

③ 除了可以用 Dim 语句声明变量外，还可以用 Static、Public、Private 等关键字声明变量，这涉及变量的作用域问题，将在 6.5 节中介绍。

（2）用类型说明符隐式声明变量

隐式声明变量是指在变量名后加上一个用于规定变量类型的说明字符来声明变量的类型。形式为：

变量名类型符

注意：这里的变量名与类型符之间不能有空格。

例如，在下面的窗体单击过程中，用类型符隐式声明变量 Num 和 Country1 分别为整型和字符型：

```
Private Sub Form_Click()
    Num% = 10
    Country1$ = "China"
    Print Num, Country1
End Sub
```

（3）Option Explicit 语句

未声明类型而使用的变量，系统一律按变体型处理。在给它赋值之前，其值为 Empty；在给它赋值后，会采用所赋值的类型作为其类型。

由于变体型变量要占用较多的内存，并影响程序运行的效率；当程序很大或较复杂时，未声明类型的变量使用起来往往会造成程序出错，而且这种错误不能利用编译系统检查出来，给程序员调试程序带来困难。因此，变量在使用之前，最好先用变量声明语句声明其类型。用户可在窗体或模块的"通用声明"处加入 Option Explicit（强制显式声明变量）语句强制程序员显式说明所有变量，如图 3-1 所示。这样，系统将检查模块中所有未加显式说明的变量，一旦发现有这样的变量存在，就会产生一个出错信息，提示用户改正错误。用这种方法

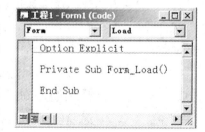

图 3-1　强制显式声明变量

还可由系统自动检测出用户书写程序时变量名的拼写错误。

Option Explicit 语句可使用以下方法人为地输入：

首先打开代码窗口，从"对象"列表中选择"(通用)"，从"过程"列表中选择"(声明)"，然后在代码框中输入：

Option Explicit

如果是新窗体或模块，则可以通过设置 VB 环境，让 VB 自动将 Option Explicit 语句添加到窗体或模块中，具体操作见 2.6.3 节。

3.4　运算符与表达式

运算是对数据进行加工的过程，描述各种不同运算的符号称为运算符，而参与运算的数据称为操作数。为方便用户在开发应用程序中能进行算术运算、逻辑运算等操作，VB 提供了丰富的运算符。这些运算符可分为算术运算符、关系运算符、逻辑运算符和字符串运算符 4 类。

由变量、常量、函数和运算符以及圆括号按一定规则组成的一个有意义的字符序列就是表达式，用来表示某个求值规则。每个合法的表达式都有一个唯一确定的值，其值的类型由操作数和运算符共同决定。所以，与运算符相对应，表达式也有算术表达式、关系表达式、逻辑表达式、字符串表达式和日期表达式 5 种。

3.4.1　算术运算符与算术表达式

1. 算术运算符

VB 的算术运算符有 8 种，如表 3-4 所示。其中，"—"运算符在单目运算（单个操作数）中作取负运算，在双目运算（两个操作数）中作算术减运算，其余算术运算符均为双目运算符。运算优先级表示当进行混合运算时先执行哪个操作。表 3-4 就是按优先级次序排列算术运算符的（设变量 N 为整型，值为 2）。

表 3-4　算术运算符

运算符	含　义	优先级	例	结　果
^	乘方	1	N^3	8
—	取负	2	—N	—2
*	乘	3	3 * N * N	12
/	除	3	7/N	3.5
\	整除	4	7\N	3
Mod	取余（取模）	5	7 Mod 2	1
+	加	6	8+N	10
—	减	6	N—12	—10

2. 算术表达式

用算术运算符和圆括号将操作数连接起来的式子称为算术表达式。操作数可以是常量、变量或函数等，使用圆括号来改变运算次序。例如：

$X+(A/3)+(X+Y)^2-5.5 \text{ Mod } 2$

$a * b/(c * d)$

$3.14159 * r^2$

$(-b+\text{Sqr}(b^2-4 * a * c))/(2 * a)$

　　以上都是合法的算术表达式。其中，Sqr 是 VB 提供的求平方根函数，将在 3.5.1 节中介绍。

　　算术表达式的运算结果是一个数值，其类型由数据和运算符共同决定。

　　说明：

　　① VB 允许不同数据类型的操作数出现在同一表达式中，系统将自动进行数据类型的转换。VB 规定运算结果的数据类型以精度高的数据类型为准。即：

Integer＜Long＜Single＜Double＜Currency

　　但当 Long 型数据与 Single 型数据运算时，结果为 Double 型数据。

　　② 除（/）运算的操作数可以是整数或浮点数，运算结果的类型总是 Double 型。例如：

17/5　　　　结果是 3.4
3.6/1.8　　　结果是 2　　（尽管输出结果显示是 2，但仍是 Double 型数据）
19/2.5　　　结果是 7.6
10/3　　　　结果是 3.333 333 333 333 33

　　③ 整除（\）运算时，一般要求操作数为整数。若操作数中有浮点数，则先对小数部分按四舍五入的原则进行处理，然后再进行整除。例如：

9\4　　　　　结果是 2
31.77\5.8　　　结果是 5

　　④ 取模（Mod）运算就是求两个数相除后的余数。若操作数均为整数，则直接进行运算；若操作数中有浮点数，则要先对其小数部分按四舍五入的原则进行处理，再进行运算。运算结果的符号取决于左操作数的符号。例如：

24 Mod 7　　　　结果是 3
31.77 Mod 5.8　　结果是 2
8.6 Mod 3　　　　结果是 0
－5 Mod 2　　　　结果是－1
－5 Mod －2　　　结果是－1
5 Mod －2　　　　结果是 1

　　注意：书写时两个操作数与 Mod 之间要留有空格。

　　⑤ 当进行除（包括整除）运算除数为 0 时，或进行乘方运算指数为负而底数为 0 时，都会产生算术溢出的错误信息。

3.4.2　字符串运算符与字符串表达式

1. 字符串运算符

　　字符串运算符有两个，即"＋"和"&"，作用都是将两个字符串连接起来，得到一个较大的字符串。例如：

"面向对象" ＋ "程序设计语言"　　结果是"面向对象程序设计语言"
"Visual" & " Basic"　　　　　　结果是"Visual Basic"

　　注意：

　　① 字符串运算符"＋"和"&"的区别。

　　"＋"运算符两边的操作数若均为字符型，则进行字符串连接；若均为数值型则进行算术运算；若一边为字符型另一边为数值型，则系统自动将字符串转换为数值进行算术运算；若系统无法将该字符串转换为数值，则出错。例如：

"1234" ＋ 5　　　　　　　结果是 1239
"1234" ＋ "5"　　　　　　结果是"12345"
"Basic" ＋ 5　　　　　　　运行时出错

"＆"运算符两边的操作数不管是字符型还是数值型，在进行连接操作前，系统先将操作数转换成字符型，然后再连接。例如：

"Basic" ＆ 5　　　　　　　结果是"Basic5"
"1234" ＆ 5　　　　　　　结果是"12345"
"1234" ＆ "5"　　　　　　结果是"12345"

② 在字符型变量后使用运算符"＆"时要注意，因为符号"＆"还是长整型的类型符，因此要在变量和运算符"＆"之间加一个空格。

2. 字符串表达式

用字符串运算符和圆括号将字符串连接起来的式子称为字符串表达式。例如：

"计算机" ＋ "基础教育"
"abcd" ＋ " efg" ＋(23 ＆ "xyz")

以上都是合法的字符串表达式。

说明：

① 在 VB 中，"＋"既可用作加法运算符，也可用作字符串连接运算符；而"＆"专门用作字符串连接运算符。在某些情况下，"＆"比"＋"可能更安全。

② 对于前面已列举的一些表达式例子，读者可通过使用窗体的 Print 方法直接在窗体上看到运算结果。

3.4.3　关系运算符与关系表达式

关系运算也称为比较运算，作用是针对关系运算符两边的操作数进行比较，若符合运算符所定义的关系，则返回值为 True；否则返回 False。操作数可以是数值型、字符型。在 VB 中，True 用－1 表示，False 用 0 表示。

1. 关系运算符

VB 提供了 6 种关系运算符（均为双目运算符），如表 3-5 所示。

表 3-5　关系运算符

运算符	含　义	例	结　　果
＝	等于	"abc"＝"ABC"	False
＞	大于	"ABC"＞"ABD"	False
＞＝	大于等于	"BCD"＞＝"BCA"	True
＜	小于	23＜5	False
＜＝	小于等于	"123"＜＝"34"	True
＜＞	不等于	"abc"＜＞"ABC"	True

2. 关系表达式

关系表达式就是用关系运算符把两个比较对象连接起来的式子。比较对象可以是变量、常量、函数和表达式。例如：

```
N<= 180
x+y>=Sqr(361)
Str1$<>"Basic"
(3>1)=(4<2)
```

以上都是合法的关系表达式。

3．关系运算的规则

关系运算的规则如下：

① 若两个操作数都是数值型，则按其大小比较。

② 若两个操作数都是字符型，则按字符的 ASCII 码值从左到右一一比较，即首先比较两个字符串的第一个字符，其 ASCII 码值大的字符串大；若第一个字符相同，则比较第二个字符，以此类推，直到出现不同的字符为止。汉字字符大于英文字符。

③ 若一个操作数是数值型，另一个操作数是不能转换成数值的字符型，则不能进行比较。例如：

```
12345="12345"      结果为 True
12345="abc"        出现运行错误,类型不匹配
```

④ 关系运算符的优先级相同，运算时从左至右依次进行。

⑤ 在对浮点数进行比较时，因为计算机的运算误差，可能会得到不希望的结果。因此应避免直接判断两个浮点数是否相等，而应改成对误差的判断。例如：

```
Abs(num1-num2)<1E-6
```

只要 num1 与 num2 的差小于一个很小的数(这里是 10^{-6})，就认为是相等了。

3.4.4　逻辑运算符与逻辑表达式

逻辑运算(又称布尔运算)是对逻辑值进行的运算，其结果是逻辑量 True 或 False。

1．逻辑运算符

VB 中的逻辑运算符及其含义和运算优先级等如表 3-6 所示(在表中假设 T 代表 True,F 代表 False)。

表 3-6　逻辑运算符

运算符	含义	优先级	说　　明	例	结果
Not	逻辑非	1	当操作数为假时,结果为真 当操作数为真时,结果为假	Not F Not T	T F
And	逻辑与	2	当操作数均为真时,结果才为真	T And F T And T	F T
Or	逻辑或	3	当操作数中有一个为真时,结果为真	T Or F F Or F	T F
Xor	逻辑异或	4	当操作数相反时,结果才为真	T Xor F T Xor T	T F
Eqv	逻辑等价	5	当操作数相同时,结果才为真	T Eqv F F Eqv F	F T
Imp	逻辑蕴含	6	当第一个操作数为真,第二个操作数为假时,结果才为假,其余结果均为真	T Imp F T Imp T	F T

2. 逻辑表达式

逻辑表达式是用逻辑运算符把逻辑量连接起来的式子。例如：

N＞＝2＊3.14159＊r And x＜＞5 Or Not b　　　　（设 b 为逻辑变量）
Not(x＞2) And Text1.Text＝"Microsoft"

以上都是合法的逻辑表达式。

注意：逻辑运算一般是对关系表达式或逻辑量进行的，但也可以对数值进行运算。若逻辑运算符对数值进行运算，则以数字的二进制数逐位进行逻辑运算。例如：

11 And 7

11 的二进制数为 1011,7 的二进制数为 0111,对它们逐位进行 And(逻辑与)运算,得到二进制数 0011,结果为十进制数 3。

3.4.5　各种运算符间的优先级

当一个表达式中出现了多种不同类型的运算符时,不同类型运算符的优先级如下:

算术运算符 ＞＝字符运算符＞关系运算符＞逻辑运算符

这几种运算符内的优先次序,按前面各小节所列的次序。

在实际编程时,对于多种运算符并存的表达式,可增加圆括号来改变优先级并使表达式更清晰。

在熟练掌握了 VB 语言的关系运算符和逻辑运算符后,可以巧妙地用一个逻辑表达式来表示一个复杂的条件。

例 3-3　数学上判断 x 是否在 $[a,b]$ 区间时,习惯上写为 $a{\leqslant}x{\leqslant}b$,但在 VB 中不能写成:

a＜＝x＜＝b

应写为:

a＜＝x And x＜＝b

例 3-4　用逻辑表达式表示闰年的条件。

分析：闰年的条件是年份能被 4 整除,但不能被 100 整除或者年份能被 400 整除。因此,若用 Year 表示一个年份,则可用以下逻辑表达式表示闰年的条件:

(Year Mod 4＝0 And Year Mod 100＜＞0) Or Year Mod 400＝0

若上述表达式的值为 True,则 Year 为闰年,否则为非闰年。

例 3-5　若选拔优秀生的条件是年龄(Age)小于 20 岁,三门功课成绩(M1、M2 和 M3)的总分高于 280 分,其中有一门功课的成绩高于 95 分。若用逻辑表达式:

Age＜20 And (M1＋M2＋M3)＞280 And M1＞95 Or M2＞95 Or M3＞95

作为判断条件,有何问题? 应如何改正? 请读者思考。

在书写表达式时,一般要注意以下规则:

① 表达式要写在一行上。例如,2^3 要写成 2^3,$x_1＋x_2$ 要写成 x1＋x2,$\dfrac{a+b}{c+d}$ 要写成 $(a＋b)/(c＋d)$。

② "＊"不能省略,也不能用"·"代替。例如,$2y$ 要写成 $2＊y$。

③ 括号可以改变运算的顺序,必须配对。表达式中只能用圆括号,不能使用中括号和大括号。

④ 数学表达式中有些符号要用 VB 的合法标识符来表示。例如，$2\pi r$ 可写成 $2 * \text{PI} * r$。

⑤ 一般情况下，两个相邻运算符之间必须用括号分开。例如，$x * (-y)$ 不能写成 $x * -y$。

3.5　VB 常用内部函数

函数的概念与一般数学中函数的概念没有根本区别。函数是一种特定的运算，在程序中要使用某个函数，只要给出该函数名并给出一个或多个参数就能得到它的函数值。

VB 中有两类函数，即内部函数（或称为标准函数）和用户自定义函数。后者将在第 6 章中介绍。

对于 VB 系统提供的大量而丰富的内部函数，用户编程时可随时调用。表 3-7～表 3-10 中按功能分别列出了常用的内部函数。用户也可在编程时通过 VB 提供的联机帮助功能方便地获取各个函数的功能和用法。

约定：在下列叙述中，N 表示数值表达式，C 表示字符表达式，D 表示日期表达式；另外，凡函数名后有 $ 符号者，表示函数的返回值为字符串。

3.5.1　数学函数

数学函数与数学中的定义一致，用于各种数学运算。表 3-7 是 VB 常用的数学函数。

表 3-7　VB 常用的数学函数

函数名	功　能	例	结　果
Abs(N)	求 N 的绝对值	Abs(−25.4)	25.4
Sqr(N)	求 N 的平方根，N≥0	Sqr(16)	4
Log(N)	求以 e 为底的自然对数，N>0	Log(10)	2.3
Exp(N)	求以 e 为底的指数函数，即 e^N	Exp(2)	7.389
Sgn(N)	求 N 的符号，若 N>0，返回 1；N=0，返回 0；N<0，返回 −1	Sgn(−10)	−1
Rnd[(N)]	产生一个在[0,1)区间均匀分布的随机数，若 N=0，则给出的是上一次利用本函数产生的随机数	Rnd	0～1 之间的数
Sin(N)	求 N 的正弦值，N 的单位是弧度	Sin(0)	0
Cos(N)	求 N 的余弦值，N 的单位是弧度	Cos(0)	1
Tan(N)	求 N 的正切值，N 的单位是弧度	Tan(0)	0
Atn(N)	求 N 的反正切值，函数返回的是主值区间的弧度值	Atn(0)	0
Hex[$](N)	求 N 的十六进制数值	Hex(31)	1F
Oct[$](N)	求 N 的八进制数值	Oct(100)	144

注意：

① 在三角函数中，自变量以弧度表示，弧度＝度数 * 3.14159/180。

② VB 只提供求以 e 为底的自然对数的函数 $\text{Log}(x)$，若在实际计算中要使用常用对数或以 2 为底的对数，应使用换底公式进行相应变换。例如，以 10 为底的常用对数 $\text{Lg}x$ 可表示为 $\text{Log}(x)/\text{Log}(10)$。

③ 在测试、模拟和游戏程序中，经常要用到随机数。Rnd 函数是 VB 提供的随机函数，返回[0,1)区间均匀分布的单精度随机数。要想每次运行程序时让 Rnd 函数生成与上次运行不同的随机数序列，那么在调用 Rnd 函数之前，可先使用无参数的 Randomize 语句初始化随机

数生成器。

为了生成某个范围内的随机整数,可使用以下公式:

Int((上界 - 下界 + 1) * Rnd)+下界

例如,若要产生 10～100 之间的随机整数,使用下面的算术表达式:

Int((100 - 10 + 1) * Rnd)+10

例 3-6　利用随机函数模拟掷骰子的游戏,每次掷两个骰子,每单击一次窗体,显示出每个骰子的点数及两个骰子的点数之和。

分析:骰子的点数是 1～6 之间的整数,所以只要用随机函数产生 1～6 之间的整数即可。

程序代码如下:

```
Private Sub Form_Click()
    Dim d1 As Integer, d2 As Integer
    Randomize                              '初始化随机数生成器
    d1=Int((6-1+1) * Rnd+1)
    d2=Int((6-1+1) * Rnd+1)
    Print "你掷了一个" & d1 & "和一个" & d2
    Print "两个骰子的点数之和为:" & (d1+d2)
End Sub
```

3.5.2　字符串操作函数

VB 提供了大量的字符串操作函数,具有强大的字符串处理能力。表 3-8 是 VB 常用的字符串操作函数。

表 3-8　VB 常用的字符串操作函数

函数名	功　　能	例	结果
Len(C)	求字符串的长度(即字符个数)	Len("ABCDEFG") Len("")	7 0
Left[$](C,N)	取出字符串左边 N 个字符	Left$("ABCDEFG",4)	"ABCD"
Right[$](C,N)	取出字符串右边 N 个字符	Right$("ABCDEFG",4)	"DEFG"
Mid[$]($C,N1$[,$N2$])	从字符串左边第 $N1$ 个位置开始向右取 $N2$ 个字符;若省略 $N2$,则取到字符串末尾	Mid$("ABCDEFG",3,4) Mid$("ABCDEFG",3)	"CDEF" "CDEFG"
UCase[$](C)	将字符串中所有的小写字母改为大写字母	UCase$("abc23")	"ABC23"
LCase[$](C)	将字符串中所有的大写字母改为小写字母	LCase$("ABC")	"abc"
LTrim[$](C)	去掉字符串左边的空格	LTrim$(" ABC")	"ABC"
RTrim[$](C)	去掉字符串右边的空格	RTrim$("ABCD ")	"ABCD"
Trim[$](C)	去掉字符串左、右两边的空格	Trim$(" ABCD ")	"ABCD"
InStr([$N1$,]$C1$,$C2$,[N])	在 $C1$ 中从 $N1$ 开始找 $C2$(省略 $N1$ 则从头开始找),返回 $C2$ 在 $C1$ 中的位置,找不到返回值为 0。其中,$N=0$ 或省略 N 区分大小写,$N=1$ 不区分	InStr(2,"ABCDEFG","CD") InStr("ABCDEFG","AA")	3 0
String[$](N,C)	返回由 N 个 C 中首字符组成的字符串。若该函数的第 2 个参数是一个数值,则代表指定字符的 ASCII 码值	String$(4,"ABC") String(3,97)	"AAAA" "aaa"
StrReverse(C)	返回 C 的逆序字符串	StrReverse("ABCD")	"DCBA"
Space[$](N)	产生 N 个空格的字符串	Space$(5)	" "

说明：

① 函数名中用方括号括起来的 $ 表示可有可无。

② 在 VB 中，Mid 既可作为取字符串子串函数使用，也可作为插入字符串语句来使用，其语句格式为：

Mid$(字符串，位置[，L])＝子字符串

该语句的功能是把从"字符串"的"位置"开始的字符用"子字符串"代替。如果含有 L 参数，则替换的内容是"子字符串"左部的 L 个字符。"位置"和 L 均为长整型数。

例如，有下列代码段：

```
Dim s As String
s＝"aabbcc"
Mid(s, 2, 3)＝"ddee"
```

则此时，s 的值为"addecc"。

3.5.3　类型转换函数

在 VB 中，一些数据类型可以自动转换，例如数字字符串可以自动转换为数值型，但是多数类型不能自动转换，这就需要用类型转换函数来实现。表 3-9 是 VB 常用的类型转换函数。

表 3-9　VB 常用的类型转换函数

函数名	功　能	例	结果
Str[$](N)	将数值型数据 N 转换成字符串	Str$(1234.5)	" 1234.5"
CStr[$](N)	将数值型数据 N 转换成字符串(不包含前导空格)	CStr$(1234.5)	"1234.5"
Val(C)	将数字字符串 C 转换为双精度类型数据	Val("123abc") Val("−123.45E3")	123 −123450
Asc(C)	给出字符 C 的 ASCII 码值（十进制数）	Asc("a") Asc("abc")	97 97
Chr[$](N)	返回以 N 为 ASCII 码值的字符	Chr$(97)	"a"
Fix(N)	将数值型数据 N 的小数部分舍去取整	Fix(3.5) Fix(−3.5)	3 −3
Int(N)	取不大于 N 的最大整数	Int(3.5) Int(−3.5)	3 −4
CInt(N)	将数值型数据 N 的小数部分四舍五入取整，但其舍入规则与一般四舍五入规则稍有差别，即当参数 N 的小数部分恰为 0.5 时，CInt 函数将它舍入到最接近的偶数	CInt(1.5) CInt(−2.5) CInt(−2.6) CInt(−3.5)	2 −2 −3 −4
Round(N[，m])	四舍五入函数 N 是将要四舍五入的数值，m 是小数位数，表示要取到小数点后几位，如果省略 m，则表示取到整数位，即按四舍五入取整	Round(1.5) Round(−3.5) Round(1.567,2)	2 −4 1.57

VB 中还有类型转换函数 CBool、CByte、CDate、CCur、CLng、CDbl、CSng、CVar 等，用户若需要使用，可查阅 VB 联机帮助。

注意：

① 当使用 Str 函数将数值型数据转换成字符串时，其结果字符串的第一个字符一定是空

格或是正/负号。例如：

若定义 Dim MyString As String，则：

MyString＝Str(123)
'MyString 值为" 123"，注意字符串包含一个前导空格，暗示有一个正号
MyString＝Str(－123.456)　　　　　　　' MyString 值为"－123.456"
MyString＝Str(＋123.456)　　　　　　　' MyString 值为"＋123.456"

若用 CStr 函数也可以将数值型数据转换成字符串，但其结果字符串是直接将数值型数据两边加上双引号而得。例如，CStr(123)的值为"123"（此时字符串不包含前导空格）。因此，Len(Str(123))的值为 4，而 Len(CStr(123))的值为 3。

② 在使用时，应区分 Int、Fix、CInt 及 Round 函数的异同。

3.5.4　日期与时间函数

表 3-10 是 VB 常用的日期与时间函数。

表 3-10　VB 常用的日期与时间函数

函　数　名	功　　能	例	结　　果
Now	返回系统日期和时间	Now	2013-05-20 11:26:30 AM
Date[$]	返回系统日期	Date$	2013-05-20
Time[$][( )]	返回系统时间	Time	11:26:30 AM
Year(D|C|N)	返回年代号	Year(#2/9/2013#)	2013
Month(D|C|N)	返回月份代号(1~12)	Month("2013,05,01")	5
Day(D|C|N)	返回日期代号(1~31)	Day(#2/9/2013#)	9
Weekday(D|C|N)	返回星期代号(1~7)，星期日为 1，星期一为 2	Weekday(#2/9/2013#)	7

注意：当日期函数中的参数为数值型时，表示相对于 1899 年 12 月 30 日为前后的天数。例如，Year(365)表示相对于 1899 年 12 月 30 日为 0 天后 365 天的年代号，所以值为 1900。

3.5.5　格式化输出函数 Format

格式化函数 Format 主要用于屏幕显示或打印时对输出项的内容进行格式描述，以满足不同输出格式的要求。例如银行存折中的存款数目，通常为了方便记数，小数部分保留两位数字，而整数部分每 3 位会加上一个逗号，如 92,349.68。

格式化输出函数的一般形式如下：

Format[$](表达式[，格式字符串])

其中：

- 表达式：表示要格式化的数值、日期或字符串类型表达式。
- 格式字符串：表示输出表达式值时所要采用的输出格式。格式字符串有 3 类，即数值格式、日期格式和字符串格式。

Format 函数一般用于 Print 方法或赋值语句右边的表达式中。

1. 数值格式化

数值格式化是指将数值表达式按"格式字符串"指定的格式输出。有关数值格式符的功能及应用举例如表 3-11 所示。

表 3-11　常用数值格式符的功能及应用举例

符号	功 能 说 明	数值表达式	格式化字符串	显示结果
#	用于表示一个数字位。若实际数值的位数小于符号位数，数字前后不加 0	1234.567 1234.567 12	"#####.####" "###.##" "#.##"	1234.567 1234.57 12
0	功能同#，只是当实际数值的位数小于符号位数时，数字前后加 0	1234.567 1234.567 12	"00000.0000" "000.00" "0.00"	01234.5670 1234.57 12.00
.	小数点占位符，常与#和 0 格式符配合使用	1234	"000.000"	1234.000
,	千分位符号占位符	1234.567	"##,##0.0000"	1,234.5670
%	数值乘以 100，加百分号，常放在格式字符串的末尾	1234.5678	"####.##%"	123456.78%
$	常放在格式字符串的开头，以在输出的数值前加一个"$"符号	1234.567	"$####.##"	$1234.57
+	常放在格式字符串的开头，用于在输出的数值前加正号	−1234.567	"+####.##"	−+1234.57
−	常放在格式字符串的开头，用于在输出的数值前加负号	1234.567	"−####.##"	−1234.57
E+	以指数形式输出	0.12345 0.12345	"0.00E+00" "00.00E+00"	1.23E−01 12.35E−02
E−	与 E+的作用相似	1234.567 1234.567	"#.##E−00" "##.##E−00"	1.23E03 12.35E02

在表 3-11 中，"#"、"0"是数位控制符；"."、","是标点控制符；"E+"和"E−"是指数输出控制符；其他是符号控制符。对于数位控制符，若实际数值的整数部分位数多于格式字符串的位数，则按实际数值显示；若小数部分位数多于格式字符串的位数，则按四舍五入显示。

2. 日期和时间格式化

日期和时间格式化是指将日期类型表达式的值或数值表达式的值转换为日期、时间的序数值，按"格式字符串"指定的格式输出。有关格式的功能如表 3-12 所示。

表 3-12　常用日期和时间格式符

类型	符　　号	功 能 说 明
日	d	显示日期(1～31)，个位前不加 0
	dd	显示日期(01～31)，个位前加 0
	ddd	显示星期缩写(Sun～Sat)
	dddd	显示星期全名(Sunday～Saturday)
	ddddd	显示完整日期(日、月、年) 默认格式为 mm/dd/yy
月	m	显示月份(1～12)，个位前不加 0
	mm	显示月份(01～12)，个位前加 0
	mmm	显示月份缩写(Jan～Dec)
	mmmm	显示月份全名(January～December)
年	y	显示一年中的天(1～366)
	yy	用两位数显示年份(00～99)
	yyyy	用四位数显示年份(0100～9999)

续表

类型	符　号	功　能　说　明
季	q	季度数(1~4)
星期	w	星期为数字(1~7,1 为星期日)
	ww	一年中的星期数(1~53)
时	h	显示小时(0~23),个位前不加 0
	hh	显示小时(00~23),个位前加 0
分	m	在 h 后显示分(0~59),个位前不加 0
	mm	在 h 后显示分(00~59),个位前加 0
秒	s	显示秒(0~59),个位前不加 0
	ss	显示秒(00~59),个位前加 0
	tttt	显示完整时间(小时、分和秒) 默认格式为 hh：mm：ss
	AM/PM am/pm	用 12 小时制显示时间,中午前 AM(或 am),中午后 PM(或 pm),和 h 格式符一起使用
	A/P a/p	同"AM/PM",中午前 A(或 a),中午后 P(或 p)

注意:

① 在表 3-12 中,分的格式符"m"、"mm"与月的格式符相同,区分的方法是,跟在"h"、"hh"后面的为分钟,否则为月份。

② 非格式符"/"、"—"、":"等按原样显示。但其真正的显示形式与用户计算机的"区域设置"有关。

例 3-7　利用 Format 函数将日期或时间按一定的格式显示。

程序代码如下:

```
Private Sub Form_Click()
    Dim Mytime As Date, Mydate As Date
    FontSize=10
    FontBold=True
    Mytime=#9:01:35 AM#
    Mydate=#7/1/2013#
    Print Tab(4); Format(Mydate, "m-dd-yy")
    Print Tab(4); Format(Mydate, "mmmm-yy")
    Print Tab(4); Format(Mytime, "h-m-s AM/PM")
    Print Tab(4); Format(Mytime, "hh:mm:ss A/P")
    '显示系统当前日期和时间
    Print Tab(4); Format(Now, "yyyy 年 m 月 dd 日 hh:mm:ss")
    '显示系统当前日期
    Print Tab(4); Format(Date, "dddd,mmmm,yyyy-mm-dd")
End Sub
```

本例中,假设在 Windows"控制面板"的"区域设置"中设置"中文(中国)"。运行此程序,单击窗体,运行结果如图 3-2 所示。

3. 字符串格式化

字符串格式化是指将字符串按"格式字符串"指定的格式输出。常用字符串格式符的功能及应用举例如表 3-13 所示。

图 3-2　例 3-7 的运行结果

表 3-13　常用字符串格式符的功能及应用举例

符号	功 能 说 明	字符串表达式例	格式化字符串	显示结果
@	字符占位符,当实际字符位数小于符号位数时,字符前加空格	"ABab"	"@@@@@@"	ABab
!	与@一起使用,当实际字符位数小于符号位数时,强制字符后加空格	"ABab"	"!@@@@@"	ABab
&	字符占位符,当实际字符位数小于符号位数时,字符前不加空格	"ABab"	"&.&.&.&.&.&."	ABab
<	强制小写,将所有字母以小写显示	"ABcd"	"<"	abcd
>	强制大写,将所有字母以大写显示	"ABcd"	">"	ABCD

3.5.6　Shell 函数

Shell 函数也称执行外部命令函数。在 VB 应用程序中,通过 Shell 函数可调用各种能在 Windows 下运行的应用程序(扩展名为.exe 或.com)。其用法如下:

变量名＝Shell(命令字符串[,窗口类型])

其中:

- 命令字符串:表示要执行的应用程序名,包括路径。它必须是可执行文件。
- 窗口类型:表示执行应用程序的窗口大小,为整型数值。其取值与对应的窗口类型如表 3-14 所示。若省略该参数项,则应用程序以具有焦点的最小化窗口来进行。

若命令或应用程序被正确执行,则 Shell 函数返回应用程序的任务 ID(任务 ID 是一个唯一的数值,用来指明正在运行的程序,其值为 Double 类型),否则返回 0。

表 3-14　窗口类型

窗口类型	内 部 常 数	意　义
0	vbHide	窗口不显示
1	vbNormalFocus	正常窗口,有指针
2	vbMinimizedFocus	最小窗口,有指针
3	vbMaximizedFocus	最大窗口,有指针
4	vbNormalNoFocus	正常窗口,无指针
5	vbMinimizedNoFocus	最小窗口,无指针

例 3-8　程序界面如图 3-3 所示。单击"计算器"按钮,则执行 Windows 的计算器应用程序;单击"画图"按钮,则执行 Windows 的画图应用程序;单击"酷狗音乐"按钮,则执行酷狗音乐应用程序;单击"退出"按钮,则终止程序的运行。

分析:要实现程序所要求的功能,只要通过 Shell 函数调用相应的外部程序即可。

程序代码如下:

```
'"计算器"按钮的 Click 事件过程
Private Sub cmdCalc_Click()
    Dim value1 As Double          '也可定义为变体型
    value1＝Shell("calc.exe", 1)
End Sub
'"画图"按钮的 Click 事件过程
```

图 3-3　例 3-8 的程序界面

```
Private Sub cmdPaint_Click()
    Dim value1 As Double
    value1＝Shell("mspaint.exe", 1)
End Sub
'"酷狗音乐"按钮的 Click 事件过程
Private Sub cmdMusic_Click()
    Dim value1 As Double
    value1 = Shell("e:\KGMusic\KuGou.exe", 1)
End Sub
'"退出"按钮的 Click 事件过程
Private Sub cmdEnd_Click()
    End
End Sub
```

说明：在使用 Shell 函数时，若执行 Windows 系统自带的软件，可以直接写程序名而不写程序所在的路径，但是对于其他软件必须写明程序所在的路径。

本章小结

本章介绍了编写 VB 程序时用到的语言基础知识，例如 VB 提供的数据类型、VB 中的常量、变量、运算符和表达式以及 VB 的常用内部函数等。

VB 的标准数据类型可分为数值型、字符型、逻辑型、日期型、对象型和变体型。其中，数值型包括整型、长整型、单精度型、双精度型、货币型和字节型。变体型是一种可以根据前后关系改变类型的灵活的数据类型。

用户自定义类型经常用来表示数据记录，它利用一个变量保存一组相关数据项。

常量用于保存不变的数值，包括文字常量、符号常量和系统常量。

变量用来存放临时数据，变量的值在程序执行期间是可变的。每个变量都有属于自己的变量名和数据类型。变量的声明包括显式和隐式两种。在 VB 中变量也可不声明就使用，其类型为变体型。

运算符主要包括算术运算符、关系运算符、字符串运算符和逻辑运算符。算术运算符进行数值运算，包括加、减、乘、除、整除、取模、乘方；关系运算符用于表达式的大小比较，从而构成条件语句、循环语句的条件；字符串运算符将两个字符串拼接成一个字符串；逻辑运算符通过逻辑判断构成复杂的条件。

表达式的运算次序按运算符的优先级（包括相同运算符内部的和不同运算符之间的）结合运算，先计算优先级高的运算符，然后计算优先级低一些的运算符。同级运算符采用自左向右的次序运算，使用括号可以改变表达式的运算次序。对于程序设计语言的初学者来说，一定要熟练掌握如何将数学表达式写成正确的 VB 表达式。

本章最后还介绍了 VB 常用的几种系统内部函数，包括数学函数、字符串操作函数、类型转换函数、日期与时间函数以及格式化输出函数 Format 和执行外部命令函数 Shell，灵活地运用这些函数，不仅可以节省开发时间，加快开发进度，而且能够充分保证应用程序的正确性。因此，在大多数情况下，如果系统已经提供了完成某种任务的函数，当需要这些函数的功能时就可以直接运用它们，而不必自己动手去编写一个新函数。

思考与练习题

一、基本概念题

1. 写出下面数学表达式对应的 VB 算术表达式。

(1) $\dfrac{3x}{\mathrm{e}^{-2}+\dfrac{4y}{5z}}$

(2) $\sqrt[3]{x^2+\sqrt{x^2+1}}$

(3) $\dfrac{2y}{(ax+by)(ax-by)}$

(4) $\ln\left|\dfrac{\mathrm{e}^{\pi}+\sin^3 x}{x+y}\right|$

(5) $\dfrac{1}{2}\left(\dfrac{d}{3}\right)^{2x}$

(6) $\ln(y+\cos^2 x)$

(7) $\cos^2 30° - \arctan\alpha$

(8) $(2\pi r+\mathrm{e}^{-5})\ln x$

2. 求下列表达式的值。

(1) 18\4 * 4.0^2/1.6

(2) 25\3 Mod 3.2 * Int(2.5)

(3) UCase("Xyz") & 1234 & LCase("abC")

(4) 3>4 Or 5>4

(5) True And False

(6) Int(−3.5)+Fix(3.5)+CInt(2.6)

(7) Int(Rnd()+4)

(8) Len(Str(123)+"Hello"+"程序设计")

(9) Sgn(7 Mod 3− 4) +"0.75"

(10) Mid("Visual Basic",1,12)=Right("Programming Language Visual Basic",12)

(11) Str(23.456)=CStr(23.456)

(12) 100+"100" & 100

3. 根据下面的条件写出 VB 表达式。

(1) $X+Y$ 小于 10 且 $X-Y$ 要大于 0。

(2) X、Y 都是正整数或都是负整数。

(3) A、B 之一为零但不得同时为零。

(4) $y\notin[-10,-1]$，并且 $y\notin[1,10]$。

(5) 坐标点 (x,y) 落在以 $(10,20)$ 为圆心、以 25 为半径的圆内。

(6) n 是小于正整数 k 的偶数。

(7) 将变量 x 的值按四舍五入保留小数点后两位。例如，x 的值为 234.5678，表达式的值为 234.57。

(8) 产生一个三位随机正整数。

(9) 随机产生一个"E"～"M"范围内的大写字母。

(10) 已知直角坐标系中的任意一个点 (x,y)，表示该点在第 1 或第 3 象限内。

(11) 表示字符型变量 S 是字母字符(不区分大小写)。

(12) 将两位正整数 x 的个位数字与十位数字对换。例如,若 x 的值为 89,则表达式的值为 98。

二、选择题

1. 下列符号中,非法的变量名有_____个。

① ABCD7　② −a5b　③ 7ABC　④ A[B]Num　⑤_ABC

⑥ Print_56　⑦ If　⑧ 名称　⑨ My Name　⑩ ?Xy

　　A. 5　　　　　　　B. 6　　　　　　　C. 7　　　　　　　D. 8

2. 有变量定义语句"Dim a,b As Integer",变量 a 的类型和初始值是_____。

　　A. Integer,0　　B. Variant,空值　　C. String," "　　D. Long,0.0

3. 数学表达式 $\ln(e^{xy}+|\arctan(z)|+\cos^3 x)$ 对应的 VB 算术表达式是_____。

　　A. $\ln(E^{\wedge}(xy)+Abs(Tan(z))+Cosx^{\wedge}3)$

　　B. $Log(Exp(xy)+Abs(Tan(z))+Cos(x)^{\wedge}3)$

　　C. $Ln(Exp(x*y)+Abs(Atn(z))+Cosx^{\wedge}3)$

　　D. $Log(Exp(x*y)+Abs(Atn(z))+Cos(x)^{\wedge}3)$

4. 若有如下程序段:

```
Dim str1 As String * 5
str1="Visual Basic"
```

当该程序段执行完时,变量 str1 的值为_____。

　　A. "Visual"　　B. "Visua"　　C. "V"　　D. "Visual Basic"

5. 若有如下程序段:

```
Dim s1 As String,s2 As String
s1="Visual Basic"
s2=UCase(Mid(LTrim(Right(s1,6)),1,1))
```

当该程序段执行完时,变量 s2 的值为_____。

　　A. ""　　　　　B. "B"　　　　　C. "A"　　　　　D. "a"

6. 在窗体单击事件中执行下面语句的正确结果是_____。

```
Print Format(1732.46, "+##,##0.0")
```

　　A. +1,732.5　　B. 1732.5　　C. +1732.5　　D. +1732.4

7. 运行下列程序,单击命令按钮,窗体上的输出结果为_____。

```
Private Sub Command1_Click()
    x = "12.34": y = "56.78"
    z = x + y
    p = Val(z)
    Print p
End Sub
```

　　A. 12.34　　　B. 56.78　　　C. 69.12　　　D. 12.3456

8. 下列 VB 程序段运行后,变量 x 的值为_____。

```
x = 2 : Print x + 2 : Print x + 3
```

　A. 2　　　　　　　　B. 4　　　　　　　　C. 5　　　　　　　D. 7

三、填空题

1. 如果希望使用变量 x 存放数据 765432.123456，应该将变量 x 声明为_____类型。

2. 下列符号中，属于字符型常量的是_____，属于日期时间型常量的是_____。

① "I am a student."　② "江苏徐州"　③ ♯02/25/2013♯

④ ♯January 1，2013♯　⑤ "02/25/2013♯　⑥ "♯January 1，2013♯ "

⑦ "　"　⑧ "3.14159 "　⑨ ♯02/25/2013 11:02:00AM♯

3. 将数字字符串转换成数值，可用_____函数。

4. 判断某数据是否是数字字符串，可用_____函数。

5. 将某字符串中的大写字母转换为小写字母，可用_____函数；将某字符串中的小写字母转换为大写字母，可用_____函数。

四、编程题

1. 编写一个简易函数计算器程序，程序界面如图 3-4 所示。

程序要求：

(1) 函数值保留 4 位小数部分。

(2) 在调用标准函数求函数值时，应根据函数定义域要求对输入的 X 值进行合法性检验，可仿照例 2-6 中的程序代码编写。

　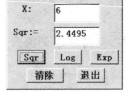

　　　(a) 设计时界面　　　　　　(b) 运行时界面

图 3-4　编程题第 1 题

五、问答题

1. VB 提供了哪些标准数据类型？在声明类型时，其类型关键字分别是什么？其类型符又是什么？

2. 字符串操作的 Left 函数、Right 函数和 Mid 函数的作用分别是什么？

3. 指出下面程序中的错误并改正。

```
Option Explicit
Private Sub Form_Click()
    Dim x As Single
    Dim s As String
    Const pi＝3.14159
    x％＝100
    pi＝2 * pi
    Print pi * x％
    s＝"15"
    g＝7
    g＝g ＋ 1
    Print s ＋ g
End Sub
```

4. 下列语句代码能否正常执行(正常执行是指系统不给出出错提示)? 对错误的语句请说出出错原因;对正常执行的语句,写出运行结果。

① Print 321 * 321

② Print 32765＋3

③ Print 560/280

④ Print "34"＋56

⑤ Print "34" & 56

⑥ Print "25＋32＝" ；25＋32

⑦ Print 6＋7＝14

第 4 章　算法基础和 VB 程序的基本控制结构

第 3 章介绍了 VB 语言的基础知识,如数据类型、常量和变量等,这些可比作烹调中的原料(即处理对象),它们必须通过加工处理,即运算操作才能得出实际问题所需要的结果,而计算机进行各种运算操作又是由语句实现的。本章将介绍 VB 应用程序的设计方法,主要包括算法的基本知识,结构化程序设计方法,VB 为实现顺序结构、选择结构、循环结构提供的相应基本语句等。

4.1　算法及程序设计基础

4.1.1　算法概述

由第 2 章介绍的知识已知,VB 应用程序主要由用户界面和相关的程序代码组成。相对来说,界面设计简单、直观,而程序代码设计较困难、复杂。但对于稍微复杂一些的应用程序只有通过程序代码才能实现程序的功能。

在 VB 应用程序中,代码被组织成一个个过程。但不论是事件过程,还是通用过程(将在第 6 章中介绍),都是由一系列的操作规则和对操作对象的说明组成的。即过程中的代码一般包括两大部分:一部分是说明本过程要使用哪些变量或常量,以及它们的数据类型、作用域等;另一部分是规定本过程将要实现的各种操作及处理。这样,当一个过程被激活时,通过过程中的代码,计算机将知道处理的操作对象和处理的操作步骤。被包含在窗体或标准模块中的一个个过程有机地组合在一起,就构成了一个完整的应用程序。

因此,要用计算机解决实际问题,在设计程序之前必须确定解决该问题所需要的方法和步骤,通常称为"算法设计"。

1. 算法的概念

算法就是为解决某个问题而采用的一组明确的、有一定顺序的步骤。著名计算机科学家 D. E. Knuth 在他所著的《计算机程序设计技巧》一书中为算法下的定义是:"一个算法,就是一个有穷规则的集合,其中之规则规定了一个解决某一特定类型问题的运算系列。"

计算机算法可以分为两大类:一类是数值计算算法,主要是解决一般数学解析方法难以处理的一些数学问题,如求解超越方程的根、求定积分、解微分方程等;另一类是非数值计算算法,如排序、查找等。

为了便于理解如何设计一个算法,下面举几个简单的计算机算法的例子。

算法示例 1　输入两个数,将大数存于 X,小数存于 Y。

该问题可以采用以下步骤解决(一级算法)。

S1:输入两个数分别存于 X、Y;

S2:比较这两个数,若 X 小于 Y,则将 X 与 Y 中的数互相交换,否则执行 S3;

S3:输出 X 和 Y。

在这些步骤中,S2 还不太明确。为此,引入一个中间变量 Temp,并用以下 3 个步骤完成"将 X 与 Y 中的数互相交换"的操作(S2 的细化部分)。

S2.1:将 X 中原来的值保存到 Temp 中(即 $X \Rightarrow$ Temp);

S2.2:将 Y 中的数复制到 X 中(即 $Y \Rightarrow X$);

S2.3:将 Temp 中的数复制到 Y 中(即 Temp $\Rightarrow Y$)。

现将 S2 细化部分代入一级算法,便得到一个较为详细的二级算法。

S1:输入两个数分别存于 X、Y;

S2:比较这两个数,若 X 小于 Y,则执行以下 3 个步骤:

  S2.1:$X \Rightarrow$ Temp

  S2.2:$Y \Rightarrow X$

  S2.3:Temp $\Rightarrow Y$

  否则直接转 S3;

S3:输出 X 和 Y。

为了理解算法,验证其正确性,可用人工模拟的办法(即由人来执行算法)。例如,对于本例可输入 X 和 Y 分别为 5 和 20 来验证算法是否正确。

算法示例 2 求两个自然数的最大公约数。

运用辗转相除法,该问题可以采用以下步骤解决。

S1:输入两个自然数 M、N,并使得 $M>N$;

S2:求 M 除以 N 的余数 R;

S3:若 $R=0$,则 N 为求得的最大公约数,算法结束,否则执行 S4;

S4:将 N 的值放在 M 中(即 $N \Rightarrow M$),将 R 的值放在 N 中(即 $R \Rightarrow N$);

S5:返回到 S2,重新执行。

有兴趣的读者可随意设定两个自然数对该算法进行验证。

算法示例 3 给一个正整数 N,判定它是否为素数。

素数也称质数,其特征是除了 1 和该数本身外,不能被任何整数整除。例如,11、13、17 都是素数。

判断一个正整数 N 是否为素数,最基本的方法是将 N 除以 2、3、…、$N-1$,如果都除不尽,则 N 必为素数。

根据此思路,解决该问题的算法为:

设 I 为除数,I 的值从 2 变化到 $N-1$。

S1:输入正整数 N;

S2:置 I 的初值为 2;

S3:将 N 除以 I,得余数 R;

S4:若 $R=0$,则 N 能被 I 整除,N 不是素数,算法结束,否则执行 S5;

S5:使 I 的值加 1;

S6:若 $I \leqslant N-1$,则返回 S3 重新执行;若 $I>N-1$,则表示 N 已除以 2 到 $N-1$,都不能被整除,可以判定 N 是素数,算法结束。

实际上,N 不必除以 2 到 $N-1$ 各数,只需除以 2 到 $\sqrt{N}$ 即可。

对于同一问题的求解,往往可以设计出多种不同算法,不同算法的运行效率、占用内存量可能有较大的差异,评价一个算法的好坏优劣也有不同的角度和标准。一般而言,主要看算法是否正确、运行效率的高低及占用系统资源的多少等。

2. 算法的特征

从前面的算法示例可以看出，算法中每一步骤的含义都是明确的、可以实现的，并且可以在有限的时间内完成，整个算法也可以在执行有限个步骤之后终止。所以，一般来说，算法应具备以下 5 个特征。

（1）确定性

一个算法中给出的每一个计算步骤都是明确定义的，仅提供唯一的一种解释，无二义性。

（2）可行性

算法中有待执行的每一个操作都必须是计算机能够有效执行、可以实现的，并且在有限的时间内能得到确定的结果。

（3）有穷性

一个算法仅包含有限个操作步骤（或指令），在一个合理的时间限度内可以执行完毕。"有穷"是个相对概念，随着计算机性能的提高，过去使用低速计算机需要执行若干年的算法（相当于"无穷"），现在使用高速计算机可在较短的时间内执行完毕，相当于"有穷"。

（4）有 0 个或多个输入

在执行算法时，计算机可以从外部取得数据。一个算法可以有多个输入，但也可以没有输入（0 个输入），因为计算机可以自动产生一些必需的数据。

（5）有一个或多个输出

一个算法一般有一个或多个有效的输出信息。算法的目的是求"解"，解就是结果，就是输出。不给出输出的算法将毫无意义。

3. 算法的表示

要描述一个算法，可以采用多种方式来进行。常用的方式有自然语言、传统流程图、结构化流程图或伪代码等。

前面的算法示例都是采用自然语言来描述的，它通俗易懂，但较烦琐冗长，易产生"歧义"，所以除简单问题之外，一般不用自然语言表示算法。

传统流程图是用特定的图形来表示算法，它既形象，又直观，所以得到了广泛的应用。传统流程图使用的图形符号如表 4-1 所示。

表 4-1　传统流程图使用的图形符号

图 形 符 号	名　　称	代表的操作
▭	起止框	算法的开始或结束
▱	输入或输出框	数据的输入或输出
▭	处理框	各种形式的数据处理
◇	判断框	判断选择，根据条件满足与否决定程序的流向
▯▯▯	特定过程	一个定义过的过程
→	流程线	连接各个图框，表示执行顺序
○	连接点	表示与流程图的其他部分相连接
---▭	注释框	为某个步骤加文字注释说明

图 4-1～图 4-3 分别是前面 3 个算法示例的传统流程图。图框内的文字用于说明具体的操作内容。显而易见,使用流程图比使用自然语言描述算法优越得多。

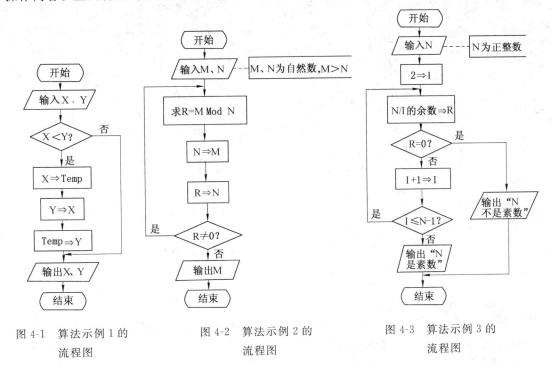

图 4-1　算法示例 1 的　　　　图 4-2　算法示例 2 的　　　　图 4-3　算法示例 3 的
　　　　流程图　　　　　　　　　　　流程图　　　　　　　　　　　流程图

4.1.2　结构化程序设计

1. 结构化程序设计的 3 种基本结构

在求解某一个实际问题时,往往解决此问题的算法不唯一。一个好的应用程序除了要保证其正确性外,还应具备以下几点:

① 程序易于理解;

② 程序易于维护、升级;

③ 程序具有良好的风格;

④ 程序运行时占用的计算机资源尽量少。

要达到这几点,可采用结构化程序设计方法。它规定了算法的 3 种基本结构,即顺序结构、选择结构和循环结构。

理论上已经证明,由 3 种基本结构顺序组成的算法结构可以解决任何复杂的问题。由基本结构所构成的算法称为结构化算法。依照结构化算法编写出的程序或程序单元(如过程)称为结构化程序。采用结构化程序设计方法设计的程序,其结构清晰、易于理解、易于验证其正确性,也易于查错和排错。

2. 3 种基本结构

图 4-4 是 3 种基本结构的图形表示。

(1) 顺序结构

顺序结构是 3 种结构中最简单的一种程序结构。图 4-4(a)是顺序结构,即语句按照书写的顺序依次执行。

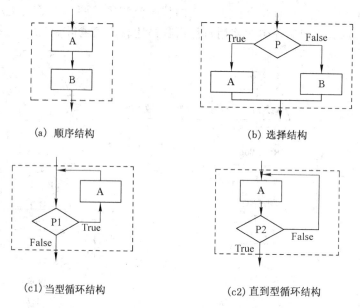

(a) 顺序结构   (b) 选择结构

(c1) 当型循环结构   (c2) 直到型循环结构

图 4-4　3 种基本结构

（2）选择结构

选择结构又称分支结构，如图 4-4（b）所示，它将根据表达式 P（判断条件）的值是 True 还是 False 来选择执行流程 A 或流程 B。

（3）循环结构

循环结构也称重复结构，它是在一定条件下反复执行一段语句的流程结构。循环结构可分为两类：一类如图 4-4（c1）所示，称为"当型循环"；另一类如图 4-4（c2）所示，称为"直到型循环"。循环结构中的处理框 A 是要重复执行的一段语句，称为"循环体"；P1 或 P2 是控制循环执行的条件，称为"循环条件"。

当型循环：当条件 P1 成立（即为 True）时继续执行 A 框，否则（即为 False）结束循环。

直到型循环：先执行 A 框，然后判断条件 P2 是否成立，若 P2 不成立（即为 False），则重复执行 A 框，直到条件 P2 成立（即为 True），循环结束。

由图 4-4 可以看出，3 种基本结构有以下共同特点：

① 只有一个入口和一个出口；

② 结构内的每一个部分都有机会被执行到；

③ 结构内没有死循环（无终止的循环）。

3. N-S 结构流程图

既然用 3 种基本结构的顺序组合可以表示任何复杂的算法结构，那么各基本结构之间的流程线可不画。1973 年，美国学者 I. Nassi 和 B. Shneiderman 提出了 N-S 结构流程图。这种流程图完全去掉了流程线，全部算法写在一个矩形框内，框内还可以包含其他的框。N-S 结构流程图用以下基本元素表示 3 种基本结构，如图 4-5 所示。

用以上 3 种基本框可以组成复杂的 N-S 结构流程图。图 4-6 和图 4-7 分别给出了算法示例 1（即将 X、Y 按从大到小输出）和算法示例 2（即求 M、N 最大公约数）的 N-S 结构流程图。本书在后面的语句语法内容介绍或重要算法的描述，以及读者今后自己编程时，针对具体问题，视描述算法方便，既可用传统流程图，也可用 N-S 结构流程图。

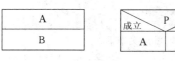

（a）顺序结构　　（b）选择结构　　（c1）当型循环结构　　（c2）直到型循环结构

图 4-5　3 种基本结构的 N-S 流程图表示

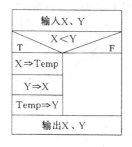
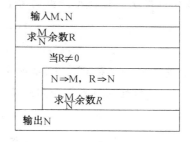

图 4-6　算法示例 1 的流程图　　　　图 4-7　算法示例 2 的流程图

　　需要强调的是,算法仅仅提供了解决某类问题可采用的方法和步骤,而程序设计是设计、编制和调试程序的过程,是在一定环境下进行的。重要的环境是指程序设计过程中可能使用的软件工具。因此,有了算法,还必须使用某种计算机程序设计语言把算法描述出来,即所谓的程序编码。

　　程序编码要使用某种程序设计语言所提供的语言成分及各种工具和手段,根据该语言的特点,遵照规定的语法规则,设计出计算机执行的指令序列,从而实现算法。VB 语言完全支持结构化程序设计方法,并提供了相应的基本控制语句来实现 3 种基本结构。

4.2　顺序结构程序设计

　　在 VB 程序设计中,顺序结构是一类最简单、最常用的结构。这种结构的程序是按"从上到下"的顺序依次执行语句的,即程序语句的书写顺序与语句的执行顺序相一致。在顺序程序设计中,常用的相关语句有赋值语句、输入和输出语句等。

4.2.1　赋值语句

　　赋值语句是程序设计中最基本、最常用的语句,其作用是在程序运行中改变变量的值或对象的属性值。

　　赋值语句的一般形式如下。

格式 1:

变量名＝表达式

格式 2:

［对象名.］属性名＝表达式

因此,使用赋值语句可把右边表达式的值赋给左边的变量或对象的属性。例如:

```
strName ＝ "Wang Ling"          '给字符串变量赋值
iNum％＝100                     '给整型变量赋值
k＝k＋1                         '把变量 k 原来的值加上 1,再赋给变量 k
```

```
Text1.Text=" "                    '将文本框内容清除,即赋空串
Text1.Text="面向对象程序设计"      '为文本框显示字符串
Text2.Text =Str(iNum)             '把数值量转换为字符串,赋给文本框
Text1.FontSize=12                 '改变文本框中正文的字体大小
```

注意:

① 赋值语句中右边表达式的类型应与左边变量名或对象属性(其值也有类型)的类型一致,即同时为数值型或字符型等。当同为数值型但具有不同的精度时,强制转换成左边的精度。例如:

iNum%=6.78   ' iNum 为整型,其结果为 7 (四舍五入取整)

② 赋值语句中的"="是赋值号,虽然与关系运算符等于号"="一样,但 VB 系统不会产生混淆,可根据"="所处的位置自动判断是何种意义的符号。

例如,若定义:

Dim fTag As Boolean

则语句:

fTag=3=4

是合法的赋值语句,执行该赋值语句后,变量 fTag 值为 False。

③ 赋值语句是一种顺序语句,其书写的先后顺序就是程序的执行顺序。

④ 一个赋值语句只能给一个变量(或控件属性)赋值。例如,若将整数 3 赋给 a 和 b 两个变量,则必须使用下列两个赋值语句:

```
a=3
b=3                               '这里用 b=a 也可以
```

而不能写成:

a=b=3

⑤ 下面两个赋值语句形式很常用,读者应掌握并知道其含义。

Sum=Sum+I

表示取变量 Sum 和变量 I 中的值相加后再赋给变量 Sum,与循环语句结合使用,起到累加作用。可参见例 4-9、例 4-10 等。

n=n+1

表示取变量 n 中的值加 1 后,再赋给变量 n,与循环语句结合使用,起到计数器作用。例如,若 n 的值为 2,执行 $n=n+1$ 后,n 的值为 3。可参见例 4-11。

4.2.2 用户交互函数和过程

为了便于 VB 应用程序与用户之间进行信息交互,完成信息的输入和输出,用户可采用文本框、标签等控件来实现,也可用 VB 提供的 InputBox 函数、MsgBox 函数和过程来实现。用户可调用这些函数或过程,以使用 VB 预定义的标准对话框。通过这些对话框,用户可输入必要的信息和数据,也可输出一些提示信息供用户选择。

1. InputBox 函数

在 VB 程序中可利用 InputBox 函数在屏幕上弹出一个标准对话框来接收用户通过键盘输入的信息,如图 4-8 所示。

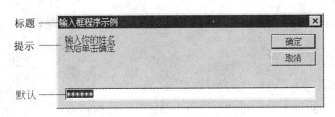

图 4-8　输入对话框示意图

InputBox 函数的调用形式为：

变量名＝InputBox[$]（提示[,标题][,默认值][,x 坐标位置][,y 坐标位置]）

其中：

- 提示：该项为一字符串表达式（≤255 个字符），不可省略，用于设定在对话框中作为提示用显示的文字信息，可为汉字。若信息太长需要进行多行显示，必须在每行行末加回车 Chr(13)和换行符 Chr(10)，或直接加回车换行控制符 vbCrLf。
- 标题：字符串表达式，用于设定对话框中标题的信息内容。若省略此项，则用工程名代替标题信息。
- 默认值：字符串表达式，用于设定默认信息，即如果用户没有输入任何值，则将该字符串用作用户输入的默认值。在打开对话框时，该字符串显示在对话框的输入框中。若省略此项，则输入框中为空。
- x 坐标位置、y 坐标位置：整型表达式，用于确定对话框在屏幕上显示时的位置，单位是 Twip，即(x,y)是对话框左上角点相对于屏幕（注意不是窗体）的坐标。

在调用 InputBox 函数时，屏幕上将产生一个带有提示信息的对话框，等待用户输入文本或选择一个按钮。若用户按回车键或单击"确定"按钮，函数将返回输入框中输入的值并赋给左边变量，函数返回值的类型是字符型；若用户按 Esc 键或单击"取消"按钮，则返回空串。

注意：各项参数的次序必须一一对应，"提示"项不能省略，其余各项省略时必须用逗号占位跳过。

例 4-1　本程序的功能是通过调用 InputBox 函数来输入姓名，单击"确定"按钮后，该姓名内容将在窗体上显示。若用户不在对话框的输入框中输入内容，直接单击"确定"按钮，则在窗体上显示默认信息" ****** "；若用户按 Esc 键或单击"取消"按钮，则在窗体上显示空串。

程序代码如下：

```
Option Explicit
Private Sub Form_Click()
    Dim strName As String * 40, strTmp As String * 40
    strTmp="输入你的姓名"＋vbCrLf＋"然后单击确定"
    strName＝InputBox$(strTmp,"输入框程序示例"," ****** ",100,100)
    Print strName
End Sub
```

图 4-8 就是本程序执行的画面。

说明：InputBox 函数一般只用于简单的数据输入窗口。每执行一次 InputBox 函数，只能输入一个数据，所以在实际应用中，经常把 InputBox 函数与循环语句、数组结合使用。

2. MsgBox 函数和 MsgBox 过程

在 VB 程序中可利用 MsgBox 函数在屏幕上弹出一个标准对话框来显示提示信息或输出数

据，同时等待用户在对话框中选择一个按钮，使程序根据用户的选择做出相应的响应，如图 4-9 所示。

MsgBox 函数的调用形式为：

变量[%]＝MsgBox(提示[，按钮][，标题])

图 4-9   输出对话框

MsgBox 过程与 MsgBox 函数的区别是：MsgBox 过程没有返回值，调用时以语句形式出现，后面的参数不用圆括号括起来。其他用法同 MsgBox 函数。

MsgBox 过程的调用语句形式为：

MsgBox 提示[，按钮][，标题]

其中：

- 提示、标题：意义同 InputBox 函数中的相应参数。
- 按钮：整型表达式，是由 4 个数值常量组成的式子，形式为 C1＋C2＋C3＋C4，用于决定信息框中按钮的个数、类型、出现在信息框中的图标类型以及默认按钮等，即输出对话框的显示样式。各个参数的可选值及其功能如表 4-2 所示。若省略该参数，则按钮的默认值为 0。

表 4-2   "按钮"设置值及其意义（凡有 0 值的参量，0 值为默认值）

分组	按钮值	内 部 常 量	意 义
按钮 种类 (C1)	0	vbOkOnly	只显示"确定"按钮
	1	vbOkCancel	显示"确定"和"取消"按钮
	2	vbAbortRetryIgnore	显示"终止"、"重试"和"忽略"按钮
	3	vbYesNoCancel	显示"是"、"否"和"取消"按钮
	4	vbYesNo	显示"是"和"否"按钮
	5	vbRetryCancel	显示"重试"和"取消"按钮
图标 类型 (C2)	16	vbCritical	显示关键信息图标 ✕
	32	vbQuestion	显示警示疑问图标 ?
	48	vbExclamation	显示警告信息图标 ⚠
	64	vbInformation	显示通知信息图标 ⓘ
默认 按钮 (C3)	0	vbDefaultButton1	第一个按钮为默认按钮
	256	vbDefaultButton2	第二个按钮为默认按钮
	512	vbDefaultButton3	第三个按钮为默认按钮
模式 (C4)	0	vbApplicationModal	应用程序模式，用户在当前应用程序继续执行之前必须对信息框做出响应，信息框位于最前面
	4096	vbSystemModal	系统模式，所有应用程序均挂起，直到用户响应该信息框为止

注意：

① 以上 4 组方式可组合使用（可用按钮值，也可用内部常量，且位置可交换）。

② 应用程序模式和系统模式的区别是：以应用程序模式建立对话框时，必须响应对话框才能继续当前的应用程序；以系统模式建立对话框时，所有的应用程序都被挂起，直到用户响应了对话框。

MsgBox 函数返回用户所选按钮的整数值，数值意义如表 4-3 所示。在程序中可根据该数值来识别哪个按钮被选中,以决定程序执行的流程。若程序中不需要 MsgBox 函数返回值,则可作为 MsgBox 过程使用,或直接使用 MsgBox 过程。

表 4-3　**MsgBox 函数返回值**

返回值	内部常量	被选中的按钮名
1	vbOk	确定
2	vbCancel	取消
3	vbAbort	终止
4	vbRetry	重试
5	vbIgnore	忽略
6	vbYes	是
7	vbNo	否

在实际应用中,由于 MsgBox 过程调用语句没有返回值,因此常用于简单的信息提示,不改变程序的流程。这种情况一般不需要接收和处理用户的应答。例如在查找单词时,若未找到指定的单词,则可弹出一个消息框来告诉用户,此时消息框的按钮只需显示一个"确定"按钮,可用以下语句实现:

图 4-10　运行结果

MsgBox "该单词未找到!",48,"单词查找"

运行结果如图 4-10 所示。单击"确定"按钮或按 Enter 键,程序将执行后续语句。

例 4-2　用 MsgBox 函数设计如图 4-9 所示的对话框,然后再用 MsgBox 过程将用户所选按钮的标题显示出来。

程序代码如下:

```
Private Sub Form_Load( )
    Dim MsgPrompt As String, MsgTitle As String
    Dim MsgStyle As Integer, I As Integer
    MsgPrompt="输出信息对话框"        '定义输出对话框的显示信息
    MsgTitle="输出对话框"            '定义输出对话框的标题
    MsgStyle=1+48+0                 '定义输出对话框的样式
    I=MsgBox(MsgPrompt, MsgStyle, MsgTitle)
    If I=1 Then
        MsgBox "确定"
    Else
        MsgBox "取消"
    End If
End Sub
```

此例中的语句"MsgStyle=1+48+0"指定了输出对话框的样式,其中,1 表示只显示"确定"和"取消"两个按钮,48 表示显示警告信息图标,0 表示指定"确定"为默认按钮。

也可写成:

MsgStyle=vbOkCancel+vbExclamation+vbDefaultButton1

或直接写成:

MsgStyle=49

例 4-3　编写一个口令检验程序。

要求按以下规定实现程序功能:

① 口令为 5 位字符(这里假定为"zhang"),输入口令时在屏幕上不显示输入的字符,而以

"＊"代替，如图 4-11 所示。

② 当输入口令正确时，单击"确定"按钮，则显示如图 4-12 所示的信息框。

③ 当输入口令不正确时，单击"确定"按钮，则显示如图 4-13 所示的信息框。这时，若单击"重试"按钮，则清除原输入内容，将焦点定位在文本框，等待用户再输入；若单击"取消"按钮，则终止程序的运行。

图 4-11　输入口令

图 4-12　信息提示

图 4-13　信息提示

根据界面显示及程序功能要求，在窗体上创建一个标签、一个文本框和两个命令按钮，它们的属性设置如表 4-4 所示。

表 4-4　控件属性设置

默认的控件名	设置的控件名（Name）	标题（Caption）	文本（Text）	边框（BorderStyle）	其他属性
Label1	lblPass	口令	无定义	0	
Text1	txtPass	无定义	空白	1	MaxLength＝5 PasswordChar＝"＊"
Command1	cmdOk	确定	无定义	无定义	
Command2	cmdExit	退出	无定义	无定义	

程序代码如下：

```
Option Explicit
'"确定"命令按钮的 Click 事件过程
Private Sub cmdOk_Click()
    Dim I As Integer
    If txtPass. Text＝"zhang" Then
        MsgBox "口令输入正确", vbInformation              '调用 MsgBox 过程
    Else
        I＝MsgBox("口令输入错误", 5＋vbExclamation, "输入口令")   '调用 MsgBox 函数
        If I＝4 Then                    '或用 I＝vbRetry, 用户单击"重试"按钮
            txtPass. Text＝""
            txtPass. SetFocus
        Else                           '用户单击"取消"按钮
            End
        End If
    End If
End Sub
'窗体的 Load 事件过程
Private Sub Form_Load()
    txtPass. Text＝""                  '初始化操作,将口令文本框清空
End Sub
'"退出"按钮的 Click 事件过程
Private Sub cmdExit_Click()
    End
End Sub
```

4.3 选择结构程序设计

选择结构是程序的基本算法结构之一,它根据判断是否满足某些条件来分别进行不同的处理,以执行相应的分支。VB 程序提供了多种实现选择结构的条件语句。

4.3.1 单分支条件语句(If…Then 语句)

1. If…Then 语句的格式

If…Then 语句的格式如下。

格式 1:

If 表达式 Then
　语句块
End If

格式 2:

If 表达式 Then 语句　　　　　　　　　'简化形式

其中:

- 表达式:也称为条件表达式,一般为关系表达式或逻辑表达式。若为算术表达式,则 VB 系统按非 0 为 True、0 为 False 进行判断。
- 语句块:可以是一条语句或多条语句。但格式 2 中 Then 后面的语句只能是一条语句,或是用冒号分隔的多条语句,且必须写在一行上。

2. If…Then 语句的执行过程

当条件表达式的值为 True(或非 0)时,执行 Then 后面的语句块(或语句),否则跳过 Then 后面的语句块(或语句)继续执行 End If 后面的语句。其流程如图 4-14 所示(T 代表 True,F 代表 False,下同)。

例如,要实现 4.1.1 节中算法示例 1 的问题,可用以下程序段(假设 X、Y 已有确定值):

```
If X<Y Then
    '下面 3 个赋值语句可完成变量 X 与 Y 的值交换
    Temp=X
    X=Y
    Y=Temp
End If
```

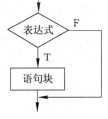

图 4-14　单分支结构

或

```
If X<Y Then Temp=X: X=Y: Y=Temp
```

4.3.2 双分支条件语句(If…Then…Else 语句)

1. If…Then…Else 语句的格式

If…Then…Else 语句的格式如下。

格式 1:

If 表达式 Then
　语句块 1

```
Else
    语句块 2
End If
```

格式 2：

If 表达式 Then 语句 1 Else 语句 2

2. If…Then…Else 语句的执行过程

当条件表达式的值为 True(或非 0)时，执行 Then 后面的语句块 1(或语句 1)，否则执行 Else 后面的语句块 2(或语句 2)，接着继续执行 End If 后面的语句。其流程如图 4-15 所示。

例如，根据学生成绩 Score 的值显示其是否及格，可用以下程序段实现：

```
If Score<60 Then
    Print "不及格"
Else
    Print "及格"
End If
```

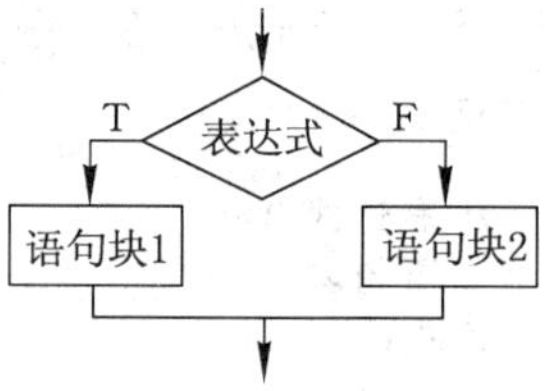

图 4-15　双分支结构

又如，要实现求某数 x 的绝对值 y，可用以下程序段实现：

```
If x>=0 Then
    y=x
Else
    y=-x
End If
```

说明：在书写程序代码时，可采用缩进与对齐的方法(也称为锯齿型)来体现程序结构的层次关系。例如，这里在书写 If…Then…Else 语句时，可将两个执行语句(或语句块)缩进 4 个空格，同时将同级别的对等语句(如 If、Else、End If)相互对齐，这样可使语句结构非常清晰，特别是在具有控制结构嵌套的程序中，书写时采用锯齿型尤其重要。

4.3.3　多分支条件语句(If…Then…ElseIf 语句)

1. If…Then…ElseIf 语句的格式

If…Then…ElseIf 语句的格式为：

```
If 表达式 1 Then
    语句块 1
ElseIf 表达式 2 Then
    语句块 2
    ⋮
[Else
    语句块 n+1 ]
End If
```

2. If…Then…ElseIf 语句的执行过程

首先判断条件表达式 1 的值，若为 True(或非 0)，则执行语句块 1，否则继续判断条件表达式 2 的值，若为 True(或非 0)，则执行语句块 2，否则继续判断下一个条件表达式……如此下去，若找到某个条件表达式的值为 True，则执行该条件下的语句块。若所有的条件表达式都不成立，则检查有无 Elsc 子句，若有 Else 子句，则无条件执行 Else 后面的语句块(或语句)；若无 Else 子句，则程序直接跳到 End If 之后继续执行其他语句。其流程如图 4-16 所示。

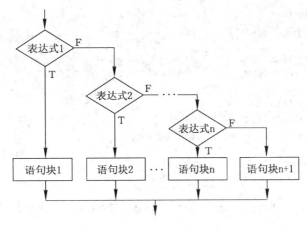

图 4-16　多分支结构

注意:

① 若有多个条件同时成立,则程序只执行最先遇到的条件表达式下的语句块。

② 关键字 ElseIf 不能写成 Else If。

例 4-4　某商场促销采用购物打折的优惠办法,即每位顾客一次购物:

① 在 1000 元以上者,按九五折优惠;

② 在 2000 元以上者,按九折优惠;

③ 在 3000 元以上者,按八五折优惠;

④ 在 5000 元以上者,按八折优惠。

程序界面如图 4-17 所示(窗体中各控件的属性设置略)。

设某顾客所购商品总金额为 x 元,则优惠价可按以下公式算出:

$$y = \begin{cases} x & (x < 1000) \\ 0.95x & (1000 \leqslant x < 2000) \\ 0.9x & (2000 \leqslant x < 3000) \\ 0.85x & (3000 \leqslant x < 5000) \\ 0.8x & (x \geqslant 5000) \end{cases}$$

图 4-17　例 4-4 的程序运行界面

程序代码如下:

```
Option Explicit
'"清除"按钮的 Click 事件过程
Private Sub cmdClear_Click()
    Text1=""
    Text2=""
    Label3.Caption=""
    Text1.SetFocus
End Sub
'"计算"按钮的 Click 事件过程
Private Sub cmdComp_Click()
    Dim x As Single, y As Single
    x=Val(Text1.Text)
    If x < 1000 Then
        Label3.Caption="没有折扣"
        y=x
```

```
    ElseIf x < 2000 Then
        Label3.Caption="九五折"
        y=0.95 * x
    ElseIf x < 3000 Then
        Label3.Caption="九折"
        y=0.9 * x
    ElseIf x < 5000 Then
        Label3.Caption="八五折"
        y=0.85 * x
    Else
        Label3.Caption="八折"
        y=0.8 * x
    End If
    Text2.Text=Format$(y,"#####.00")    '将结果数据按指定格式输出
End Sub
```

4.3.4 If 语句的嵌套

If 语句的嵌套是指 Then 或 Else 后面的语句块中又包含 If 语句。语句格式如下：

If 表达式 1 Then
    If 表达式 11 Then
       ...
    End If
Else
    ...
End If

例 4-5 求 3 个整数中的最大数。程序界面如图 4-18 所示，窗体上有 3 个文本框，用于输入 3 个整数；一个标签控件，用于在比较前显示提示信息，如图 4-18(a)所示，以及在比较后显示比较的结果，如图 4-18(b)所示；两个命令按钮，单击"比较"按钮，则对输入的 3 个整数使用嵌套的 If 语句求其中的最大数；单击"清除"按钮，将清除 3 个文本框中的内容，恢复标签控件比较前显示的提示信息，为下一次比较作准备。

(a) 比较前

(b) 比较后

图 4-18 例 4-5 的程序运行界面

程序代码如下：

```
'"比较"按钮的 Click 事件过程
Private Sub cmdCompare_Click()
    Dim a%, b%, c%, max%
    a=Val(Text1.Text):b=Val(Text2.Text):c=Val(Text3.Text)
    If a>b Then
        If a>c Then
            max=a
        Else
            max=c
        End If
```

```
    Else
        If b＞c Then
            max＝b
        Else
            max＝c
        End If
    End If
    Label1.Caption = "三个数中最大的是 " & max
End Sub
'"清除"按钮的 Click 事件过程
Private Sub cmdClear_Click()
    Text1.Text = ""
    Text2.Text = ""
    Text3.Text = ""
    Label1.Caption = "请输入三个待比较的整数"
    Text1.SetFocus
End Sub
```

注意：

① 这里使用了嵌套的 If 语句，为增加程序的可读性，书写采用了锯齿型。

② 多个 If 语句嵌套时，Else 或 End If 与它最接近的 If 配对。

例 4-6　输入三角形 3 条边的边长，若能构成三角形，则求此三角形的面积，否则输出数据错误信息。程序界面如图 4-19 所示。

设三角形的 3 条边的边长分别为 a、b、c，则能构成三角形的充要条件如下：

① $a＞0$ 且 $b＞0$ 且 $c＞0$；

② $a+b＞c$ 且 $a+c＞b$ 且 $b+c＞a$。

三角形的面积公式为 $S = \sqrt{p(p-a)(p-b)(p-c)}$，其中，$p=(a+b+c)/2$。

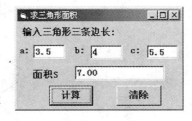

图 4-19　三角形面积

程序界面主要含有 4 个文本框、两个命令按钮、5 个标签（用于说明文本框的作用）。单击"计算"按钮，给出三角形面积的计算结果。如果给出的数据构不成三角形，则在显示计算结果的文本框中给出"数据无效"信息。单击"清除"按钮，将清除文本框中的已有数据，为下一次计算做准备。根据图 4-20 所示的算法流程图，不难写出以下程序代码：

```
'"计算"按钮的 Click 事件过程
Private Sub cmdComp_Click()
    Dim a As Single, b As Single, c As Single
    Dim p As Single, S As Single
    a＝Val(txta.Text)                              '取边长数据 a
    b＝Val(txtb.Text)                              '取边长数据 b
    c＝Val(txtc.Text)                              '取边长数据 c
    If a＞0 And b＞0 And c＞0 Then                 '判别数据合法性
        If a＋b＞c And b＋c＞a And a＋c＞b Then    '判别数据合法性
            p＝(a＋b＋c) / 2
            S＝Sqr(p * (p－a) * (p－b) * (p－c))    '求三角形面积
            '将面积数据按指定格式写入计算结果文本框
            txtS＝Format$(S, "＃＃＃＃0.00")
        Else
            txtS＝"不能构成三角形"
```

```
            End If
        Else
            txtS="数据无效"
        End If
End Sub
'下面是一个三角形边长文本框的 KeyPress 事件过程,用于数据校验
Private Sub txta_KeyPress(KeyAscii As Integer)
    If KeyAscii=13 Then
        If Not IsNumeric(txta.Text) Then
            MsgBox "数据非法,重输"
            txta.Text=""
            txta.SetFocus
        Else
            txtb.SetFocus
        End If
    End If
End Sub
```

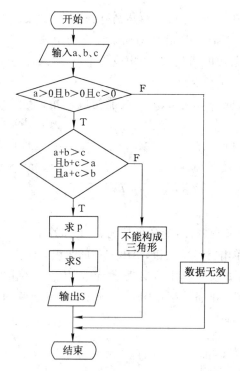

图 4-20　求三角形面积算法流程图

另外两个边长文本框的 Keypress 事件过程,读者可仿照上述代码编写。

这里,"清除"命令按钮的 Click 事件过程略。

说明:

① 使用文本框接受输入的数值型数据时,由于文本框的 Text 属性是字符串型,所以一定要使用转换函数 Val(x)将由文本框输入的数据转换成数值型。

② 为了保证程序运行的正确,在 3 个边长文本框的 KeyPress 事件过程中对输入的 3 条边的边长要进行检查,若发现输入的数据非法,则用 MsgBox 过程显示出错信息,同时清除该文本框中的数据,并采用 SetFocus 方法定位在出错的文本框处重新输入。

4.3.5　情况语句（Select Case 语句）

在解决实际问题中经常需要用到多分支选择。例如,学生成绩分类（90 分以上为 A 等,80～89 分为 B 等,70～79 分为 C 等……）；人口统计分类（按年龄分为老、中、青、少、儿童）；工资统计分类；银行存款分类等。尽管这些问题可以用嵌套的 If 语句或多分支 If 语句来处理,但当分支较多时,用 If 语句实现的程序可读性差、程序冗长。为此,VB 提供了实现多分支结构的另一种方法——Select Case 情况语句。

1. Select Case 语句的格式

Select Case 语句的格式为:

```
Select Case 变量或表达式
     Case 表达式列表 1
          语句块 1
     Case 表达式列表 2
          语句块 2
          ⋮
    [Case Else
          语句块 n+1 ]
End Select
```

其中:

- 变量或表达式：称为测试表达式,可以是数值型或字符串表达式。
- 表达式列表：称为测试项,与测试表达式的类型必须相同,可使用如下形式。

   用逗号分隔的一组常数,例如,2,4,7；

   用 To 表示一个区间范围,例如,8 To 20；

   用 Is 代表测试值,后跟关系运算符和比较值,例如,Is>50；

   组合运用上述 3 种形式,并用逗号进行分隔,例如,5,6,8 To 12,Is >=20。

2. Select Case 语句的执行过程

首先求测试表达式的值,接着从上到下、从左到右逐个检查每个 Case 语句的测试项,若找到一个与测试表达式的值相符合的测试项,就执行该 Case 语句下面的语句块。若所有的测试项均不符合要求,则检查有无 Case Else 子句,若有 Case Else 子句,则无条件执行 Case Else 后面的语句块（或语句）；若无 Case Else 子句,则程序直接跳到 End Select 之后继续执行其他语句。其流程如图 4-21 所示。

说明：若有多个 Case 语句中的测试项与测试表达式的值匹配,则执行第一个与之匹配的语句块,但最好使每个 Case 语句中的测试项互不相同。

例 4-7　用 Select Case 语句实现例 4-4 的功能,只需将其中命令按钮 cmdComp 的 Click 事件过程代码改为:

```
Private Sub cmdComp_Click()
     Dim x As Single, y As Single
     x=Val(Text1.Text)
     Select Case x
          Case Is < 1000
```

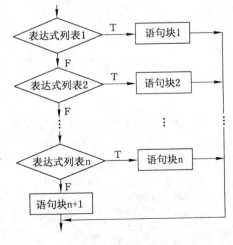

图 4-21　情况语句

```
            Label3.Caption="没有折扣"
            y=x
        Case Is < 2000
            Label3.Caption="九五折"
            y=0.95 * x
        Case Is < 3000
            Label3.Caption="九折"
            y=0.9 * x
        Case Is < 5000
            Label3.Caption="八五折"
            y=0.85 * x
        Case Else
            Label3.Caption="八折"
            y=0.8 * x
    End Select
    Text2.Text=Format$(y, "#####.00")
End Sub
```

例 4-8　本程序的功能是对文本框 txtInput 中输入的字符进行转换。转换规则：将其中的大写字母转换成小写字母，小写字母转换成大写字母，空格不转换，其余转换成"＊"。要求每输入一个字符，马上就进行判断和转换，将转换结果显示在文本框 txtTran 中。若单击"清除"命令按钮，则清除两个文本框中的所有内容。界面设计如图 4-22 所示。这里两个文本框的 MultiLine 属性均设为 True。

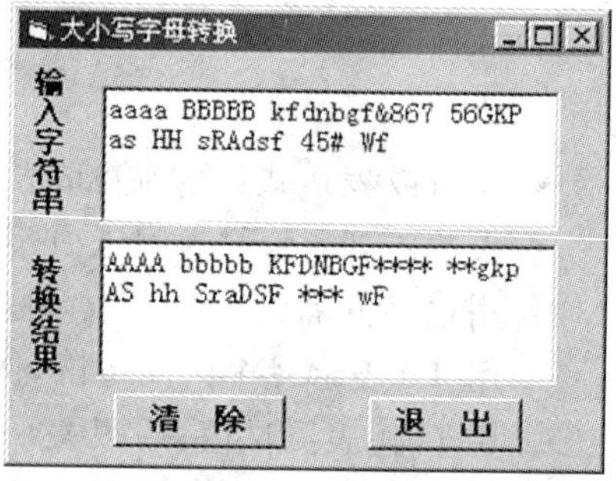

在"输入字符串"文本框中每输入一个字符，马上就进行判断，这就要求对"输入字符串"文本框对象 txtInput 的 KeyPress（按键）事件进行编程。

程序代码如下：

图 4-22　例 4-8 的程序运行界面

```
'输入字符串文本框 txtInput 的 KeyPress 事件过程
Private Sub txtInput_KeyPress(KeyAscii As Integer)
    Dim ss As String * 1
    ss=Chr$(KeyAscii)                '将ASCII 码转换成字符
    Select Case ss
        Case "A" To "Z"
            ss=Chr$(KeyAscii+32)     '将大写转换成小写,也可用 ss=LCase(ss)
        Case "a" To "z"
            ss=Chr$(KeyAscii-32)     '将小写转换成大写,也可用 ss=UCase(ss)
        Case " "
            ss=ss
        Case Else
            ss=" * "
    End Select
    '将转换文本框已有的内容与刚输入并转换的字符连接
    txtTran.Text=txtTran.Text & ss
End Sub
'"清除"按钮的 Click 事件过程
Private Sub cmdClear_Click()
    txtInput.Text=""
    txtTran.Text=""
    txtInput.SetFocus
End Sub
'"退出"按钮的 Click 事件过程
```

```
Private Sub cmdEnd_Click()
    Unload Me                    '这里该语句的作用同 End 语句
End Sub
```

4.3.6　条件函数 IIf

IIf 函数用于执行简单的条件判断操作,有时可代替 If…Then…Else 结构。

IIf 函数的语法格式是:

IIf(<条件表达式>,<表达式 1>,<表达式 2>)

其含义为:当条件表达式的值为 True 时,函数的返回值取表达式 1 的值,如果为 False,取表达式 2 的值。

例如,求 a、b 中的大数,并放在 max 中,语句如下:

max＝IIf(a>b,a,b)

又如,求 x 的绝对值 y(假设不用系统提供的函数 Abs),语句如下:

y＝IIf(x>＝0,x,－x)

因此,用 IIf 函数可以使程序大大简化。

4.4　循环结构程序设计

循环是在指定的条件下多次重复执行一组语句。在 4.1.2 节已介绍了两种基本的循环结构——当型循环结构和直到型循环结构,并给出了两种循环结构的流程图表示(见图 4-4(c1)和图 4-4(c2))。实际上,每种循环结构又有两种不同的执行方式。图 4-23 和图 4-24 分别是当型循环结构和直到型循环结构不同的执行方式的流程图。

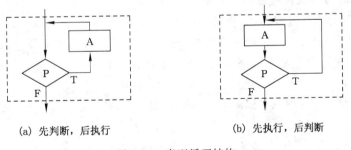

(a) 先判断,后执行　　　(b) 先执行,后判断

图 4-23　当型循环结构

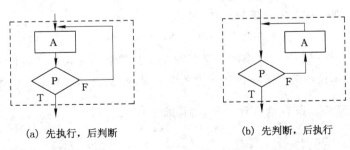

(a) 先执行,后判断　　　(b) 先判断,后执行

图 4-24　直到型循环结构

由图 4-23 和图 4-24 可以看出，每种循环结构的两种执行方式的区别是，一个先进行判断，再根据判断结果决定是否执行循环体；另一个则是先执行一次循环体，再进行判断，以决定是否再次执行循环体。

VB 提供了相应的语句用于实现各种类型的循环。

4.4.1　For 循环语句

For 循环语句是计数型循环语句，用于循环次数预知的循环结构。

1. For 循环语句的格式

For 循环语句的格式为：

For 循环变量＝初值 **To** 终值 ［**Step** 步长］
　　语句块
　　［**Exit For**］　＞循环体
　　语句块
Next 循环变量

其中：

- 循环变量：也称为循环控制变量或计数器，必须为数值型。
- 初值、终值：数值型表达式。
- 步长：一般为正，初值小于终值；若为负，初值大于终值。省略时，步长为 1。
- 语句块：一条或多条语句。
- Exit For：提前结束循环语句，表示当遇到该语句时退出循环，执行 Next 语句的下一条语句。

2. For 循环语句的执行过程

For 循环语句的执行过程为（流程见图 4-25）：

① 给循环变量赋初值，同时记下终值和步长。

② 判断循环变量的值是否在终值内（即当步长为正数时，判断"循环变量≤终值?"；当步长为负数时，判断"循环变量≥终值?"），若是，则执行循环体；若否，则退出循环，执行 Next 语句的下一条语句。

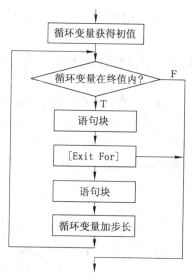

图 4-25　For 循环语句的执行过程

③ 执行 Next 语句，系统为循环变量增加步长，转到②，继续循环。

说明：For 与 Next 语句中的循环变量必须是同一个变量。Next 语句中的循环变量可以省略。

For 循环的正常循环次数可用下式计算：

$$循环次数＝Int((终值－初值)/步长)＋1$$

注意：初值、终值和步长这 3 个循环参数中包含的变量如果在循环体内被改变，不会影响循环的执行次数；但循环变量若在循环体内被重新赋值，则循环次数有可能发生变化。

例 4-9　求 1 到 100 所有自然数的平方和，即 $\sum\limits_{I=1}^{100} I^2$。

程序代码如下：

```
Private Sub Form_Click()
    Dim I As Integer, Sum As Long
```

```
For I=1 To 100
    Sum=Sum+I * I
Next I
Print "Sum="; Sum
End Sub
```

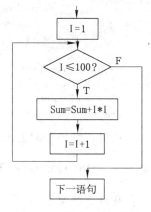

图 4-26　例 4-9 的流程图

此例是一个求累加和的计算问题，I 是循环变量，其初值为 1，反复执行循环体语句（即不断将 I 的平方值累加到变量 Sum 中），然后使 I 值增加 1，直到 I 值超过终值 100 就不再执行循环体。在本例中，循环体被执行了 100 次，退出循环时 I 的值为 101。其流程如图 4-26 所示。

例 4-10　求 1～100 的奇数和。

程序代码如下：

```
Private Sub Form_Click()
    Dim i As Integer, s As Integer
    s=0                     '给存放累加和的变量置初值
    For i=1 To 100 Step 2
        s=s+i               '求累加和
    Next i
    Print s
End Sub
```

本例也是一个求累加和的计算问题，这里循环体被执行了 Int((100-1)/2)+1 次，即 50 次，退出循环时 I 的值为 101。

例 4-11　字符分类统计。在文本框中输入一串字符，统计其中字母字符、数字字符以及其他字符的个数，并在相应的文本框中输出统计结果。程序运行界面如图 4-27 所示。

图 4-27　例 4-11 的程序运行界面

程序代码如下：

```
'"统计"按钮的 Click 事件过程
Private Sub cmdStat_Click()
    Dim strInput As String
    Dim i As Integer, s1 As String * 1
    Dim n1 As Integer, n2 As Integer, n3 As Integer    '用于统计计数
    strInput=RTrim(txtInput.Text)                       '去除文本中右边的空格
    For i=1 To Len(strInput)
        s1=Mid(strInput, i, 1)                          '取第 i 个字符
        Select Case s1
            Case "A" To "Z", "a" To "z"                 '字母字符
                n1=n1+1
            Case "0" To "9"                             '数字字符
                n2=n2+1
```

```
            Case Else                           '其他字符
                n3＝n3＋1
        End Select
    Next i
    txtLetter. Text＝Str(n1)                    '显示统计结果
    txtDigit. Text＝Str(n2)
    txtOther. Text＝Str(n3)
End Sub
```

这里，"清屏"和"退出"两个命令按钮的 Click 事件过程略。

4.4.2　Do…Loop 循环语句

在许多情况下，对某些程序段重复处理的次数事先并不能确定，而是由程序执行中某种条件是否被满足来决定重复执行与否。VB 提供的 Do…Loop 循环语句就是用于循环次数未知的循环结构，它是条件型循环语句。

1. Do…Loop 循环语句的格式

Do…Loop 循环语句有以下 5 种语句格式。

格式 1：

```
Do While 条件
    语句块
    [Exit Do]
    语句块
 Loop
```

格式 2：

```
Do
    语句块
    [Exit Do]
    语句块
Loop While 条件
```

格式 3：

```
Do Until 条件
    语句块
    [Exit Do]
    语句块
 Loop
```

格式 4：

```
Do
    语句块
    [Exit Do]
    语句块
Loop Until 条件
```

格式 5：

```
Do
    语句块
    Exit Do
    语句块
Loop
```

其中：

- 在 Do 语句和 Loop 语句之间的语句即为循环体语句。
- 条件：一般为关系表达式或逻辑表达式,称为循环条件。
- Exit Do：提前结束循环语句,表示当遇到该语句时提前退出循环,执行 Loop 语句的下一条语句。在循环体中可以包括一条或多条 Exit Do 语句,也可以没有。Exit Do 语句常与 If…Then 语句结合使用。

2. Do…Loop 循环语句的执行过程

① 格式 1 和格式 2 这两种形式可实现当型循环结构,即关键字 While 用于指明循环条件为 True 时执行循环体。格式 1 和格式 2 的区别在于：格式 1 是先判断循环条件,后执行循环体,有可能循环体一次都不被执行；格式 2 是先执行循环体一次,再判断循环条件,循环体至少被执行一次。流程如图 4-28(a)、(b)所示。

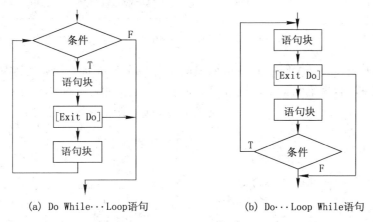

(a) Do While…Loop语句　　　　(b) Do…Loop While语句

图 4-28　流程图

② 格式 3 和格式 4 这两种形式可实现直到型循环结构,即关键字 Until 用于指明循环条件为 False 时执行循环体,直到循环条件为 True 时退出循环。格式 3 和格式 4 之间的区别同格式 1 和格式 2。流程如图 4-29(a)、(b)所示。

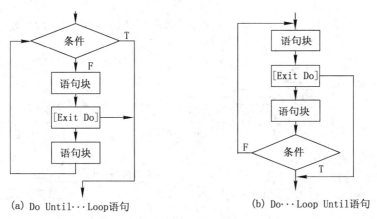

(a) Do Until…Loop语句　　　　(b) Do…Loop Until语句

图 4-29　流程图

③ 对于格式 5,必须在循环体中设置特殊条件,以一定的方式(例如 Exit Do)转出循环,否则,这种循环结构将无限次地重复执行下去,是一种不带条件的无限循环,即死循环。流程如图 4-30 所示。

例 4-12 用上述 5 种 Do…Loop 循环语句来解决例 4-9 的数学问题。

在窗体上创建一个标签、一个文本框和 6 个命令按钮。

程序要求标签控件 lblPrompt 的 Caption(标题)属性在程序运行时根据所选循环语句动态变化。程序运行界面如图 4-31 所示。

图 4-30 Do…Loop 语句

图 4-31 例 4-12 的程序运行界面

根据 5 种 Do…Loop 循环语句的特点,先画出各自实现该问题的算法流程图。为便于读者进一步熟悉流程图,这里既给出传统流程图表示,也给出 N-S 结构流程图表示。

用当型循环 Do While…Loop 语句实现该问题,算法流程图如图 4-32 所示。

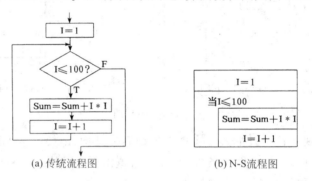

(a) 传统流程图　　　　　　　(b) N-S流程图

图 4-32 流程图

用直到型循环 Do…Loop Until 语句实现该问题,算法流程图如图 4-33 所示。

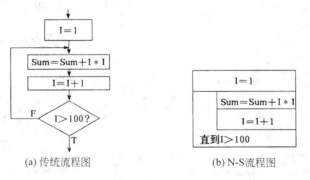

(a) 传统流程图　　　　　　　(b) N-S流程图

图 4-33 流程图

用其他语句实现该问题的流程图与上面给出的类似,读者可模仿画出来。

程序代码如下:

```
Option Explicit
```

```
'"Do While Loop"按钮的单击事件过程,即用 Do While…Loop 循环语句实现程序功能
Private Sub cmdDWL_Click()
    Dim I As Integer, Sum As Long
    I=1
    Do While I<=100
        Sum=Sum+I * I
        I=I+1
    Loop
    lblPrompt.Caption="Do While…Loop 方法结果:"
    txtResult.Text=Str(Sum)
End Sub
'"Do Loop Until"按钮的单击事件过程,即用 Do…Loop Until 循环语句实现程序功能
Private Sub cmdDLU_Click()
    Dim I As Integer, Sum As Long
    I=1
    Do
        Sum=Sum+I * I
        I=I+1
    Loop Until I > 100
    lblPrompt.Caption="Do…Loop Until 方法结果:"
    txtResult.Text=Str(Sum)
End Sub
'"Do Loop"按钮的单击事件过程,即用 Do…Loop 循环语句实现程序功能
Private Sub cmdDL_Click()
    Dim I As Integer, Sum As Long
    I=1
    Do
        Sum=Sum+I * I
        I=I+1
        If I > 100 Then Exit Do
    Loop
    lblPrompt.Caption="Do…Loop 方法结果:"
    txtResult.Text=Str(Sum)
End Sub
```

关于另外两个命令按钮的 Click 事件过程,即用 Do…Loop While 循环语句和 Do Until…Loop 循环语句实现本程序的功能,读者可自己写出。

这里,"退出"命令按钮的单击事件过程略。

说明: 同一问题可选择一种或多种循环语句来实现,在实际开发应用程序时,可根据表达条件的需要灵活地运用循环语句。

例 4-13 用辗转相除法求两个自然数的最大公约数。程序界面如图 4-34 所示。

求两个自然数的最大公约数的算法已在 4.1.1 节中给出。根据图 4-2 给出的算法流程图,可写出如下程序代码:

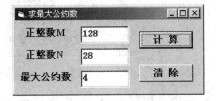

图 4-34 求两个自然数的最大公约数界面

```
'"计算"按钮的 Click 事件过程
Private Sub cmdGcd_Click()
    Dim m As Integer, n As Integer
    Dim r As Integer, t As Integer
    m=Val(Text1.Text)
    n=Val(Text2.Text)
```

```
        If m<1 Or n<1 Then                          '检验数据合法性
            MsgBox "输入数据有误,重输"
            Text1.Text = ""
            Text2.Text = ""
            Text1.SetFocus
        Else
            If m<n Then t=m:m=n:n=t                  '使得 m 不小于 n
            Do                                       '求最大公约数
                r=m Mod n
                m=n
                n=r
            Loop Until r=0
            Text3.Text = CStr(m)                     '输出最大公约数
        End If
    End Sub
```

这里,"清除"按钮的 Click 事件过程略。

说明:

① 读者也可根据图 4-7 给出的求最大公约数的算法流程图将本例中的有关程序段使用 Do While…Loop 语句来实现。

② 请读者将本例稍做修改,使其能求两个自然数的最大公约数和最小公倍数。最小公倍数就是原来两数相乘除以它们的最大公约数。

4.4.3 循环嵌套

无论是 Do…Loop 循环还是 For…Next 循环,都允许循环嵌套,即在一个循环体内又包含了一个完整的循环结构。但应注意:

① 内层循环必须完全包含于外层循环结构之中,且不能相互交叉。

② 对于 For 循环语句的嵌套问题,内循环变量不能与外循环变量同名。

③ 不能用 GoTo 语句从循环体外转向循环体内,也不能从外循环转向内循环;反之则可以。

④ 在书写循环嵌套或其他嵌套的控制结构时,为了便于阅读程序,通常采用缩进与对齐的方式将程序写成锯齿型。

例 4-14 打印九九乘法表,程序运行界面如图 4-35 所示。

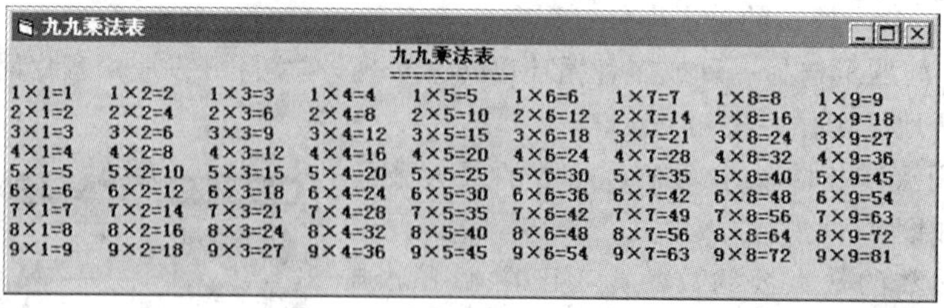

图 4-35 例 4-14 的程序运行界面

本例采用 For…Next 二重循环结构,内、外层循环变量只要作为乘法中的乘数和被乘数就可以方便地打印出九九乘法表。程序代码如下:

```
Private Sub Form_Click()
    Dim I As Integer, J As Integer
    Dim strE As String
    Print Tab(35); "九九乘法表"
    Print Tab(35); "==========="
```

```
            For I=1 To 9
                For J=1 To 9
                    strE=I & "×" & J & "=" & I*J
                    Print Tab((J-1)*9+1); strE;
                Next J
                Print
            Next I
        End Sub
```

执行本程序,单击窗体,则在窗体上显示九九乘法表。其中,For…Next 二重循环语句的执行过程是:首先将外循环变量 I 的值赋以 1,然后内循环变量 J 从 1 到 9 重复执行内层循环,内层循环执行完毕后,I 增加 1,然后继续重复执行内层循环,直到 I 的值大于 9 时完成整个循环嵌套结构的执行。因此,多重 For 循环的执行过程是:外层循环的循环控制变量每取一个值,内循环的循环控制变量要取遍所有的值。

例 4-15　用 Print 方法在窗体上输出如图 4-36 所示的图形。

```
Private Sub Form_Click()
    Dim i As Integer, j As Integer
    Dim star As String
    star="★"
    FontSize=12
    For i=1 To 5                    '输出上三角部分图形
        Form1.Print Tab(12-i*2);    '每一行开始定位
        For j=1 To 2*i-1
            Print star;
        Next j
        Print                       '每行结束换行
    Next i
    For i=1 To 4                    '输出下三角部分图形
        Form1.Print Tab(2+i*2);
        For j=1 To (5-i)*2-1
            Print star;
        Next j
    Print
    Next i
End Sub
```

图 4-36　例 4-15 的程序
运行界面

说明:这里特殊字符"★"的输入可通过智能 ABC 汉字输入法的软键盘菜单中的"特殊符号"命令来实现。

4.5　其他辅助控制语句

4.5.1　GoTo 语句

GoTo 语句是一种改变程序执行流向的转移语句。执行 GoTo 语句即无条件地转移到同一过程中标号或行号指定的语句。其语句格式为:

GoTo {标号|行号}

其中,标号是一个合法标识符;行号是一个数字序列(VB 6.0 不建议使用行号)。

注意:

① GoTo 语句只能转移到同一过程的标号或行号处,且只能从语句结构(例如条件语句、

循环语句）中转移出来，而不能转移到语句结构内。任何转移到的标号后都应有冒号。

　　② 如果程序中过多地使用 GoTo 语句，会使程序结构不清晰、可读性差、调试困难。因此，在结构化程序设计中尽量少用或不用 GoTo 语句，可以用选择结构或循环结构代替。

4.5.2　End 语句

　　End 语句用于终止程序、过程或程序块等，包括如表 4-5 所示的形式。

表 4-5　End 语句的形式

语句格式	功　　能
End	终止程序的执行，可放在任何事件过程中
End Sub	终止事件过程或 Sub 子过程
End Function	终止函数过程
End If	终止 If 程序块
End Select	终止 Select Case 程序块
End Type	自定义类型结束语句
End Property	终止属性过程
End With	终止 With 程序块

4.5.3　Exit 语句

　　在 VB 中有多种形式的 Exit 语句，例如 Exit For、Exit Do、Exit Sub、Exit Function 等，主要用于退出某种控制结构的执行。

4.5.4　With 语句

　　With 语句的格式为：

With 对象名
　　语句块
End With

　　该语句的作用是：若对某个对象执行一系列语句，对象名只要在 With 后面指定，在语句块中不用重复指出该对象名。

　　例如，若对 Label1 对象的多个属性通过代码进行赋值，可采用下列 With 语句：

```
With Label1                          Label1.BorderStyle = 1
    .BorderStyle = 1                 Label1.Height = 500
    .Height = 500
                      等价于⇒
    .Width = 3000                    Label1.Width = 3000
    .FontName = "黑体"                Label1.FontName = "黑体"
    .FontSize = 20                   Label1.FontSize = 20
    .Caption = "程序设计"             Label1.Caption = "程序设计"
End With
```

　　注意：语句块中属性名前的"."不可省略。

4.6　常用算法举例（一）

　　VB 程序设计包括界面设计和代码设计两大部分。对于初学者来说，VB 程序的界面设计部分不难学习，关键是程序的代码设计部分如何学习和掌握。程序设计的灵魂和核心是算法设计,算法是编程的基础。在 4.1 节已对算法的基本概念做了简单介绍,从本节起将陆续介绍一些程序设计中的常用算法,读者可通过实例加深理解,以便在今后的编程中灵活运用。

4.6.1 累加和累乘

累加和累乘是程序设计中最常用也是最简单的算法。累加是在原有和的基础上每次再加上一个数;累乘是在原有积的基础上每次再乘上一个数。

例 4-9 和例 4-10 都是累加的实例,因此这里不再举累加的例子。

例 4-16 求 10!。

这是一个简单的累乘实例,可用下列程序代码实现:

```
Private Sub Form_Click()
    Dim i As Integer, t As Long
    t=1                         '给存放累乘积的变量置初值,必须有
    For i=1 To 10
      t=t * i                   '累乘性语句
    Next i
    Print t
End Sub
```

由此可见,累加或累乘的实现都非常简单,只要通过循环结构和循环体内的一条表示累加性语句(Sum=Sum+I)或累乘性语句(t=t * i)即可。

注意:对存放累加和或累乘积的变量置初值的语句应放在循环体外,累加和变量置初值 0,累乘积变量置初值 1。而对于多重循环,置初值语句是在外循环体外还是内循环体外要看具体情况。

4.6.2 递推法

"递推法"又称为"迭代法",是计算机解题中使用十分广泛的一种算法。其基本思想是利用已知的或推导得出的递推(或称迭代)公式反复用旧值递推出新值,并用新值去取代变量旧值的过程。通过多次迭代,可递推出所需的值或近似值。从下面的例子可看到用循环结构来处理递推问题非常方便。

例 4-17 猴子吃桃问题。猴子在一天摘了若干个桃子,当天吃掉一半多一个;第二天接着吃掉了剩下的桃子的一半多一个;以后每天都吃尚存桃子的一半多一个,到第 7 天早上要吃时只剩下一个了,问猴子最初共摘了多少个桃子?

本题是一个递推问题,若设第 n 天的桃子数为 x_n,则它与前一天的桃子数为 x_{n-1} 的递推关系是:

$$x_n=\frac{1}{2}x_{n-1}-1$$

即

$$x_{n-1}=(x_n+1)*2$$

根据题目已知,当 $n=7$ 时,$x_7=1$,因此不难利用上述递推公式依次推出 x_6、x_5、x_4、x_3、x_2 和 x_1,从而求出第一天摘的桃子数。

程序代码如下:

```
Private Sub Picture1_Click()
    Dim x As Integer, n As Integer
```

```
    x = 1
    Picture1.Print "第 7 天的桃子数为：" & x
    For n = 6 To 1 Step -1
      x = 2 * x + 2
      Picture1.Print "第" & n & "天的桃子数为：" & x
    Next n
End Sub
```

程序运行结果如图 4-37 所示。

例 4-18　利用以下公式求 $\sin(x)$ 的近似值，直到最后一项的绝对值小于 10^{-6} 为止。计算公式为：

$$\sin x = x - \frac{x^3}{3!} + \frac{x^5}{5!} - \cdots + (-1)^{n+1}\frac{x^{2n-1}}{(2n-1)!} + \cdots$$

这里 x 的单位为弧度。

程序运行界面如图 4-38 所示。

图 4-37　例 4-17 的程序运行界面　　　　图 4-38　例 4-18 的程序运行界面

这是一个求累加和的计算问题，而和式中每一项的计算又是一个递推问题。由计算公式可找出和式的第 n 项 t_n 与第 $n-1$ 项 t_{n-1} 的递推关系（即通项）为：

$$t_1 = x \qquad t_n = t_{n-1} * (-x * x)/((2*n-2)*(2*n-1))$$

程序流程图如图 4-39 所示。

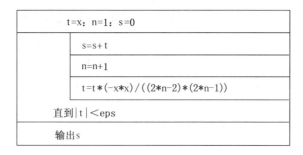

图 4-39　例 4-18 的程序流程图

说明：在程序中变量 t 用于存放和式中某项的值。

程序代码如下：

```
'"计算"按钮的 Click 事件过程
Private Sub cmdCalc_Click()
    Dim x!, t!, n%, s!
    Const eps = 0.000001
    x = Val(txtX.Text)
    t = x                          '第一项的值
    n = 1
```

```
    s=0
    Do
        s=s+t                                    '前 n 项累加和
        n=n+1
        t=t*(-x*x)/((2*n-2)*(2*n-1))      '利用递推公式求得下一项
    Loop Until Abs(t) < eps
    txtResult.Text=Format$(s, "0.0000000")
End Sub
```

注意：

① 对于例 4-18 这类级数求和问题，读者应学会根据问题找规律，写出通项，即找出前一项与当前项的递推关系。

② 根据问题求解的精度要求确定循环终止条件。

4.6.3 判断素数

关于素数的概念以及判断素数的算法已在 4.1 节中已介绍，这里不再赘述。

例 4-19 输出 2～100 之间的素数（每行输出 5 个素数）。程序运行界面如图 4-40 所示。

解题的算法思想为：对于 2～100 之间的任意一个数 m，若除以 2、3、…、$\sqrt{m}$ 都除不尽，则 m 为素数。

设 p 为一个标志变量（逻辑型），标志 m 是否为素数；num 用来存放素数的个数，可用它来控制输出结果换行。程序代码如下：

```
Private Sub Form_Click()
    Dim m As Integer, num As Integer
    Dim p As Boolean, I As Integer
    For m=2 To 100
        p=True
        For I=2 To CInt(Sqr(m))
            If m Mod I=0 Then
                p=False
                Exit For                  '提前退出循环
            End If
        Next I
        If p Then
            Print m;                      '输出素数
            num=num+1                     '素数个数增 1
            If num Mod 5=0 Then Print
        End If
    Next m
End Sub
```

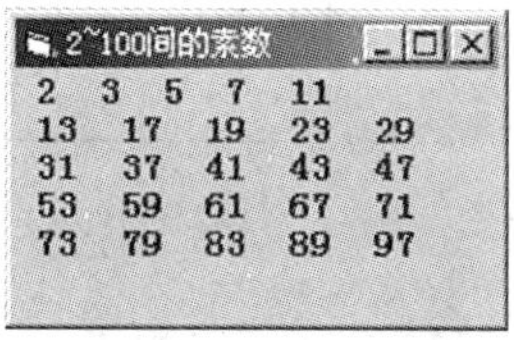

图 4-40 例 4-19 的程序运行界面

4.6.4 穷举法

穷举法也称枚举法，它是用计算机解题的一种常用方法。其基本思想是：一一枚举各种可能的情况，判断哪种符合要求（也称为"试根"）。采用循环结构处理枚举问题非常方便。

例 4-20 "百钱百鸡"问题。100 元钱买 100 只鸡，公鸡 5 元一只，母鸡 3 元一只，小鸡一元买 3 只，问公鸡、母鸡、小鸡各买多少只？

假设公鸡 I、母鸡 J、小鸡 K，则由题意可得下面的三元一次不定方程组：

$$I+J+K=100$$

$$5*I+3*J+K\backslash3=100（即 15*I+9*J+K=300）$$

显然,解不唯一。只能把各种可能的结果都代入方程组试一试,把符合方程组的解挑选出来,即采用穷举法来实现。

考虑到公鸡数最多是 20,母鸡数最多为 33,画出流程图如图 4-41 所示。

程序代码如下:

```
Private Sub Form_Click()
    Dim I As Integer, J As Integer, K As Integer
    Print "公鸡"; Spc(5); "母鸡"; Spc(5); "小鸡"
    For I＝0 To 20
        For J＝0 To 33
            K＝100－I－J
            If (15 * I＋9 * J＋K＝300) Then
                Print I; Spc(5); J; Spc(5); K
            End If
        Next J
    Next I
End Sub
```

程序运行界面如图 4-42 所示。

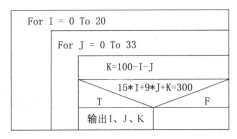

图 4-41　例 4-20 的流程图　　　　　图 4-42　例 4-20 的程序运行界面

例 4-21　编程求出 100 之内的所有勾股数,并统计共计多少对。所谓勾股数是指满足条件 $a^2＋b^2＝c^2 (a \neq b)$ 的 3 个自然数 a、b 和 c。程序运行界面如图 4-43 所示。

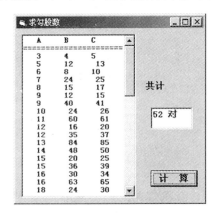

图 4-43　例 4-21 的程序运行界面

本题可利用穷举法思想,通过一个三重循环对 100 之内的所有数一一测试勾股数的条件。

程序代码如下:

```
Private Sub Command1_Click()
    Dim a As Integer, b As Integer, c As Integer
```

```
    Dim num As Integer                                          '用于计数
    Text1 = Space(3) & "A" & Space(5) & "B" & Space(5) & "C" & vbCrLf
    Text1 = Text1 & "================" & vbCrLf
    For a = 1 To 100
        For b = 1 To 100
            For c = 1 To 100
                If a * a+b * b=c * c And a<b Then              '满足勾股数条件
                    Text1=Text1 & Space(3) & a & Space(5) & b & Space(5) & c & vbCrLf
                    num=num+1                                  '计数器增加 1
                End If
            Next c
        Next b
    Next a
    Text2 = CStr(num) & " 对"
End Sub
```

说明：本例题中用于显示输出结果的文本框 Text1 是一个多行文本框,且具有垂直滚动条,所以应在设计阶段将其 MultiLine 属性值设为 True,将其 ScrollBars 属性值设为 2。在文本框中回车换行可用控制符 VbCrLf 实现。通过本例题,读者应学会在文本框中显示多行输出结果的方法。

4.6.5 其他程序示例

例 4-22 编写一个加密程序。要求：首先将输入字符串中的所有小写字母转换为大写字母,然后按"A"→"G"、"B"→"H"、"C"→"I"、…、"Y"→"E"、"Z"→"F"规则加密,而对其他字符不加密。程序运行界面如图 4-44 所示。

本题从加密规则不难找出其加密规律,即只要将原来的字母在 A→Z→A 首尾相连的字母表上向后移 6 位为其加密字母,可采用 VB 提供的 Chr 函数和 Asc 函数来实现。

程序代码如下：

图 4-44 例 4-22 的程序运行界面

```
'"加密"按钮的 Click 事件过程
Private Sub cmdCode_Click()
    Dim s As String, code As String
    Dim i As Integer, s1 As String * 1
    Dim iAsc As Integer
    code=""                                          '用来存放加密处理后的字符串
    '将字符串中的小写字母转换为大写字母
    s=UCase(txtInput.Text)
    For i=1 To Len(RTrim(s))
        s1=Mid(s, i, 1)                              '取第 i 个字符
        If s1 > "Z" Or s1 < "A" Then                 '其他字符不加密
            code=code+s1                             '直接连接到加密字符串上
        Else
            iAsc=Asc(s1)+6                           '大写字母加序数 6 加密
            If iAsc > Asc("Z") Then iAsc=iAsc-26     '加密后字母超过 Z 时
            code=code+Chr(iAsc)                      '将加密字符连接到加密字符串上
        End If
    Next i
    txtOutput.Text=code                              '输出加密结果
End Sub
```

这里,"清除"按钮的 Click 事件过程略。

例 4-23 统计文本框中单词的个数。约定单词仅由英文字母组成,每个单词之间用若干空格分隔,程序运行界面如图 4-45 所示。这里用于输入文本内容的文本框 txtInput,其 Multiline 属性设置为 True,ScrollBar 属性设置为 2。其他控件的属性设置略。

根据题目要求,统计文本中单词的个数也就是从文本中分离出单词,单词之间由空格分隔,因此,可通过 InStr 函数在文本中查找空格的位置来分离单词。

图 4-45　例 4-23 的程序运行界面

程序代码如下:

```
'"统计"按钮的 Click 事件过程
Private Sub cmdStat_Click()
    Dim p As Integer, count As Integer
    Dim strInput As String
    strInput＝Trim(txtInput)            '去除文本中前后的空格
    Do While Len(strInput) ＞ 0
        count＝count＋1                 '单词数增 1
        p＝InStr(strInput, " ")         '以空格作为单词的分隔符
        If p＝0 Then                    '文本中的最后一个单词
            strInput＝""
        Else                           '分离出一个单词,取余下的文本待处理
            strInput＝LTrim(Mid(strInput,p+1))
        End If
    Loop
    txtWnum＝count
End Sub
```

本章小结

为使读者掌握一般的程序设计方法,本章首先介绍了算法的概念和表示方法,以及结构化程序设计的 3 种基本结构,即顺序结构、选择结构和循环结构。本章主要介绍了 VB 实现这些基本结构所提供的基本语句,例如赋值语句、输入/输出函数;If 条件语句、Select Case 情况语句;For 循环语句、Do…Loop 循环语句,以及其他辅助语句等。

另外,本章还给出了程序设计中的一些基本技巧(如变量值的交换、累加、累乘等)和常用算法(如穷举、递推、求最大公约数、求素数等)。通过本章以及后续几章的学习,读者应逐步明确程序设计的灵魂和核心是算法设计,它是程序设计的重点和难点。因此,读者应逐步培养自己阅读、理解源程序和设计流程图的能力,理解和掌握常用算法,这样在开发应用程序时才能灵活运用。另外,还要力求遵循结构化程序设计原则,编制风格良好的程序。读者要达到这些要求,关键是多看多练,通过大量的上机实践发现问题并解决问题,这样才能掌握所学的知识。

思考与练习题

一、选择题

1. 窗体上有 3 个文本框,若在 Text1 中输入 456,在 Text2 中输入 78,在程序中执行了语句 Text3＝Text1＋Text2 后,则在 Tcxt3 中显示＿＿＿＿＿＿。

  A. 534   B. 45678

  C. 产生"溢出"错误   D. 语句本身有语法错误

2. 执行下面的语句后,所产生的消息框的标题是_____。

  x=MsgBox("AAAAA", , "BBBBB")

  A. 空   B. AAAAA   C. BBBBB   D. 出错,不能产生消息框

3. 下面的程序段求两个数中的大数,不正确的是_____。

  A. Max=IIf(x>y,x,y)   B. If x>y Then Max=x Else Max=y

  C. Max=x   D. If y>=x Then Max=y

   If y>=x Then Max=y   Max=x

4. 有如下事件过程:

```
Private Sub Command1_Click()
    x = Val(Text1.Text)
    Select Case x
        Case 1, 3
            y = x * x
        Case Is >= 2, Is <= 5
            y = x
        Case -5 To 5
            y = -x
    End Select
    Print y
End Sub
```

程序运行时,在 Text1 中输入 3 后,单击命令按钮 Command1,窗体上的显示结果为_____。

  A. 3   B. 9   C. -3   D. 0

5. 若要提前退出 For 循环,可使用的语句为_____。

  A. Exit For   B. End   C. Exit Sub   D. Exit Do

6. 在 Do…Loop 循环语句中,若循环体中既无改变循环条件的语句,也无 Exit Do(或 GoTo)等跳出循环的语句,则循环会无限地执行下去。终止一个无限循环(即死循环)的方法是_____。

  A. 按 Ctrl+Break 键   B. 单击 VB 工具栏上的 ■ 按钮

  C. 单击窗体上的 ⊠ 按钮   D. 按 Ctrl+C 键

7. 设 X 是 Integer 型变量,与函数 IIf$(X>0,-X,X)$ 有相同结果的数学表达式是_____。

  A. X B. $-X$ C. $|X|$ D. $-|X|$

8. 关于语句 If i = 1 Then j = 1,下列说法正确的是_____。

  A. i = 1 和 j = 1 均为赋值语句

  B. i = 1 和 j = 1 均为关系表达式

  C. i = 1 为关系表达式,j = 1 为赋值语句

  D. i = 1 为赋值语句,j = 1 为关系表达式

9. 在 Select Case X 结构中,如果 $5 \leq X \leq 10$ 是其中的一个判断条件,则正确描述 $5 \leq X \leq 10$ 的测试项应该写成_____。

  A. Case 5 <= X <= 10   B. Case 5 <= X, X <= 10

  C. Case 5 To 10   D. Case Is <= 10, Is >= 5

10. 执行下面的程序,单击窗体后,在窗体上显示的结果是_____。

```
Private Sub Form_Click()
    Dim S1 As String, n As Integer
    S1 = "ab"
    For n = Len(S1) To 1 Step −1
        S1 = S1 & Chr(Asc(Mid(S1, n, 1)) + n)
    Next n
    Print S1
End Sub
```

  A. abce   B. abcd   C. abdb   D. abfd

二、填空题

1. 根据图 4-46 写出 Inputbox 函数中的参数。

  Inputbox(_____, _____, _____)

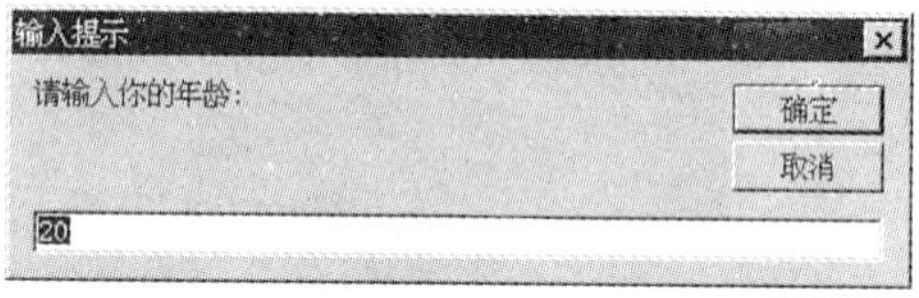

图 4-46　填空题第 1 题

2. 程序执行时，单击窗体，下列程序的第一行输出结果是_____,第二行输出结果是_____。

```
Private Sub Form_Click()
    Dim a%, b%, x%
    a = 1: b = a
    Do Until a >= 5
        x = a * b
        Print b; x
        a = a + b
        b = a + b
    Loop
End Sub
```

3. 程序执行时，单击窗体，下列程序的输出结果是_____。

```
Private Sub Form_Click()
    Dim s As Integer, I As Integer
    For I=9 To 42 Step 11
        s=s+I
    Next I
    If I > 50 Then s=s+I Else s=s−I
    Print s
End Sub
```

4. 程序执行时，单击窗体，下列程序的输出结果是_____。

```
Private Sub Form_Click()
    Dim ch As String, I As Integer
    ch="ABC"
    For I=1 To 3
        ch=Mid(ch,2*I−1,1)+Left(ch,Len(ch))
        Print ch
```

```
    Next I
End Sub
```

5. 程序执行时，单击窗体，下列程序的输出结果是_____。

```
Private Sub Form_Click()
    a$ = " * " : B$ = "%"
    For i = 1 To 4
        If i Mod 2 = 0 Then
            x$ = x$ + String(Len(a$) + i, B$)
        Else
            x$ = x$ + String(Len(a$) + i, a$)
        End If
    Next
    Print x$
End Sub
```

6. 程序执行时，单击窗体，下列程序的输出结果是_____。

```
Private Sub Form_Click()
    Dim a As Integer, b As Integer
    Dim j As Integer, k As Integer
    a=1: b=1
    For j=1 To 3
        For k=j To 1 Step -1
            b=b * k
        Next k
        a=a+b
    Next j
    Print "a="; a
End Sub
```

7. 程序执行时，单击窗体，下列程序的输出结果是_____,该程序的功能是_____。

```
Private Sub Form_Click()
    Dim x%, y%, z%
    x=242: y=44
    z=x * y
    Do Until x=y
        If x>y Then x=x-y Else y=y-x
    Loop
    Print x, z/x
End Sub
```

8. 程序执行时，单击窗体，下列程序的输出结果是_____,该程序的功能是_____。

```
Private Sub Form_Click()
    Dim x As String, n%, a%
    n = 10
    x = ""
    Do While n <> 0
        a = n Mod 2
        x = Chr(Asc("0") + a) & x
        n = n\2
    Loop
    Print x
End Sub
```

9. 运行下面的程序,单击窗体后在窗体上显示的内容是_____；若将程序中的 A 语句与 B 语句的位置互换，再次执行程序，单击窗体后在窗体上显示的内容是_____。

```
Option Explicit
Private Sub Form_Click()
    Dim Sum As Integer, i As Integer
    For i=7 To 4 Step -1
        Select Case i
            Case 4, 7
                Sum=Sum+i            'A 语句
            Case 3, 5
                Sum=Sum+2            'B 语句
            Case Else
                Sum=Sum+1
        End Select
    Next i
    Print "Sum="; Sum
End Sub
```

10. 下面程序的功能是：用迭代公式求 $x=\sqrt[3]{a}$。求立方根的迭代公式为：

$$x_{n+1}=\frac{1}{3}\left(2x_n+\frac{a}{x_n^2}\right)$$

当 $|x_{n+1}-x_n|<10^{-6}$ 时，x_{n+1} 为 $\sqrt[3]{a}$ 的近似值。请填空。

```
Private Sub Form_Click()
    Const eps=0.000001
    Dim x1 As Single, x0 As Single
    Dim a As Single
    a=Val(InputBox("输入 a:"))
    x1=a                    '迭代初值取 a
    Do
        x0=x1
        x1=    ①
    Loop While    ②
    Print a; "的立方根为:"; x1
End Sub
```

11. 下面程序的功能是：求 $S=a+aa+aaa+\cdots$ 前 n 项的值，例如 $a=2, n=4$ 时，$S=2+22+222+2222$。请填空。

```
Private Sub Form_Click()
    Dim a As Integer, n As Integer
    Dim i As Integer, j As Integer
    Dim s As Integer, t As Integer
    a=InputBox("请输入 a: ")
    n=InputBox("请输入 n: ")
    For i=1 To n
            ①
        For j=1 To i
            t=    ②
        Next j
        s=s + t
    Next i
    Print s
End Sub
```

12. 下面程序的功能是：从字符串 s1 的头尾至中间依次各取一个字符，组成一个新字符

串 s 并进行显示。其中,假设 s1 中含有的字符个数为偶数。例如,若 s1＝"123456",则 s 应为"162534"。请填空。

```
Private Sub Form_Click()
    Dim s1 As String, s As String
    Dim L As Integer, n As Integer
    s1="ABCDEFHGIJKLMNOP"
    L=   ①
    n=1
    Do While n<＝Int(L / 2)
        s＝s＋Mid(  ②  )＋Mid(  ③  )
        n=   ④
    Loop
    Print s
End Sub
```

13. 下面程序的功能是:将文本框 Text1 中输入的 8 位二进制数的原码转换为反码显示在文本框 Text2 中。求反码的规则是:若二进制数的最高位为 0,即正数,则反码就等于原码;负数求反码时,最高位保持不变,其余各位取反,如图 4-47 所示。请填空。

```
Private Sub Command1_Click()
    Dim ym As String, fm As String
    Dim i As Integer, A As String
    ym = Text1.Text
    A = Mid(ym, 1, 1)
    If A = "0" Then
            ①
    Else
        fm = "1"
        For i = 2 To 8
            A =    ②
            If A = "0" Then fm = fm & "1"
            If A = "1" Then    ③
        Next i
        Text2.Text = fm
    End If
End Sub
```

图 4-47 填空题第 13 题的
程序运行界面

14. 下面程序的功能是:由键盘输入一个正整数,找出大于或等于该数的第一个素数。请填空。

```
Private Sub Form_Click()
    Dim n As Integer
    Dim p As Boolean, I As Integer
    n = Val(InputBox("请输入一个正整数"))
    Do
        p = True
        For I = 2 To CInt(Sqr(n))
            If n Mod I = 0 Then
                    ①
                Exit For
            End If
        Ncxt I
        If   ②   Then
```

```
            Print n
              ③
        Else
            n =  ④
        End If
    Loop
End Sub
```

三、编程题

1. 在窗体的单击事件中，采用 InputBox 函数输入一个正实数，用 Print 方法在一行上显示出它的平方和平方根、立方和立方根，每个数保留 3 位小数，之间有两个空格间隔。

2. 利用文本框输入三角形的两条边长 A、B 及其夹角 α，求第三边 C 及其面积 S。计算公式为：

$$C=\sqrt{A^2+B^2-2AB\cos\alpha}$$

$$S=\frac{1}{2}AB\sin\alpha$$

程序界面读者自己设计。注意：α 值以角度值输入，在计算时应将其转换成弧度值。另外，α 不是合法的标识符，可用 alfa 代替。

3. 函数 y 的表达式如下：

$$y=\begin{cases} |x| & x<10 \\ \sqrt{3x-1} & 10\leqslant x\leqslant 20 \\ 3x+2 & x>20 \end{cases}$$

编写程序，当输入 x 的值后计算输出 y 的值，分别用以下语句编写：多个单分支的 If 语句、一个多分支的 If 语句和 Select Case 语句。程序界面读者自己设计。

4. 编写程序计算货物运费。设货物运费单价 P（元/t·km）与运输距离 S（km）之间的关系如下：

$$P=\begin{cases} 30 & S<100 \\ 27.5 & 100\leqslant S<200 \\ 25 & 200\leqslant S<300 \\ 22.5 & 300\leqslant S<400 \\ 20 & S\geqslant 400 \end{cases}$$

输入要托运的货物重量为 W(t)，托运的距离为 S(km)，计算总运费 T(元)：

$$T=P\times W\times S$$

程序界面读者自己设计。

5. 用 For 循环语句求 $S=\sum\limits_{i=1}^{10}(i+1)(2i+1)$ 的值。

6. 输入任意一个正整数，将其反向输出。例如，输入 12345，则输出 54321。

7. 输出 101～999 之间的所有奇数以及这些奇数之和。

8. 输出 100～500 之间既不能被 3 整除也不能被 5 整除的数，每行显示 6 个数据。

9. 输入 n，编程求 $S=1+(1+2)+(1+2+3)+\cdots+(1+2+3+\cdots+n)$ 的值。

10. 编程求出满足 $S=1\times 2^2\times 3^3\times\cdots\times n^n\leqslant 400000$ 的最大 n 值。

11. 计算下式之和首次大于 10000 时 n 的值，以及此时 S 的值。

$$S=1+2+2^2+\cdots+2^n+\cdots$$

12. 对于 $x=1$、4、7、10、$\cdots$、52，求函数 $y=\ln(1+\sqrt{x})/(1+x)$ 的值，分别用 For 循环语句

和 Do…Loop 循环语句实现。

13. 求下述数列的前 n 项之和：

$$\frac{2}{1},\frac{3}{2},\frac{5}{3},\frac{8}{5},\frac{13}{8},\cdots$$

14. 有一些四位数具有这样的特点,它的平方根恰好是它中间的两位数字。例如,2500 开平方为 50,恰好为 2500 的中间两位。编程找出所有这样的四位数。

15. 用 InputBox 函数输入正整数 n(不超过 20),求 $\sum\limits_{i=1}^{n} i!$。

16. 计算并输出 500 以内最大的 10 个素数及其之和。

17. 用计算机安排考试日程。期末某班级学生在周一至周六的 6 天时间内要考 X、Y、Z 三门课程,考试顺序为先考 X,再考 Y,最后考 Z。规定一天只能考一门,并且 Z 课程只能安排在周五或周六考。编程完成该班级学生的考试日程安排(即 X、Y、Z 三门课程各在哪天考),要求列出满足上述条件的所有方案。

18. 随机产生 100 个两位正整数,在窗体上每行输出 10 个数,统计其中小于等于 35、大于 35 且小于等于 70 及大于 70 的数据个数。

19. 编程找出所有的三位升序数。所谓升序数,是指其个位数大于十位数,且十位数大于百位数的数(以此类推)。例如,123、246、347 等均为三位升序数。仿照例 4-21,将结果显示在一个多行文本框中。

20. 编程计算下列级数的和,直到最后一项小于 10^{-5} 为止。

$$s = \frac{1}{2} + \frac{1}{2 \times 4} + \frac{1}{2 \times 4 \times 6} + \cdots + \frac{1}{2 \times 4 \times 6 \times \cdots \times 2n} + \cdots$$

四、问答题

1. 什么是算法?算法有哪些基本特征?计算机算法一般分为哪两大类?

2. 简要说明结构化程序的 3 种基本结构,并画出其 N-S 结构流程图。

3. 画出求解下面问题算法的传统流程图和 N-S 结构流程图。

(1) 任意输入一个整数 x,若 x 为偶数,则输出“True”;若 x 为奇数,则输出“False”。

(2) 输入 3 个互不相等的数,按从小到大的顺序把它们重新排列并打印出来。

(3) 对于给定的自然数 M,求出其所有的因子。

4. 设 a、b、c 为整型变量,其值分别为 1、2、3;s、t、r 为字符串变量,其值分别是"xyz"、"123"、"10k"。判断下列语句中 Print 方法能否得到正确的输出结果,错误的说明原因,正确的给出结果。

(1) a＝b：b＝c：c＝a
　　Print a,b,c

(2) a＝a＋t：s＝b＋s：r＝c & t
　　Print a,s,r

(3) s＝s＋t＋r
　　Print s,t,r

(4) s＝s＋t＋r：t＝s－r
　　Print s,t,r

5. 使用 MsgBox 函数与 MsgBox 过程的区别是什么?

第5章 数　　组

前面所介绍的变量都是简单变量,即通过一个变量名来存取一个数据。各个变量之间相互独立,没有内在的联系,并且与各自的存储位置无关。在实际应用中经常要处理大量类型相同的相关数据,这时仅使用简单变量编程将会有很大的困难,有时甚至是不可能的。例如,要将100个学生的年龄按从大到小排序,若用简单变量来存放这100个学生的年龄,则需要100个简单变量,程序的编写将十分烦琐和复杂。为此,一般高级程序设计语言都提供了数组来处理类似问题,将数组与循环结构相结合,编写出的程序简洁、运行效率高。

5.1　数组的概念

数组不是一种数据类型,而是一组具有相同数据类型数据的有序集合。

数组中的成员称为数组元素(也称下标变量)。数组中的每个数组元素用索引(也称下标)来识别。例如,Age(1)、Age(2)、…、Age(100),其中,Age是数组名,1、2…为下标。下标用于指明某个数组元素在数组中的位置。

在程序中使用数组的最大好处是可以用一个数组名代表一批逻辑上相关的数据,并通过下标引用数组中的各个元素,从而可以方便地与循环语句结合使用,使得程序书写简洁、运行效率高。

在VB中,数组必须先声明后使用,可以声明具有任何标准数据类型(也可以是用户自定义类型)的数组,一个数组的所有成员具有相同的数据类型。当然,当数据类型为变体型时,其数组成员可以包括不同种类的数据(如对象、字符串、数值等),但建议不要使用。

在VB中,根据对象的不同,数组可分为变量数组和控件数组;而变量数组根据数组的大小是否可变,又可分为定长数组和动态(可变长)数组。

5.1.1　定长数组

在声明时已确定了大小的数组称为定长数组。

在VB中,声明数组的语句和声明变量的语句是一致的。根据数组作用域的不同,定义定长数组有3种方法。

① 建立公用(全局)数组:在标准模块的"通用声明"处用Public语句声明数组(注意:不能在窗体模块的"通用声明"处用Public语句声明全局数组)。

② 建立窗体/模块级数组:在窗体/模块的"通用声明"处用Private或Dim语句声明数组。

③ 建立局部数组:在过程中用Dim或Static语句声明数组。

如果只需要一个下标即可确定元素在数组中的位置,这种数组就是一维数组;如果需要两个下标,就是二维数组,以此类推。

1. 一维数组

声明一维数组的语句格式如下:

{Public│Private│Dim│Static} 数组名(下标) ［As 类型］

其中：

- 数组名：应是合法的标识符，用一个声明语句可同时声明多个数组，各数组之间用逗号隔开。
- 下标：其形式为[下界 To] 上界，指明数组的上、下界。注意，上、下界必须为常数或已声明的符号常量，不允许是变量或表达式，且其值不得超过 Long 型的范围。若省略下界，则系统默认为 0。当一个数组的下标范围确定后，这个数组的大小（即数组元素个数）也就确定了。一维数组的大小是：上界－下界+1。
- ［As 类型］：指明数组元素的数据类型。若省略，则系统默认为变体数组。

声明数组的目的就是向系统编译程序提供有关数组的名字、数据类型、数组维数、各维大小以及作用域等信息，以便系统为数组元素分配一定的存储单元并能方便地在程序中引用。

例如，为了表示 100 个学生的年龄，可声明以下数组：

Dim Age(1 To 100) As Integer

该数组的名字为 Age，其元素的数据类型是整型，下标范围是 1～100。因此，Age 数组有 100 个元素，分别是 Age(1)、Age(2)、…、Age(100)，在内存中占据一块连续的存储区域，即：

Age(1)	Age(2)	Age(3)	…	Age(99)	Age(100)

计算 100 个学生的平均年龄的程序段为：

```
Sum=0
For I=1 To 100
    Sum=Sum+Age(I)              '求年龄累加和
Next I
Average=Sum/100                 '求平均年龄
```

又如语句：

Dim a(10) As Single

说明数组 a 是单精度型一维数组，有 11 个元素，分别是 $a(0)$、$a(1)$、…、$a(10)$。

2. 多维数组

声明多维数组的语句格式如下：

{Public│Private│Dim│Static} 数组名(下标 1[,下标 2…]) ［As 类型］

其中，下标的个数决定了数组的维数。每一维的大小是：上界－下界+1。数组大小为每一维大小的乘积。

例如语句：

Dim dblArr(1 To 3, 4) As Double

声明了双精度型二维数组 dblArr，第一维的下标范围是 1～3，第二维的下标范围是 0～4，数组共有 3×5＝15 个元素，在内存中占据 15 个双精度型变量的空间，即：

dblArr(1,0)	dblArr(1,1)	dblArr(1,2)	dblArr(1,3)	dblArr(1,4)
dblArr(2,0)	dblArr(2,1)	dblArr(2,2)	dblArr(2,3)	dblArr(2,4)
dblArr(3,0)	dblArr(3,1)	dblArr(3,2)	dblArr(3,3)	dblArr(3,4)

又如语句：

Dim myArray(2,1 To 5,1 To 7)

定义了一个变体型三维数组，可存储 $3 \times 5 \times 7 = 105$ 个元素。

注意：

① 在 VB 中，若在声明数组时省略下标下界，则默认下标下界为 0，即数组下标从 0 开始；而在其他语言中，数组下标一般从 1 开始。为了便于使用，VB 提供了 Option Base n 语句可重新定义数组下标的下界。此语句要放在窗体模块或标准模块的"通用声明"处，例如：

Option Base 1

则设定凡在声明数组时省略下标下界的，下界为 1。这时，若用语句：

Dim dblArr(1 To 3, 4) As Double

则二维数组 dblArr 的第一维的下标范围是 $1 \sim 3$，第二维的下标范围是 $1 \sim 4$，该数组共有 $3 \times 4 = 12$ 个元素。

② 要严格区分在数组声明中出现的数组名及下标表示与在程序其他地方出现的数组名及下标，尽管两者写法相同，但意义不同。例如：

```
Dim a(10) As Single          '声明 a 数组，有 11 个数组元素
a(10)=50.5                    '对数组 a 的第 11 个数组元素 a(10)赋值
```

而且，在引用数组元素时，下标可用表达式（值为整型）。例如：

```
I%=5
a(I+3)=78.9
```

但是下标不能超出数组的下标范围。

③ 当增加数组的维数时，数组所占的存储空间会大幅度增加，而使用变体数组需要的存储空间更大，所以要慎重使用。

5.1.2 动态数组

在程序运行过程中，定长数组的维数和下标范围是不能改变的，而在某些情况下，数组的大小不能事先确定，希望能在运行时动态改变数组的大小，VB 提供了动态数组来解决这类问题。

动态数组在声明时不指明数组的大小（省略括号中的下标，例如 Dim iArr() As Integer），而在使用时，再根据实际需要随时用 ReDim 语句对数组的维数和下标范围重新说明。由于动态数组是在程序执行时分配存储空间，而定长数组是在程序编译时分配存储空间的，所以使用动态数组可以有效地利用存储空间。

建立动态数组的步骤如下：

① 根据要定义数组作用域的需要，在过程中、窗体或标准模块的"通用声明"处使用 Dim、Private 或 Public 语句声明括号内为空的数组，即：

{Public│Private│Dim│Static} 数组名( ) ［**As 类型**］

② 在过程中用 ReDim 语句指明数组的维数及大小。

ReDim 语句的格式为：

ReDim ［Preserve］数组名（下标$_1$［，下标$_2$…］） ［**As 类型**］

其中,下标可以是常量,也可以是具有确定值的变量。类型可以省略,若不省略,必须与 Dim 声明语句保持一致。

例如:

```
Option Base 1
Dim iTry( ) As Integer          '声明 iTry 是窗体级整型动态数组
Private Sub Form_Load( )
    Dim A( ) As Single          '声明 A 是局部单精度型动态数组
    Dim I As Integer
    ⋮
    ReDim iTry(5,4)             '重新说明数组 iTry 为 5 行 4 列二维数组
    I=3 * 2+1
    ⋮
    ReDim A(I)                  '重新说明数组 A 为含 7 个元素的一维数组
    ⋮
End Sub
```

注意:

① ReDim 语句只能出现在过程中,与 Dim、Static 语句不同,ReDim 语句是一个可执行语句,其作用是在程序运行时重新为数组分配存储空间。

② 若省略选项 Preserve,则使用 ReDim 语句对数组重新说明时将会使原数组中的值全部丢失。当为一个动态数组赋值后,若想扩大数组的长度而又不希望原数组中的数据丢失,则必须使用带 Preserve 关键字的 ReDim 语句。但使用 Preserve 保护数组已有数据时,在多维数组中只能改变最后一维的上界,前几维的大小或最后一维的下界不能改变,否则会产生运行错误。

5.1.3　数组函数和数组语句

1. UBound 和 LBound 函数

UBound 和 LBound 函数的功能分别是返回数组某维下标的上界和下界。它们的调用形式为:

{U|L}Bound(数组名[,维数])

其中,维数指明要测试的是第几维的下标界值,例如 LBound(B,2) 返回 B 数组第 2 维下标的下界。若省略维数,则默认为一维数组,例如 UBound(A) 返回一维数组 A 的下标的上界。

2. Erase 语句

Erase 语句的功能是重新初始化定长数组的元素,或者释放动态数组的存储空间。它的语法格式为:

Erase a1[,a2,…]

其中,a1、a2 为需要重新初始化的数组名。

例如,有下面的程序代码:

```
Option Base 1
Private Sub Form_Click( )
    Dim a(3) As Integer, b( ) As Integer
    a(1) = 2: a(2) = 4: a(3) = 6
    ReDim b(4)
    Print a(1), a(2), a(3)
```

```
        Erase a, b
        Print a(1), a(2), a(3)
    End Sub
```

程序运行后，单击窗体则结果如图 5-1 所示。可见，
Erase 语句执行后，数组 a 的所有元素被重新初始化（即值
全为 0），但不会改变数组 a 的大小；而将动态数组 b 的 8
个字节的存储单元释放给系统，使得动态数组 b 成为一个
没有存储单元的空数组。

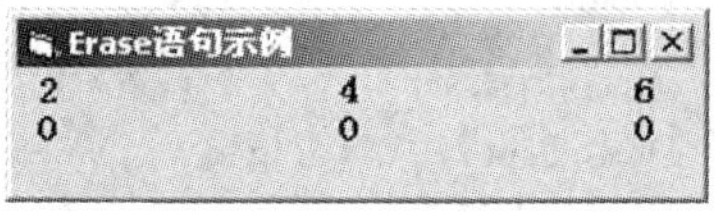

图 5-1　Erase 语句示例的运行结果

5.2　数组的基本操作

对数组的操作，其实是对数组元素的操作。例如，可对数组元素进行赋值、输入、运算处
理、输出等，可以像使用普通变量那样使用数组元素。在对数组元素操作时，将其下标与循环
或循环嵌套语句结合使用，能方便、有效地处理一维或多维数组，解决大量的实际问题。为简
化起见，在以下程序中都针对下面声明的数组或变量进行操作：

```
Dim A(1 To 10) As Integer, B(1 To 3, 1 To 4) As Integer
Dim i As Integer, j As Integer, t As Integer
Dim C
```

5.2.1　数组元素的输入

数组元素的输入可以通过各种途径来完成，对于少量数据，可以用赋值语句输入，也可用
文本框输入，还可用 InputBox 函数输入。

1. 用赋值语句

一维例：

```
For i=1 To 10                     '用 For 循环语句将 A 数组的每个元素值分别设置为 1、2、…、10
    A(i)=i
Next i
```

二维例：

```
For i=1 To 3                      '用二重 For 循环语句将 B 数组的每个元素值都设置为 0
    For j=1 To 4
        B(i,j)=0
    Next j
Next i
```

2. 用 InputBox 函数

```
For i=1 To 3
    For j=1 To 4
        B(i,j)=InputBox("输入 B(" & i & "," & j & ")的值")
    Next j
Next i
```

3. 用 Array 函数

Array 函数也被称为数组初始化函数。数组的初始化，就是给数组的各个元素赋初值。
当然，用赋值语句和 InputBox 函数可以为数组元素赋值，但这两种方法都要占用运行时间，影

响效率,而用 Array 函数可以使数组在程序运行之前初始化,得到初值。

Array 函数的作用就是把一批常量赋给相应的数组变量。其调用的一般语句格式为:

数组变量名＝Array(常量列表)

说明:

① 常量列表是用","隔开的一些表达式。

② 数组必须定义为变体类型或仅由括号括起的动态数组,例如 Dim C()。

③ 用 Array 函数创建的数组的下标下界默认为 0,也可用 Option Base 1 指定为 1。例如,执行语句 C＝Array(2,4,6,8,10)后,C 数组中的各元素值为 C(1)＝2,C(2)＝4,C(3)＝6,C(4)＝8,C(5)＝10。

④ 应注意 Array 函数只适用于一维数组,即只能对一维数组进行初始化,不能对二维或多维数组进行初始化。

5.2.2 数组元素的输出

数组元素的值可用 Print 方法输出到窗体或图片框中。例如,下面的程序段先用循环语句为二维数组 B 赋值,然后在窗体上以矩阵形式将其所有元素输出。

```
For i＝1 To 3          '给数组元素赋值
    For j＝1 To 4
        B(i,j)＝4 * (i-1)+j
    Next j
Next i
For i＝1 To 3          '将数组元素输出
    For j＝1 To 4
        Print B(i, j);
    Next j
    Print                 '换行
Next i
```

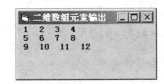

图 5-2 数组元素的输出结果

运行结果如图 5-2 所示。

5.2.3 For Each…Next 语句

在处理数组元素时,大多使用循环结构。VB 提供了一个与 For…Next 语句类似的循环结构语句 For Each…Next,它是专门为数组或对象集合(本书不涉及"集合")中的每个元素重复执行一组语句而设置的。For Each…Next 语句的格式为:

For Each 成员变量 In 数组
　　语句块
　　[Exit For] ⎫循环体
　　语句块
Next [成员变量]

其中:

- 成员变量:成员变量是一个变体型变量,它是为循环提供的,在 For Each…Next 结构中重复使用,它实际上代表数组中的每一个元素。
- 数组:要处理的数组名。
- 语句块:就是需要重复执行的循环体。
- Exit For:退出循环语句。

使用 For Each…Next 语句可以对数组元素进行处理,循环次数一般由数组中元素的个数确定。其执行过程是：首先判断数组中是否有元素，若有则将数组中的第一个元素赋给成员变量，然后执行循环体，接着再将下一个数组元素赋给成员变量，再次执行循环体，依次重复，直到最后一个元素为止，退出循环，执行 Next 语句的下一条语句。

例 5-1 下列程序的功能是用 For Each…Next 语句输出下面的二维数组。

$$\begin{bmatrix} 21 & 22 & 23 \\ 41 & 42 & 43 \end{bmatrix}$$

程序代码如下：

```
Option Base 1
Private Sub Command1_Click()
    Dim a(2, 3) As Integer
    Dim v As Variant, I As Integer, J As Integer
    For I=1 To 2
        For J=1 To 3
            a(I, J)=I * 20 + J
        Next J
    Next I
    For Each v In a
        Print v;
    Next v
End Sub
```

运行该程序，窗体上显示的结果为：

21　41　22　42　23　43

从这个运行结果可知，二维数组元素在内存中是按列顺序存放的。

5.2.4　数组的简单应用

数组是程序设计中用途最广的数据结构，熟练掌握数组的使用能解决大量的实际问题。

例 5-2 输入 10 位学生成绩（0～100 之间的整数），求出平均值、最大值及最大值所在的位置。程序界面如图 5-3 所示。

窗体上有一个图片框，用于显示 10 位学生的成绩数据；3 个文本框，用于显示求出的平均值、最大值及最大值所在的位置；3 个标签，用于标注 3 个文本框的作用；4 个命令按钮，用于实现程序要求的功能。

数组 *a* 包含 10 个数组元素，用来存放 10 位学生的成绩数据，考虑到要在多个过程中使用这个数组，所以在窗体的"通用声明"处声明它为窗体级数组。

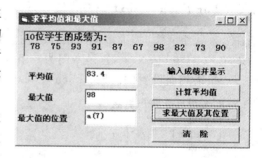

图 5-3　例 5-2 的程序运行界面

程序代码如下：

```
Option Explicit
Dim a(1 To 10) As Integer        '声明 a 为窗体级数组，有 10 个元素
'"输入成绩并显示"按钮的 Click 事件过程
Private Sub cmdCreat_Click()
    Dim i As Integer
    Picture1.Print "10 位学生的成绩为:"
```

```
        For i＝1 To 10              '本循环结构输入成绩,并逐一显示在图片框中
            a(i) = Val(InputBox("请输入第" & i & "位学生的成绩"))
            Picture1.Print a(i);
        Next i
        Picture1.Print
    End Sub
    '"计算平均值"按钮的 Click 事件过程
    Private Sub cmdAvg_Click()
        Dim i As Integer, sum As Integer, avg As Single
        sum＝0
        For i＝1 To 10
            sum＝sum＋a(i)             '求数组元素之和
        Next i
        avg = sum/10                  '求数组元素的平均值
        Text1 = Format(avg, "###.0")
    End Sub
    '"求最大值及其位置"按钮的 Click 事件过程
    Private Sub cmdMax_Click()
        Dim i As Integer, max As Integer, imax As Integer
        'max 用来存放最大值,imax 用来存放最大值所在的位置(即所在的下标)
        max = a(1): imax = 1
        For i = 2 To 10
            If max < a(i) Then max = a(i): imax = i
        Next i
        Text2＝max
        Text3 = "a(" & imax & ")"
    End Sub
    '"清除"按钮的 Click 事件过程
    Private Sub cmdClear_Click()
        Picture1.Cls
        Text1 = ""
        Text2 = ""
        Text3 = ""
    End Sub
```

说明：求最大值、最小值是最常见的数据处理之一,将上面的"求最大值及其位置"按钮的 Click 事件代码稍做修改,就可以求出最小值及其所在的位置,当然,也可以同时求最大值和最小值。

例 5-3　在窗体上显示 Fibonacci 数列的前 n 项的值,n 在运行时由用户输入。

Fibonacci 数列的定义为：

$$F_1＝F_2＝1, \quad F_n＝F_{n-1}＋F_{n-2}(n \geqslant 3)$$

每行显示两个数据,当 n 为 20 时,运行结果如图 5-4 所示。

使用数组可以非常轻松地解决此问题。由于 n 是变化的,可将数组声明为动态数组。程序代码如下：

图 5-4　例 5-3 的运行结果

```
    Private Sub Form_Click()
        Dim f( ) As Long,i As Integer, n As Integer
        n＝Val(InputBox("请输入项数"))
        ReDim f(1 To n)                '重新定义数组 f 的大小
        f(1)＝1: f(2)＝1
        For i＝3 To n                   '求 Fibonacci 数列中第 3 项~第 n 项的值
            f(i)＝f(i-1)＋f(i-2)        '根据递推公式求出第 i 项的值
        Next i
```

```
        For i=1 To n                    '将 Fibonacci 数列的前 n 项的值输出
            Print " F(" & i & ")=" & f(i),
            If i Mod 2=0 Then Print
        Next i
    End Sub
```

例 5-4 输入正整数 N,显示出具有 N 行的杨辉三角形(国外也称 PASCAL 三角形)。图 5-5 给出了 9 行的杨辉三角形。

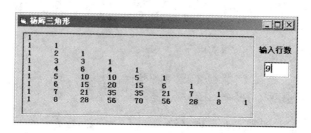

图 5-5 杨辉三角形

杨辉三角形中的各行是二项式 $(a+b)^n$ 展开式中各项的系数。由图 5-5 中的排列格式可以看出,杨辉三角形每行的第一列元素和主对角线上的元素均为 1,其余各项的值都是其上一行的前一列与上一行的同一列元素之和,若上一行的同一列没有元素则认为是 0。由此可得算法为 $A(i,j)=A(i-1,j-1)+A(i-1,j)$。

在设计程序界面时,为了便于显示,将显示内容放在图片框(PictureBox)中。

由于要输出的杨辉三角形的行数可随用户输入的变化而变化,所以要在过程中声明一个动态数组 a。

在文本框中输入一个正整数并按 Enter 键,可以将该数作为杨辉三角形的行数。对文本框 Text1 的按键(KeyPress)事件编写事件过程代码如下:

```
Private Sub Text1_KeyPress(KeyAscii As Integer)
    Dim n As Integer, i As Integer, j As Integer
    Dim a() As Integer                  '声明动态数组 a
    If KeyAscii=13 Then                 '当在文本框 Text1 中按 Enter 键时
        Picture1.Cls
        n=Val(Text1.Text)
        ReDim a(1 To n, 1 To n)         '重新定义数组 a
        '产生杨辉三角形第一列和对角线上的元素(均为 1)
        For i=1 To n
            a(i, i)=1
            a(i, 1)=1
        Next i
        '产生杨辉三角形的其他元素
        For i=3 To n
            For j=2 To i-1
                a(i, j)=a(i-1, j-1)+a(i-1, j)
            Next j
        Next i
        '在图片框上输出杨辉三角形
        For i=1 To n
            Picture1.Print Tab(2);       '语句 *
            For j=1 To i
                Picture1.Print Format(a(i, j), "!@@@@@@");
```

```
                    Next j
                    Picture1.Print
              Next i
        End If
  End Sub
```

在上述程序中,语句 * 的作用是使打印杨辉三角形时,每行都从第二列开始。若将其改为 Picture1.Print Tab(25-i*3),则输出塔式杨辉三角形,图 5-6 所示为 8 行的杨辉三角形,感兴趣的读者不妨试试。

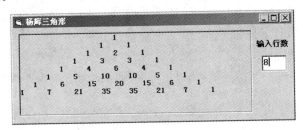

图 5-6　塔式杨辉三角形

5.3　控件数组

5.3.1　控件数组的概念

控件数组是一组具有共同名称和相同类型的控件,即控件数组中每个元素的 Name 属性值相同。当建立控件数组时,系统给每个元素赋一个唯一的索引号(即 Index 属性值),所以必须在代码中使用 Index 属性值(也称下标)来指定数组中的某个特定的控件。控件数组中第一个元素的下标是 0。例如,控件数组元素 MyButtons(3)表示名为 MyButtons 的控件数组的第 4 个元素。同一个控件数组中的元素有各自的属性设置值。

控件数组适用于窗体上具有若干个同类型控件执行相似操作的场合,控件数组中的元素共享同样的事件过程。例如,窗体上有 4 个命令按钮,程序需要对每个命令按钮的单击事件都要做出响应,为此可建立一个含有 4 个命令按钮的控件数组 MyButtons,这样不论单击哪个按钮,都会调用同一个事件过程 MyButtons_Click。

为了区分用户究竟单击了哪个命令按钮,即区分控件数组的哪个元素被单击,VB 系统自动对控件数组的事件过程增加了 Index 参数项,该参数值代表被单击元素的下标值(即其 Index 属性值)。例如,单击命令按钮控件数组 MyButtons 中的任意按钮时,都会调用以下事件过程:

```
Private Sub MyButtons_Click(Index As Integer)
    ...
End Sub
```

既然通过按钮的 Index 属性值可以确定用户单击了哪个按钮,因此,在对应的过程中可以进行有关的编程。例如:

```
Private Sub MyButtons_Click(Index As Integer)
    Select Case Index
        Case 0
            MyButtons(Index).Caption="第一个命令按钮"
```

```
        Case 1
            MyButtons(Index).Caption="第二个命令按钮"
        Case 2
            MyButtons(Index).Caption="第三个命令按钮"
        Case 3
            MyButtons(Index).Caption="第四个命令按钮"
    End Select
End Sub
```

该程序的功能为：若单击 MyButtons(0)命令按钮，该按钮显示"第一个命令按钮"字符串；若单击 MyButtons(1)命令按钮，该按钮显示"第二个命令按钮"字符串；若单击 MyButtons(2)命令按钮，该按钮显示"第三个命令按钮"字符串；若单击 MyButtons(3)命令按钮，该按钮显示"第四个命令按钮"字符串。

使用控件数组，利用 For 循环语句，可以非常方便地为一个控件数组的各个控件元素设置相同的属性。例如：

```
Private Sub Form_Load()
    Dim i As integer
    For i=0 to 3
        Text1(i).FontName="黑体"
        Text1(i).FontSize=16
    Next i
End Sub
```

可见，使用控件数组编程可以减少代码量。

5.3.2　控件数组的创建

创建控件数组有两种方法，既可以在设计时创建，也可以在运行时创建。

1. 设计时创建控件数组

步骤如下：

① 在窗体上画出一个大小适中的控件（即控件数组的第一个元素），然后在属性窗口中对其 Name 属性进行设置，这也就是即将建立的控件数组的名字。

② 选中该控件，进行"复制"和"粘贴"操作，系统将弹出如图 5-7 所示的对话框。

③ 单击"是"按钮，就在窗体上建立了控件数组的第二个元素，这时系统自动将第一个元素的 Index 属性设置为 0，而将通过复制建立的第二个元素的 Index 属性设置为 1。

图 5-7　确认建立控件数组

④ 经过多次"粘贴"操作，就可以建立所需的控件数组元素。

⑤ 根据程序功能的需要，编写相应的事件过程代码。

注意：如果要从控件数组中删除一个控件，需要改变该控件的 Name 属性设置，并将该控件的 Index 属性设置为空。

2. 运行时创建控件数组

有时，在设计阶段无法预知需要多少个控件，此时可在运行时用 VB 提供的 Load 语句和 UnLoad 语句通过程序代码动态地添加或删除控件数组中的控件。具体步骤如下：

① 在设计界面时，必须先创建控件数组的第一个元素。在窗体上画出一个大小适中的控

件,然后在属性窗口中对其 Name 属性进行设置,并设置 Index 属性为 0。

② 在编程时,可用 Load 语句添加其余若干个元素,或用 UnLoad 语句删除某个添加的元素。

Load 语句格式为:

Load 控件数组名(数组下标值)

UnLoad 语句格式为:

UnLoad 控件数组名(数组下标值)

③ 对于每个新添加的控件数组元素,设置其 Left 和 Top 属性值,以确定它在窗体中的位置,并且一定要将其 Visible 属性设为 True。

5.3.3 控件数组的使用

例 5-5 设计一个平铺墙纸程序。

要求:

① 设计时在窗体上先建立一个 PictureBox(图片框)控件,设置其 Index 属性值为 0,Visible 属性值为 False。设计界面如图 5-8 所示。

② 程序运行时会自动产生 36 个 PictureBox 控件数组元素,且显示同一个图片。运行界面如图 5-9 所示。

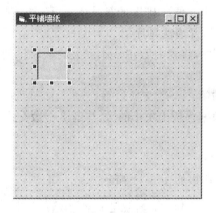

图 5-8　设计界面

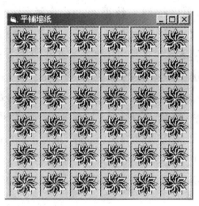

图 5-9　运行界面

分析:控件数组有 36 个元素,为方便编程,设计时建立的第 0 个元素 Picture1(0)仅起到控制每个 PictureBox 控件大小的作用,在运行时产生下标为 1~36 的其余 36 个元素,以 6 行 6 列形式排列。本题算法相当于将一维数组存放到二维数组中,同时要确定每个控件的位置(由 Left 和 Top 属性值决定)。图片框的 Picture 属性的赋值可使用 LoadPicture 函数。

程序代码如下:

```
Private Sub Form_Load()
    Dim ptop As Integer, pleft As Integer, i As Integer, j As Integer
    ptop=0                              '墙纸顶边初值
    For i=1 To 6
        pleft=50                        '墙纸左边位置
        For j=1 To 6
            k = (i - 1) * 6 + j          '在第 i 行第 j 列产生一个图片框控件
            Load Picture1(k)            '产生一个新控件
```

```
        Picture1(k).Top = ptop                    '产生的控件定位
        Picture1(k).Left = pleft
        Picture1(k).Visible = True                '产生的控件可见
        Picture1(k).Picture = LoadPicture("d:\graphics\J0152704.wmf")
                                                  '在产生的控件上显示图形
        pleft = pleft + Picture1(0).Width
                                                  '为本行下一个控件确定 Left 属性值
      Next j
      ptop = ptop + Picture1(0).Height            '为下一行控件确定 Top 属性值
    Next i
End Sub
```

5.4　常用算法举例（二）

　　数组是程序设计中使用最多的数据结构,离开数组,程序的编制就会很烦琐。循环和数组结合使用,可以减少编程的工作量,但程序员必须要掌握数组的下标与循环控制变量的关系。本节介绍数组应用中的一些常用算法。

5.4.1　排序

　　排序是计算机程序设计的一种重要的算法,可将一组数按从小到大(递增)或从大到小(递减)的顺序排列。数据经过排序后给处理带来很大的方便。排序的算法有很多,如选择法、冒泡法、合并法以及插入法等。这里介绍选择法排序和冒泡法排序。

　　例 5-6　选择法排序。随机产生 n 个两位正整数,将这些数按从小到大的顺序排列。

　　选择法排序的算法思想如下:

　　① 从 n 个数的序列中选出最小的数(递增),与第 1 个数交换位置;

　　② 除第 1 个数外,其余 $n-1$ 个数再按步骤①的方法选出次小的数,与第 2 个数交换位置。

　　③ 重复步骤① $n-1$ 遍,最后构成递增序列。

　　上述过程如图 5-10 所示。

　　根据选择法排序的算法思想可给出其算法流程图,如图 5-11 所示。

原始数据	8	6	9	3	2	7
第1趟交换后	2	6	9	3	8	7
第2趟交换后	2	3	9	6	8	7
第3趟交换后	2	3	6	9	8	7
第4趟交换后	2	3	6	7	8	9
第5趟交换后	2	3	6	7	8	9

图 5-10　选择法排序交换过程示意图

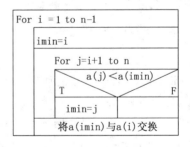

图 5-11　选择法排序算法流程图

程序代码如下:

```
Private Sub Form_Click()
    Dim a() As Integer, i As Integer, n As Integer
    Dim j As Integer, imin As Integer, t As Integer
    n = Val(InputBox("输入数据的个数"))
    ReDim a(1 To n)
```

```
    Randomize
    Print "排序前:"
    For i＝1 To n            '数组数据的产生,并输出排序前数组中的数据
        a(i)＝Int((99－10＋1) * Rnd)＋10
        Print a(i);
    Next i
    Print
    For i＝1 To n－1          '用选择法进行排序
        imin＝i
        For j＝i＋1 To n
            If a(j) ＜ a(imin) Then imin＝j
        Next j
        t＝a(i): a(i)＝a(imin): a(imin)＝t
    Next i
    Print "排序后:"
    For i＝1 To n            '输出排序后的结果
        Print a(i);
    Next
    Print
End Sub
```

图 5-12　例 5-6 的程序运行界面

运行该程序,单击窗体后在输入对话框中输入 8,则运行结果界面如图 5-12 所示。

例 5-7　冒泡法排序。随机产生 10 个 1～100 之间的整数,然后将这些数按从小到大的顺序排列。

冒泡法排序的算法思想是将相邻两个数进行比较,将小的调到前面。

假设在 A 数组中存放 10 个无序数据,用冒泡法把这 10 个数据按升序重新排列的过程如下。

第 1 轮比较:将 $A(1)$ 和 $A(2)$ 进行比较,若 $A(1)>A(2)$,则交换这两个数组元素的值,否则不交换;然后再比较 $A(2)$ 与 $A(3)$,处理方法相同,以此类推,直到 $A(9)$ 与 $A(10)$ 比较并处理完后,这时 $A(10)$ 中存放了 10 个数中最大的数。

下面是对前 9 个数据进行第 2 轮比较。

第 2 轮比较:将 $A(1)$ 与 $A(2)$、$A(2)$ 与 $A(3)$、…、$A(8)$ 与 $A(9)$ 比较,处理方法同第 1 轮。这一轮比较并处理完后,$A(9)$ 中存放了 10 个数中次大的数。

……

第 9(即 10－1)轮比较:将 $A(1)$ 与 $A(2)$ 比较,处理方法同上。比较并处理结束后,这 10 个数据已按从小到大的顺序排好。

图 5-13(a)给出了如果要对 6 个数进行排序,采用冒泡法排序进行第 1 轮比较的过程;图 5-13(b)给出了进行第 2 轮比较的过程。

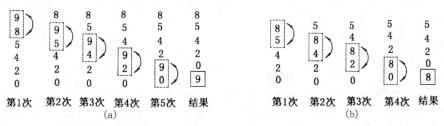

图 5-13　冒泡法排序过程示意图

冒泡法排序是一种沉淀法，通过不断地比较、交换，使大的数逐渐"下沉"到数组后面的元素中，而小的数如"气泡"一般逐渐"上浮"到数组前面的元素中，所以将该方法形象地比喻成"冒泡"。

根据上述分析，图 5-14 给出了冒泡法排序算法流程图。

程序代码如下：

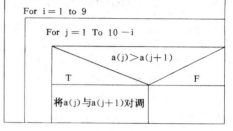

图 5-14　冒泡法排序算法流程图

```
Private Sub Form_Click()
    Dim a(10) As Integer
    Dim i As Integer, j As Integer
    Dim t As Integer
    Randomize
    Print "排序前："
    For i＝1 To 10                    '数组数据的产生，并输出排序前数组中的数据
        a(i)＝Int(100 ＊ Rnd)＋1
        Print a(i);
    Next
    Print
    For i＝1 To 9                     '用冒泡法进行排序
        For j＝1 To 10－i
            If a(j) ＞ a(j＋1) Then
                t＝a(j)
                a(j)＝a(j＋1)
                a(j＋1)＝t
            End If
        Next j
    Next i
    Print "排序后："
    For i＝1 To 10                    '输出排序后的结果
        Print a(i);
    Next
    Print
End Sub
```

5.4.2　查找

查找是程序设计中最常用的算法之一，查找（或称检索）就是从一组数据中找出所需的满足某种条件的数据项。常用的查找方法有顺序查找、折半查找、分块查找等。

例 5-8　顺序查找。

顺序查找是一种最简单的查找方法，其算法思想就是将待查找的数据项与数组中的每个数据逐个比较，若找到该数据项，则查找成功，否则查找失败。

用随机函数生成一维数组 A(10)，数组元素为 1～100 之间的整数，X 为要查找的数，则用顺序查找算法实现查找的程序代码为：

```
Option Base 1
Private Sub Form_Click()
    Dim A(10) As Integer, I As Integer
    Dim X As Integer
    Randomize
    For I＝1 To 10
        A(I)＝Int(Rnd ＊ 100)＋1
```

```
        Print A(I);
    Next I
Print
X＝Val(InputBox("输入要查找的数"))
For I＝1 To 10
    '只要找到一个满足条件的元素,就退出 For 循环
    If A(I)＝X Then Exit For
Next I
If I＜＝ 10 Then
    Print "要找的数是 A("; I; ")"
Else
    Print "没找到 !"
End If
End Sub
```

在该程序中,最后根据 $I\leqslant 10$ 是否成立确定找到与否,为什么? 请读者思考。

顺序查找的优点是算法思想简单,适用于任何数组,数组元素不需要事先排好序。其缺点是执行效率低。

例 5-9 二分查找(折半查找)。

若被查找的数据是一组已按某种顺序(从小到大或从大到小)排列好的有序数据,一般采用一种效率较高的折半查找法,也称二分查找法。

假设数组 A 中有 15 个整数(已按从小到大排好序),即 3、9、12、18、21、25、37、40、48、59、67、71、78、89、93。 X 为待查找数据项,则折半查找法的算法思想是 X 先与中间的数 40 比较,若相等则找到; 若 X 小于 40,则到左边的分支去查找; 若 X 大于 40,则到右边的分支去查找。重复以上方法直到没有分支可查找为止,如图 5-15 所示。

假设查找范围的下界和上界分别用 Low 和 High 代表(Low 的初值为 1,High 的初值为 $N,N＝15$),Mid 代表查找范围的中间位置,即 Mid＝(Low＋High)/2。 Flag 是一个标志变量(逻辑型),标志找到与否(为 True 表示找到,为 False 表示未找到)。

二分查找算法的流程图如图 5-16 所示。

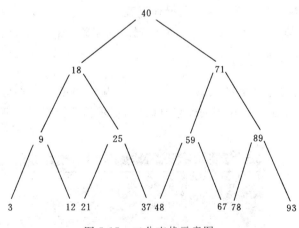

图 5-15　二分查找示意图

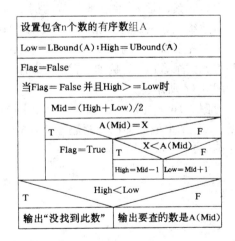

图 5-16　二分查找算法流程图

程序代码如下:

```
Option Base 1
Private Sub Form_Click()
    Dim A, I As Integer, X As Integer
```

```
    Dim low As Integer, high As Integer, Mid As Integer
    Dim Flag As Boolean
    A = Array(3, 9, 12, 18, 21, 25, 37, 40, 48, 59, 67, 71, 78, 89, 93)
    low = LBound(A): high = UBound(A)
    For I = low To high
        Print A(I);
    Next I
    Print
    X = Val(InputBox("输入要查找的数"))
    Flag = False
    Do While Not Flag And high >= low
        Mid = (high + low) /2
        If A(Mid) = X Then
            Flag = True
        Else
            If X < A(Mid) Then
                high = Mid - 1
            Else
                low = Mid + 1
            End If
        End If
    Loop
    If Not Flag Then                        '这里也可用 high < low 作为 If 语句的条件
        Print "没找到此数"
    Else
        Print "要查的数是 A("; Mid; ")"
    End If
End Sub
```

5.4.3　数组元素的插入与删除

数组元素的插入或删除均涉及查找问题，即首先要找到插入或删除元素所处的位置。关于数组元素的插入，将在 6.7 节的例 6-20 中介绍，这里只对数组元素的删除进行介绍。

数组元素的删除是指在一个数组中删除一个元素。其主要操作过程如下：

首先要找到删除元素所处的位置 p，然后将 $p+1$ 到最后一个位置的元素逐一向前移动，并将元素个数减 1。例如，若数组 a 有 10 个元素，要将数组元素值为 13 的元素删除，其过程如图 5-17 所示。

例 5-10　随机产生 10 个互不相同的两位正整数放入数组 A 中，然后从键盘输入一个数据 x，将 A 中值为 x 的元素删除，若 A 中不存在与 x 相同的元素，则给出提示信息。程序界面如图 5-18 所示。

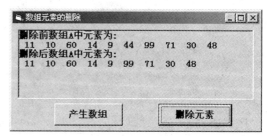

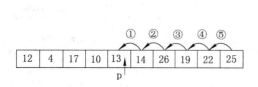

图 5-17　删除元素操作示意图　　　　　　　　图 5-18　例 5-10 的程序运行界面

程序代码如下：

```
Option Base 1
Dim a() As Integer, n As Integer    '声明 a 为窗体级动态数组,n 为窗体级变量
'"产生数组"按钮的 Click 事件过程
Private Sub cmdCreat_Click()
    Dim i As Integer, x As Integer
    Dim yes As Boolean, j As Integer
    n＝10
    ReDim a(1 To n)
    Picture1.Print "删除前数组 A 中元素为:"
    Randomize
    For i＝1 To n
       Do
              x＝Int((99－10＋1) * Rnd)＋10
              yes＝False
              For j＝1 To i－1
                If x＝a(j) Then yes＝True:Exit For
                    '若与前面的元素相同,则返回到 Do 循环重新产生随机数
              Next j
       Loop While yes＝True
       a(i)＝x
       Picture1.Print a(i);              '在图片框中输出满足条件的随机数
    Next i
    Picture1.Print
End Sub
```

说明：在上述事件过程中，变量 x 用来存放刚产生的随机数，逻辑变量 yes 用来作为标志，如果 x 与已放入数组中的某个随机数相同，则 yes 为 True，否则为 False。当 yes 为 False 时将退出 Do…Loop 循环，就可以把该变量 x 放入数组 A 中，即 $a(i)＝x$。

```
'"删除元素"按钮的 Click 事件过程
Private Sub cmdDelete_Click()
    Dim i As Integer, p As Integer, x As Integer
    x＝Val(InputBox("输入要删除的数"))
    For i＝1 To n                    '查找 x 在数组中的位置
      If a(i) ＝ x Then p ＝ i: Exit For
    Next i
    If p＝0 Then                     '说明 x 不在数组中
      Picture1.Print "要删除的数据不在数组中"
    Else                            '删除数组元素 a(p)
      For i＝p＋1 To n               '将从 p＋1 到最后一个位置的元素逐一向前移动
         a(i － 1) ＝ a(i)
      Next i
      '重新声明数组的大小,去除最后一个元素,同时保留原来前面 n－1 个数组元素的值
      ReDim Preserve a(n－1)
    End If
    Picture1.Print "删除后数组 A 中元素为:"
    For i＝1 To UBound(a)            '显示数组中的所有元素,检验删除的效果
      Picture1.Print a(i);
    Next i
    Picture1.Print
End Sub
```

5.4.4　分类统计

分类统计是对一批数据按分类统计的条件统计每一类中包含的个数。例如，将学生的成

绩按照优、良、中、及格、不及格五类统计各类的人数；将职工按照职称或年龄段进行分类统计等。对于这类问题一般要掌握分类的条件表达式的书写，并用计数器变量进行相应的计数。

例 5-11 在 Text1 中输入一串字符，统计各字母（不区分大小写）出现的次数，并在 Text2 中显示所出现的字母及其出现的次数，显示形式如图 5-19 所示。Text1 和 Text2 的 MultiLine 属性均设为 True。

在该程序中可声明一个一维数组 a，包含 26 个数组元素，下标范围是 $1\sim26$，依次用来存放 26 个字母出现的次数。即 $a(1)$ 记录字母 A 出现的次数，$a(2)$ 记录字母 B 出现的次数，……，$a(26)$ 记录字母 Z 出现的次数。

图 5-19　例 5-11 的运行结果

程序代码如下：

```
'"统计"按钮的 Click 事件过程
Private Sub cmdCount_Click()
    Dim a(1 To 26) As Integer, i As Integer, j As Integer
    Dim s As String, Ch As String * 1
    Dim js As Integer
    s＝Trim(Text1)                              '去掉字符串前后的空格
    For i = 1 To Len(s)
        Ch = UCase(Mid(s, i, 1))               '取一个字符,并转换成大写
        If Ch >= "A" And Ch <= "Z" Then         '若为字母字符
            j＝Asc(Ch)－Asc("A") + 1             '将 A～Z 大写字母转换成 1～26 的下标
            a(j)＝a(j)＋1                        '对应数组元素加 1
        End If
    Next i
    For j = 1 To 26                            '显示出现的字母及其出现的次数
        If a(j) > 0 Then
            js＝js＋1
            Text2 = Text2 & Chr(j + Asc("A") − 1) & ":" & CStr(a(j)) & " "
            If js Mod 8 = 0 Then Text2 = Text2 & vbCrLf      '每行显示 8 个字母
        End If
    Next j
End Sub
```

"清除"命令按钮的单击事件过程略。

本章小结

数组是开发 VB 应用程序时经常使用的数据结构，利用它可以处理许多复杂的问题。本章主要介绍了数组的概念、定长数组和动态数组的声明、数组的基本操作（如数组元素的输入、输出，求数组元素的最大值、最小值以及平均值等）。结合数组的应用，还介绍了几个常用算法，如数组元素的排序（选择法、冒泡法）、查找（顺序查找、二分法查找），以及数组元素的插入和删除等。这些知识在以后的编程中会经常用到，读者应该熟练掌握。另外，本章还介绍了控件数组的使用方法。

思考与练习题

一、选择题

1. 用语句"Dim A(5，-1 To 4) As Integer"定义的 A 数组中有_____个元素。

  A. 20   B. 30   C. 25   D. 36

2. 对于动态数组 A()，若原数组为 A(5)，要改变其维界为 A(10)，同时还要保留原数组内的数据不丢失，应使用_____语句进行重新定义。

  A. Dim A(10)   B. ReDim A(10)

  C. ReDim Preserve A(10)   D. Dim A(5 To 10)

3. 下列叙述中，正确的是_____。

  A. 控件数组的每一个成员的 Caption 属性值都必须相同

  B. 控件数组的每一个成员的 Index 属性值都必须不相同

  C. 控件数组的每一个成员都执行不同的事件过程

  D. 对已建立的多个类型相同的控件，这些控件不能组成控件数组

4. 在以下数组定义语句中，错误的是_____。

  A. Dim a(10) As Integer   B. Dim b(-10)

  C. Dim c(3,1 To 4)   D. Dim d(-4 To -1,-3 To -1)

5. 要分配存放 12 个元素的整型数组，下列数组声明中符合要求的是_____。

  ① Dim a(2,3) As Integer   ② Dim a() As Integer

                  n=11

                  ReDim a(n)

  ③ Dim a(10) As Integer   ④ Dim a() As Integer

    ReDim a(1 To 12)   ReDim a(11) As Single

  ⑤ Dim a(1,1,2) As Integer   ⑥ Dim a%(1 To 3,1 To 4)

  A. ①②③④   B. ②④⑤⑥

  C. ①②⑤⑥   D. ②③④⑥

6. 下列程序运行后，单击 Command1，则窗体上的输出结果为_____。

```
Private Sub Command1_Click()
    Dim a
    i = 0
    a = Array(1, 2, 3, 4, 5, 6, 7, 8, 9, 10)
    Do While i <= 4
        a(i) = a(i + 5)
        Print a(i);
        i = i + 1
    Loop
End Sub
```

  A. 1 2 3 4 5   B. 6 7 8 9 10   C. 2 3 4 5 6   D. 6 2 3 4 5

二、填空题

1. 用 Array 函数给数组赋值时，该数组必须是_____类型。

2. 程序执行时，单击窗体，下列程序的输出结果是_____。

```
Private Sub Form_Click()
    Dim a(4, 4) As Integer, i As Integer, j As Integer
    For i＝1 To 4
        For j＝1 To 4
            a(i,j)＝(i－1) * 3＋j
        Next j
    Next i
    For i＝3 To 4
        For j＝3 To 4
            Print a(j, i);
        Next j
        Print
    Next i
End Sub
```

3. 程序执行时，单击窗体，下列程序的输出结果是_____。

```
Option Base 1
Private Sub Form_Click()
    Dim a, b(3, 3)
    Dim i%, j%
    a＝Array(1, 2, 3, 4, 5, 6, 7, 8, 9)
    For i＝1 To 3
        For j＝1 To 3
            b(i, j) = a(i * j)
            If j ＞＝i Then Print Tab(j * 3); b(i, j);
        Next j
        Print
    Next i
End Sub
```

4. 程序执行时，单击窗体，下列程序的输出结果是 _____。该程序代码中的 Do While …Loop 循环语句完成的功能是_____。

```
Option Base 1
Private Sub Form_Click()
    Dim a, b(3, 4) As Integer
    Dim i As Integer, j As Integer, k As Integer
    a = Array(3, 7, 5, 11, 31, 43, 17, 62, 9, 23, 37, 41)
    i = 1
    Do While i ＜＝ UBound(a)
        For j = 1 To 3
            For k = 1 To 4
                b(j, k) = a(i)
                i = i + 1
            Next k
        Next j
    Loop
    Print b(2, 3)
End Sub
```

5. 下列程序的功能是：窗体上的 3 个命令按钮为命令按钮控件数组 Command1 中的元素，程序运行时单击某个按钮，则标签控件 Label1 中的文字将以对应的字体显示，如图 5-20 所示。请填空。

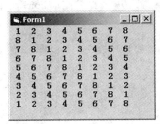

图 5-20　填空题第 5 题

```
Private Sub Command1_Click(Index As Integer)
    Label1.FontName = ___①___
End Sub
```

6. 下列程序的功能是：通过 Form_Load 事件过程给数组赋初值为 35、48、15、22、66、83，在 Form_Click 事件过程中输出能被 3 整除的数组元素。请填空。

```
Dim a()                        '声明 a 为窗体级数组
Private Sub Form_Load()
    ___①___
End Sub
Private Sub Form_Click()
    ___②___
        If Int(x / 3) = x / 3 Then
            Print x
        End If
    Next x
End Sub
```

7. 下列程序的功能是：在一维数组中利用移位的方法显示如图 5-21 所示的结果。请填空。

```
Option Base 1
Private Sub Form_Click()
    Dim a(8) As Integer, i%, j%, t%
    For i=1 To 8
        a(i) = i: Print a(i);
    Next i
    Print
    For i=1 To 8
        t= ___①___
        For j=7 To 1 Step−1
            ___②___
        Next j
        ___③___
        For j=1 To 8
            Print a(j);
        Next j
        Print
    Next i
End Sub
```

图 5-21　填空题第 7 题

8. 下列程序的功能是：产生 10 个个位数互不相同的三位正整数，并存放到下标值与其个位数相同的数组元素中。例如，596 应存放到 a(6) 中。请填空。

```
Private Sub Form_Click()
    Dim i As Integer, k As Integer
    Dim a(9) As Integer, x As Integer
```

```
        Randomize
        Do While i <= 9
            x = ___①___
            k = ___②___
            If a(k) = 0 Then
                a(k) = x
                i = ___③___
            End If
        Loop
        For i = 0 To 9
            Print a(i);
        Next i
        Print
    End Sub
```

9. 下列程序的功能是：将无序数组中相同的数删得只剩一个，并输出删除后的数组元素。请填空。

```
Option Base 1
Private Sub Form_Click()
    Dim a, i As Integer, j As Integer, k As Integer
    Dim t As Integer, m As Integer
    a = Array(4, 3, 3, 2, 4, 4, 5, 5, 2, 4)
    m = 1:  t = ___①___
    Do While m <= t
        k = 1:   i = m + 1
        Do While i <= t
            If a(i) = a(m) Then
                k = k + 1
                For j = i To ___②___
                    a(j) = a(j + 1)
                Next j
                t = t - 1
            Else
                i = ___③___
            End If
        Loop
        m = m + 1
    Loop
    For i = 1 To ___④___
        Print a(i);
    Next i
    Print
End Sub
```

三、编程题

1. 计算并输出 $S = \sum_{i=1}^{10} x_i \cdot y_i$，其中，$x_i$ 的值为 1、2、3、4、5、6、7、8、9、10；y_i 的值为 11、12、13、14、15、16、17、18、19、20。

2. 输入一组数据，放入数组 A 中，将其中最小的数据放在数组首部，将最大的数据放在数组尾部。

3. 有一个 4×5 的矩阵，各元素的值由键盘输入，求所有元素的平均值，并把高于平均值的元素以及它们的行、列号在窗体上输出显示。

4. 随机产生 20 个 0～100 之间的整数,求这组随机数的方差 D 和标准差 S。

方差 D 和标准差 S 的定义如下:

$$D = \frac{1}{n} \sum_{i=1}^{n} (R_i - \bar{R})^2 \qquad S = \sqrt{D}$$

其中,$\bar{R}$ 代表这组随机数的平均值。

5. 定义一个动态数组 A,用于存放一个班级学生的数学考试成绩,统计 60 分以下、60～69 分、70～79 分、80～89 分、90～100 分各分数段的人数。界面自己设计。

6. 编写程序(界面自己设计),把下列数据输入到一个二维数组 A 中:

25	36	78	13
12	26	88	93
75	18	22	32
56	44	36	58

然后执行以下操作:

① 分别计算并显示各行和各列的和;

② 将第 1 行和第 3 行对应的元素交换位置,输出处理后的数组;

③ 将第 2 列和第 4 列对应的元素交换位置,输出处理后的数组。

四、问答题

1. 定长数组和动态数组的区别是什么? 在声明定长数组、重新定义动态数组时的下标都可以用变量来表示吗?

2. 使用控件数组有什么好处?

第6章 过 程

在设计规模较大、复杂程度较高的应用程序时,按照结构化程序设计原则可以把问题逐步细化,把较大的程序划分为若干功能相对独立的部分,然后对每个部分分别编写一段独立的程序代码,或者将程序中需要多处调用的程序段独立出来,编写一个独立的子程序。用子程序有两大好处:一是使程序模块化、功能明确清晰、易于修改和维护;二是子程序一旦定义好,即可在不同的程序段中调用,避免了重复编程。在 VB 中把子程序称为"过程",整个应用程序就是由若干这样的过程构成的。VB 中的过程分为两大类:一类是事件过程,另一类是用户自定义的通用过程。本章主要介绍如何在 VB 程序中使用用户自定义的通用过程。

6.1 过程与模块的分类

6.1.1 过程的分类

VB 中把子程序称为过程,过程分为事件过程和通用过程两大类。

1. 事件过程

VB 程序是由事件驱动的,所以事件过程是 VB 程序应用的主体。事件过程就是为窗体以及窗体上的各种对象编写的用来响应由用户或系统引发的各种事件的处理程序代码。事件过程由 VB 中的事件调用,也就是说,当指定的事件发生时,该事件过程就会被激活执行。

事件过程存储在窗体模块文件中,而且在默认情况下是"私有的"(Private)。也就是说,事件过程在未加特别说明时,仅在该窗体内有效。在保存窗体时,窗体的外观与编写的事件代码一起保存。前面列举的程序示例中的程序代码都是事件过程。

2. 通用过程

在编程时,程序中经常需要多处使用同一段程序代码,为此,可将这一段代码独立出来,编写一个共用的过程,这种过程称为"通用过程"。因此,通用过程是用户根据自己的需要定义和编写的、独立于任何事件过程之外的、可供事件过程或其他通用过程多次调用的程序段。

VB 中的通用过程分为 Sub 子过程、Function 函数过程、Property 属性过程和 Event 事件过程。本书只讨论 Sub 子过程和 Function 函数过程。两者的区别为:Sub 子过程不返回值,而 Function 函数过程有返回值。

通用过程可以写在窗体模块或标准模块的代码中,它是一个必须从另一个过程(事件过程或其他通用过程)显式调用的程序段。

6.1.2 模块的分类

模块是 VB 程序为了将不同类型的过程代码组织到一起而提供的一种结构。在 VB 中有 3 种类型的模块,即窗体模块、标准模块和类模块。

1. 窗体模块

应用程序中的每个窗体对应一个窗体模块。窗体模块包含窗体及其控件的属性设置、窗体级变量的说明、事件过程、窗体内的通用过程等。

　　窗体模块保存在扩展名为.frm 的窗体模块文件中。默认时,应用程序中只有一个窗体,因此只有一个窗体模块文件。如果应用程序中有多个窗体,就会有多个窗体模块文件。

2. 标准模块

　　在多窗体结构的应用程序中,需要在多个窗体中共享的代码应当被组织到所谓的"标准模块"之中。标准模块文件的扩展名是.bas。

　　标准模块可以保存通用过程以及一些相关的说明(如全局变量、模块级变量的声明等)。

　　注意:标准模块中的代码既可用于一个应用程序,也可供其他应用程序重复使用。默认时应用程序中不包含标准模块。添加标准模块的方法是选择"工程"菜单中的"添加模块"命令,如图 6-1 所示,然后在出现的代码窗口中输入代码。

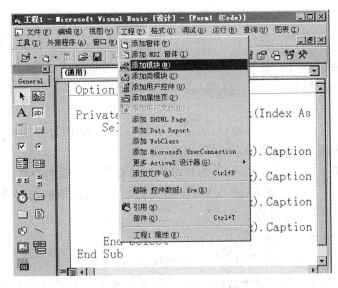

图 6-1　选择"添加模块"命令

3. 类模块

　　在 VB 中,类模块是面向对象编程的基础,其文件扩展名为.cls。用户可在类模块中编写代码,创建新的对象类的属性、方法的定义等。有关类模块的详细内容,可参阅有关的 VB 联机帮助。

　　通过上面的论述,VB 应用程序的结构通常如图 6-2 所示。

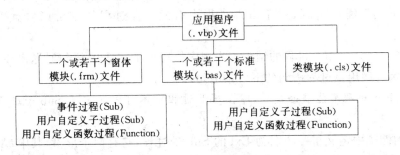

图 6-2　VB 应用程序的结构

6.2 Sub 子过程的定义及其调用

6.2.1 Sub 子过程的定义

用户自定义通用 Sub 子过程，其结构与事件过程的结构类似。

Sub 子过程的语法格式为：

[Private|Public] [Static] Sub 过程名 **([**参数列表**])**
　　[局部变量和常量声明]
　　语句块
　　[**Exit Sub**]
　　语句块
End Sub

可见，Sub 子过程以 Sub 语句开头，以 End Sub 语句结束。在 Sub 和 End Sub 之间是描述过程操作的语句块，称为子程序体或过程体。在 Sub 语句之后，可以用 Dim 或 Static 语句声明过程中的局部变量，也可用 Const 语句声明符号常量。

其中：

- [Private(局部)|Public(全局)]：指明过程的使用范围，即过程的作用域，详见 6.5 节。若省略该选项，则系统默认值为 Public。
- [Static]：若有该选项，则系统认为过程中的所有局部变量均为静态变量。
- 过程名：合法的标识符，不能与 VB 中的关键字重名，也不能与 Windows API 函数重名，还不能与同一级别的变量重名。
- 参数列表：参数列表形式如下：

　　[ByVal] 变量名[()] [As 类型][,[ByVal] 变量名[()] [As 类型]…]

参数列表中的参数称为形式参数（简称形参），可以是变量名或数组名。当有多个参数时，各参数之间用逗号分隔。Sub 子过程可以没有形式参数，但一对圆括号不可以省略。不含参数的过程称为无参过程。

ByVal 表示其后的形参是按值传递参数，或称为"传值"参数；若省略或用"ByRef"替代，则表明参数是按地址传递（传址）参数，或称为"引用"参数。

[As 类型]选项用来说明形参类型；若省略，则该形参是变体型。

- [Exit Sub]：表示提前退出该过程，返回到调用该过程语句的下一条语句。该语句不仅适用于通用过程，对于事件过程也有效。在过程体中可以含有多个 Exit Sub 语句。
- End Sub：标志 Sub 过程的结束。当程序执行到 End Sub 语句时退出该过程，并立即返回执行调用该过程语句的下一条语句。

注意：Sub 子过程不能嵌套定义，即在 Sub 过程中不可以再定义 Sub 子过程或 Function 函数过程。

在下面的例子中定义了一个名为 Exl 的 Sub 子过程，它有两个形参，其中，X 是"传值"参数，其类型为整型变量，Y 是"传址"（"引用"）参数，其类型为整型变量：

```
Private Sub Exl(ByVal X As Integer, Y As Integer)
    X=X+2
```

```
        Y=Y+X*2
        Print X,Y
End Sub
```

6.2.2　建立 Sub 子过程

用户建立通用过程有两种方法,下面进行简单介绍。

方法 1:在 VB 中利用"工具"菜单中的"添加过程"命令定义。

① 为要编写通用过程的窗体/标准模块打开代码窗口。

② 选择"工具"菜单中的"添加过程"命令,显示"添加过程"对话框,如图 6-3 所示。

③ 在"名称"文本框中输入过程名。

④ 在"类型"组中选择"子程序"定义 Sub 子过程,选择"函数"定义 Function 函数过程。

⑤ 在"范围"组中选择"公有的"定义一个公共级的全局过程,选择"私有的"定义一个标准模块级或窗体级的局部过程。

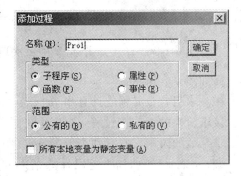

图 6-3　"添加过程"对话框

若选中"所有本地变量为静态变量"复选框,则在该过程名前会自动加上"Static"。

单击"确定"按钮后,系统会在代码窗口中创建一个 Sub 子过程模板(或函数过程模板),用户就可以在其中编写代码了。

方法 2:利用代码窗口直接定义。

在窗体/标准模块代码窗口中,把插入点放在所有现有过程之外,输入"Private Sub 过程名"或"Public Sub 过程名",然后按 Enter 键,即可建立一个 Sub 子过程模板。

6.2.3　Sub 子过程的调用

Sub 子过程和 Function 函数过程必须在事件过程或其他过程中显式调用,否则过程代码永远不会被执行。

Sub 子过程利用语句调用,使子过程成为一个独立的语句,其调用形式有两种:

过程名〔实在参数列表〕

或

Call 过程名(实在参数列表)

注意:

① 在一般情况下,"实在参数列表"中的实在参数(简称实参)必须与形参个数相同、位置与类型一一对应。当有多个参数时,各实参之间用逗号分隔。

② 调用时把实参的值传递给对应的形参(即参数传递)。在值传递(形参前有 ByVal 说明)时实参的值不随形参的值的变化而变化,在引用传递时实参的值随形参的值的变化而变化,详细叙述见 6.4 节。

③ 调用 Sub 子过程的两种形式存在区别,在用 Call 关键字时,实参必须用括号括起来(若被调用过程是一个无参过程,则空括号可省略),且实参表与过程名之间不要有空格;在不用 Call 关键字时,实参则不用括号括起来,且第一个实参与过程名之间要有空格。

④ 若形参变量的类型声明为 String,则它只能是不定长的。而在调用过程时,对应的实

参可以是定长的字符串变量或字符串数组元素。若形参是字符串数组,则没有这个限制。

　　⑤ 过程允许嵌套调用,即可有如图 6-4 所示的结构。

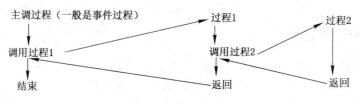

图 6-4　过程嵌套调用示意图

　　例 6-1　计算从 m 个元素中每次取 n 个元素的组合数 $C_m^n = \dfrac{m!}{n!\,(m-n)!}$ 的值。程序运行界面如图 6-5 所示。

　　求组合数必须先计算出 $m!$、$n!$、$(m-n)!$,而 VB 系统没有直接求阶乘的函数或过程,这里可以自定义一个通用子过程 Fac 来求某数的阶乘。它有两个形参 n、f。n 代表这个数,是按值传递形参;f 表示阶乘,作为返回计算结果的参数,必须是按地址传递形参。在事件过程中 3 次调用 Fac 子过程。

图 6-5　例 6-1 的程序
　　　　运行界面

　　程序代码如下:

```
'定义求阶乘的 Sub 子过程 Fac
Private Sub Fac(ByVal n As Integer, f As Long)
    Dim i As Integer
    f＝1
    For i＝1 To n
        f＝f * i
    Next i
End Sub
'"＝"命令按钮的 Click 事件过程
Private Sub Command1_Click()              '在事件过程中 3 次调用 Fac 子过程
    Dim m As Integer, n As Integer
    Dim fm As Long, fn As Long, fmn As Long
    m＝Val(Txtm) : n＝Val(Txtn)
    Fac m, fm                             '调用子过程时不用 Call 关键字
    Call Fac(n, fn)                       '调用子过程时用 Call 关键字
    Call Fac(m－n, fmn)
    TxtResult＝Str(fm / (fn * fmn))
End Sub
```

　　程序运行后,输入参数,单击"＝"命令按钮即可得到组合数。

6.3　Function 函数过程的定义及其调用

　　在 3.5 节已经讨论了 VB 的常用内部函数,如 Sqr、Sin、Cos 等。其实这些内部函数也是一些函数过程,只不过它们是由系统提供的,不需要用户编写、可直接用函数名调用的程序段。下面主要讨论用户如何根据自己的需要编写 Function 函数过程,以及怎样调用它。

6.3.1　Function 函数过程的定义

　　函数过程是带有返回值的特殊过程,因此,函数过程定义时有函数返回值的类型说明。

Function 函数过程的语法格式为：

[Private|Public] [Static] Function 函数名（[参数列表]）[**As** 类型]
　　[局部变量和常数声明]
　　语句块
　　函数名＝表达式
　　[**Exit Function**]
　　语句块
　　函数名＝表达式
End Function

可见，Function 函数过程以 Function 语句开头，以 End Function 语句结束，之间是描述过程操作的语句，称为函数体或过程体。

其中：

* Private、Public、Static 以及参数列表等的含义同 Sub 子过程。
* 函数名：命名规则及要求同 Sub 子过程名。但在函数体内，可以像使用简单变量一样使用函数名。
* [As 类型]：指定函数返回值的类型。若省略该选项，则函数类型默认为变体类型。
* 函数体一般至少要有一个"函数名＝表达式"语句给函数名赋值。若在函数过程中没有给函数名赋值的语句，则该函数过程返回对应类型的默认值。例如，若为数值型，则函数返回 0 值；若为字符型，则函数返回空字符串。
* [Exit Function]：表示提前退出该函数过程，返回调用点。在函数体内可以含有多个 Exit Function 语句。

例 6-2　编写一个求圆面积的函数过程。

程序代码如下：

```
Private Function Cir(ByVal r As Single) As Single
    Const PI!＝3.14159
    Cir＝PI * r^2                          '给函数名赋值
End Function
```

例 6-3　编写一个求任意非负整数 N 阶乘的函数过程。

程序代码如下：

```
Private Function Fact(ByVal N As Integer) As Long
    Dim K As Integer
    Fact＝1
    If N＝0 Or N＝1 Then
        Exit Function
    Else
        For K＝1 To N
            Fact＝Fact * K
        Next K
    End If
End Function
```

6.3.2　Function 函数过程的调用

调用 Function 函数过程的方法与调用 VB 内部函数的方法一样，即被调用函数必须作为表达式或表达式中的一部分，再配以其他的语法成分构成语句。

最简单的情况就是在赋值语句中调用函数过程，其形式为：

变量名＝函数过程名([实参表])

例如,下面的程序代码调用了例 6-2 中计算圆面积的 Function 函数过程 Cir:

S＝Cir(20)＋Cir(30)　　　　'求半径为 20 和半径为 30 的圆面积之和

注意:

① 在调用函数过程时,实参的含义及要求同 Sub 子过程,且必须给实参加上括号。

② 函数可以没有参数,在调用无参函数过程时不发生实参与形参的结合。调用无参函数过程得到一个固定的值,如下述无参函数过程:

```
Public Function F2()
    F2="Visual Basic"
End Function
```

用户可在窗体单击事件中调用它:

```
Private Sub Form_Click()
    Print F2()                      '此时函数名后的括号也可省略
End Sub
```

例 6-4　调用例 6-3 中定义的求阶乘函数 Fact,计算 $\sum_{n=1}^{10} \dfrac{1}{n!}$ 的值。

程序界面如图 6-6 所示。其中,窗体左边的图片框用于显示计算公式(直接将 Word 公式编辑器编辑的公式粘贴过来,并设置图片框的 Autosize 属性为 True);窗体右边的文本框用于显示计算结果。

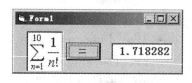

图 6-6　例 6-4 的程序运行界面

求阶乘函数过程 Fact 的程序代码见例 6-3,这里略。

命令按钮"＝"的 Click 事件过程的程序代码为:

```
Private Sub Command1_Click()
    Dim sum As Single, i As Integer
    For i=1 To 10
        sum=sum+1 / Fact(i)          '调用求阶乘函数 Fact
    Next i
    Text1=Str(sum)
End Sub
```

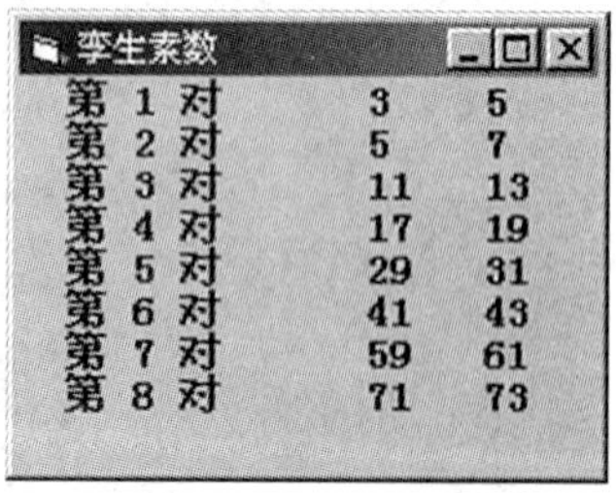

图 6-7　例 6-5 的程序运行界面

例 6-5　编写一个判断某自然数 m 是否为素数的通用函数过程,并在窗体的单击事件中调用它,找出 1～100 之间的所有孪生素数。程序运行界面如图 6-7 所示。

若两个素数之差为 2,则这两个素数就是孪生素数。例如,3 和 5、5 和 7、11 和 13 等都是孪生素数。

在 4.1.1 节中已给出判断一个数是否为素数的算法。根据此算法写出判断某自然数 m 是否为素数的通用函数过程为:

```
Private Function Prime(ByVal m As Integer) As Boolean
    Dim i As Integer, t As Boolean
    t=True: i=2
    Do While t And (i <= Sqr(m))
```

```
            If m Mod i＝0 Then
                    t＝False
            Else
                    i＝i+1
            End If
        Loop
        If m＞1 Then Prime＝t
End Function
```

窗体的 Click 事件过程为：

```
Private Sub Form_Click()
    Dim k As Integer, j As Integer
    j＝3
    Do While j＜＝99
        If Prime(j) And Prime(j+2) Then    '两次调用 Prime 函数,判断 j 和 j+2 是否都为素数
            k＝k+1
            Print Space(2);"第"; k; "对", j; Tab(20); j+2
        End If
        j＝j+2
    Loop
End Sub
```

6.4 参数的传递

在调用一个有参数的过程中,主调用过程(简称主调过程)与被调用过程(简称被调过程)之间有数据传递,即将主调过程的实参传递给被调过程的形参,完成"形实结合",然后执行被调过程中的各语句。在 VB 中,实参与形参的结合方式有两种,即按值传递和按地址传递。通过使用参数,可以编写出更灵活和通用的函数过程或 Sub 子过程,达到根据不同的变量执行同种任务的目的。

6.4.1 形参和实参

形参指出现在 Sub 子过程或 Function 函数过程的形参表中的变量名、数组名。在过程被调用之前,并没有给形参分配内存,形参可以是除定长字符串变量之外的合法变量名,以及后面跟有圆括号的数组名。

实参是在调用 Sub 子过程或 Function 函数过程时传递给相应过程的变量名、数组名、常数或表达式,它们包含在过程调用的实参表中。在过程调用传递参数时,形参表与实参表中的对应变量名可以不相同,因为"形实结合"是按对应"位置"结合的。

在"形实结合"时,形参表中和实参表中的参数的个数要相同,对应位置的参数类型要一致。表 6-1 是"形实结合"时的形参与实参的形态对应关系。

表 6-1 形参与实参的形态对应关系

形参	实参
变量	变量、常量、表达式、数组元素
数组	数组

例如，若有以下 Sub 子过程定义：

```
Private Sub Test(X As Single, Loc1 As Boolean, Str1 As String , Arr1() As Integer)
    ...
End Sub
```

则在下列事件过程中对其进行调用：

```
Private Sub Form_Click( )
    Dim Y As Single, Str2 As String * 5
    Dim A(5) As Integer
    ...
    Call Test(Y * Y, True, Str2, A)              '合法的过程调用
    ...
End Sub
```

6.4.2 按值传递和按地址传递

在 VB 中，实参与形参的结合方式有两种，即按值传递和按地址传递。

1. 按值传递

若在形参前加"ByVal"关键字，则实参与形参的结合方式为按值传递。其结合过程是：当调用一个过程时，VB 会给按值传递形参分配一个临时存储单元，并将实参变量的值复制到这个临时存储单元中，实参与形参断开联系。若在被调用过程中改变了形参的值，不会影响实参变量。当过程调用结束，控制返回主调过程时，形参所占用的临时存储单元被释放，而实参变量仍保持调用前的值不变。

例 6-6 按值传递参数示例。

```
Private Sub Form_Click()
    Dim M As Integer, N As Integer
    M=15: N=10
    Print "调用过程 Test 前"; " M="; M, "N="; N
    Call Test(M, N)
    Print "调用过程 Test 后"; " M="; M, "N="; N
End Sub
Private Sub Test(ByVal X As Integer, ByVal Y As Integer)
    X=X+5
    Y=X+2 * Y
    Print "形参的值"; "        X="; X, "Y="; Y
End Sub
```

运行该程序，单击窗体，执行结果如图 6-8 所示。

按值传递示意图如图 6-9 所示。

图 6-8 例 6-6 的运行结果

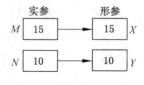

图 6-9 按值传递示意图

说明：使用按值传递的形参，对应的实参一般要求是同类型的变量（或数组元素）、常量或表达式。当实参的类型与形参不一致时，系统会自动进行类型的转换，并将转换后的值传送给形参。

2. 按地址传递

当形参前不加关键字"ByVal"或有"ByRef"关键字时,实参与形参的结合方式为按地址传递。其结合过程是:当调用一个过程时,VB 会把实参变量的地址传递给形参,形参和实参共用内存的同一"地址",即共享同一个存储单元。这样,在被调过程中对形参的任何操作都变成了对相应实参的操作,因此,实参的值就会随形参值的改变而改变。

例 6-7 把例 6-6 中的 Test 过程的按值传递参数改为按地址传递参数。

```
Private Sub Test(X As Integer, Y As Integer)
    X=X+5
    Y=X+2*Y
    Print "形参的值";"          X="; X, "Y="; Y
End Sub
```

这里对窗体的 Click 事件过程不进行任何改动,则程序运行后,单击窗体,执行结果如图 6-10 所示。

按地址传递示意图如图 6-11 所示。

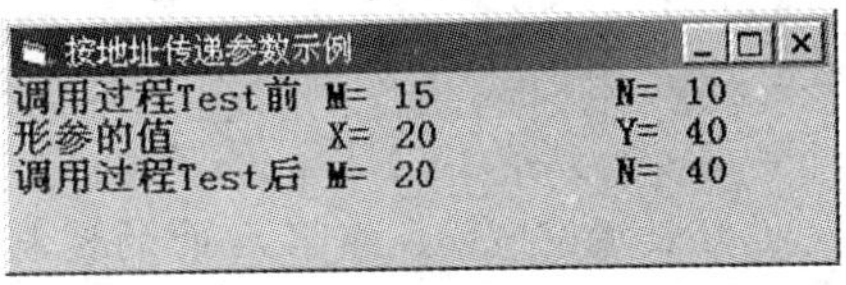

图 6-10　例 6-7 的运行结果

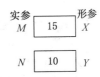

图 6-11　按地址传递示意图

说明:

① 当参数是字符串或数组时,使用按地址传递参数方式可以直接将实参的地址传递给被调用过程,能节省内存、提高程序的执行效率,但也有可能对程序的运行产生不必要的干扰。因此,为了程序的可靠性和便于调试,应减少各过程之间的关联,一般用按值传递方式,除非希望从被调过程改变实参的值。

② 使用按地址传递的形参,当对应的实参是变量(或数组元素)时必须要求同类型。当对应实参是常量或表达式时,VB 会用"按值传递"的方式来处理,即也会给该形参分配一个临时存储单元,把常量或表达式的值复制到这个临时存储单元中,而且,这时若常数或表达式的值的类型与形参不一致,系统会自动进行类型转换,将转换后的值传递给形参;若不能转换为过程参数需要的类型,则会出错。例如,由于 VB 无法将字符串"123a"转换为数值型数据,那么若过程中对应的形参为数值型,将产生"类型不匹配"(Type mismatch)的错误。

例 6-8 参数的数据类型转换。

```
Private Sub Form_Click()
    Dim P As Single
    P=12.6
    Print "调用 Test2 之前"; " P="; P
    Call Test2((P), "19"+".5")                '把变量 P 转换成表达式(P)
    Print "调用 Test2 之后"; " P="; P
End Sub
Private Sub Test2(X As Integer, Y As Single)
    X=X*3
    Y=Y-5.2
    Print "形参的值"; "          X="; X, "Y="; Y
End Sub
```

运行该程序，单击窗体，执行结果如图6-12所示。

在 VB 中把变量转换成表达式，只要把变量用括号括起来即可。在例6-8中，调用 Test2

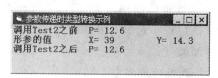

图6-12　例6-8的运行结果

过程以后，实参 P 的值不变，因为在事件过程中采用 Test2$((P),\cdots)$ 形式调用过程 Test2，这样就会变成按值传递方式，即把实参 P 的值传给形参 X。即使形参 X 的值在过程 Test2 执行中被改变，也不会影响实参 P 的值。

6.4.3　数组参数的传递

在定义通用过程时，VB 允许把数组作为形参出现在形参表中，并且形参数组只能是按地址传递的参数。形参数组的语法格式为：

形参数组名( ) [As 数据类型]

该语法格式中忽略了数组维数的定义，但圆括号不能省略。

注意：

① 调用时对应的实参必须也是数组，并且实参数组元素的类型必须和形参数组元素的类型相一致。

② 调用时实参数组直接放在实参表中，忽略数组维数的定义，数组名后面的圆括号可写，也可省略。

③ 因为被调用过程（或函数）往往不知道实参数组下标的上、下界，所以可用 UBound 和 LBound 函数确定实参数组下标的上界和下界。

④ 在通用过程中不能用 Dim 语句对形参数组进行声明，否则会产生"重复声明"的编译错误。但是，当实参数组是动态数组时，可以在过程中用 ReDim 语句改变形参数组的维界，重新定义数组的大小。当控制返回主调过程时，对应实参数组的维界也会随之发生变化。

例6-9　试编写一个通用函数过程，求任意一维数组中各元素之积，再分别调用该函数，计算 $t_1 = \prod\limits_{i=1}^{5} a_i$ 和 $t_2 = \prod\limits_{i=4}^{8} b_i$ 的值。

程序代码如下：

```
Private Sub Form_Click()
    Dim a%(1 To 5), b%(4 To 8), i%, t1#, t2#
    For i=1 To 5                        '给 a 数组元素赋值
        a(i)=i
    Next i
    For i=4 To 8                        '给 b 数组元素赋值
        b(i)=i
    Next i
    t1=tim(a())                         '调用函数 tim
    t2=tim(b)                           '调用函数 tim
    Print "t1= "; t1, "t2= "; t2
End Sub
'定义通用函数过程 tim,求任意一维数组元素之积
Function tim(a() As Integer)
    Dim t#, i%
    t=1
    '用数组函数 LBound 和 UBound 确定数组下标的下界和上界
    For i=LBound(a) To UBound(a)
        t=t * a(i)
```

```
        Next i
        tim＝t
End Function
```

例 6-10　将例 5-6 中介绍的选择法排序编写为一个通用 Sub 子过程,将存有随机数的数组作为参数传递给该 Sub 子过程,以完成排序。

程序代码如下:

```
'选择法排序自定义 Sub 子过程
Public Sub sort2(a() As Integer)
    Dim i As Integer, j As Integer
    Dim imin As Integer, t As Integer
    For i＝LBound(a) To UBound(a)－1
        imin＝i
        For j＝i＋1 To UBound(a)
            If a(j) ＜ a(imin) Then imin＝j
        Next j
        t＝a(i): a(i)＝a(imin): a(imin)＝t
    Next i
End Sub
'窗体的 Click 事件过程
Private Sub Form_Click()
    Dim a() As Integer, i As Integer, n As Integer
    n＝Val(InputBox("输入数组元素的个数"))
    ReDim a(1 To n)
    Randomize
    Print "排序前:"
    For i＝1 To n
        a(i)＝Int((99－10＋1) * Rnd)＋10
        Print a(i);
    Next i
    Print
    sort2 a()                              '调用选择法排序通用 Sub 子过程
    Print "排序后:"
    For i＝1 To n
        Print a(i);
    Next i
    Print
End Sub
```

6.4.4　可变参数

VB 6.0 提供了十分灵活和安全的参数传递方式,允许建立可变参数过程。可变参数是指在调用一个过程时向过程传递实参的个数可以任意变化。

可变参数过程通过 ParamArray 命令来定义,其一般格式为:

Sub 过程名(ParamArray 数组名())

其中,"数组名"是一个形式参数,只有名字和圆括号,没有维数和上、下界定义。由于省略了数据类型,数组元素的类型默认为 Variant。

例 6-11　下面程序的功能是定义一个可变参数过程,调用它可以求任意多个数之和。

```
'定义可变参数过程
Public Sub Sum(ParamArray Num())
    S = 0
```

```
        For Each x In Num
            S = S + x
        Next
        Print S
    End Sub
'窗体的 Click 事件过程
Private Sub Form_Click()
    Dim x As Integer, y As Long, z As Single, q As Variant
    Call Sum(2, 4, 6, 8, 10)                  '第一次调用 Sum 过程
    x = 7: y = 300000
    z = 4.5: q = 90
    Sum x, y, z, q                            '第二次调用 Sum 过程
End Sub
```

由于可变参数过程中的参数是 Variant 类型，所以可以把任何类型的实参传递给该过程，且实参的个数可变。另外，实参可以是常量，也可以是变量。

6.4.5　对象参数

通用过程中的参数除了有变量名或数组名外，VB 还允许用对象作为参数向过程传递，即窗体或控件可以作为通用过程的参数。

用对象作为参数的过程与用其他数据类型作为参数的过程没有什么区别。在形参表中用“As Form”来定义的形参为窗体参数，调用该过程时，可向过程传递窗体；在形参表中用“As Control”来定义的形参为控件参数，调用该过程时，可向过程传递控件。

注意： 在调用含有对象的过程时，对象的传递只能是按地址传递。

例 6-12　窗体参数示例。设计一个包含 3 个窗体的程序（多窗体程序设计将在 6.8 节介绍），要求这 3 个窗体的位置、大小都相同。

分析： 可编写一个通用 Sub 子过程 FormSet，以窗体对象为参数，完成窗体的位置、大小的设置，然后对其进行多次调用，使得 3 个窗体的位置、大小都相同。

程序代码如下：

```
'Form1 中的代码
Private Sub FormSet(FormNum As Form)
    FormNum.Left = 2000
    FormNum.Top = 3000
    FormNum.Width = 5000
    FormNum.Height = 3000
End Sub
Private Sub Form_Load()
    FormSet Form1                    '调用 FormSet 过程，用窗体名作为实参
    FormSet Form2
    FormSet Form3
End Sub
Private Sub Form_Click()
    Form1.Hide
    Form2.Show
End Sub
'Form2 中的代码
Private Sub Form_Click()
    Form2.Hide
    Form3.Show
End Sub
```

```
'Form3 中的代码
Private Sub Form_Click()
    Form3.Hide
    Form1.Show
End Sub
```

这里,Form1 为启动窗体。

例 6-13　控件参数示例。在窗体上有一个标签和两个命令按钮(名称属性均采用默认值),设计界面如图 6-13 所示。程序运行后,单击窗体上的任一控件,该控件移动到窗体上的某个随机位置,并且控件上显示的文本字体等属性发生一些改变,如图 6-14 所示。

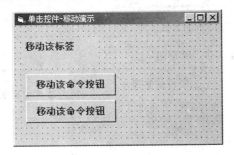

图 6-13　例 6-13 的设计界面

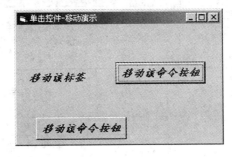

图 6-14　例 6-13 的运行界面

程序代码如下:

```
'通用 Sub 子过程 Jump 以控件对象为参数
Public Sub Jump(ct1 As Control)
    Dim movleft As Integer, movtop As Integer
    Dim intWMax As Integer, intHMax As Integer
    ct1.FontSize = 12                              '设置控件的字体属性
    ct1.FontName = "楷体_GB2312"
    ct1.FontItalic = True
    intWMax = Form1.Width - ct1.Width
    intHMax = Form1.Height - ct1.Height
    Randomize
    movleft = Int((intWMax - 0 + 1) * Rnd)         '产生水平方向移动的位置
    movtop = Int((intHMax - 0 + 1) * Rnd)          '产生垂直方向移动的位置
    ct1.Move movleft, movtop                       '移动控件到一个随机位置
End Sub
'在下面 3 个事件过程中调用 Jump 过程
Private Sub Command1_Click()
    Jump Command1
End Sub
Private Sub Command2_Click()
    Jump Command2
End Sub
Private Sub Label1_Click()
    Jump Label1
End Sub
```

6.5　变量与过程的作用域

6.5.1　变量的作用域

变量的作用域是指变量的有效作用范围,也就是变量可以被访问的范围。按作用域来分,

VB中的变量分为局部变量、窗体/模块级变量和全局变量 3 种类型，它们的声明方法如图 6-15 所示，具体含义如表 6-2 所示。

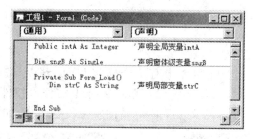

图 6-15　3 种变量的声明方式

表 6-2　3 种变量的作用域说明

种　类		声明方式	声明语句位置	能否被本模块的其他过程存取	能否被其他模块存取
局部变量		Dim、Static	在过程中	不能	不能
窗体/模块级变量		Dim、Private	在窗体/模块的"通用声明"处	能	不能
全局变量	窗体	Public	在窗体/模块的"通用声明"处	能	能，但要在变量名前加窗体名
	标准模块				能

从图 6-15 和表 6-2 中可以看出，声明变量使用的语句不同、声明语句所处的位置不同，都会使声明变量的作用域不同。

1. 局部变量及其声明

局部变量指在过程中声明的变量（或不声明直接使用的变量）只能在声明它的过程中使用，其他过程无权访问它。不同过程中可以有相同名称的局部变量，彼此互不相干。使用局部变量有利于程序的调试。

声明局部变量的语句格式为：

{Dim|Static} 变量名 [As 类型][，变量名 [As 类型]]…

例如：

Dim sngA As Single，intB As Integer
Static strS1 As String

用 Dim 或 Static 语句声明的局部变量的区别如下：

① 用 Dim 语句声明的局部变量，变量只在过程执行期间存在，过程执行完毕后，变量内容会自动消失。在每次调用过程时，都重新进行变量的初始化。

② 用 Static 语句声明的局部变量称为静态变量。静态变量的作用范围是其声明语句所在的过程内，但在整个程序运行过程中可保留变量的值。也就是说，每次调用过程时，静态变量保持原来的值，系统不对其进行初始化。

例 6-14　静态变量示例。

程序代码如下：

Private Sub Form_Click()

```
            Static iK As Integer          '声明 iK 为整型静态变量
            iK＝iK＋1
            Print "目前为止你已经单击了窗体"；iK；"次"
    End Sub
```

运行该应用程序,单击窗体 3 次,执行结果如图 6-16 所示。可见,静态变量在每次过程调用时都不重新初始化,保留其上次调用结束时的值。这样,对于本例来说,每单击窗体一次,就调用一次 Form_Click 事件过程,iK 的值增加 1。

若将上述程序中的 iK 变量改用 Dim 语句声明,再运行该应用程序,单击窗体 3 次,执行结果如图 6-17 所示。可见,用 Dim 语句声明的局部变量在每次过程调用时都重新初始化,故 iK 的值总是 1。

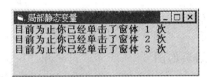
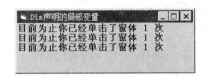

图 6-16 例 6-14 的运行结果 1   图 6-17 例 6-14 的运行结果 2

2. 窗体/模块级变量及其声明

窗体/模块级变量指在窗体/模块的"通用声明"处用 Dim 或 Private 语句声明的变量。其作用域为本窗体或本模块,即可以被本窗体/模块的任何过程访问。

声明窗体/模块级变量的语句格式为:

{Dim|Private} 变量名 [As 类型] [, 变量名 [As 类型]]···

例 6-15 窗体级变量示例。

程序代码如下:

```
Dim iK As Integer             '声明 iK 为窗体级整型变量
Private Sub Form_Click()
    iK＝iK＋1                  'iK 增加 1
    Print iK                  '输出 iK 的值
End Sub
Private Sub Form_Load()
    iK＝1                     '为 iK 赋初值
End Sub
```

图 6-18 例 6-15 的运行结果

运行该应用程序,单击窗体 3 次,执行结果如图 6-18 所示。

3. 全局(公有)变量及其声明

全局变量指在窗体/模块的"通用声明"处用 Public 语句声明的变量。其作用域为整个应用程序,即可以被应用程序的任何过程访问。全局变量的值在整个程序中始终不会消失和重新初始化,只有当整个程序执行结束时才会消失。

声明全局变量的语句格式为:

Public 变量名 [As 类型] [, 变量名 [As 类型]]···

例 6-16 全局变量示例。本应用程序包含两个窗体模块和一个标准模块,在标准模块的"通用声明"处有下列变量声明语句:

```
Public iK As Integer                    '声明 iK 为全局整型变量
```

在 Form1 窗体模块中含有下列程序代码：

```
Private Sub Form_Click()
    iK＝iK＋1                          'iK 增加 1
    Print "iK="; iK                   '输出 iK 的值
    Form2.Show                        '显示 Form2 窗体
End Sub
Private Sub Form_Load()
    iK＝1                             '为 iK 赋初值
End Sub
```

在 Form2 窗体模块中含有下列程序代码：

```
Private Sub Form_Click()
    iK＝iK＋1                          'iK 增加 1
    Print "iK="; iK                   '输出 iK 的值
End Sub
```

运行该应用程序，单击 Form1 窗体一次，执行结果如图 6-19 所示；再单击 Form2 窗体一次，执行结果如图 6-20 所示。可见，在 Form1 窗体和 Form2 窗体中均可直接使用在标准模块中声明的全局变量 iK。

图 6-19　例 6-16 的执行结果 1　　　　　图 6-20　例 6-16 的执行结果 2

若将标准模块中的全局变量 iK 的声明语句移到 Form1 窗体模块的"通用声明"处，则在 Form2 中也可以引用 iK 变量，但必须写成 Form1.iK。

注意：VB 允许在不同级声明相同的变量名。一般来说，在同一模块中定义了不同级但有相同名的变量时，系统优先访问作用域小的变量名。

例如：

```
Public X As Integer               '在窗体模块"通用声明"处声明全局变量 X
Private Sub Form_Load()
    Dim X As Integer              '在事件过程内部声明局部变量 X
    Show
    X＝2                          '此处访问的变量 X 为局部变量 X
    Form1.X＝1                    '要访问全局变量 X，必须加窗体名
    Print X, Form1.X             '输出显示 2    1
End Sub
```

可见，要在过程中引用同名的全局变量 X，则必须在变量名 X 前加模块名。

6.5.2　过程的作用域

与变量相似，过程也有作用的范围（即作用域）。过程的作用域决定了其他过程访问该过程的能力，即能否访问该过程。过程的作用域分为窗体/模块级（也称私有的）和全局级（也称应用程序级）。

1. 窗体/模块级

窗体/模块级过程指在某个窗体或标准模块内定义的过程，其过程名前加 Private。窗体/模块级过程只能被本窗体或本标准模块内的事件过程或其他过程调用。

2. 全局级

全局级过程指在某个窗体或标准模块内定义的过程，其过程名前加 Public。全局级过程可被整个应用程序的所有窗体和所有标准模块中的过程调用。若省略[Private | Public]选项，则系统的默认值为 Public。

全局级过程根据过程所在的位置不同，其调用方式有所区别（见表 6-3）：

① 在窗体中定义的全局级过程，当外部过程要调用时，必须在过程名前加该过程所在的窗体名。

② 在标准模块中定义的全局级过程，外部过程均可调用，但过程名必须唯一，否则要在该过程名前加标准模块名。

表 6-3   过程的作用域说明

种 类		定义方式	能否被本模块的其他过程调用	能否被本应用程序的其他模块调用
模块级	窗体	过程名前加 Private 例如：Private Sub Msub1(形参表)	能	不能
	标准模块		能	不能
全局级	窗体	过程名前加 Public 或省略 例如：[Public] Sub Msub2（形参表）	能	能，但必须在过程名前加窗体名。 例如：Call 窗体名.Msub2(实参表)
	标准模块		能	能，但过程名必须唯一，否则要在过程名前加标准模块名。 例如：Call 标准模块名.Msub2(实参表)

6.6   过程的递归调用

6.6.1   递归的概念

递归是一种十分有用的程序设计技术。通俗地讲，用自身的结构来描述自身就称为"递归"。现实世界中许多数学模型是用递归形式定义的。例如，数学中对阶乘运算可做以下定义：

$$n! = n \times (n-1)!$$
$$(n-1)! = (n-1) \times (n-2)!$$

可见，这里用"阶乘"本身来定义阶乘。这种定义形式简洁易读、易于理解。

6.6.2   递归子过程和递归函数

在 VB 中，一个过程除了可以调用另一个过程以外，还允许 Sub 子过程或函数在自身定义的内部直接（或间接）调用自己，这样的子过程或函数称为递归子过程或递归函数。

对于许多具有递归关系的问题，采用递归调用描述它们可使程序结构简洁易读，算法的正确性证明也比较容易，因此读者应掌握递归程序设计方法。

在递归调用中，一个过程执行的某一步要用到其自身的前一步或前若干步的结果。

例 6-17   编写递归函数过程，求阶乘 Fac$(n) = n!$ 的值。

根据求 $n!$ 的定义，$n! = n \times (n-1)!$，Fac(n) 可写成以下形式：

$$\text{Fac}(n) = \begin{cases} 1 & （当 n = 0 \text{ 或 } n = 1） \\ n \times \text{Fac}(n-1) & （当 n > 1 \text{ 时}） \end{cases}$$

显然，要求出函数 Fac(n) 的值，必须调用函数本身求出 Fac($n-1$) 的值，或者说在函数定义中调用了函数本身，因此它是递归定义的函数。

程序代码如下：

```
Public Function Fac(N As Integer) As Long        '递归函数的定义
    If N=0 Or N=1 Then
        Fac=1
    Else
        Fac=N * Fac(N-1)
    End If
End Function
Private Sub Form_Click()          '调用递归函数，求 N!
    Dim N As Integer, F As Long
    N=Val(InputBox("输入一个非负整数"))
    F=Fac(N)
    Print N; "!="; F
End Sub
```

图 6-21　例 6-17 的执行结果

运行该程序，单击窗体执行 Form_Click 事件过程。假如从键盘输入 4 赋值给变量 N，即求 4! 的值，执行结果如图 6-21 所示。

显然，本例中递归函数的定义十分清晰，易于阅读理解，但其执行过程却比较复杂。图 6-22 所示为求 Fac(4) 的过程。

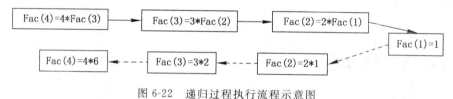

图 6-22　递归过程执行流程示意图

从图 6-22 可以看到，函数 Fac 共被调用了 4 次，即 Fac(4)、Fac(3)、Fac(2)、Fac(1)。其中，Fac(4) 是 Form_Click 事件过程调用的，其余 3 次是在 Fac 函数中调用的，即递归调用了 3 次。"──→"为递推轨迹，"◄--"为回归轨迹，可见递推和回归各持续了 3 次才求出最后的结果。

递归处理过程可分为"递推"和"回归"两个阶段。在进入递推调用阶段后，便逐层向下调用递归函数，直到遇到结束递归函数的条件为止，例如本例中的 Fac(1)=1。然后带着终止条件所给的函数值进入回归阶段，按照原来的路径逐层返回，由 Fac(1) 一直推出 Fac(4) 为止。

编写递归过程时要注意以下两点：

① 能将所求问题用递归形式表示（或描述）。

② 递归过程必须有一个明确的结束递归的条件（又称终止条件或边界条件），使得能通过有限次递归调用后即可得出所求的结果，否则是一个无穷递归过程。

图 6-23　例 6-18 的程序运行界面

例 6-18　切比雪夫（Chebyshev）多项式定义如下：

$$T(n,x) = \begin{cases} 1 & n=0 \\ x & n=1 \\ 2xT(n-1,x)-T(n-2,x) & n \geq 2 \end{cases}$$

对于给定的 x 和不同的非负整数 n，$T(n,x)$ 是阶数不同的多项式，要求编程计算第 n 个切比雪夫多项式在给定点的值。程序运行界面如图 6-23 所示。

由于切比雪夫多项式是递归定义的,所以可定义一个递归 Function 过程求切比雪夫多项式的值。程序代码如下:

```
'求切比雪夫多项式值的递归函数过程的定义
Private Function Chb(n As Integer, x As Single) As Single
    If n＝0 Then
        Chb＝1
    ElseIf n＝1 Then
        Chb＝x
    Else
        Chb＝2 * x * Chb(n－1, x)－Chb(n－2, x)
    End If
End Function
'"计算"按钮的 Click 事件过程
Private Sub cmdComp_Click()
    Dim n As Integer, x As Single
    n＝Val(Text1)
    x＝Val(Text2)
    Text3＝Str(Chb(n, x))              '调用递归函数过程求相应值
End Sub
```

这里,"清除"按钮的 Click 事件过程略。

例 6-19　编写一个递归函数过程,求任意两个正整数 m 和 n 的最大公约数。

用辗转相除法求正整数 m 和 n 的最大公约数的算法步骤及算法流程图已在 4.1.1 节中给出,该算法若用递归描述,可用以下递归公式:

$$gcd(m,n) = \begin{cases} n & m \ \text{Mod} \ n = 0 \\ gcd(n, m \ \text{Mod} \ n) & m \ \text{Mod} \ n \neq 0 \end{cases}$$

程序运行界面如图 6-24 所示。

程序代码如下:

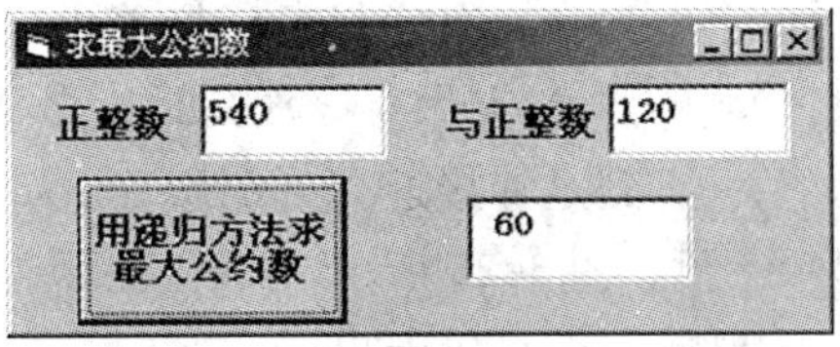

图 6-24　例 6-19 的程序运行界面

```
'求最大公约数的递归函数过程的定义
Public Function gcd(ByVal m As Integer, ByVal n As Integer) As Integer
    If m Mod n＝0 Then
        gcd＝n
    Else
        gcd＝gcd(n, m Mod n)
    End If
End Function
'"用递归方法求最大公约数"按钮的 Click 事件过程
Private Sub cmdGcd_Click()
    Dim m As Integer, n As Integer
    Dim t As Integer
    m＝Val(Text1.Text)
    n＝Val(Text2.Text)
    If m＞0 And n＞0 Then                 '检验数据的合法性
        If m＜n Then t＝m:m＝n:n＝t          '使得 m 不小于 n
        Text3.Text＝Str(gcd(m, n))        '调用 gcd 函数求最大公约数
    Else
        MsgBox "输入数据有误,重输"
        Text1 ＝ ""
        Text2 ＝ ""
        Text1.SetFocus
    End If
End Sub
```

6.7　常用算法举例（三）

算法是对某个问题求解过程的描述，是程序设计的基础，也是学习的难点。在前两章中已经介绍了一些常用算法，例如求数组最大（最小）值及其位置、求平均值、求最大公约数、求素数、排序、查找等，本章将通过例题对程序设计中常用的一些其他算法做进一步介绍，例如一元非线性方程的求根、数值积分、插入排序法、数制转换等。

6.7.1　求一元非线性方程的实根

对一元二次方程求根，直接用求根公式就可以得到精确解。一元非线性方程通常可表示为：

$$f(x)=0$$

这类方程只有在极其简单的情况下才可以用解析的方法给出求根公式，一般情况下只能借助于近似（数值）方法求到根的近似值。常用的数值解法有牛顿切线法、二分法、弦截法等迭代法。二分法和弦截法都是在已知有根的一段区间内用逐步逼近的方法求根。这里介绍牛顿切线法。

牛顿切线法的求根思想是：先任意设定一个与真实根接近的值 x_k 作为第一次近似根；由 x_k 求出 $f(x_k)$，再过 $(x_k,f(x_k))$ 点做 $f(x)$ 的切线，交 X 轴于 x_{k+1}，它作为第二次近似根。接着由 x_{k+1} 求出 $f(x_{k+1})$，再过 $(x_{k+1},f(x_{k+1}))$ 点做 $f(x)$ 的切线，交 X 轴于 x_{k+2}，…，如此继续下去，直到足够接近真正的根 x^* 为止。牛顿切线法求根过程示意图如图 6-25 所示。

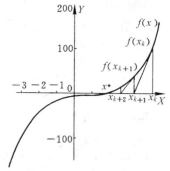

从图 6-25 可以看出：

$$f'(x_k)=\frac{f(x_k)}{x_k-x_{k+1}}$$

所以

$$x_{k+1}=x_k-\frac{f(x_k)}{f'(x_k)}$$

图 6-25　牛顿切线法求根示意图

这就是牛顿迭代公式，利用它可由 x_k 推出 x_{k+1}，然后由 x_{k+1} 推出 x_{k+2}…。当 $|x_{n+1}-x_n|<$ eps 时，x_{n+1} 就作为一元非线性方程的近似根。

例 6-20　设有方程 $f(x)=2x^3-4x^2+3x-6=0$，用牛顿切线法求该方程在区间 $[0,3]$ 的实根，精确到 10^{-5}。

对该具体方程，可定义两个通用函数过程 F1 和 F2，分别用于求 $f(x)$ 和 $f'(x)$ 的值。这样，在命令按钮单击事件过程中可调用它们，使得程序结构简洁、清晰。

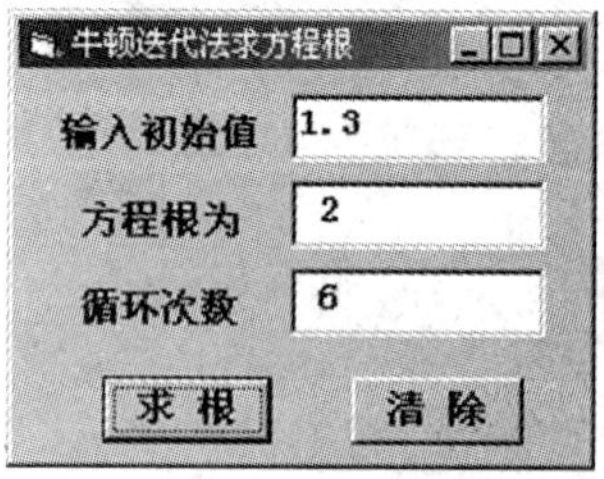

程序运行界面如图 6-26 所示。

程序代码如下：

```
'通用函数过程 F1 用于求函数值 f(x)
Private Function F1(ByVal x As Single) As Single
    F1=2 * x * x * x－4 * x * x＋3 * x－6
End Function
```

图 6-26　例 6-20 的程序运行界面

```
'通用函数过程 F2 用于求一阶导数值 f'(x)
Private Function F2(ByVal x As Single) As Single
    F2＝6＊x＊x－8＊x＋3
End Function
'"求根"按钮的 Click 事件过程
Private Sub cmdNewton_Click()
    Dim x0 As Single, x1 As Single
    Dim k As Integer
    x0＝Val(txtInput)                  '迭代初值
    Do
        k＝k＋1                        '循环次数(即迭代次数)
        x1＝x0－F1(x0) / F2(x0)        '利用牛顿迭代公式由旧值递推出新值
        If Abs(x1－x0) ＜ 0.00001 Then Exit Do    '若满足精度,则结束循环
        x0＝x1                        '若不满足精度,则用新推出的值作为下次迭代的初值
    Loop
    txtOutput＝Str(x1)                '显示求得的方程根
    txtNum＝Str(k)                    '显示迭代次数
End Sub
```

这里,"清除"按钮的 Click 事件过程略。

6.7.2　数值积分

数值积分是指用计算机求定积分近似值的计算方法,常用的方法有矩形法、梯形法、抛物线法(又称辛普森法)等。矩形法按对积分区间划分的方式,又有定长和变长之分。下面介绍用定长矩形法计算定积分 $\int_a^b f(x)\mathrm{d}x$ 的近似值。

定长矩形法的算法思想非常简单且易于理解。如图 6-27 所示,首先将积分区间 $[a,b]$ 进行 n 等分,则每个小区间的宽度为 $h＝\dfrac{b-a}{n}$,第 i 个小矩形的面积为 $S_i＝f(x_i)＊h$,且 $x_i＝a+i＊h,i＝0、1、2、\cdots、n-1$。这 n 个小矩形的面积累加起来得到:

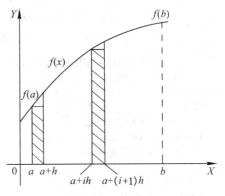

图 6-27　用定长矩形法求定积分的近似值

$$S = \sum_0^{n-1} f(x_i) ＊ h$$

即可作为定积分 $\int_a^b f(x)\mathrm{d}x$ 的近似值。显然,n 越大,误差越小,求出的近似值也就越精确。

例 6-21　用定长矩形法计算定积分 $\int_0^\pi \sin(x)\mathrm{d}x$ 的近似值。程序运行界面如图 6-28 所示。

图 6-28　例 6-21 的程序运行界面

　　为了使程序具有一定的通用性，在程序中将矩形法求定积分值、定义积分函数均定义为通用函数过程，且积分上、下限以及区间等分数允许用户通过文本框输入来确定。另外，为了将计算得到的近似值与精确值做一比较，窗体上还有一个命令按钮"计算理论值"，其功能是按照理论公式计算出定积分的值。

　　程序代码如下：

```
Dim a As Single, b As Single              '定义 a、b 是窗体级变量,用于存放积分的上、下限
'用矩形法求定积分值的通用函数过程
Private Function fNumInte1(ByVal a As Single, ByVal b As Single, ByVal n As Long) As Double
    Dim h As Single, s As Double, i As Long
    h=(b-a)/n                             '每个小区间的宽度
    For i=0 To n-1                        '求 n 个小矩形的面积累加和
        s=s+f(a+i*h)*h
    Next i
    fNumInte1=s
End Function
'定义积分函数的通用函数过程
Private Function f(ByVal x As Single) As Single
    f=Sin(x)
End Function
'"矩形法求积分值"按钮的 Click 事件过程
Private Sub Cmdcomp1_Click()
    Dim n As Long
    n=Val(txtN)                           '区间等分数
    txtResult1.Text=fNumInte1(a, b, n)
                                          '调用用户自定义的矩形法求定积分值的通用函数过程
End Sub
'"计算理论值"按钮的 Click 事件过程
Private Sub cmdComp2_Click()
    txtResult2 = Cos(a) - Cos(b)          '用理论公式计算出定积分的值
End Sub
'定义积分的下限
Private Sub txtBegin_Change()
    a=Val(txtBegin)
End Sub
'定义积分的上限
Private Sub txtEnd_Change()
    b=Val(txtEnd)
End Sub
'"清除"按钮的 Click 事件过程
Private Sub cmdClear_Click()
    txtBegin = ""
    txtEnd = ""
    txtN = ""
    txtResult1 = ""
    txtResult2 = ""
    txtBegin.SetFocus
End Sub
```

　　运行该程序，读者不难发现，当积分的上、下限固定时，区间等分数 n 越大，积分结果越精确。

　　由于例 6-21 的程序具有一定的通用性，因此，如果用户要对其他函数求定积分，只要重新定义通用函数过程 $f()$ 中的表达式即可。读者可试着将例 6-21 进行一些修改来求 $\int_1^3 (x^3 + 2x + 5)\mathrm{d}x$ 的近似值。

6.7.3　插入排序法

在第 5 章中介绍的选择法排序和冒泡法排序都是在要排序的数组元素全部输入完后再进行排序,而插入排序法是每输入一个数后,马上插入到数组中,使数组在输入过程中总保持有序。在插入排序过程中,涉及查找、数组内数的移动和元素插入等算法。

例 6-22　将输入的数插入到一个有序数组中,使数组仍保持有序。

假定数组 a(维界为 n)中已有 $n-1$ 个元素,即 $a(1)$、$a(2)$、$\cdots$、$a(n-1)$,且已按从小到大的顺序排好,x 为要插入的数,若要将 x 插入到 a 数组中,且使 a 数组仍保持有序,则主要步骤如下:

① 找到 x 在数组中应插入的位置 p。方法是从 $a(1)$ 开始将数组中的元素逐个和 x 比,直到找到 $a(p) \geqslant x$ 为止。

② 将 $a(p) \sim a(n-1)$ 元素依次后移到 $a(p+1) \sim a(n)$ 位置上,使 $a(p)$ 中的数让出。

③ 将 x 赋给 $a(p)$,即完成一个数的插入。

例如,将数据 14 插入到数组 a 中的过程如图 6-29 所示。

本程序中定义了一个插入排序通用子过程 sort(a( ) As Integer, x As Integer)。主调程序每输入一个数,调用插入排序子过程,将该数插入到有序数组中。

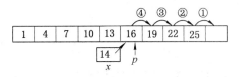

图 6-29　插入元素示意图

程序运行界面如图 6-30 所示。窗体上的文本框用于输入要插入的数;左边图片框用于显示插入数序列,右边图片框用于显示插入排序后数组中的元素。

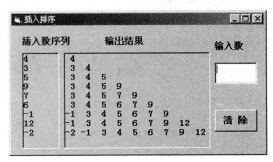

图 6-30　例 6-22 的程序运行界面

程序代码如下:

```
Option Base 1
Dim n As Integer, a() As Integer
'将有序数组插入一个元素,仍保持有序的通用过程
Public Sub sort(a() As Integer, x As Integer)
    Dim n As Integer, p As Integer, i As Integer
    p=1:n=UBound(a)
    Do While a(p)<=x And p<=n-1    '从前往后找大于 x 的第一个元素的下标
        p=p+1                       '将不大于 x 的元素的下标依次后移
    Loop
    '此时,p 指向 x 应插入的位置
    '下面 For 循环语句的功能是将原来的 a(p)~a(n-1)依次移到 a(p+1)~a(n)中
    '这样,可将 a(p)腾出
```

```
        For i＝n－1 To p Step －1
            a(i＋1)＝a(i)
        Next i
        a(p)＝x                              '将 x 赋给该元素,完成插入
    End Sub
    '输入数据文本框的 KeyPress 事件过程
    Private Sub txtInput_KeyPress(KeyAscii As Integer)
        Dim i As Integer, x As Integer
        If KeyAscii＝13 Then
            If Not IsNumeric(txtInput) Then
                MsgBox "输入有误,重输"
                txtInput ＝ ""
            Else
                n＝n＋1
                ReDim Preserve a(n)
                x＝Val(txtInput)
                picInput.Print CStr(x)        '将要插入的数在左边图片框中显示
                If n＝1 Then
                    a(1) ＝ x
                Else
                    Call sort(a, x)            '调用插入排序子过程,将该数插入到有序数组中
                End If
                For i＝1 To n                 '将插入排序后数组的元素在右边图片框中显示
                    picOutput.Print a(i);
                Next i
                picOutput.Print
            End If
            txtInput ＝ ""
        End If
    End Sub
    '"清除"按钮的 Click 事件过程
    Private Sub cmdClear_Click()
        n＝0                                 '将窗体级变量 n 重新初始化
        Erase a                              '释放窗体级动态数组 a 的存储空间
        txtInput ＝ ""
        picInput.Cls
        picOutput.Cls
        txtInput.SetFocus
    End Sub
```

6.7.4 数制转换

例 6-23 编写一个过程,将一个十进制数转换成任意二至十六进制字符串。程序运行界面如图 6-31 所示。

这是一个数制转换问题,一个十进制数 M 转换成 N 进制数的思想是将 M 不断除 N 取余数,直到商为零,再以反序得到结果,即最后得到的余数在最高位。

程序代码如下:

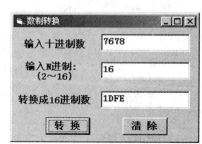

图 6-31 例 6-23 的程序运行界面

```
'自定义函数过程,用于将十进制数转换为 N 进制的数
Public Function TranDec(ByVal m％, ByVal n％) As String
        '函数名字符串用来将每次得到的余数字符反序连接起来
    Dim r As Integer
```

```
            TranDec = ""
            Do While m <> 0
                r = m Mod n
                If r > 9 Then
                        '余数 r 超过 9,说明 n 超过 10,则该进制数要用到对应的"A" ~"Z"字母字符表示数据
                    TranDec = Chr(r - 10 + 65) & TranDec
                        '将余数 r 用 Chr(r - 10 + 65)转换为对应字母字符后再反序连接到 TranDec 上
                Else
                    TranDec = r & TranDec            'r 不超过 9,直接将该数字字符反序连接到 TranDec 上
                End If
                m = m \ n
            Loop
End Function
'"转换"按钮的 Click 事件过程
Private Sub cmdTran_Click()
        Dim m%, n%, i%
        m = Val(txtDec.Text)
        n = Val(txtN.Text)
        If n < 2 Or n > 16 Then
            i = MsgBox("输入的 N 进制数超出范围", vbRetryCancel)
            If i = vbRetry Then
                txtN.Text = ""
                txtN.SetFocus
                Exit Sub                        '终止当前过程的执行
            Else
                End                             '整个程序停止运行
            End If
        End If
        lblTran.Caption = "转换成" & n & "进制数"
        txtTran.Text = TranDec(m, n)            '调用数制转换函数过程
End Sub
'"清除"按钮的 Click 事件过程
Private Sub cmdClear_Click()
        txtN.Text = ""
        txtDec.Text = ""
        txtTran.Text = ""
        txtDec.SetFocus
        lblTran.Caption = "转换成 N 进制数"
End Sub
```

6.8　多重窗体的程序设计

前面设计的 VB 程序大多都是针对一个窗体编写的,称为单窗体程序设计。但在实际应用中,特别是对于较复杂的应用程序,不可能只有一个界面,否则会显得十分单调,而且不利于进行各种交互式操作。为此,VB 提供了多重窗体程序设计,使得应用程序变得丰富多彩,更具灵活性和可用性。

多重窗体是指在一个应用程序中有多个窗口界面,它们相互独立地显示在屏幕上,每个窗体都有自己的界面和程序代码,用于完成不同的操作功能。

6.8.1　多重窗体的建立和管理

1. 创建新窗体和添加现有窗体

创建新窗体和添加现有窗体的步骤如下：

① 选择"工程"菜单中的"添加窗体"命令或单击工具栏上的"添加窗体"按钮，弹出如图 6-32 所示的"添加窗体"对话框。

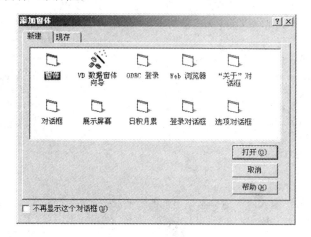

图 6-32　"添加窗体"对话框

② 若选择"新建"选项卡中的"窗体"选项，单击"打开"按钮，则在屏幕上会出现新增的窗体；若选择"现存"选项卡，则可通过选中某一窗体文件名在屏幕上添加一个已有的窗体。

2. 移除窗体

移除已有的不再需要的窗体可以使用以下两种方法之一。

① 选定要移除的窗体，选择"工程"菜单中的"移除 Form"命令。

② 在工程资源管理器中选中要移除的窗体，然后右击，在弹出的快捷菜单中选取"移除 Form"命令。

当一个窗体从工程中移除以后，只是与当前的工程脱离，并不是将该窗体文件从硬盘中删掉，在需要的时候还可以将移除的窗体添加到工程中。

3. 保存窗体

在多重窗体的应用程序中，每一个窗体都是以独立的.frm 文件保存的。选定要保存的窗体，在"文件"菜单中选择"保存 Form"或"Form 另存为"命令即可保存窗体。

6.8.2　设置启动对象

1. 选用某个窗体作为启动窗体

当程序运行时，首先出现在屏幕上的窗体就是启动窗体。在拥有多个窗体的程序中要有一个启动窗体，用户在设计时可以设定或改变启动窗体。默认状态下，第一个创建的窗体被指定为启动窗体。如果要改变启动窗体，可以按以下步骤进行：

① 从"工程"菜单中选择"工程属性"命令，弹出如图 6-33 所示的对话框。

② 选择"通用"选项卡。

③ 在"启动对象"下拉列表框中选取要作为启动窗体的窗体名。

④ 单击"确定"按钮，退出"工程属性"对话框。

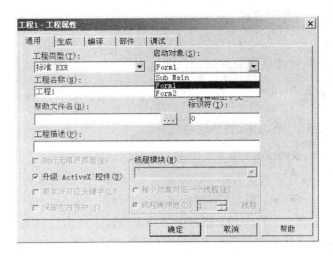

图 6-33 "工程属性"对话框

2. 选用 Main 通用子过程作为启动对象

选用 Main 通用子过程作为启动对象,在程序启动时不加载任何窗体,而是运行一个 Main 通用子过程,然后根据不同情况来决定是否加载窗体和加载哪一个窗体。具体操作步骤如下:

① 添加一个标准模块(可使用"工程"菜单中的"添加模块"命令添加标准模块)。

② 在标准模块中创建一个名为 Main 的通用子过程。

③ 编写 Main 通用子过程代码。

④ 打开"工程属性"对话框,如图 6-33 所示,在"启动对象"下拉列表框中选择 Sub Main 命令,然后单击"确定"按钮。

注意:Main 通用子过程必须是位于标准模块中的子过程,不能是窗体模块的子过程。

在设置启动对象以后,对不同的窗体分别编写代码,就构成一个完整的多窗体应用程序。

6.8.3 多重窗体切换的语句和方法

在多重窗体程序设计中,多个窗体之间的彼此切换可采用以下语句或方法来实现。

1. Load 语句

Load 语句用于将指定的窗体装入内存,但并不显示出来。执行该语句后,可以引用窗体中的控件及各种属性,其语句格式为:

Load 窗体名称

其中,"窗体名称"即为窗体的 Name 属性值。

当系统装载窗体,或使用 Show 方法显示窗体时,将触发窗体的 Load 事件。

2. Unload 语句

Unload 语句用于将窗体从内存中卸载,以释放其所占用的系统资源。其语句格式为:

Unload 窗体名称

卸载将使该窗体的所有属性重新恢复为设计时设定的初始值;卸载还将引发该窗体的 Unload 事件,可在该事件过程中编程完成一些特定的操作,例如在该窗体退出时,激活其他窗体或弹出提示信息等。

若要将当前窗体从内存中卸载，可用语句：

Unload Me

其中，Me 是 VB 关键字，代表其代码正在运行的窗体。若卸载的窗体是程序唯一的窗体，则将终止程序的执行，与 End 语句等价。

3. Show 方法

Show 方法用于显示一个窗体，其语法格式为：

[窗体名称.] Show　[模式]

如果省略"窗体名称"，则默认为显示当前窗体。"模式"参数用来指定窗体是有模式的还是无模式的，其设置值分别为 1 和 0。有模式窗体不允许用户和应用程序的其他窗体交互，而只能在本窗体中操作。例如，Windows 程序中的命令执行确认窗口就是有模式的。无模式窗体允许用户在本窗体和其他窗体之间任意切换。例如，VB 环境中的工程、属性和代码窗口等都是无模式窗口。如果"模式"参数省略，则默认为无模式窗体。

对于 Show 方法，兼有装入和显示窗体两种功能。即在执行 Show 时，如果窗体不在内存中，则 Show 方法自动把窗体装入内存，然后显示出来。

4. Hide 方法

Hide 方法用于将指定的窗体隐藏起来，使其成为不可见。此时窗体仍在内存中，需要时可再次显示出来。其语法格式为：

[窗体名称.] Hide

注意：Hide 方法与 Unload 语句的作用不同。

6.8.4　多重窗体应用程序示例

例 6-24　本例有 3 个窗体和一个标准模块，用于输入一个学生的各科成绩，并计算其成绩总分和平均成绩。

在标准模块 Module1 中声明了以下全局数组：

Public cj(0 To 5) As Single

其中，数组元素 cj(0)～ cj(5)分别用来保存某学生的语文、数学、英语、物理、化学和生物成绩。

窗体 1：在图 6-34 所示的"主界面"窗体（其名称为 frmMain）中，若单击"输入成绩"按钮，则进入"输入各科成绩"窗体界面，如图 6-35 所示，同时隐藏"主界面"窗体；若单击"计算成绩"按钮，则进入"计算成绩"窗体界面，如图 6-36 所示，同时隐藏"主界面"窗体；若单击"结束"按钮，则结束整个应用程序。

图 6-34　"主界面"窗体

图 6-35　输入界面

程序代码如下：

```
'"输入成绩"按钮的 Click 事件过程
Private Sub CmdInput_Click()
    FrmMain.Hide                    '隐藏"主界面"窗体
    FrmInput.Show                   '显示 FrmInput 窗体
End Sub
'"计算成绩"按钮的 Click 事件过程
Private Sub CmdOutput_Click()
    FrmMain.Hide                    '隐藏"主界面"窗体
    FrmOutput.Show                  '显示 FrmOutput 窗体
End Sub
'"结束"按钮的 Click 事件过程
Private Sub CmdEnd_Click()
    End
End Sub
```

窗体 2："输入各科成绩"窗体如图 6-35 所示，名称为 frmInput。该窗体中有一个文本框控件数组（名称为 txtCj，包含 txtCj(0)～ txtCj(5) 6 个元素），分别用于输入某学生的语文、数学、英语、物理、化学和生物成绩；一个"返回"按钮（名称为 cmdReturn1）。在文本框中输入各科成绩，单击"返回"按钮，则将各文本框中的值分别赋给全局数组 cj 中的各数组元素，且隐藏该界面，返回到（即显示）"主界面"窗体。

程序代码如下：

```
'"返回"按钮的 Click 事件过程
Private Sub CmdReturn1_Click()
    Dim i As Integer
    For i = 0 To 5
        cj(i) = Val(txtCj(i).Text)
    Next i
    FrmInput.Hide                   '隐藏 FrmInput 窗体
    FrmMain.Show                    '显示"主界面"窗体
End Sub
```

窗体 3：显示总分和平均成绩的窗体如图 6-36 所示，名称为 frmOutput。该窗体上有两个文本框，分别用于显示总分和平均成绩，一个"返回"按钮（名称为 cmdReturn2）。单击"返回"按钮，则隐藏该界面，返回到"主界面"窗体。

图 6-36　输出界面

程序代码如下：

```
'窗体的 Activate 事件过程
Private Sub Form_Activate()
    Dim sTotal As Single, i As Integer
    For i = 0 To 5
        sTotal = sTotal + cj(i)
    Next i
    txtTotal.Text = sTotal                      '显示总分
    txtAvg.Text = Format(sTotal / 6, "###.0")   '显示平均成绩
End Sub
'"返回"按钮的 Click 事件过程
Private Sub CmdReturn2_Click()
    FrmOutput.Hide                  '隐藏 FrmOutput 窗体
    FrmMain.Show                    '显示"主界面"窗体
End Sub
```

Activate 是一个窗体成为活动窗口时所触发的事件。因此，在"主界面"窗体中单击"计算成绩"按钮，当执行 FrmOutput.Show 语句显示 FrmOutput 窗体后立即执行 FrmOutput 窗体的 Activate 事件过程代码，即把总分和平均成绩送到各自相应的文本框中显示出来。

说明：本程序包含 3 个窗体模块和一个标准模块，指定"主界面"窗体 FrmMain 作为启动窗体，当然也可以在标准模块中定义一个 Sub Main 过程作为启动过程。

程序代码如下：

```
Sub main()
    Load FrmInput
    Load FrmOutput
    FrmMain.Show
End Sub
```

然后通过"工程"菜单中的"工程属性"命令将 Sub Main 设置为启动过程，则该过程就会先于其他窗体模块首先被执行。因此，在 Sub Main 过程中常用来设定初始化条件，并可以在 Sub Main 过程中指定其他过程的执行顺序。

本章小结

过程是实现结构化编程（强调自顶向下、逐步求精以及模块化思想）的重要工具。程序语句构成过程，过程构成模块，模块组成工程。大型程序通常都是由众多过程组成的。本章主要介绍了用户自定义 Sub 子过程和函数过程的定义及其调用、参数传递、变量和过程的作用域、过程的递归调用等。使用过程的好处是使程序简练、高效、便于程序的调试和维护，因此，读者应学会编写具有特定独立功能的 Sub 子过程和函数过程，以及会调用它们。

结合过程的使用，本章还介绍了用于一元非线性方程求根的牛顿迭代法、数值积分的矩形法、插入排序法以及数制转换等几个常用算法。一方面可使读者加深对 VB 编程的理解，进一步掌握编程技巧；另一方面也可与科学计算结合起来，使读者更快地掌握用计算机来解决实际问题。

思考与练习题

一、选择题

1. Sub 子过程和函数过程的最根本的区别是_____。

   A. 两种过程中参数的传递方式不同

   B. Sub 子过程的调用可以嵌套，而函数过程的调用不可以嵌套

   C. 函数过程定义时必须有形参，而 Sub 子过程定义时可以没有形参

   D. Sub 子过程的过程名没有返回值，而函数过程能通过函数名返回值

2. 在 VB 应用程序中，以下叙述正确的是_____。

   A. 通用过程的定义可以嵌套，但通用过程的调用不能嵌套

   B. 通用过程的定义不可以嵌套，但通用过程的调用可以嵌套

   C. 通用过程的定义和通用过程的调用均可以嵌套

   D. 通用过程的定义和通用过程的调用均不能嵌套

3. 如果编写的过程要被多个窗体及其对象调用，应将这些过程放在_____中。

　　A. 窗体模块　　　　　　B. 标准模块　　　　　C. 工程　　　　　　　D. 类模块

4. 下列程序运行后,单击 Command1,则窗体上的输出结果为_____。

```
Private Sub Command1_Click()
    Dim a As Integer, b As Integer
    a = 6: b = 35
    Call p(a, b)
    Print a, b
End Sub
Private Sub p(x As Integer, ByVal y As Integer)
    x = 2 * x
    y = y + x
End Sub
```

　　A. 6　47　　　　　　B. 6　35　　　　　C. 12　35　　　　　D. 12　47

5. 在应用程序中用"Private Sub P(x As Integer,y As Single,ByVal z%)"定义了 Sub 子过程 P,在 Command1_Click 过程中的变量 I、J、K 均定义为 Integer 型,则在该事件过程中正确调用子过程 P 的语句有_____。

　　① Call P(I,J,K)　　　　　　　　　　② P I,(J),K

　　③ Call P(3.14,234,J+K)　　　　　④ Call P("245","231.5","50.5")

　　⑤ P Sqr(Abs(I)),K,J　　　　　　　⑥ P I+J,"231.5",K

　　A. ①②③④　　　　　　　　　　　B. ②④⑤⑥

　　C. ①②④⑤　　　　　　　　　　　D. ②③④⑥

6. 以下有关自定义函数过程的说法中错误的是_____。

　　A. 在自定义函数过程中可以多次为函数名赋值

　　B. 如果在函数体内没有给函数名赋值,则该函数无返回值

　　C. 函数名的命名规则与变量名的命名规则相同

　　D. 函数定义时如果没有说明函数名的类型,则为变体类型

7. 窗体单击事件过程中的部分代码如下:

```
Private Sub Form_Click()
    Dim a(10) As Integer, n As Integer
    ...
    Call P(a, n)
    ...
End Sub
```

则自定义 Sub 子过程 P 的首行可以是_____。

　　A. Private Sub P(x As Integer, n As Integer)

　　B. Private Sub P(x(10) As Integer, n As Integer)

　　C. Private Sub P(x( ) As Integer, n As Integer)

　　D. Private Sub P(x(n) As Integer, n As Integer)

8. 下列说法中,正确的是_____。

　　A. 用数组作为过程的参数时,使用的是按值传递方式

　　B. 递归过程既可以是递归 Function 过程,也可以是递归 Sub 子过程

　　C. 语句 Form1. Hide 和语句 Unload Form1 的作用完全相同

　　D. 事件过程既可以建在窗体模块中,也可以建在标准模块中

9. 在窗体模块的通用声明处有以下语句，会产生错误的语句是_____。

① Public Const A% = 25　　　　② Private X As Integer

③ ReDim B(3) As Integer　　　　④ Private A( ) As Integer

⑤ Dim A(1 to 10) As Integer　　⑥ Public B(1 to 10) As Integer

  A. ①③⑤　　　　B. ②③④　　　　C. ①③⑥　　　　D. ②④⑥

10. 下面关于标准模块的叙述中，错误的是_____。

  A. 标准模块中既可以声明全局变量，也可以定义全局级通用过程

  B. 一个工程既可以包含多个窗体模块，也可以包含多个标准模块

  C. 一个窗体模块中可以包含标准模块

  D. 标准模块中可以包含一个 Sub Main 过程，且能被设置为启动过程

11. 多窗体程序由多个窗体组成，在默认情况下，VB 在执行应用程序时，总是把_____指定为启动窗体。

  A. 不包含任何控件的窗体　　　　B. 设计时的第一个窗体

  C. 命名为 Frm1 的窗体　　　　　D. 包含控件最多的窗体

12. 若要将一个窗体隐藏起来但仍在内存中，所使用的方法或语句为_____。

  A. Show　　　　B. Hide　　　　C. Load　　　　D. UnLoad

13. 设一个工程由两个窗体组成，其名称分别为 Form1 和 Form2，窗体 Form1 为启动窗体，在 Form1 上有一个名称为 Command1 的命令按钮。窗体 Form1 的程序代码如下：

```
Private Sub Command1_Click()
    Dim a As Integer
    a = 10
    Call g(Form2, a)
End Sub
Public Sub g(f As Form, x As Integer)
    y = IIf(x > 10, 100, −100)
    f.Show
    f.Caption = y
End Sub
```

运行上述程序，单击 Form1 上的 Command1 命令按钮，正确的结果是_____。

  A. Form1 的 Caption 属性值为 100　　　B. Form2 的 Caption 属性值为 −100

  C. Form1 的 Caption 属性值为 −100　　　D. Form2 的 Caption 属性值为 100

14. 窗体上有名称分别为 Text1、Text2 的两个文本框，要求文本框 Text1 中输入的数据小于 500，文本框 Text2 中输入的数据小于 1000，否则重新输入。为了实现上述功能，在以下程序中的问号（?）处应填入的内容是_____。

```
Private Sub Text1_LostFocus()
    Call CheckInput(Text1, 500)
End Sub
Private Sub Text2_LostFocus()
    Call CheckInput(Text2, 1000)
End Sub
Sub CheckInput(t As ?, x As Integer)
    If Val(t.Text) > x Then
        MsgBox "请重新输入!"
    End If
End Sub
```

　　A. Text　　　　　　B. SelText　　　　　C. Control　　　　　D. Form

二、填空题

1. 在下面程序中,过程 Swap1 和 Swap2 都是交换两个数的自定义过程,Swap1 用传值传递,Swap2 用传址传递,_____过程能真正实现将窗体单击事件过程中的变量 a 和 b 的值交换,原因是_____。程序执行时,单击窗体,在窗体上输出的结果是_____。

```
Public Sub Swap1(ByVal x As Integer, ByVal y As Integer)
    Dim t As Integer
    t＝x:x＝y:y＝t
End Sub
Public Sub Swap2(x As Integer, y As Integer)
    Dim t As Integer
    t＝x:x＝y:y＝t
End Sub
Private Sub Form_Click()
    Dim a As Integer, b As Integer
    a＝5:b＝10
    Swap1 a, b
    Print "a＝"; a, "b＝"; b
    a＝5:b＝10
    Swap2 a, b
    Print "a＝"; a, "b＝"; b
End Sub
```

2. 程序执行时,单击窗体,下列程序的输出结果是_____。

```
Option Explicit
Dim x％, y％
Private Sub P(m％, ByVal n％)
    n = m + n
    m = n Mod 4
    Print m, n
End Sub
Private Sub Form_Click()
    x = 4: y = 5
    Call P(x, y): Print x, y
    Call P(y, x): Print x, y
    Call P(x, x): Print x
End Sub
```

3. 程序执行时,单击窗体,下列程序的输出结果是_____。

```
Private Sub Form_Click()
    Dim n As Integer, i As Integer
    n＝10
    For i＝1 To n Step 2
        Print Test(i)                        'A 语句
    Next i
End Sub
Private Function Test(ByVal N As Integer) As Integer   '函数定义
    Static T As Integer                      'B 语句
    T＝T＋N
    Test＝T
End Function
```

若将上述程序中的 B 语句改为 Dim T As Integer,重新运行程序,单击窗体,程序运行的结果是_____。

4. 程序执行时，单击窗体，下列程序的输出结果是_____。

```
Option Explicit
Dim x As Integer
Private Sub Form_Click()
    Dim y As Integer
    x=1:y=1
    Print "x1="; x, "y1="; y
    Test
    Print "x4="; x, "y4="; y
End Sub
Private Sub Test()
    Dim y As Integer
    Print "x2="; x, "y2="; y
    x=2:y=3
    Print "x3="; x, "y3="; y
End Sub
```

5. 程序执行时，单击窗体，下列程序的输出结果是_____。

```
Private Sub Test(w As Integer)
    Dim i As Integer
    If w > 0 Then
        For i=1 To w
            Print w;
        Next i
        Print
        Call test(w-1)
    End If
End Sub
Private Sub Form_Click()
    Test 4
End Sub
```

6. 程序执行时，单击窗体，下列程序的输出结果是_____。

```
Private Sub Form_Click()
    Dim a(1 To 5) As String, i As Integer
    For i = 1 To 5
        a(i) = Chr(Asc("A") + i)
        Call f(a, i)
    Next i
End Sub
Sub f(x() As String, n As Integer)
    Dim i As Integer
    For i = 1 To n
        Print x(i);
    Next i
    Print
End Sub
```

7. 运行下面的程序，当单击 Command1 时，窗体上显示的内容第一行是_____，第二行是_____，第三行是_____。

```
Private Sub Command1_Click()
    Dim y As Integer
```

```
        y=p(2)
        Print y
End Sub
Function p(m As Integer) As Integer
    Dim t As Integer
    If m=0 Then
        t=3
    Else
        t=p(m-1)+3
    End If
    p=t
    Print m, t
End Function
```

8. 程序执行时，单击窗体，下列程序的输出结果是_____。

```
Private Sub Form_Click()
    Dim N As Integer
    Dim i As Integer
    N = 2
    For i = 1 To 9
        Call P(i, N)
        Print i, N
    Next i
End Sub
Private Sub P(X As Integer, Y As Integer)
    Static M As Integer
    Dim i As Integer
    For i = 3 To 1 Step -1
        M = M + X
        X = X + 1
    Next i
    Y = Y + M
End Sub
```

9. 下列程序的功能是：找出两个正整数 a 和 b，满足 $a<b$、$a+b=99$、a 和 b 的最大公约数是 3 的倍数，并统计满足该条件数对的个数。请填空。

```
Private Function gcd(ByVal a As Integer, ByVal b As Integer) As Integer
    Dim r As Integer
    Do
        r=____①____
        b=a
        a=r
    Loop Until ____②____
    gcd=b
End Function
Private Sub Form_Click()
    Dim a As Integer, b As Integer, num As Integer, c As Integer
    num=0
    For a=1 To 49
        b=____③____
        c=gcd(a,b)
        If c Mod 3=0 Then
            Print a, b, c
            num=____④____
        End If
```

```
        Next a
        Print num
    End Sub
```

10. 下列程序的功能是：求出所有的幸运数。所谓幸运数是指四位数中前两位数字之和等于后两位数字之和的数。将幸运数显示在多行文本框 Text1 中，并求出幸运数的个数显示到 Text2 中。程序界面如图 6-37 所示。

图 6-37　填空题第 10 题

```
Private Sub Command1_Click()
    Dim i As Integer, n As Integer, n1 As Integer, n2 As Integer
    For i＝1000 To 9999
            ①
    n2＝i Mod 100
    If sum(n1) ＝ sum(n2) Then
            ②
        Text1 ＝ Text1 ＋ CStr(i) ＋ vbCrLf
    End If
    Next i
    Text2＝n
End Sub
Private Function sum(s As Integer) As Integer
    Dim p As Integer, q As Integer
    p＝s\10
            ③
    sum＝p＋q
End Function
```

11. 下列程序的功能是：通过调用过程 swap，调换数组中数值的存放位置，即 $a(1)$ 和 $a(10)$ 的值互换，$a(2)$ 和 $a(9)$ 的值互换……请填空。

```
Option Base 1
Private Sub Form_Click()
    Dim a(10) As Integer, i%
    For i ＝ 1 To 10
        a(i) ＝ i
    Next
    Call swap(        ①        )
    For i ＝ 1 To 10
        Print a(i);
    Next i
    Print
End Sub
Public Sub swap(b() As Integer)
    Dim i%, n%, t%
    n ＝        ②
```

```
        For i = 1 To n \ 2
            t = b(i)
            b(i) = b(n)
            b(n) = t
                ③
        Next i
End Sub
```

12. 下列程序功能是：找某些正整数的所有质因子。例如，48 的质因子是 2、2、2、2、3。该程序运行后的结果如图 6-38 所示，根据题意完善程序。

图 6-38   填空题第 12 题

```
Private Sub Form_Click()
    Dim Fac() As Integer, N(3) As Integer
    Dim i As Integer, j As Integer
    N(1) = 48: N(2) = 50: N(3) = 65
    For i = 1 To 3          '在循环中调用 Factor 过程，分别求 3 个数的质因子
        Call    ①
        Print N(i); "的质因子是：";
        For j = 1 To UBound(Fac)
            Print Fac(j);
        Next j
        Print
            ②
    Next i
End Sub
Private Sub Factor(F() As Integer,    ③    )      '统计质因子的子过程
    Dim Idx As Integer, k As Integer
    k = 2
    Do Until N = 1
      If N Mod k = 0 Then
        Idx = Idx + 1
            ④
        F(Idx) = k
        N = N / k
      Else
        k = k + 1
      End If
    Loop
End Sub
```

13. 下列程序的功能是：用弦截法求方程 $x - 2\sin x = 0$ 的根。弦截法的算法思想为对于方程 $f(x) = 0$，找一个单调有根区间 $[x_1, x_2]$，连接 $(x_1, f(x_1))$ 和 $(x_2, f(x_2))$ 两点，该连线与 X 轴交点的横坐标如下：

$$x = \frac{x_1 f(x_2) - x_2 f(x_1)}{f(x_2) - f(x_1)}$$

如果 $f(x) * f(x_1) < 0$，则说明根在区间 $[x_1, x]$ 中，否则根在 $[x, x_2]$ 中，不断缩小区间，直到 $|f(x)| < \varepsilon$ 或 $|x_1 - x_2| < \varepsilon$ 时为止（ε 为一个很小的数），此时认为 x 就是方程的近似根。

请填空。

```
Private Sub Command1_Click()
    Const eps = 0.000001
    Dim x1 As Single, x2 As Single, x As Single
    x1 = Val(Text1): x2 = Val(Text2)
    If f(x1) * f(x2) > 0 Then
        MsgBox "请重新输入两个点"
        Exit Sub
    End If
    Do
        x = ____①____
        If Abs(f(x)) < eps Or Abs(x2-x1) < eps Then
            ____②____
        ElseIf f(x) * f(x1) < 0 Then
            ____③____
        ElseIf f(x) * f(x2) < 0 Then
            ____④____
        End If
    Loop
    Text3 = x
End Sub
Public Function f(x As Single) As Single
    ____⑤____
End Function
```

说明:方程 $x-2\sin x=0$ 的根有 3 个,分别为 $0,-1.895494$（近似值）和 1.895494（近似值）,将该程序完善后上机运行进行验证,对于输入的不同的 x_1、x_2,找到的根应是上述 3 个根中其中的一个。

三、编程题

1. 编制判断奇偶数的函数过程 even,当参数为奇数时,函数的返回值为 False,当参数为偶数时,函数的返回值为 True,在窗体的单击事件中调用它,对输入的任意一个整数判断其奇偶性。

2. 试编写一函数过程 Maxnum,以实现求出 3 个数中的最大数。

3. 编写一函数过程 IsLeapYear,用来判断某年是否是闰年,并在窗体的单击事件中调用它对输入的年份进行判断。

4. 编写一个函数过程,以 n 为参数,计算 $1+2^2+3^2+\cdots+n^2$。

5. 编写一个通用 Sub 子过程,求解一元二次方程 $ax^2+bx+c=0$ 的根（假设只考虑实根情况）,并在窗体的单击事件过程中调用它,要求系数 a、b、c 及根 x_1、x_2 都以参数传递的方式与主调过程交换数据,输入系数 a、b、c 及输出根 x_1、x_2 的操作均放在窗体的单击事件过程中。

6. 例 4-3 是利用文本框检查用户口令的程序,若用户输错,允许用户重输。请使用一个静态变量来限制用户输入口令的次数。例如,若 3 次输入的口令均不正确,则用 MsgBox 函数显示信息"对不起,你无权进入本系统!",并结束整个程序的运行。

7. 编写一个自定义函数过程:

Public Function IsExist(Temp As Integer, A() As Integer) As Boolean

其功能是测试 Temp 是否已在 A 数组中出现。

8. 用递归方法求数列前 n 项之和。数列定义为:

$$f(n) = \begin{cases} 0 & n=1 \\ 1 & n=2 \\ 2f(n-1)-f(n-2) & n>2 \end{cases}$$

要求：定义一个递归函数过程求数列中任意一项的值，然后在窗体的 Click 事件中调用它完成程序要求的功能。

9. 用牛顿迭代法求 $f(x)=3x^3-4x^2-5x+12=0$ 在 $x=-2$ 附近的一个实根，精确到 10^{-5}。

10. 编写一个函数过程 Arrmin(a( ) As Integer)，求一维数组 a 的最小值。

11. 编写一个求两个正整数最大公约数的函数过程 gcd，调用它求出 $10\sim30$ 之间的所有互质数对。所谓两个正整数互质，是指这两个数除了 1 以外没有其他的公约数，即最大公约数是 1。程序界面如图 6-39 所示。

说明：10 和 11 是互质数，输出时(10,11)和(11,10)只算一对。

图 6-39　编程题第 11 题

四、问答题

1. 事件过程与通用过程的主要区别是什么？

2. 通用过程只能存在于标准模块中，这种说法对吗？

3. 在 VB 程序中，调用程序向过程传递数据可通过参数进行。什么是形参？什么是实参？参数传递的方式有哪两种？它们的区别是什么？

4. VB 中变量的作用域分哪几级？如何定义具有这些作用域的变量？

5. 在过程中，用 Dim 声明的局部变量和用 Static 声明的局部静态变量有什么不同？

6. 为了使某变量在所有的窗体中都能使用，应在何处声明该变量？

7. 在同一模块、不同过程中声明的相同的变量名是否表示同一变量？有无联系？

8. 在多窗体程序设计中，如何实现窗体彼此间的切换？

第 7 章　程序调试和错误处理

在编程过程中难免会出现错误，程序越复杂，发生错误的机会也就越多，因此，必须对程序进行调试，调试的目的就是在程序中查找和改正错误。查找错误最简单的办法是运行程序，逐行检查。对于小程序中的一般错误，通过检查程序代码就能发现错误。但是，对于较大的应用程序来说，由于错误可能隐藏在程序的任何地方，逐行检查显然是难以适应的。为了分析应用程序的操作方式和方便编程人员修改程序中的错误，VB 提供了程序调试工具，通过设置断点、观察变量和过程跟踪等手段清除程序代码中存在的错误。本章将介绍 VB 程序的错误类型、调试工具和对错误的处理方法。

7.1　错误类型

VB 程序的错误类型可以分为编译错误、运行错误和逻辑错误 3 种。

7.1.1　编译错误

编译错误也称为语法错误，这种错误是由于程序中所写的语句违反了 VB 的语法规则而引起的。例如，拼错了关键字、遗漏了某个必需的标点符号、语句使用格式不正确、有 For 而无 Next 语句、有 If 而无对应的 End If 或者括号不匹配等。对于这类错误，在程序输入或编译时，VB 的编译器就能自动检查出来，从而弹出相应的编译错误提示框，并指出出错位置（高亮度显示）。例如，在程序的 If 语句中输入"If i＞5"后直接按 Enter 键，VB 会弹出如图 7-1 所示的错误提示框，程序员按照提示信息改正相应错误即可。总之，编译错误比较容易发现和处理。

图 7-1　编译错误提示框

7.1.2　运行错误

运行错误是指程序输入或编译时并未出现任何语法错误，但在程序运行过程中发生的错误，例如除数为 0、数组下标越界、类型不匹配、打开的文件没找到、磁盘空间不足等。该类错误在程序设计阶段较难发现，通常在程序运行时发现，一般是由于指令代码执行了一些非法操作引起的。例如，下面一段程序在运行时会产生数组下标越界的运行错误，如图 7-2 所示。

图 7-2　数组下标越界的错误信息

```
Private Sub Form_Load()
    Dim A(10) As Integer
    Dim i As Integer
    For i = 0 To 12
        A(i) = i
    Next i
End Sub
```

7.1.3 逻辑错误

逻辑错误是指程序没有语法错误,运行时也不发生非法操作,但是其运行结果是错误的。例如,使用了不正确的变量类型、指令的次序不对、循环中初值和终值不正确等。逻辑错误是最难以处理的一类错误,VB 不能发现这类错误,用户只有认真分析产生的结果并借助调试工具才能查出原因并改正。

7.1.4 减少错误发生的方法和手段

在程序设计过程中,为了减少错误的发生,同时便于以后的维护和修改,必须首先养成良好的编程风格,在编程时一般可采用以下方法和手段:

① 尽量采用模块化的方法,这样可以使程序简洁、功能明确。

② 在编写程序代码时加入适量的注释,这有助于理解语句或过程的作用。

③ 在程序书写过程中要采用缩写和对齐方式,使程序层次分明、便于阅读。

④ 在给变量和对象取名时应该使用统一的命名方法,取有意义的变量名称,并对不同数据类型的变量采用不同的前缀,从而使用户在阅读代码时一目了然。

⑤ 在声明对象变量或其他变量时,应尽量使用确定的数据类型或对象数据类型,尽可能不用或少用 Variant 和 Object。这样不仅可以加快代码的运行速度,而且当用户错误地将其他类型的变量赋给它时,VB 也会自动提示错误。

⑥ 由于程序错误很大一部分是由于写错了变量名而引起的,因此,在每个模块开始位置都加上 Option Explicit 语句强制说明变量。

7.2 调试和排错

为了能快速地排除各种错误,方便程序员完成程序的调试,VB 提供了良好的程序调试环境和强大的调试工具。

7.2.1 VB"调试"工具栏

为了调试程序,VB 提供了"调试"和"运行"菜单。同时,VB 还提供了一个专用于程序调试的工具栏,即"调试"工具栏。若该工具栏不可见,则只要在任何工具栏上右击,在弹出的快捷菜单中选择"调试"命令即可;或者通过"视图"菜单中的"工具栏"命令选择显示。"调试"工具栏如图 7-3 所示。

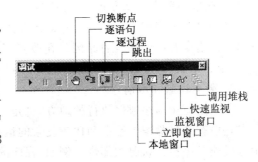

图 7-3 "调试"工具栏

用户可以利用"调试"工具栏提供的按钮运行要测试的程序、中断程序的运行、在程序中设置断点、监视变量（取值）、单步调试、过程跟踪等，以查找并排除代码中存在的逻辑错误。表 7-1 给出了图 7-3 中各个工具按钮的功能的简单说明。

表 7-1 "调试"工具栏中工具按钮的功能

调试工具	功　　能
切换断点	在代码窗口中指定一行代码，VB 将在该行暂停应用程序的执行
逐语句	执行应用程序代码的下一条可执行语句，并跟踪到过程中
逐过程	执行应用程序代码的下一条可执行语句，但不跟踪到过程中
跳出	执行当前过程的其他部分，并在调用过程的下一行处中断执行
本地窗口	显示局部变量的当前值
立即窗口	当应用程序处于中断模式时，可以在该窗口中执行代码或查看变量的值
监视窗口	显示指定表达式的值
快速监视	当应用程序处于中断模式时，显示选定表达式的当前值
调用堆栈	当应用程序处于中断模式时，通过一个对话框来显示所有已被调用但尚未完成运行的过程

7.2.2 中断模式与断点设置

VB 程序所处的工作模式有设计模式、运行模式和中断模式 3 种，通常，可在 VB 主窗口的标题栏上看到程序当前所处的工作模式。

设计模式用于设计应用程序；运行模式用于应用程序的执行，可看到程序的执行结果；而中断模式用于跟踪、调试应用程序，排除程序中可能存在的运行错误和逻辑错误。因此，中断模式是程序调试的最重要模式，而且所有调试工具和调试手段基本上都是在中断模式下进行操作的。

1. 中断模式的进入与退出

应用程序在执行的中途被停止，称为"中断"。在中断模式下，程序被挂起，用户可以查看各个变量及对象属性的当前值，从而了解程序的执行是否正常。另外，用户还可以修改发生错误的程序代码、观察应用界面的状况、修改变量及属性值、修改程序的流程等。

进入中断模式一般有以下 4 种方式：

① 程序在运行中，由于发生运行错误而进入中断模式。

② 程序在运行中，因为用户按 Ctrl＋Break 键或选择"运行"菜单中的"中断"命令而进入中断模式。

③ 由于用户选择"创建断点"命令在程序代码中设置了断点，当程序执行到断点处时进入中断模式。

④ 在采用单步调试方式时，每运行一个可执行代码行即可进入中断模式。

当程序在可能有错的地方暂停运行并进入中断状态时，可以使用 VB 提供的调试工具检查和发现错误及产生错误的原因。在改正了程序的错误之后，通过选择"运行"菜单中的"继续"命令、"结束"命令或"重新启动"命令即可退出中断状态。

2. 断点设置和取消

断点是应用程序暂停执行的地方，也是让应用程序进入中断模式的地方。在程序中设置断点是检查并排除逻辑错误和比较复杂的运行错误的重要手段。断点通常可安排在程序代码中能反映程序执行状况的部位。例如，程序的错误可能与带循环的部分设计不当有关，此时就可以在循环体中设置一个断点。循环体每执行一次，在断点处就会引起一次中断，用户即可从调试窗口中了解循环变量及其他变量的取值,从而确定出错的原因。VB 程序一般由若干个过程组成,在某些过程中设置断点,就可以对相关的过程进行跟踪检查,从而保证程序中每个组成部分的正确性。

在 VB 中设置断点的方法是:打开代码窗口,将光标指向要作为断点的代码行,然后选择"调试"菜单中的"切换断点"命令或直接单击"调试"工具栏上的"切换断点"按钮。被设置为断点的代码行将加粗反白显示,如图 7-4 所示。

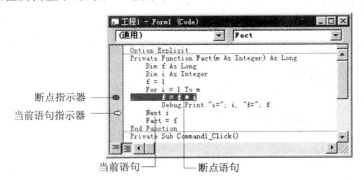

图 7-4　断点的设置

通过检查,消除了存在的错误,就可以把断点取消。如果要取消断点,可以将光标指向定为断点的代码行,其操作方法和设置断点类似。若要取消程序中所有的断点,则可选择"调试"菜单中的"清除所有断点"命令。

7.2.3　使用调试窗口

通过查看和分析程序运行中变量、表达式或对象属性的值,可以检查出程序中的错误,这是程序调试的重要手段。VB 中提供了这样的功能,当程序处于挂起状态时,可在代码窗口中查看程序中变量、表达式或对象属性的值。如图 7-5 所示,当把鼠标指针指向变量 i 上方时,就会在其下方显示它的当前值。

在中断模式下,除了用鼠标指向要观察的变量直接显示其值外,还可以使用调试窗口监视表达式和变量的取值。在 VB 中有 3 个调试窗口,即立即窗口、本地窗口和监视窗口,可选择"视图"菜单中的相应命令打开这些窗口。

1. 使用立即窗口

立即窗口用于显示、计算表达式或变量的值,也能为变量、对象的属性赋新值,从而达到调试程序的目的。立即窗口的外观如图 7-6 所示。

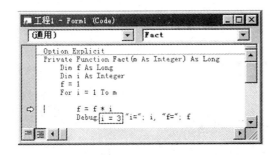

图 7-5　在代码窗口中查看数据的值

图 7-6　立即窗口的外观

在立即窗口中可以用以下两种方法显示变量、对象的属性或表达式的值。

① 在程序代码中使用 Debug. Print 语句显示。例如，如果想在立即窗口中显示变量 i 的值，可以在程序代码中写上以下语句：

Debug. Print i

执行了这条语句后，i 的当前值显示在立即窗口中。

② 直接在立即窗口中使用 Print 方法显示。例如，在立即窗口中输入下面的语句：

Print i

按 Enter 键后，i 的当前值则显示在立即窗口中。

说明：在方法 2 中可使用问号（?）代替 Print，两者的作用相同。

例 7-1　在立即窗口中显示下面程序的运行结果，如图 7-7 所示。

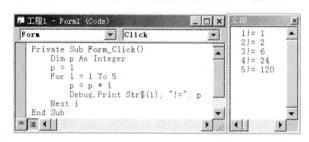

图 7-7　立即窗口中显示的运行结果

程序代码如下：

```
Private Sub Form_Click()
    Dim p As Integer
    p＝1
    For i＝1 To 5
        p＝p＊i
        Debug. Print Str$(i); "!＝"; p          '将结果输出到立即窗口中
    Next i
End Sub
```

例 7-2　下面的程序是计算公式 $s＝1!＋3!＋5!＋\cdots＋(2n-1)!$ 的值。

```
'求 m!的函数过程
Private Function Fact(m As Integer) As Long
    Dim f As Long
    Dim i As Integer
    For i＝1 To m
        f＝f＊i
    Next i
    Fact＝f
End Function
'窗体的 Click 事件过程
Private Sub Form_Click()
    Dim n, i As Integer
    Dim s As Double
    n＝Val(InputBox("输入 n 的值："))
    For i＝1 To 2＊n-1 Step 2
        s＝s＋Fact (i)
    Next i
```

```
        Print s
End Sub
```

运行该程序,发现计算结果总是 0,推测 Fact 函数可能有问题。为了检查 Fact 函数的正确性,在中断模式下通过立即窗口直接调用 Fact 函数。在立即窗口中输入 Print Fact(1)、Print Fact(3),结果均为 0,如图 7-8 所示,说明 Fact 函数确实有问题。这时,可以在 Fact 函数中设置断点,通过逐语句执行方式检查函数中各变量的值。经检查分析发现存放累乘积的变量 *f* 没有给定初值 1,因此出错。在函数体第 2 句之后增加语句“f=1”,然后在立即窗口中输入 Print Fact(1)、Print Fact(3),其计算结果正确。再执行程序,即可得到正确结果。

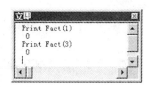

图 7-8　立即窗口中显示
调试数据

为了检查上述 Fact 函数的正确性,也可以在 Fact 函数中的语句“f=f＊i”之后增加下列语句:

Debug.Print "i="; i, "f="; f

当程序运行时,输入 2,则在立即窗口中可以看到如图 7-9 所示的结果。

2. 使用本地窗口

在中断模式下,本地窗口可显示当前过程所有变量的名称、当前值和当前类型,如图 7-10 所示。通过单步执行,可以从本地窗口中观察当前过程的所有变量的变化。当程序的执行从一个过程切换到另一个过程时,本地窗口中的内容会随之改变,该窗口只反映当前过程中可用变量的情况。

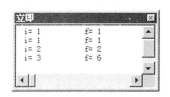

图 7-9　立即窗口中显示数据

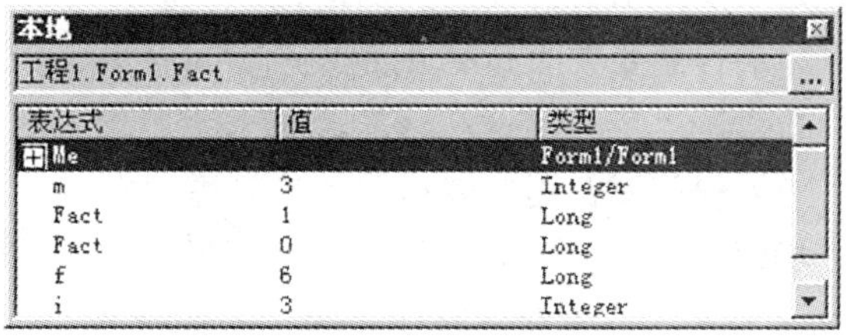

工程1.Form1.Fact		
表达式	值	类型
⊞ Me		Form1/Form1
m	3	Integer
Fact	1	Long
Fact	0	Long
f	6	Long
i	3	Integer

图 7-10　本地窗口

本地窗口中第一行的“Me”表示当前窗体,用鼠标单击“Me”前的“展开/折叠”(＋)按钮,将打开窗体及窗体中各控件对象的属性层次结构,从而查看各个属性的当前值,如图 7-11 所示。

3. 使用监视窗口

用户可以把某些变量或表达式放在监视窗口中,这些变量或表达式称为监视表达式。监视窗口可用于在程序运行过程中查看监视表达式的值、类型等信息,另外,还可以通过监视表达式的值来中断程序的执行。添加监视表达式的方法有多种,但必须在程序运行之前或程序处于挂起时添加或修改。例如,可以使用“调试”菜单中的“添加监视”命令或“编辑监视”命令来指定或修改监视表达式。

图 7-12 所示为使用“添加监视”命令打开的“添加监视”对话框,“编辑监视”对话框的形式和内容与“添加监视”对话框相同。

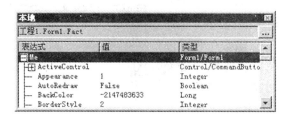

图 7-11   通过本地窗口显示窗体中对象的属性值   图 7-12   "添加监视"对话框

从图 7-12 中可以看出，"添加监视"对话框由表达式、上下文、监视类型 3 个部分组成。

在"表达式"文本框中输入要添加的监视表达式。如果在代码窗口中已经选择了表达式，它将自动显示在"表达式"文本框中。如果没有表达式显示，则可输入要求值的表达式。表达式可以是变量、对象属性、函数调用或任何其他有效的表达式。

在"上下文"的两个下拉列表框中选择相应的过程和模块，以确定表达式的范围。需要注意的是，应尽量选择适合需要的最小范围，因为选择所有的程序或模块将减慢程序代码的执行速度。

在该对话框中，用户还可以定义系统如何反应监视表达式，可在"监视类型"中选择下列选项：

- 如果要显示监视表达式的值，选中"监视表达式"单选钮。
- 如果程序要在表达式的值为 True 时进入中断模式，选中"当监视值为真时中断"单选钮。
- 如果程序要在更改表达式的值时进入中断模式，选中"当监视值改变时中断"单选钮。

启动程序，当程序运行被中断时，单击"调试"工具栏上的"监视窗口"按钮就可以打开监视窗口，并从监视窗口中看到监视表达式的当前值、类型、上下文，如图 7-13 所示。其中，上下文是指表达式所属的过程和模块，当使用单步执行时可以观察到其值的变化，由此来判断程序的正确性。

用户还可以使用快速监视来监视表达式的值。在中断模式下，只要选中代码中的某个表达式，然后单击"调试"工具栏上的"快速监视"按钮，就可以弹出如图 7-14 所示的"快速监视"对话框。

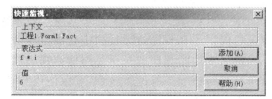

图 7-13   监视窗口的使用   图 7-14   "快速监视"对话框

使用快速监视，可以在中断模式下检查没有添加到监视窗口中的表达式、变量或者对象属性的值。

7.2.4 单步调试

当已知某行语句存在问题时,可使用断点来查找错误。但通常程序出错的位置并不容易确定,这就要采用单步调试手段来跟踪程序的执行结果。

单步调试即逐个语句或逐个过程地执行程序,每执行完一个语句或一个过程就发生中断,因此,可逐个语句或逐个过程地检查每个语句的执行状况或每个过程的执行结果。

1. 单步语句调试

要进行单步语句调试,可选择"调试"菜单中的"逐语句"命令,或单击"调试"工具栏上的"逐语句"调试按钮,也可直接按 F8 键。在单步语句调试过程中,大多采用 F8 键进行操作。每按一次 F8 键,程序就执行一个语句,在代码窗口中标志下一个要执行的语句的箭头和彩色框也会随之移向下一个语句,如图 7-15 所示。

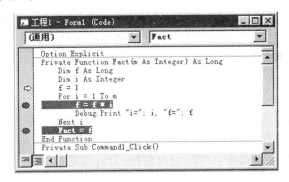

图 7-15 单步语句调试

每执行一个代码行,系统就进入中断状态,即可通过立即窗口、本地窗口或监视窗口检查语句的执行情况,例如变量的当前值、某些属性值等;或直接在立即窗口中输入可立即执行的程序代码,接着执行程序,观察程序的运行是否符合规定的要求。图 7-16 所示为在单步调试过程中使用立即窗口的情况。

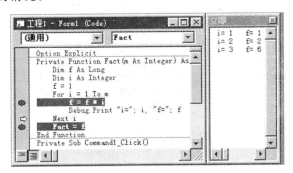

图 7-16 单步语句调试使用立即窗口

当单步语句调试要执行的下一个语句是另一个过程时,系统会自动转向该过程去执行。

2. 单步过程调试

当可以确认某些过程不存在错误时,则不必对该过程再进行单步语句调试,可直接执行整个过程,这就是单步过程调试。

如果需要对整个过程实行单步调试,可选择"调试"菜单中的"逐过程"命令,或单击"调试"

工具栏中的"逐过程"调试按钮，也可按 Shift＋F8 键。

单步过程调试与单步语句调试类似，区别在于当前语句中若包含过程调用，单步语句调试则跟踪到被调用过程中，而单步过程调试则跳过此过程，不跟踪到被调用过程中，只把整个过程当成一个语句执行。

当使用"逐语句"进入被调用过程内部后，若已判断该过程没有错误，希望提前跳出该过程，可选择"调试"菜单中的"跳出"命令，或单击"调试"工具栏中的"跳出"按钮，也可按 Ctrl＋Shift＋F8 键。

7.3　错误的捕获和处理

虽然使用调试工具可以检查并验证应用程序，但调试过的应用程序在实际运行中往往会由于运行环境、资源使用等原因而出现错误。为防止程序因运行错误而中断，VB 提供了对错误捕获和处理的能力，以使应用程序在发生错误时能以较友好的方式停止或自动更正错误，而不会导致系统崩溃。下面介绍错误的捕获和处理方法。

7.3.1　错误处理程序

为了实现程序对错误的捕获和处理，应在预测可能出错的过程中添加相应的错误处理程序。这种错误处理程序可包含在通用过程或事件过程中，以专门用于对错误进行捕获和处理。在程序正常运行时，错误处理程序是不会被执行的，只有当程序出现错误时才转去执行错误处理程序，以实现对错误的处理。

错误处理程序一般由设置错误陷阱、错误处理和退出错误处理 3 个部分组成。其中，设置错误陷阱也称为错误捕获，即在程序的适当地方增加一些语句来捕获错误，一旦错误发生，程序的运行将转到错误处理程序，并根据所捕获的错误代码告诉应用程序该怎样操作。在 VB 中提供了 On Error 语句用来设置错误陷阱，捕获错误。错误处理是根据所发生的错误类型采取处理措施。退出错误处理是指从错误处理程序返回，在程序的适当位置恢复执行。以命令按钮事件过程为例，错误处理程序的一般格式为：

```
Private Sub Command1_Click()
    On Error GoTo WhenError        '设置错误陷阱
    …                              '实现命令按钮具体功能的程序代码
    Exit Sub                       '程序未出错时，通过该语句跳过错误处理程序，退出此过程
WhenError:                         '错误处理程序的标号，代表错误处理程序的开始
    …                              '错误处理语句
    Resume {0 | Next}              '退出错误处理程序，并将执行流程交还给原应用程序
End Sub
```

7.3.2　设置错误陷阱的语句

On Error 语句是 VB 提供的设置错误陷阱的语句，主要有以下 3 种形式。

形式 1：

On Error GoTo 语句标号

该语句的功能为：当发生错误时，使程序转跳到语句标号所指示的语句块。其中，指定的语句标号必须和 On Error 语句在一个过程中，否则会发生编译时间错误。

形式 2：

On Error Resume Next

该语句的功能为：当发生错误时，忽略错误行，继续执行下一条语句。

形式 3：

On Error GoTo 0

该语句的功能为：当发生错误时，不使用错误处理程序块。注意，即使程序过程中有第 0 行，这里的 GoTo 0 也不是指第 0 行。

7.3.3　实现错误捕获的对象

用户可以通过 Err 对象和 Error 对象来实现错误的捕获和处理。当 VB 出现错误时，有关错误的信息存储在 Err 对象中，如果是 DAO 错误，错误信息存储在 Error 对象中。这里介绍 Err 对象的用法。

Err 对象是全局范围的系统对象，用来记录有关"运行时错误"的信息。Err 对象每次只维护一个错误信息。当出现新的错误时，Err 对象将更新为新的错误信息。用户可以使用 Err 对象的属性和方法来获取某个特定错误的信息。

1. Err 对象的属性

Err 对象的常用属性主要有 3 个，分别是 Number、Description 和 Source 属性。

（1）Number 属性

该属性用于返回当前错误的错误号，为整型值，其取值范围为 0～65 535。若返回值为 0，则表示程序未出错。该属性是 Err 对象的默认属性。

（2）Description 属性

该属性用于返回与当前错误相对应的错误描述字符串，与 Error 函数的返回值一致。Error 函数的用法是：

ErrScrip＝Error(错误号)

其中，"错误号"可以是任何有效的错误代号，该函数返回与错误号相对应的错误描述。例如，若要获得 53 号错误的错误描述，则可用以下方法获得：

```
Dim ErrScrip As String
ErrScrip＝Error(53)
```

利用 Err 对象的 Description 属性，仅能获得当前已发生错误所对应的错误描述。

（3）Source 属性

该属性用于在出错时返回当前工程的名字。若当前程序未出错，调用该属性，其返回值为空字符串。

利用 Err 对象的这些属性，在错误处理程序中就可以判断当前程序出了什么样的错误。例如：

```
Dim ErrMsg As String                    '保存错误描述信息
Select Case Err. Number
    Case 5
        MsgBox "非法的函数调用"
    Case 13
        MsgBox "类型不匹配"
```

```
        Case 53
            MsgBox "文件不存在"
        Case 76
            MsgBox "路径未找到"
        Case Is > 0                           '处理其他未知错误
            ErrMsg="" & Err.Number & Chr(13) & Chr(10)
            ErrMsg=ErrMsg & " " & Err.Description
            MsgBox ErrMsg, 16, Err.Source
    End Select
```

2. Err 对象的方法

Err 对象的方法有 Clear 和 Raise 方法。

（1）Clear 方法

Clear 方法用于初始化 Err 对象，使 Err 对象的属性重新设置为 0 或空字符串。

（2）Raise 方法

Raise 方法用于模拟产生一个指定的错误，其语法格式为：

Err.Raise 错误号

调用以上语句后，将在程序中人为地产生一个指定的错误。利用这一特点，在错误处理程序中常使用该方法来测试错误处理程序是否有效。例如，若要模拟产生一个 53 号错误，则实现的语句为：

Err.Raise 53

为了测试编制的错误处理程序是否有效，只需将该语句放入过程中即可。在测试完毕后，要删除该语句。

利用 Err 对象的方法，再结合适当的编程控制，就可以实现错误处理了。

7.3.4 错误处理程序的退出

当错误产生时，原应用程序的执行流程转到了错误处理程序，在错误处理完毕之后应退出错误处理，并将执行流程交还给原应用程序，否则系统将不能继续执行原应用程序。实现该功能的语句为 Resume 语句，该语句常放在错误处理程序中，以实现在适当的时候退出错误处理程序，并恢复原应用程序的执行。根据参数选择的不同，其语句形式有以下 3 种格式。

格式 1：

Resume 0   或   Resume

该语句的功能为结束错误处理程序，并将执行流程交还给原应用程序，从发生错误的语句处继续执行（原产生错误的语句将被再次执行）。

这种形式的 Resume 语句常用在能够更正错误的场合，比如在对顺序文件做读操作时发现指定位置无该文件。在捕获到错误后可给出适当的提示，从而使错误得以解决。

格式 2：

Resume Next

该语句的功能为结束错误处理程序，将执行流程交还给原应用程序，并从发生错误语句的下一条语句处继续执行。

这种形式的 Resume 语句常用于不易更改的错误处理。

格式 3：

Resume 语句标号

该语句的功能为结束错误处理程序,并将执行流程返回到语句标号所指定的位置处继续执行。

7.3.5　错误处理程序的设计

在设计错误处理程序时,通常将错误处理程序放在过程或函数的最后,并且,在错误未发生时,为防止错误处理程序代码的运行,在紧靠着错误处理程序的前面写 Exit Sub 或 Exit Function 语句。

在错误处理程序中,经常使用 If 或 Select 语句,根据已产生的错误代码选择适当的措施。错误代码可从 Err 对象的 Number 属性中得到。

例 7-3　下面的错误处理程序处理的是除法运算中"除数为 0"产生的错误。

本例通过窗体的单击事件过程进行错误的捕获和处理。

程序代码如下:

```
Private Sub Form_Click()
    Dim X As Integer
    '以下语句行设置错误陷阱,当发生错误时跳转到
    '由标号 errorflg 指明的错误处理程序
    On Error GoTo errorflg
    X=2 * 10/X
    Exit Sub
errorflg:
    '利用 Err 对象的 Number 属性、Description 属性,弹出错误提示对话框
    MsgBox " 错误号:" & Err. Number & vbCrLf &
Err. Description
    Resume Next
End Sub
```

图 7-17　运行时产生的错误
　　　　　提示对话框

运行该程序,单击窗体后,会弹出如图 7-17 所示的错误提示对话框,用户可以根据错误提示信息处理程序中的错误。

本章小结

对于比较复杂的程序来说,程序调试是相当重要的环节,这往往需要花费程序员大量的时间和精力。本章介绍了 VB 程序的调试环境和各种调试工具的使用,以及如何在程序中设置错误陷阱来捕获运行时的错误。调试程序时必须首先对要调试的程序有充分的理解和分析,判断可能出现错误的地方,同时还需要掌握必要的调试技术和技巧,这样才能够快速、有效地找出程序中的错误。

思考与练习题

问答题

1. VB 中的错误类型有哪几种?

2. 立即窗口、监视窗口和本地窗口的功能各是什么？它们有什么区别？

3. 怎样在调试窗口中添加监视表达式？

4. 为什么要在程序中设置断点？如何设置断点？

5. 单步语句调试和单步过程调试有什么区别？

6. VB 提供的用于设置错误陷阱、捕获错误的 On Error 语句有几种形式？

7. 怎样获取 VB 的错误代码及相应的出错说明？

8. 怎样设计错误处理程序？

9. 怎样退出错误处理程序？实现该功能的语句有几种形式？

第8章 常用控件

控件是系统预先定义好、在程序中可直接使用的对象,它在 VB 程序设计中十分重要,是 VB 程序的基本组成部分。合理、恰当地使用各种不同的控件以及熟练掌握它们的常用属性、事件和方法是 VB 程序设计的基础,同时也直接影响应用程序界面的美观和使用者操作的方便性。

在第 2 章中已经介绍了窗体和标签、文本框、命令按钮 3 种常用控件。本章将详细讨论 VB 中的其他常用控件以及与之相关的知识。

8.1 单选钮、复选框和框架

在实际编程中,有时会遇到一些要求用户在一个小范围内对某些参数进行选择,或对一些功能开关或功能选项进行选择等操作。为此,VB 提供了单选钮、复选框及框架来实现。

单选钮用于从一组相互排斥的选项中选取其一。单选钮的左边有一个"○",其外观有两种:"○"表示未被选中,"⊙"表示被选中,如图 8-1 所示。

复选框用于从一组可选项中选中一个或同时选中多个选项。复选框的左边有一个"□",其外观有两种:"□"表示未被选中,"☑"表示被选中,如图 8-2 所示。复选框主要用于选择某一种功能的两种不同状态,例如 On 和 Off 开关状态。

图 8-1 用单选钮设置字体　　　　　图 8-2 用复选框设置字体外观

由于绘制在窗体上的所有单选钮被视为一组,只能从这一组选项中选中一个单选钮,若程序中需要同时选中多个单选钮(如例 8-1),则必须对单选钮进行分组。为此,VB 提供了框架控件(Frame),它常与单选钮配合使用,用于给单选钮分组。对于某个框架中的对象来说,它的操作不影响框架外其他对象的操作。框架也可用于窗体上其他对象的分组,这样可提供视觉上的区分和总体的激活或屏蔽特性。框架中的所有控件将随框架一起移动、显示、消失和屏蔽。

在窗体上创建框架及其内部控件有两种方法。

方法 1:先建立框架,然后在框架中建立各种控件。

注意:创建框架中的控件不能使用双击工具箱上工具的方式,而必须先单击工具箱上的控件图标,然后按住鼠标左键,在框架中的适当位置拖"画"适当大小的控件。

方法 2：若要用框架将窗体上现有的控件分组，则可先选定要分组的控件，用剪切（Ctrl＋X 键）命令将它们剪切到剪贴板上，然后选定框架，用粘贴（Ctrl＋V 键）命令将剪贴板上的控件粘贴到框架中。

8.1.1 单选钮和复选框的属性

1. 基本属性

单选钮和复选框的基本属性有 Name、Width、Height、Top、Left、ForeColor、BackColor、Enabled、Visible 和 Index 等。其中，单选钮的 Name（名称）属性的默认值为 Option1、Option2……；复选框的 Name（名称）属性的默认值为 Chcck1、Check2……

2. Caption（标题）属性

Caption 属性用来设置单选钮和复选框上显示的标题。

3. Alignment（对齐方式）属性

Alignment 属性用于设置单选钮和复选框的控件按钮与标题的位置关系。

- 0——Left Justify：默认设置，控件按钮在左边，标题显示在右边。
- 1——Right Justify：控件按钮在右边，标题显示在左边。

4. Value 属性

Value 属性用于指定单选钮和复选框的状态，是单选钮和复选框的默认属性。
单选钮的设置如下。

- True：单选钮被选中。
- False：默认设置，单选钮未被选中。

复选框的设置如下。

- 0——Unchecked：默认设置，复选框未被选中。
- 1——Checked：复选框被选中。
- 2——Grayed：复选框变为灰色。

5. Style 属性

Style 属性指定单选钮和复选框的显示方式，用来改善它们的视觉效果。

- 0——Standard：标准方式。
- 1——Graphical：图形方式。

当设置 Style 属性为 1（Graphical）时，可以在其 Picture、DownPicture 和 DisabledPicture 属性中设置不同的图标或位图，即用 3 种不同的示意图形分别表示未选中、选中和禁止选择状态。

8.1.2 框架的属性

1. 基本属性

框架的基本属性有 Name、Width、Height、Top、Left、BackColor、ForeColor 和 Index 等。其中，框架的 Name（名称）属性的默认值为 Frame1、Frame2……

2. Caption（标题）属性

Caption 属性用于设置框架上显示的标题名称。如果 Caption 属性值为空字符，则框架为封闭的矩形框，但此时框架中的控件与单纯用矩形框起来的控件不同。

3. Visible 属性

Visible 属性决定框架是否可见，其默认值为 True。如果将框架的 Visible 属性值设为

False,则在程序执行期间,框架及其内部的所有控件将全部被隐藏起来,因为对框架的操作实际上是对其内部控件的操作。

4. Enabled 属性

Enabled 属性决定框架是否允许操作,其默认值为 True。如果将框架的 Enabled 属性设为 False,则其标题变成灰色,框架中的所有对象均不可操作,即被屏蔽。

8.1.3 单选钮和复选框的事件及应用举例

在实际编程中,单选钮和复选框最常用的事件主要是 Click 事件,可对编写这些控件的 Click 事件过程进行特殊处理。但有时也可以不编写这些控件的 Click 事件过程,因为当用户单击单选钮或复选框时将自动变换其状态,根据其 Value 属性的值来决定执行什么程序。

框架可响应 Click 和 DblClick 事件。由于对框架的操作实际上是对其内部控件的操作,因此,在应用程序中一般不需要编写有关框架的事件过程。

例 8-1 单选钮、复选框及框架的综合示例。

通过更改文本框中文字的字号、字体以及外观设置,练习单选钮、复选框及框架的综合运用。其中,用两组单选钮分别设置文本框中文字的字号和字体,用一组复选框设置文字外观,程序界面如图 8-3 所示。从这个示例中,读者也可体会到字体属性的使用方法。

界面上各控件对象的主要属性设置如表 8-1 所示。

图 8-3 单选钮、复选框及框架应用示例

表 8-1 单选钮、复选框和框架控件的属性

默认控件名	设置的控件名 (Name)	标题 (Caption)	文本 (Text)
Text1	txtDisp	无定义	VB 程序设计
Option1	optEight	8 号	无定义
Option2	optSixteen	16 号	无定义
Option3	optTwentyfour	24 号	无定义
Option4	optKaiti	楷体	无定义
Option5	optHeiti	黑体	无定义
Option6	optLishu	隶书	无定义
Check1	chkItalic	斜体	无定义
Check2	chkStrikethru	删除线	无定义
Check3	chkUnderline	下划线	无定义
Frame1	Frame1	字号	无定义
Frame2	Frame2	字体	无定义
Frame3	Frame3	外观设置	无定义

程序代码如下:

```
'"字号"框架中的一组单选钮用于控制文本框中文字的字号
Private Sub optEight_Click()
    txtDisp.FontSize=8
End Sub
Private Sub optSixteen_Click()
```

```
        If optSixteen Then txtDisp.FontSize＝16
    End Sub
    Private Sub optTwentyfour_Click()
        If optTwentyfour＝True Then
            txtDisp.FontSize＝24
        End If
    End Sub
'"字体"框架中的一组单选钮用于控制文本框中显示的字体
    Private Sub optHeiti_Click()
        If optHeiti.Value Then txtDisp.FontName＝"黑体"
    End Sub
    Private Sub optKaiti_Click()
        If optKaiti.Value＝True Then
            txtDisp.FontName＝"楷体_GB2312"
        End If
    End Sub
    Private Sub optLishu_Click()
        txtDisp.FontName＝"隶书"
    End Sub
'"外观设置"框架中的一组复选框用于控制文本框中字体的外观
    Private Sub chkItalic_Click()                '控制斜体
        If chkItalic.Value＝1 Then
            txtDisp.FontItalic＝True
        Else
            txtDisp.FontItalic＝False
        End If
    End Sub
    Private Sub chkStrikethru_Click()            '控制删除线
        txtDisp.FontStrikethru＝chkStrikethru.Value
    End Sub
    Private Sub chkUnderline_Click()             '控制下划线
        txtDisp.FontUnderline＝Not txtDisp.FontUnderline
    End Sub
```

　　程序运行后，若选择 24 号字，字体为隶书，并选中斜体和删除线复选框，则出现如图 8-3 所示的画面。

　　对于本例题，读者可试着将单选钮或复选框都设成控件数组来完成程序功能，那将使得程序代码更简洁。

8.2　列表框和组合框

　　列表框(ListBox)用于列出可供用户选择的列表项，并接受用户对列表项的选择。组合框(ComboBox)是组合了文本框和列表框的特性而形成的一种控件，提供可选择的列表。列表框和组合框是两个可以处理大量选择的重要控件。

8.2.1　列表框

　　列表框为用户提供了可供选择的列表项。当项目较多超过列表框设计的高度时，VB 则自动给列表框添加垂直滚动条，以便用户查阅所有的选项。列表框最主要的特点是只能从其中选择,不能直接修改其中的内容。

1. 属性

(1) 基本属性

列表框的基本属性有 Name、Enabled、Visible、FontName、FontSize、Height、Left、Top 和 Width 等。其中,列表框的 Name(名称)属性的默认值为 List1、List2……

(2) List 属性

List 属性是一个字符串数组,用于存放列表框中的项目,数组的每一个元素对应一个列表项。List 数组的下标从 0 开始,最大为列表框中项目的总数(ListCount)-1。例如,在图 8-4 中,List1. List(0)= "计算机基础",List1. List(1)="VB 程序设计"。List 属性值既可在设计时通过属性窗口设置加入(注意:每输入完一项后按 Ctrl+Enter 键换行,再输入下一项),也可在程序中通过代码设置或引用。

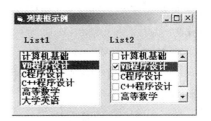

图 8-4 列表框示例

(3) ListCount 属性(整型)

该属性的值表示列表框中项目的总数,只能在程序中引用。

(4) Sorted 属性(逻辑型)

该属性确定列表框中的项目在程序运行期间是否按字母顺序排列显示,只能通过属性窗口设置。若 Sorted 属性设为 True,则项目按字母顺序排列显示;若设为默认值 False,则项目按加入的先后顺序排列显示。

(5) ListIndex 属性(整型)

该属性的值表示程序运行时被选中的列表项的序号。该属性只能在程序中设置或引用,设计时无效。若选中第一个项目,其值为 0;若选中第二个项目,其值为 1,以此类推。如果未选中任何项目,其值为-1。

(6) Text 属性

Text 属性是列表框的默认属性,该属性值是被选中选项的文本内容。例如,在图 8-4 中,List1. Text 的值是"VB 程序设计"。其实,List1. Text 就等于 List1. List(List1. ListIndex)。Text 属性只能在程序中引用,且为只读,即不能通过赋值语句修改列表框的 Text 属性值。

注意:Text 属性值只有当 MultiSelect 属性值为 0 时,才表示列表框中被选中的文本内容。

(7) Selected 属性

该属性是一个逻辑数组,用于返回或设置列表框中各个项目的选中状态,设计时不可用。例如图 8-4 中,List1 的"VB 程序设计"选项被选中,因此,List1. Selected(1)的值为 True,其余的都是 False。

(8) MultiSelect 属性

设置该属性可以处理列表框中一次可选择的项目数。该属性只能通过属性窗口设置,程序运行时不能修改。

- 0——None:默认值,禁止多项选择。每次只选择一项,当选择另一项时,会取消对前一项的选择。
- 1——Simple:简单多项选择,可同时选择多项,后继的选择不会取消前面选择的项目。用鼠标单击或按 Space 键选定或取消选定列表框中的一个列表项。
- 2——Extended:扩展多项选择,用 Shift 键+单击或 Shift 键+方向键选择从上一选择项到当前选择项之间的所有项目；用 Ctrl 键＋单击选定或撤销选定一个选择项。

（9）Style 属性

该属性设置列表框的显示风格，只能在属性窗口中设置。

- 0——Standard：默认值，标准型，列表框中不显示复选框。例如图 8-4 中的 List1 列表框。
- 1——Checkbox：列表框中显示复选框。例如图 8-4 中的 List2 列表框。

2. 事件

列表框可以响应 Click、DblClick 事件。列表框通常与命令按钮配合使用，特别是当列表框作为对话框的一部分出现时，在列表框中选择好列表项后，再通过单击命令按钮执行相应的操作。

3. 方法

在程序设计中，需要在列表框中添加或删除项目时，应使用 AddItem、RemoveItem 或 Clear 方法。

（1）AddItem 方法

AddItem 方法用于在列表框中添加项目，其语法格式为：

对象名.AddItem Item [,Index]

其中：

- 对象名：可以是列表框，也可以是组合框。
- Item：将要加入到列表框或组合框中的项目，必须是字符串表达式。
- Index：可选参数，用于指定在列表框中插入新项目的位置，可插入到列表框中的任何位置。若为 0，则表示插入到第一个位置；若省略，则插入到末尾。若列表框的 Sorted 属性为 True，则按适当的排序插入到列表框中。

例如：

```
List1.AddItem "语文", 2        '将字符串"语文"插入到列表框 List1 的第 3 行
List1.AddItem "物理"           '将字符串"物理"插入到列表框 List1 的末尾
```

（2）RemoveItem 方法

RemoveItem 方法用于删除列表框中的指定项目，其语法格式为：

对象名.RemoveItem Index

其中：

- 对象名：含义同上。
- Index：被删除项目在列表框或组合框中的位置，对于第一个项目而言，Index 为 0。

例如：

```
List1.RemoveItem 3              '删除列表框 List1 的第 4 项
List1.RemoveItem List1.ListIndex   '删除列表框 List1 的当前所选项
```

（3）Clear 方法

如果要删除一个列表框中的所有项目，使用 Clear 方法比较方便，其语法格式为：

对象名.Clear

其中，对象名的含义同上。

例如：

```
List2.Clear                    '删除列表框 List2 中的所有项目
```

例 8-2 设计一个"课程选修"程序。该程序窗体界面上含有两个列表框、4 个命令按钮和两个标签,如图 8-5 和图 8-6 所示。单击"添加"按钮,将左边列表框(lstLeft)中选中的列表项添加到右边列表框(lstRight)中;单击"全选"按钮,将左边列表框中的所有列表项全部添加到右边列表框中;单击"清除"按钮,将清除右边列表框中选中的列表项;单击"全部清除"按钮,将清除右边列表框中的所有列表项。

图 8-5 单击"添加"按钮前的运行界面

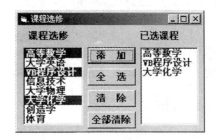

图 8-6 单击"添加"按钮后的运行界面

在设计阶段,通过 List 属性,在 lstLeft 列表框中添加"高等数学"、"大学英语"、"VB 程序设计"和"信息技术"4 个列表项;在 Form_Load 事件过程中,用 AddItem 方法添加其他列表项。另外,将列表框 lstLeft 的 MultiSelect 属性设置为"2-Extended",这样当按 Ctrl 键或 Shift 键＋单击时,可以在列表框中同时选择多项。

程序代码如下:

```
'窗体的 Load 事件过程
Private Sub Form_Load()
    With lstLeft
        . AddItem "大学物理"
        . AddItem "大学化学"
        . AddItem "创造学"
        . AddItem "体育"
    End With
End Sub
'"添加"按钮的 Click 事件过程
Private Sub cmdAdd_Click()
    Dim i As Integer
    i＝0
    Do While i＜lstLeft. ListCount
        If lstLeft. Selected(i)＝True Then          '判断列表项是否被选中
            '若选中,则将该项目添加到右边列表框中
            lstRight. AddItem lstLeft. List(i)
        End If
        i＝i＋1
    Loop
End Sub
'"全选"按钮的 Click 事件过程
Private Sub cmdAll_Click()
    Dim i As Integer
    lstRight. Clear                               '清除右边列表框中的所有列表项
    '将左边列表框中的所有列表项添加到右边列表框中
    For i＝0 To lstLeft. ListCount－1
        lstRight. AddItem lstLeft. List(i)
```

```
    Next i
End Sub
'"清除"按钮的 Click 事件过程
Private Sub CmdDelOne_Click()
    lstRight.RemoveItem lstRight.ListIndex
End Sub
'"全部清除"按钮的 Click 事件过程
Private Sub cmdDelete_Click()
    lstRight.Clear
End Sub
```

思考：如果要清除列表框中选中的多个列表项，如何书写程序代码？

8.2.2　组合框

组合框是一种同时具有文本框和列表框特性的控件。它可以像列表框一样通过鼠标选择所需要的项目，也可以像文本框一样用输入方式输入项目。

组合框与列表框相比，有很多相似和不同之处：

① 组合框也可以利用 AddItem、RemoveItem 和 Clear 方法添加或删除列表中的项目，同时它的 List、ListIndex 和 ListCount 属性与列表框的用法相似。

② 组合框不支持 MultiSelect 属性，但它包含编辑区，可以输入列表项。

另外，组合框可以通过单击右边的箭头来显示全部列表项，从而节省窗体的空间。

组合框有 3 种不同的风格，由 Style 属性决定，分别为下拉式组合框、简单组合框和下拉式列表框，如图 8-7 所示。

图 8-7　组合框的 3 种不同形式

1. 下拉式组合框

当 Style 属性值为 0（默认设置）时，称为"下拉式组合框"。该种组合框的高度仅可显示一个列表项，可以通过单击其右侧的箭头显示选项列表进行选择。选择后，该项显示在组合框顶端的文本编辑框中，也可在其中输入文本。下拉式组合框可响应 Click、Change 和 DropDown 事件。

2. 简单组合框

当 Style 属性值为 1 时，称为"简单组合框"。在绘制该种组合框时，必须将其"画"得足够大，当项目数超过可显示的限度时将自动插入一个垂直的滚动条，可从选项列表中选择项目或在文本编辑框中输入文本。简单组合框可响应 Click、DblClick 和 Change 事件。

3. 下拉式列表框

当 Style 属性值为 2 时，称为"下拉式列表框"。该种组合框的外观和功能与下拉式组合框类似，但程序运行时，用户只能从中选择项目，而不能输入列表中没有的项目。下拉式列表框不能识别 DblClick、Change 事件,但能响应 Click、DropDown 事件。

　　例 8-3　用下拉式组合框制作一个书名输入窗口,程序界面如图 8-8 所示。用户可以在组合框的文本编辑框中输入所喜欢的书名,每输入一个书名,单击"添加"按钮后,先判断输入的书名在组合框中是否存在,如果不存在,则将该书名添加到组合框中,同时在组合框下面的标签中显示"已成功添加输入项",否则在标签中显示"该本书已经存在"。单击"退出"按钮,则用 MsgBox 显示组合框中书的总数,并结束程序的运行。

　　程序代码如下:

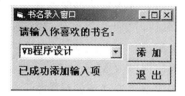

图 8-8　组合框简单示例

```
'"添加"按钮的 Click 事件过程
Private Sub cmdAdd_Click()
    Dim i As Integer
    For i = 0 To Combo1.ListCount - 1
        If Combo1.Text = Combo1.List(i) Then
            Label2.Caption = "该本书已经存在"
            Exit For
        End If
    Next i
    If i = Combo1.ListCount Then
        Combo1.AddItem Combo1.Text
        Combo1.SetFocus
        Label2.Caption = "已成功添加输入项"
    End If
End Sub
'"退出"按钮的 Click 事件过程
Private Sub cmdEnd_Click()
    MsgBox "共有" & Combo1.ListCount & "本书"
    End
End Sub
```

8.3　滚动条和 Slider 控件

　　滚动条(ScrollBar)和 Slider 控件通常用来附在窗体上协助用户观察数据或确定位置,也可用来作为数据输入的工具。因此,它们可用作数量、速度的指示器,例如在一些游戏中用来控制音量、音效、画面的滚动速度、游戏速度等。

8.3.1　滚动条

　　滚动条分为水平滚动条(HScrollBar)和垂直滚动条(VScrollBar)两种类型。滚动条有最

图 8-9　滚动条示例

大值和最小值的设置,允许用如图 8-9 所示的滚动条上的滑块设置一个介于最小值和最大值之间的值。其中,水平滚动条的滑块在最左端代表最小值 Min,在最右端代表最大值 Max,滑块由左向右移动时滚动条所代表的值随之增加;垂直滚动条的滑块在最上端代表最小值 Min,在最下端代表最大值 Max,滑块由上向下移动时滚动条所代表的值随之递增。

1. 属性

（1）基本属性

滚动条的基本属性有 Name、Height、Width、Top、Left、Enabled 和 Visible 等。其中,水平滚

动条的 Name（名称）属性的默认值是 HScroll1、HScroll2……垂直滚动条的 Name（名称）属性的默认值是 VScroll1、VScroll2……

（2）Max（最大值）属性

Max 属性用于设置滚动条所能表示的最大值，为滑块位于滚动条右（或下）端时所代表的值，默认值为 32 767。其取值范围为 $-32\ 768\sim32\ 767$。

（3）Min（最小值）属性

Min 属性用于设置滚动条所能表示的最小值，为滑块位于滚动条左（或上）端时所代表的值，默认值为 0。其取值范围同 Max 属性。

滚动条的 Max 和 Min 属性值均为整型，可在设计阶段设定，也可在程序中对它们赋值。一般习惯设置 Max > Min，如果设置 Max < Min，那么最大值将分别被置于水平滚动条的最左端或垂直滚动条的最上端。

（4）Value 属性

Value 属性用于设置或返回滚动条滑块当前位置所代表的值，默认值为 0。用户可在属性窗口或代码窗口中设置该属性的值，若在程序中设置，则会根据程序中滚动条的 Value 属性的值移动滑块的位置。

注意：不能把 Value 属性值设在 Min 和 Max 范围之外。

滚动条是一个数字图形化的控件，是靠滚动条上滑块的位置来表示当前值的。例如，有一个垂直滚动条 VScroll1，为获得滚动条当前的值，可用以下语句：

```
Num= VScroll1.Value
```

（5）LargeChange 属性

LargeChange 属性表示用户单击滚动条空白区域时 Value 属性值的改变量（增量或减量）。

（6）SmallChange 属性

SmallChange 属性表示用户单击滚动条两端的箭头时 Value 属性值的改变量（增量或减量）。

LargeChange 和 SmallChange 属性值均为整型，其默认值均为 1，可以在属性窗口或程序中设置它们的值。

2．事件

滚动条所响应的重要事件是 Scroll 事件和 Change 事件，当在滚动条上拖动滑块时触发 Scroll 事件，Change 事件发生在滑块移动后或通过程序对 Value 属性赋值后。

在实际编程中，常用 Scroll 事件过程来跟踪滚动条滑块拖动时数值的动态变化，而利用 Change 事件获得滚动条变化后的最终值。

例 8-4　在窗体上建立一个文本框和一个水平滚动条，通过滚动条的 Value 属性值来改变文本框内文字的大小。另外，界面上还有 3 个标签，其中，lblFont2 用于动态显示当前滑块位置所代表的文字大小。设计界面和运行界面如图 8-10(a)和(b)所示，属性设置如表 8-2 所示。

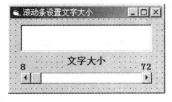　

(a) 设计时　　　　　　　　　(b) 运行时

图 8-10　窗体界面

表 8-2　控件属性设置

默认控件名	设置的控件名 （Name）	标题 （Caption）	值 （Value）
Text1	txtDisp	无定义	无定义
HScroll1	hsbFontsize	无定义	14
Label1	lblFont1	8	无定义
Label2	lblFont2	文字大小	无定义
Label3	lblFont3	72	无定义

程序代码如下：

```
'窗体的 Load 事件过程
'在此过程中设置滚动条的最大值、最小值及文本框中显示的内容
Private Sub Form_Load()
    hsbFontsize.Min = 8
    hsbFontsize.Max = 72
    txtDisp.Text = "VB 程序设计"
    lblFont2.Caption = hsbFontsize.Value
End Sub
'滚动条的 Change 事件过程
Private Sub hsbFontsize_Change()
    txtDisp.FontSize＝hsbFontsize.Value
    lblFont2.Caption＝hsbFontsize.Value
End Sub
'滚动条的 Scroll 事件过程
Private Sub hsbFontsize_Scroll()
    txtDisp.FontSize＝hsbFontsize.Value
    lblFont2.Caption＝hsbFontsize.Value
End Sub
```

例 8-5　设计一个调色板应用程序，即用三基色合成各种颜色，如图 8-11 所示。在该例中，使用滚动条控件数组 HScroll1（含有 3 个元素）作为红、绿、蓝三基色的输入工具，合成后的颜色（利用 RGB 函数）显示在预览框的颜色区。颜色区是一个文本框，用合成的颜色设置其 BackColor 属性；滚动条右边的数据动态显示各种单色在混合色中的成分值。

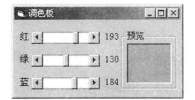

图 8-11　滚动条应用示例

调色板的界面上有一个滚动条控件数组、两个标签控件数组（各含有 3 个元素）、一个文本框和一个框架，各控件的属性设置如表 8-3 所示。

表 8-3　例 8-5 的控件属性设置

默认控件名	设置的控件名 （Name）	标题 （Caption）	下标范围 （Index）	最大值 （Max）	最小值 （Min）
HScroll1 控件数组	hsbRgb	无定义	0～2	255	0
Label1 控件数组	lblRgb	Label1	0～2	无定义	无定义
Label2 控件数组	lblRgbVal	Label2	0～2	无定义	无定义
Text1	txtRgb	无定义	无定义	无定义	无定义
Frame1	Frame1	预览	无定义	无定义	无定义

另外,将滚动条控件数组 hsbRgb 的 SmallChange 属性值设置为 1,LargeChange 属性值设置为 10。

程序代码如下:

```
'窗体的 Load 事件过程
Private Sub Form_Load( )
    Dim i As Integer
    Randomize
    For i = 0 To 2
        lblRgb(i).FontSize=12
        lblRgbVal(i).FontSize=12
        hsbRgb(i).Value=Int(Rnd * 256)
        lblRgbVal(i).Caption=hsbRgb(i).Value
    Next i
    lblRgb(0).Caption="红"
    lblRgb(1).Caption="绿"
    lblRgb(2).Caption="蓝"
End Sub
'通用过程 setcolor 根据 3 个滚动条的当前状态(即各自的 Value 值)来合成颜色
Private Sub setcolor( )
    txtRgb.BackColor = RGB(hsbRgb(0).Value, hsbRgb(1).Value,hsbRgb(2).Value)
End Sub
'水平滚动条的 Change 事件过程
Private Sub hsbRgb_Change(Index As Integer)
    setcolor
    lblRgbVal(Index).Caption=Str$(hsbRgb(Index).Value)
End Sub
'水平滚动条的 Scroll 事件过程
Private Sub hsbRgb_Scroll(Index As Integer)
    setcolor
    lblRgbVal(Index).Caption=Str$(hsbRgb(Index).Value)
End Sub
```

RGB 函数的详细使用方法请参见 11.1.3 节。

滚动条除了用作输入控件外,它的另一个作用是为不能自动支持滚动的应用程序和控件提供滚动功能。这部分内容可参见 11.2.3 节中的例 11-4“图形漫游”。

8.3.2 Slider 控件

与滚动条类似,Slider 控件也有水平和垂直两种,也有最大值和最小值的设置,如图 8-12 所示。用户可以通过拖动 Slider 控件上的滑块,或用鼠标单击滑块的任意一侧,或用键盘上的方向键移动滑块来改变 Slider 控件的值。

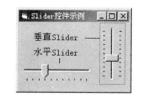

图 8-12   Slider 控件示例

与滚动条不同的是,Slider 控件是包含滑块和可选择性刻度标记的部件,并且滚动条是 VB 的标准控件,而 Slider 控件是 VB 的 ActiveX 控件,必须将它加载到工具箱中才能对它进行操作。其加载方法如下:

① 选择“工程”菜单中的“部件”命令,打开“部件”对话框。

② 在“控件”选项卡中选中 Microsoft Windows Common Controls 6.0 左侧的复选框,如图 8-13 所示。

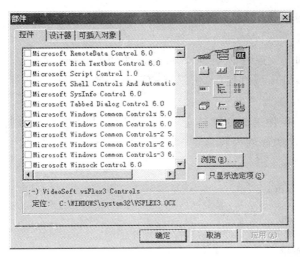

图 8-13　"部件"对话框

③ 单击"确定"按钮。

这样就可以将 Slider 控件（图标为 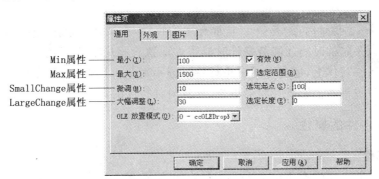）添加到工具箱中，此时就可以像使用标准控件一样把它"画"到窗体上了。

1. 属性

Slider 控件的 Max、Min、Value、LargeChange 和 SmallChange 等基本属性的用法与滚动条的相应属性基本一致。Slider 控件的"属性页"对话框如图 8-14 所示，只需右击 Slider 控件，在快捷菜单中选择"属性"命令即可打开。

图 8-14　"属性页"对话框

另外，Slider 控件还具有下列几个重要的属性。

（1）Orientation 属性

Orientation 属性用于设置 Slider 控件的显示方向。

（2）TickStyle 属性

TickStyle 属性用于设置 Slider 控件的显示样式。

（3）TickFreQuency 属性

TickFreQuency 属性用于设置 Slider 控件上刻度的疏密。其默认值为 1，表示每隔一个单位就有一个刻度。

（4）TextPosition 属性

当用鼠标指针拖动 Slider 控件上的滑块时，系统将提示用户当前滑块所在位置的刻度值，

TextPosition 属性用于设置该提示文本的显示位置。

2. 事件

与滚动条一样，Slider 控件也响应 Scroll 事件和 Change 事件。当拖动滑块时，会触发 Scroll 事件；当改变 Value 属性值（单击滑块的任意一侧或通过程序对 Value 属性赋值）时，会触发 Change 事件。

例 8-6 用 Slider 控件来改变窗体上 Shape 控件（本例题显示为椭圆）的宽度，如图 8-15 所示。有关 Shape 控件的详细内容参见 11.2.2 节。

程序代码如下：

图 8-15 例 8-6 的运行界面

```
Private Sub Form_Load()
    With Slider1
        . Max = 1500
        . Min = 100
        . LargeChange = 30
        . TickFrequency = 200
    End With
    Shape1. Shape = 2                    '设置 Shape 控件为椭圆
End Sub
'Slider 控件的 Change 事件
Private Sub Slider1_Change()             '或 Slider1_Scroll()
    Shape1. Width = Slider1. Value
End Sub
```

8.4 时钟控件

时钟（Timer，也称计时器）是一个非常有用的控件，主要用于在程序中监视和控制进程，它能有规律地以一定的时间间隔激发计时器事件而执行相应的程序代码。在程序运行期间，时钟控件不显示在窗体上，通常可用一个标签来显示时间。因此，在程序设计阶段，将时钟放在窗体的任何位置都不会影响计时器事件，并且时钟控件的大小是固定的，不能调整其大小。

8.4.1 时钟控件的属性

1. 基本属性

时钟具有的基本属性有 Name、Index、Left 和 Top 等。其中，Name（名称）属性的默认值为 Timer1、Timer2……

2. Interval 属性（整型）

该属性是时钟最重要的一个属性，用来设置两个计时器事件之间的时间间隔。时间间隔的值以毫秒（ms）为单位，介于 0～65 535ms 之间，因此最大取值约为 65s。当 Interval 属性值为 0 时，表示屏蔽计时器，即计时器此时处于无效状态。如果希望每一秒产生一个计时器事件，则 Interval 属性应设置为 1000，这样才能达到每隔一秒就响应一次计时器事件，执行相应的程序代码。

3. Enabled 属性

该属性用于决定时钟是否有效。

- True：时钟有效，开始计时。
- False：停止时钟控件工作。

8.4.2 计时器事件

时钟控件只支持计时器事件,即 Timer 事件,每经过一个 Interval 值就触发一次 Timer 事件。因此,如果 Interval 值设置为 1000,那么一分钟就要触发 60 次 Timer 事件。

例 8-7 电子表示例。

在窗体上建立一个时钟控件和一个标签控件,标签控件用来显示系统的时间,程序的设计界面和运行界面如图 8-16(a)和(b)所示。

(a) 设计界面

(b) 运行界面

图 8-16 电子表示例

控件的属性设置如表 8-4 所示。

表 8-4 例 8-7 的控件属性设置

默认控件名	设置的控件名 (Name)	时间间隔 (Interval)	标题 (Caption)	边界样式 (BorderStyle)
Timer1	tmrClock	1000	无定义	无定义
Label1	lblClock	无定义	显示时间	1—Fixed Single

程序代码如下:

```
'时钟控件的 Timer 事件过程
Private Sub tmrClock_Timer()
    lblClock.Caption=Time$
End Sub
```

其中,Time$ 函数用来返回系统时间。

例 8-8 设计一个滚动字幕板,设计时程序界面如图 8-17 所示,运行时标签 Label1 在窗体中由右至左反复移动。

① 通过在不断触发的 Timer 事件中改变标签的 Left 属性值来改变标签的位置。

② 将命令按钮的 Caption 值设置为"开始",运行时变为"暂停",暂停后变为"继续"。

图 8-17 "滚动字幕板"设计界面

该界面上各控件的属性设置如表 8-5 所示(各控件的 Name 属性值均采用默认值)。

表 8-5 例 8-8 的控件属性设置

默认控件名	标题 (Caption)	背景样式 (BackStyle)	可用性 (Enabled)	时间间隔 (Interval)
Timer1	无定义	无定义	False	100
Label1	Visual Basic 程序设计	0(透明)	True	无定义
Command1	开始	无定义	True	无定义

程序代码如下：

```
'"开始"按钮的 Click 事件过程
Private Sub Command1_Click()
    If Command1.Caption = "暂停" Then
        Command1.Caption = "继续"
        Timer1.Enabled = False
    Else
        Command1.Caption = "暂停"
        Timer1.Enabled = True
    End If
End Sub
'时钟控件的 Timer 事件过程
Private Sub Timer1_Timer()
    If Label1.Left + Label1.Width > 0 Then      '当标签的右边位置>0时,标签向左移动
        Label1.Move Label1.Left - 20
    Else                                         '否则标签从窗体右边界开始向左移动
        Label1.Left = Form1.ScaleWidth
    End If
End Sub
```

程序运行界面如图 8-18 和图 8-19 所示。

图 8-18 滚动字幕板运行时的界面

图 8-19 滚动字幕板暂停时的界面

思考：如果要使字幕从左向右反复移动或从下向上移动,该如何实现？

例 8-9 用一个时钟控件控制彩蝶在窗体内飞舞,设计界面如图 8-20(a)所示。在窗体上设计一个时钟、一个命令按钮和 3 个图像框控件,各控件的属性设置如表 8-6 所示。

(a) 设计界面

(b) 运行界面

图 8-20 "彩蝶飞"示例窗体界面

表 8-6 例 8-9 的控件属性设置

默认控件名	设置的控件名（Name）	标题（Caption）	时间间隔（Interval）	Visible 属性	Picture 属性
Command1	cmdEnd	退出	无定义	True	无定义
Timer1	tmrClock	无定义	100	无定义	无定义
Image1	imgMain	无定义	无定义	True	bfly1.bmp
Image2	OpenWings	无定义	无定义	False	bfly1.bmp
Image3	CloseWings	无定义	无定义	False	bfly2.bmp

设置图像框控件 OpenWings 和 CloseWings 的 Visible 属性为 False,使它们在运行时不可见。这两个图像框只是为保存图形而设置的,程序运行时,将图像框控件 imgMain 的 Picture 属性交替地设置为"张开翅膀的蝴蝶"和"合上翅膀的蝴蝶"两种图形,并用 Move 方法使图像框 imgMain 移动,从而得到彩蝶振翅飞舞的效果。

程序代码如下:

```
'窗体的 Load 事件过程
Private Sub Form_Load()
    cmdEnd.Move 10, 10                                  '移动"退出"命令按钮到指定的位置
End Sub
'时钟控件的 Timer 事件过程
Private Sub tmrClock_Timer()
    Static pickbmp As Boolean
    '下面可利用 Move 方法使蝴蝶图形移动
    imgMain.Move imgMain.Left+20, imgMain.Top-5
    If pickbmp Then
        imgMain.Picture = OpenWings.Picture             '显示张开翅膀的彩蝶
    Else
        imgMain.Picture = CloseWings.Picture            '显示合上翅膀的彩蝶
    End If
    pickbmp = Not pickbmp                               '交替显示两种图形
End Sub
```

这里,"退出"按钮的 Click 事件过程略。

程序运行界面如图 8-20(b)所示。

8.5　鼠标和键盘

VB 应用程序能够响应多种鼠标事件和键盘事件。例如,窗体、图片框与图像框都能检测鼠标指针的位置,并可判断其左、右键是否已按下,还能响应鼠标按钮与 Shift、Ctrl 或 Alt 键的各种组合。利用键盘事件可以编程响应多种键盘操作,也可解释和处理 ASCII 字符。

下面介绍编程中常用的鼠标事件、键盘事件和拖放。

8.5.1　鼠标事件

鼠标单击(Click)和双击(DblClick)事件前面已多次讨论过,并且已使用它们编写了一些代码,这里不再重复。

在用鼠标对应用程序进行操作时,有时需要跟踪鼠标的动作和鼠标指针的位置。例如,绘图程序在创建新图像时需要知道鼠标指针的当前位置。为此,VB 提供了几个以鼠标指针坐标作为参数的事件过程,这里主要介绍其中的 3 个,即 MouseDown、MouseUp 和 MouseMove 事件。当按下鼠标按键时,触发 MouseDown 事件;当放开鼠标按键时,触发 MouseUp 事件;当移动鼠标时,触发 MouseMove 事件。

工具箱中的大多数控件都能响应这 3 个事件。如果鼠标指针位于某个控件上,则该控件识别这些鼠标事件;如果鼠标指针位于窗体上无控件的区域,则窗体识别这些鼠标事件。

3 个鼠标事件过程的一般格式为:

① **Private Sub 对象名_MouseDown([Index As Integer,] Button As Integer,Shift As Integer, _**
X As Single, Y As Single)

```
        …    '书写程序代码
    End Sub
```

② **Private Sub 对象名_MouseUp([Index As Integer,] Button As Integer,Shift As Integer,** _
X As Single, Y As Single)

```
        …    '书写程序代码
    End Sub
```

③ **Private Sub 对象名_MouseMove([Index As Integer,] Button As Integer,Shift As Integer,** _
X As Single, Y As Single)

```
        …    '书写程序代码
    End Sub
```

其中：

- 对象名：窗体对象名，或其他可响应该事件的控件对象名。
- Index：当对象为控件数组时，Index 为该数组成员在数组中的下标，若对象为单个控件，则无此项。
- Button：一个 3 位二进制整数，用 $a_2a_1a_0$ 描述，表示鼠标的哪一个按键被按下或被放开。

  当 $a_0=1$ 时，即为 001（十进制 1），表示鼠标的左键被按下或被放开；

  当 $a_1=1$ 时，即为 010（十进制 2），表示鼠标的右键被按下或被放开；

  当 $a_2=1$ 时，即为 100（十进制 4），表示鼠标的中键被按下或被放开。

- Shift：一个 3 位二进制整数，用 $b_2b_1b_0$ 描述，表示鼠标事件发生时键盘上的 Shift 键、Ctrl 键和 Alt 键的状态（是否被按下）。

  当 $b_0=1$ 时，即为 001（十进制 1），表示 Shift 键被按下；

  当 $b_1=1$ 时，即为 010（十进制 2），表示 Ctrl 键被按下；

  当 $b_2=1$ 时，即为 100（十进制 4），表示 Alt 键被按下。

- X、Y：指明鼠标指针的坐标位置。

如果同时按下鼠标的左、右键，那么 Button 值为 011（十进制 3）；如果同时按下 Shift 键、Ctrl 键和 Alt 键，那么 Shift 值为 111（十进制 7）。

因此，当发生 MouseDown、MouseUp 或 MouseMove 事件时，系统向这些事件的事件过程传递 4 个参数，指明用户按下了哪个鼠标按键，在按下鼠标按键的同时还按下了哪些键盘按键，以及按下鼠标按键时鼠标指针的 X、Y 坐标位置。

例 8-10 用两个文本框显示鼠标指针在窗体上移动时鼠标指针所指的位置。

```
Private Sub Form_MouseMove(Button As Integer, Shift As Integer, X As Single, Y As Single)
    txtX = X
    txtY = Y
End Sub
```

程序运行界面如图 8-21 所示。

例 8-11 使用 MouseDown、MouseMove 和 MouseUp 事件实现一个在窗体上画线的程序。

在计算机中，可以认为曲线是由一系列短小的线段组成的，使用 Line 方法（详见 11.3.1 节）即可在两点之间绘制一条直线，若干条直线就组成了曲线。本程序在运行过程中无论是按住鼠标左键还是右键，均可在窗体上画线，程序运行界面如图 8-22 所示。

图 8-21 使用 MouseMove 事件显示鼠标指针的位置　　　图 8-22 鼠标事件画曲线

程序代码如下：

```
'定义 3 个窗体级变量
Dim drawState As Boolean
Dim startX As Single, startY As Single        '画线的起点坐标变量
'窗体的 Load 事件过程
Private Sub Form_Load()
      drawState = False                       '表示提笔
End Sub
'窗体的 MouseDown 事件过程
Private Sub Form_MouseDown(Button As Integer, Shift As Integer, X As Single, Y As Single)
      drawState = True                        '表示落笔,要开始画线
      startX = X
      startY = Y
End Sub
'窗体的 MouseMove 事件过程
Private Sub Form_MouseMove((Button As Integer, Shift As Integer, X As Single, Y As Single)
    If drawState = True Then
        Line (startX, startY)－(X, Y)
        startX = X
        startY = Y
    End If
End Sub
'窗体的 MouseUp 事件过程
Private Sub Form_MouseUp(Button As Integer, Shift As Integer, X As Single, Y As Single)
      drawState = False
End Sub
```

除了上述 3 种鼠标事件以外,鼠标事件还有拖放对象时触发的 DragDrop 和 DragOver 事件,可参见 8.5.3 节。

8.5.2 键盘事件

在大多数情况下,用户使用鼠标就可以对应用程序进行操作,但有时也需要用键盘进行操作。当应用程序需要完成特殊功能或需要进行特殊处理时,可能需要知道用户按下了哪个键,放开了哪个键等,此时就需要使用键盘事件了,即 KeyPress、KeyDown 和 KeyUp 这 3 个事件。

当按下并释放键盘上的一个对应某 ASCII 字符的键时,触发 KeyPress 事件;当按下键盘上的任一键时,触发 KeyDown 事件;当释放键盘上的任一键时,触发 KeyUp 事件。

注意：只有能获得焦点的对象才能够接受键盘事件。对于窗体,只有当它是当前活动窗体,并且其上的所有控件均未获得焦点时(即窗体是空窗体或窗体上的控件都无效),窗体才获得焦点。但是,如果将窗体的 KeyPreview 属性设置为 True,则首先响应窗体的键盘事件,然后才能响应获得焦点控件的键盘事件;如果设置为 False(默认值),则窗体中获得焦点的控件直接响应键盘事件。

1. KeyPress 事件

当用户按下与 ASCII 字符对应的键时，触发获得焦点的控件的 KeyPress 事件。ASCII 字符集不仅代表标准键盘的字母、数字和标点符号，而且也代表大多数控制键，但是 KeyPress 事件在控制键中只识别 Enter、Tab 和 Backspace 键。KeyDown 和 KeyUp 事件能够检测其他功能键、编辑键和定位键。因此，只有在 KeyPress 事件的功能不够用时才使用 KeyUp 和 KeyDown 事件。

KeyPress 事件过程的一般格式为：

Private Sub 对象名_KeyPress([Index As Integer,] KeyAscii As Integer)
　　　　…　　　　　　　'书写程序代码
End Sub

其中：

- 对象名、Index：含义与鼠标事件中的相同。

- KeyAscii：所按下按键的 ASCII 码，即当键盘上的一个有 ASCII 码的键被按下时，该键的 ASCII 码值就存储到参数 KeyAscii 中。例如，按下"A"键，KeyAscii 的值为 65；按下"a"键，KeyAscii 的值为 97。由于 KeyAscii 是按地址传递参数的，在 KeyPress 事件过程执行完以前，任何对象或过程都不能使用此参数。因此，利用 KeyPress 事件可以改变 KeyAscii 参数的值，使其他对象或过程接受的并不是所按下键的 ASCII 码，从而改变所显示的字符。

例 8-12　窗体上有一个文本框，把从键盘输入的字母转换为大写字母后在文本框中显示出来，同时把该字符的 ASCII 码在窗体上打印出来。若从键盘输入的是不可显示的 ASCII 字符集，例如 Enter 键，则文本框中无显示，只是在窗体上打印该键的 ASCII 码，如图 8-23 所示。在键盘上依次按 a、Space、b 和 Enter 4 个键。

图 8-23　KeyPress 事件

由上述已知，当一个文本框获得焦点时，在键盘上按下一个字符键，该字符就会在文本框中显示出来。详细的情况是：当在键盘上按下一个字符键（有 ASCII 码的键）时，该键的 ASCII 码存入了系统定义的参数 KeyAscii 中，接着启动该文本框的 KeyPress 事件（也同时启动 KeyDown 事件），当 KeyPress 事件执行完毕后，KeyAscii 参数中的内容所代表的字符才在文本框中显示出来。本例就是利用这个事实，在 KeyPress 事件中把从键盘输入的小写字母变成大写字母后在文本框中显示出来的。

程序代码如下：

```
'文本框的 KeyPress 事件过程
Private Sub Text1_KeyPress(KeyAscii As Integer)
    Dim char As String
    Print KeyAscii                    '在窗体上显示所按下的按键的 ASCII 码
    char = Chr(KeyAscii)              '将 ASCII 码转换成对应的字符
    KeyAscii = Asc(UCase(char))       '将字符转换为相应大写字母的 ASCII 码
    '读者可以在此加一个 Print 语句，把变化后的 KeyAscii 码显示出来与原来的进行比较
End Sub
```

在实际编程时，经常利用 KeyPress 事件对输入的字符进行限制。

例 8-13　若窗体上有一个文本框 Text1，程序运行时，要求在该文本框中只允许输入 0（ASCII 码为 48）～9（ASCII 码为 57）的数字。若输入了其他字符，则响铃（Beep）提示，并且消除该字符。

程序代码如下：

```
'文本框的 KeyPress 事件过程
Private Sub Text1_KeyPress(KeyAscii As Integer)
    If KeyAscii = 8 Then                      '允许使用 Backspace 键
        Exit Sub
    End If
    If KeyAscii < 48 Or KeyAscii > 57 Then    '只有数字是合法字符
        KeyAscii = 0                          '取消该击键字符
        Beep                                  '响铃提示
    End If
End Sub
```

2. KeyDown 和 KeyUp 事件

KeyDown 和 KeyUp 事件返回被按下或被释放按键的扫描码和组合键的状态。它们的一般格式为：

Private Sub 对象名_KeyDown([Index As Integer,] KeyCode As Integer, Shift As Integer)
　　　…　　　　　　'书写程序代码
End Sub
Private Sub 对象名_KeyUp([Index As Integer,] KeyCode As Integer, Shift As Integer)
　　　…　　　　　　'书写程序代码
End Sub

其中：

- 对象名、Index：含义与鼠标事件中的相同。
- KeyCode：用户按键的扫描码，即用户按键的物理键。因此，大写字母和小写字母的 KeyCode 相同，为大写字母的 ASCII 码；上档字符和下档字符的 KeyCode 相同，为下档字符的 ASCII 码。为了判断按下的字母是大写还是小写，或判断是上档字符还是下档字符，需使用 Shift 参数。
- Shift：一个 3 位二进制整数，其含义与鼠标事件过程中的 Shift 参数相同，用于区分字符的大小写或检测多种鼠标状态。

例 8-14　编写一个程序，要求在运行过程中按 Alt＋F4 键时结束程序的运行。

先设置窗体的 KeyPreview 属性为 True，实现上述功能的程序代码如下：

```
'窗体的 KeyDown 事件过程
Private Sub Form_KeyDown(KeyCode As Integer, Shift As Integer)
    '按下 F4 键时，KeyCode=115 或 KeyCode=vbKeyF4
    '按下 Alt 键时，Shift=4 或 Shift = vbAltMask
    If (KeyCode = vbKeyF4) And (Shift = vbAltMask) Then
        End
    End If
End Sub
```

8.5.3　拖放

在对计算机进行操作时，经常用鼠标将一个对象从某个位置拖曳到另一个位置，例如在资源管理器中对文件或文件夹的拖曳操作。在 VB 中该操作称为"拖放"，即鼠标将某个对象从一个位置拖到另一个位置放下。在拖放过程中，首先将鼠标指针指向待移动的对象（称为源对象），然后按下鼠标键不松开移动鼠标，源对象将随鼠标的移动在其背景对象（例如窗体）上被拖动（Drag），当拖曳到目标位置（称为目标对象）时松开鼠标，放下（Drop）该对象。因此，拖放过程由两个操作组成，即源对象的"拖"操作和目标对象的"放"操作。

1. 与拖放有关的属性、方法和事件

在 VB 中,除菜单、时钟和通用对话框等控件外,其他控件均可在程序运行期间被拖放。

(1) DragMode 属性和 DragIcon 属性

DragMode 属性用于设置拖动控件的模式。

- 0——Manual:默认设置,手工拖动对象,此时必须在 MouseDown 事件过程中用 Drag 方法启动"拖"操作。
- 1——Automatic:自动拖动对象,此时拖动的整个细节由系统来处理,即只要用鼠标拖动源对象,源对象的图标或边框就会随鼠标指针的移动而移动。

DragMode 属性既可以在属性窗口中设置,也可以在程序中通过代码设置。如果一个对象的 DragMode 属性为 1,则该对象不再接受 Click 事件和 MouseDown 事件。

DragIcon 属性用于设置拖动控件时显示的图标。在实际操作中,当拖动一个对象移动时,并不是对象本身在移动,而是 DragIcon 属性对应的图标在移动,当拖动到目标位置放下后再恢复成原来的控件。如果 DragIcon 属性值为空,则在拖动过程中,随鼠标指针移动的只是灰色的被拖动控件的边框。

(2) Drag(拖放)方法

与拖放有关的方法是 Move 和 Drag,由于 Move 方法在前面已经学过,这里只介绍 Drag 方法。仅当控件的 DragMode 属性设置为 0,采用手工拖放时,才需要用 Drag 方法来实现对控件的拖放操作,但是也能利用 Drag 方法来拖动一个 DragMode 属性为 1 的对象。Drag 方法用于启动或停止手工拖动,其语法格式为:

对象名.Drag　参数

其中:

- 对象名:可以是任何可被拖动的控件。
- 参数:取值为 0、1 或 2。
  - 0——取消指定对象的拖放操作;
  - 1——默认值,开始启动对象的拖放操作;
  - 2——结束对对象的拖动,并释放对象。

(3) DragDrop 事件和 DragOver 事件

与拖放有关的事件是 DragDrop 和 DragOver。上面介绍的拖放属性和拖放方法都是作用在源对象上的,而这两个事件是发生在目标对象上的。

当完成一个完整的拖放操作(即将源对象拖动到目标对象上松开鼠标按键,或在程序中采用 Drag 方法结束拖动)后,在目标对象上会引发一个 DragDrop 事件。该事件过程的格式为:

Private Sub 对象名_DragDrop(Source As Control, X As Single, Y As Single)
　　…　　　　　　'书写程序代码
End Sub

其中:

- 对象名:目标对象名称。
- Source:一个 Control 类型的对象变量,它继承了源对象的所有属性和方法。
- X、Y:松开鼠标按键时鼠标指针的坐标位置。

在目标对象上引发 DragDrop 事件的同时,系统会自动将源对象作为 Source 参数传递给事件过程,因此,在 DragDrop 事件过程中,可通过编程对源对象进行一些操作的判别,同时鼠标指针的位置及拖放过程的状态也作为参数传递给事件过程,供程序识别和使用。

例如,拖动窗体上的命令按钮到另一位置的程序代码如下:

```
Private Sub Form_DragDrop(Source As Control, X As Single, Y As Single)
    Command1.Move X, Y
End Sub
```

在源对象被拖动到目标对象上的过程中,如果源对象经过其他对象,则在这些对象上会产生一个 DragOver 事件。当然,在目标对象上也会产生 DragOver 事件,且发生在 DragDrop 事件之前。该事件过程的格式为:

Private Sub 对象名_DragOver(Source As Control,X As Single,Y As Single, State As Integer)
        …   '书写程序代码
End Sub

其中:

- 对象名:源对象被拖动过程中所经过的其他对象的名称。
- Source:含义同 DragDrop。
- X、Y:拖动时鼠标指针的坐标位置。
- State:一个整数,用于确定鼠标指针与目标对象的关系,有 3 个取值,即 0、1 和 2。

    0——鼠标指针正进入目标对象的区域;

    1——鼠标指针正退出目标对象的区域;

    2——鼠标指针正位于目标对象的区域之内。

2. 拖动示例

例 8-15　设计一个应用程序,采用手工拖动模式拖动命令按钮。程序运行界面如图 8-24 所示,当开始拖动“准备拖动”命令按钮时,命令按钮的 Caption 属性变为“正在拖动…”,释放按钮后,变为“拖动结束”。在设计阶段,将命令按钮的 DragMode 属性设置为 0,即手工拖动。

　　　　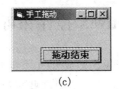

(a)　　　　　　　　　　(b)　　　　　　　　　　(c)

图 8-24　手工拖动示例

程序代码如下:

```
Dim dragX As Single, dragY As Single
'声明两个窗体级变量,用于保存按下鼠标时鼠标在命令按钮中的位置
Private Sub cmdDrag_MouseDown (Button As Integer, Shift As Integer, X As Single, Y As Single)
    cmdDrag.Drag 1                '启动手工拖动过程
    dragX = X
    dragY = Y
    cmdDrag.Caption = "正在拖动…"
End Sub
Private Sub Form_DragDrop(Source As Control, X As Single, Y As Single)
    '拖动命令按钮到新的位置,使鼠标指针在命令按钮上的相对位置不变
    '即命令按钮随着鼠标的移动而同步移动
    Source.Move (X-dragX), (Y-dragY)                'Source 可以用 cmdDrag 来替代
    Source.Caption = "拖动结束"
End Sub
```

例 8-16   设计一个应用程序,采用自动拖动模式拖动图片框。程序运行界面如图 8-25 所示,在图片框的拖动过程中,如果图片框经过标签控件"取消拖动",则取消拖动操作。在设计阶段,将图片框的 DragMode 属性设置为 1,即自动拖动,并向图片框中装载图形(Book.ico)。

(a) 拖动前   (b) 拖动后

图 8-25   自动拖动示例运行界面

程序代码如下:

```
Private Sub Form_Load()
      '拖动鼠标时,设置源对象的图标随鼠标移动
      Picture1.DragIcon = Picture1.Picture
End Sub
Private Sub Form_DragDrop (Source As Control, X As Single, Y As Single)
      '拖动图片框到新的位置,使中央落在鼠标的指针位置上
      Picture1.Move (X - Picture1.Width / 2), (Y - Picture1.Height / 2)
End Sub
Private Sub Label1_DragOver (Source As Control, X As Single, Y As Single, State As Integer)
      Picture1.Drag 0                '取消拖动操作
End Sub
```

从上面两个示例可以看出,当源对象被拖动到某个位置释放鼠标时,它本身不会移动到新的位置,但此时会在目标对象上引发 DragDrop 事件,用户在该事件过程中用 Move 方法来实现源对象的真正移动。

8.6   ActiveX 控件和可插入对象

当打开 VB 集成开发环境时,用户可以看到工具箱上只有 20 个标准控件,在编写复杂应用程序时,如果只使用这些标准控件,是远远不够的。因此,VB 以及第三方开发商为用户提供了大量的 ActiveX 控件,可以把它们添加到工具箱上,然后像使用标准控件一样使用 ActiveX 控件。

ActiveX 控件是一段可以重复使用的编程代码和数据,是由用 ActiveX 技术创建的一个或多个对象组成的。ActiveX 控件的扩展名为.OCX,通常存放在 Windows 的 SYSTEM 目录中。例如,Slider 控件和通用对话框就是 ActiveX 控件,其对应的控件名称分别为 VSFLEX3.OCX 和 COMDLG32.OCX。

可插入对象是 Windows 应用程序的对象,例如 Microsoft Excel 工作表,它是 Microsoft Excel 的一个可插入对象。可插入对象也可以添加到工具箱中,具有与标准控件类似的属性,使用方法也和标准控件一样。

将 ActiveX 控件或可插入对象加载到工具箱中的方法如下:

① 选择"工程"菜单中的"部件"命令,打开"部件"对话框;也可以右击工具箱,然后从快捷菜单中选择"部件"命令,打开"部件"对话框。在"部件"对话框中列出了 3 个选项卡,即控件、设计器和可插入对象。

② 选定所需的 ActiveX 控件或可插入对象左边的复选框,使复选框中有"√"。

③ 单击"确定"按钮,所有选定的 ActiveX 控件或可插入对象将出现在工具箱中。

如果要将其他目录中的 ActiveX 控件添加到"部件"对话框,可以通过"部件"对话框中的"浏览"按钮找到扩展名为 .OCX 的文件。

限于篇幅,有关 ActiveX 控件的详细内容和创建 ActiveX 控件的方法请参阅 VB 联机帮助。

本章小结

本章主要介绍了常用控件的属性、事件和方法。用户在使用 VB 提供的标准控件时,一定要先对程序进行功能分析,力求用最合适的控件来构造界面,同时也要掌握一些控件的组合使用技巧,例如框架控件和单选钮、复选框控件的组合使用等。

本章还介绍了常用的鼠标事件、键盘事件和鼠标的拖放,窗体和许多控件都能够捕获这些事件。读者在开发 VB 应用程序时,首先要了解各事件的触发时机,进而理解各事件的响应参数,从而编写出实用、方便的应用程序。

VB 界面的布局必须遵从风格一致和操作方便的原则,这是设计应用程序界面的基础。通过对界面进行布局和美化,可以让应用程序界面更加标准化和风格化。

思考与练习题

一、选择题

1. 单选钮被选中时,其 Value 属性值为_____。
　　A. True　　　　　　　B. False　　　　　　　C. 0　　　　　　　　D. 1

2. 复选框被选中时,其 Value 属性值为_____。
　　A. True　　　　　　　B. False　　　　　　　C. 0　　　　　　　　D. 1

3. 当拖动滚动条上的滑块时,将触发滚动条的_____事件。
　　A. Move　　　　　　　B. Change　　　　　　C. Scroll　　　　　　D. GotFocus

4. 若要引用列表框 List1 中最后一个数据项的内容,应使用_____。
　　A. List1. List(List1. ListCount)　　　　B. List1. List(List1. ListCount － 1)
　　C. List1. ListIndex　　　　　　　　　　D. List1. Text

5. 若要清除列表框中的所有内容,可使用_____方法来实现。
　　A. Remove　　　　　　B. Clear　　　　　　　C. AddItem　　　　　D. Add

6. 在列表框 List1 中有若干列表项,可以删除选定列表项的语句是_____。
　　A. List1. Text= ""　　　　　　　　　　B. List1. List(List1. ListIndex)= ""
　　C. List1. Clear　　　　　　　　　　　　D. List1. RemoveItem List1. ListIndex

7. 运行下面的程序后,列表框中的数据项有_____。

```
Private Sub Form_Click()
    For i = 1 To 6
        List1. AddItem i
    Next i
    For i = 1 To 3
```

```
        List1.RemoveItem i
    Next i
End Sub
```

  A. 1,5,6   B. 2,4,6   C. 4,5,6   D. 1,3,5

8. 如果列表框（List1）中没有被选定的项目,则执行 List1.RemoveItem List1.ListIndex 语句的结果是_____。

  A. 删除第一项   B. 删除最后一项

  C. 删除最后加入的列表项   D. 实时错误

9. 若要获得组合框中所选择的数据,可通过_____属性来实现。

  A. List   B. Caption   C. ListIndex   D. Text

10. 若要暂时关闭计时器,可通过设置_____属性为 False 来实现。

  A. Visible   B. Interval   C. Enabled   D. Timer

11. 在下列控件中,没有 Caption 属性的是_____。

  A. 单选钮   B. 复选框   C. 框架   D. 列表框

12. 在下列说法中,正确的是_____。

  A. 通过适当的设置,可以在程序运行期间让定时器显示在窗体上

  B. 在列表框中不能进行多项选择

  C. 在列表框中能够将项目按字母顺序从大到小排序

  D. 框架也有 Click 和 DblClick 事件

13. 在以下赋值语句中,可以正常执行的语句是_____。（其中对象名均为默认名）

  A. Check1.Value = True   B. Timer1.Interval = 12345

  C. HScroll1.Value = True   D. List1.List = 5

14. 窗体设计界面如图 8-26 所示。要求程序运行时,在文本框 Text1 中输入一个姓氏,单击"删除"按钮（名称为 Command1）,可删除列表框 List1 中所有该姓氏的项目。若编写以下程序来实现此功能:

```
Private Sub Command1_Click()
    Dim n%, k%
    n = Len(Text1.Text)
    For k = 0 To List1.ListCount - 1
        If Left(List1.List(k), n) = Text1.Text Then
            List1.RemoveItem k
        End If
    Next k
End Sub
```

  在调试时发现,如果输入"陈",可以正确删除所有姓"陈"的项目,但如果输入"刘",只删除了"刘邦"、"刘备"两项,结果如图 8-27 所示。这说明程序不能适应所有情况,需要改正。正确的修改方案是把 For k=0 to List1.ListCount−1 改为_____。

  A. For k = List1.ListCount−1 To 0 Step −1

  B. For k = 0 To List1.ListCount

  C. For k = 1 To List1.ListCount−1

  D. For k = 1 To List1.ListCount

图 8-26 选择题第 14 题 1

图 8-27 选择题第 14 题 2

15. 当用户按下并且释放一个键后会触发 KeyPress、KeyUp 和 KeyDown 事件,这 3 个事件发生的顺序是_____。

    A. KeyPress、KeyDown、KeyUp

    B. KeyDown、KeyUp、KeyPress

    C. KeyDown、KeyPress、KeyUp

    D. 没有规律

16. 下列控件(其名称属性均为默认值)的属性或方法中,搭配错误的有_____个。

    ① Text1.Print

    ② Picture1.Print

    ③ Vscroll1.Value

    ④ Command1.SetFocus

    ⑤ List1.Cls

    ⑥ Option1.Value

    A. 1
    B. 2
    C. 3
    D. 4

二、填空题

1. 若要获得列表框中当前列表项的数目,可通过列表框的_____属性来实现。

2. 若让时钟控件每半分钟发生一个 Timer 事件,则其 Interval 属性应设置为_____。

3. 下面程序的功能是:当在"输入"文本框中输入数值后,单击"移动"按钮,如果输入的是正数,滚动条中的滑块向右移动与该数相等的刻度,并在"当前值"文本框中显示当前滑块的位置,但如果输入的数值超过了滚动条的最大值,则滑块只移动到滚动条的最右端,并且在文本框中显示"输入的数值太大";如果输入的是负数,则滑块向左移动相应的刻度或移动到滚动条的最左端,并且在文本框中显示当前滑块的位置或"输入的数值太小"。程序界面如图 8-28 所示。

图 8-28 填空题第 3 题

请完善程序,以实现上述功能。

```
Private Sub Command1_Click()
    Dim n As Double
    n = Val(Text1.Text)
    Select Case n > 0
        Case True
            If Hsb1.Value + n <= Hsb1.Max Then
                Hsb1.Value =    ①    + n
                Text2.Text = Hsb1.Value
            Else
                Text2.Text = "输入的数值太大"
                Hsb1.Value = Hsb1.Max
            End If
        Case False
            If    ②    Then
                Hsb1.Value = Hsb1.Value + n
                Text2.Text = Hsb1.Value
            Else
                Text2.Text = "输入的数值太小"
                Hsb1.Value =    ③
```

```
        End If
    End Select
End Sub
```

4. 窗体上有两个图片框，名称为 Pic1、Pic2，分别用来表示信号灯和汽车，其中，在 Pic1 中轮流装入"yellow. ico"、"red. ico"和"green. ico"来实现信号灯的切换；还有两个计时器 Timer1 和 Timer2，Timer1 用于变换信号灯，黄灯一秒，红灯两秒，绿灯 3 秒，Timer2 用于控制汽车向右移动。运行时，信号灯不断变换，单击"开车"（Cmd1）按钮后，汽车开始移动，如果移动到信号灯前或信号灯下遇到红灯或黄灯，则停止移动，当变为绿灯后再继续移动。程序运行时的界面如图 8-29 所示。

图 8-29　填空题第 4 题

请完善程序，以实现上述功能。

```
Private s As Integer
Private Sub Cmd1_Click()
    Timer2.Enabled = True
End Sub
Private Sub Form_Load()
    Timer1.Enabled = True
    Timer2.Enabled = False
End Sub
Private Sub Timer1_Timer()
    s=_____①_____
    If s > 6 Then
        s = 1
    End If
    Select Case s
        Case 1
            Pic1.Picture = LoadPicture("d:\graphics\yellow.ico")
        Case 2, 3
            Pic1.Picture = LoadPicture("d:\graphics\red.ico")
        Case 4, 5, 6
            Pic1.Picture = LoadPicture("d:\graphics\green.ico")
    End Select
    If(_____②_____)And Pic2.Left>Pic1.Left-Pic2.Width And Pic2.Left<Pic1.Left+Pic1.Width Then
        Timer2.Enabled = False
    Else
        Timer2.Enabled = True
    End If
End Sub
Private Sub Timer2_Timer()
    Pic2.Move_____③_____ + 20, Pic2.Top, Pic2.Width, Pic2.Height
End Sub
```

5. 计算机键盘上的"4"键的上档字符是"＄"，当同时按下 Shift 键和键盘上的"4"键时，KeyPress 事件发生了_____次，过程中 KeyAscii 参数的值是_____。

三、编程题

1. 编写一个小程序，让用户在文本框中输入一段文字，单击命令按钮后，将文本框的内容作为列表项添加到列表框中。

2. 设计如图 8-30 所示的计算机配置的应用程序。程序要求：当用户选定了基本配置并且单击"确定"按钮后,在下面的图片框中显示相应选择的配置信息。

　　3. MouseDown 事件发生在 MouseUp 和 Click 事件之前,但 MouseUp 和 Click 事件发生的次序与对象有关。试编写一个小程序测试在命令按钮和标签上 MouseDown、MouseUp 和 Click 事件发生的顺序。

　　4. 编写 MouseMove 事件过程代码,使得按下鼠标左键移动鼠标时,利用 Line 绘图方法画出从窗体左上角到鼠标指针当前位置的线段;按下鼠标右键移动鼠标时,则画出从窗体右下角到鼠标指针当前位置的线段,程序运行界面如图 8-31 所示。

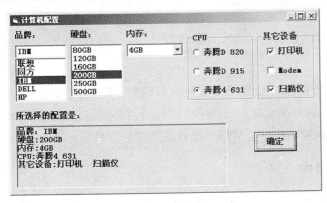

图 8-30　编程题第 2 题

图 8-31　编程题第 4 题

四、问答题

　　1. 框架的作用是什么? 如何在框架中放置其内部控件? 如何用框架对窗体上的单选钮进行分组?

　　2. 组合框有哪几种类型? 能否用文本框加列表框实现组合框的功能?

　　3. 列表框和组合框的作用是什么? 如何在列表框或组合框中添加或删除列表项? 在程序运行期间,能否修改它们的列表项?

　　4. 试说明滚动条和 Slider 控件的组成元素及其与滚动条相应属性和 Slider 控件相应属性的关系。

　　5. 常用的鼠标事件和键盘事件有哪些? 它们分别在什么时候触发?

　　6. 在处理鼠标事件时,如何知道用户按了哪个按键? KeyDown 事件与 KeyPress 事件的区别是什么?

　　7. 试说明键盘扫描代码(Keycode)与键盘 ASCII 码(Keyascii)的区别。

　　8. 拖放的 DragMode 属性和 DragIcon 属性分别用于设置什么? DragDrop 事件和 DragOver 事件所作用的对象分别是什么?

　　9. 怎样将某个 ActiveX 控件添加到工具箱中?

第9章 界面设计

在设计 VB 应用程序时，首先要设计用户界面，本章介绍用户界面设计的工具和方法，主要包括通用对话框、菜单、多文档界面、工具栏和状态栏。

9.1 通用对话框

通用对话框(Common Dialog)控件向用户提供了 6 种标准对话框，用来显示各种通用信息，分别为打开(Open)、另存为(Save As)、颜色(Color)、字体(Font)、打印机(Printer)和帮助(Help)对话框。通过这些标准对话框，应用程序可从用户处获取所需的信息。

9.1.1 添加通用对话框到工具箱中

通用对话框是 ActiveX 控件，需要通过选择"工程"菜单中的"部件"命令，弹出"部件"对话框，然后在"控件"选项卡中选择 Microsoft Common Dialog Control 6.0 选项，将通用对话框控件添加到工具箱中，通用对话框的图标为 ▣。通用对话框在窗体中的大小是固定的，无论将它绘制多大，在窗体中都显示相同大小的图标。在程序运行期间，该控件不显示，而是显示其 Action 属性值所对应的对话框。

9.1.2 通用对话框的属性

1. 基本属性

通用对话框的基本属性有 Name、Left、Top、Index、FontName 和 FontSize 等。其中，Name(名称)属性的默认值为 CommonDialog1、CommonDialog2……

2. Action(功能)属性

Action 属性决定了通用对话框在运行阶段打开何种类型的对话框。该属性不能在属性窗口中设置，只能在程序中设置。

- 0——None：无对话框显示；
- 1——Open：显示"打开"对话框；
- 2——Save As：显示"另存为"对话框；
- 3——Color：显示"颜色"对话框；
- 4——Font：显示"字体"对话框；
- 5——Printer：显示"打印机"对话框；
- 6——Help：显示"帮助"对话框。

3. DialogTitle(对话框标题)属性

该属性是通用对话框的标题属性，可在属性窗口中设置，也可在程序中设置。

4. CancelError 属性（逻辑型）

该属性表示用户在与对话框进行信息交互时单击"取消"按钮是否会产生出错信息。

- True：表示当按下对话框中的"取消"按钮时会出现错误警告；
- False：默认值，表示当按下对话框中的"取消"按钮时不会出现错误警告。

通用对话框的属性不仅可以在属性窗口中设置，也可以在如图 9-1 所示的通用对话框控件——"属性页"对话框中设置。打开这个对话框的方法是右击窗体上的通用对话框控件，在弹出的快捷菜单中选择"属性"命令。"属性页"对话框中有 5 个选项卡，用于对不同类型的对话框设置属性。

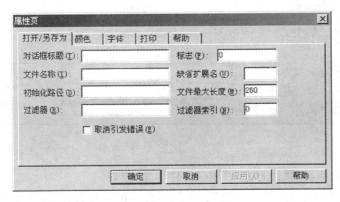

图 9-1　通用对话框控件——"属性页"对话框

9.1.3　通用对话框的方法

与 Action 属性相对应，在 VB 中还可以通过下面一组方法打开通用对话框。

- ShowOpen 方法：打开"打开"对话框；
- ShowSave 方法：打开"另存为"对话框；
- ShowColor 方法：打开"颜色"对话框；
- ShowFont 方法：打开"字体"对话框；
- ShowPrinter 方法：打开"打印机"对话框；
- ShowHelp 方法：打开"帮助"对话框。

因此，在程序设计中既可以用上述方法，也可以用 Action 属性设置要打开的通用对话框。

下面介绍前 4 种对话框的使用方法，对于其他两种对话框的使用读者可参见 VB 的联机帮助。

9.1.4　"打开"对话框

"打开"对话框是 Action 属性值为 1 时的通用对话框。该对话框的功能是由用户从目录中选择一个将要打开的文件，如图 9-2 所示。但通过"打开"对话框并不能真正打开一个文件，它只提供了一个打开文件的用户界面，供用户选择所要打开的文件。如果要打开某一具体文件，还要编制相应程序才能实现。

"打开"对话框与其他常用控件一样，除了要设置一些基本属性外，还要设置其本身的特殊属性。

图 9-2　"打开"对话框

1. FileName（文件名）属性与 FileTitle（文件标题）属性

FileName 属性用来设置在"文件名"文本框中显示的文件名，它是一个包含路径和文件名的字符串。程序执行时，当用户在"打开"对话框中选中或输入一个文件名时，该文件名在"文件名"文本框中显示，同时文件名连同路径一起赋值给该属性。

FileTitle 属性用来设置或返回用户要打开文件的文件名，是一个不包含路径的字符串。与 FileName 属性相比，该属性只能获得文件名。

2. Filter（过滤器）属性

该属性用来确定"文件类型"列表框中所要显示的文件类型，是一个字符串。例如，若该属性值为"All Files（＊.＊）| ＊.＊"，则表示要显示当前目录下的所有文件；若该属性值为"Text Files（＊.txt）| ＊.txt"，则表示要显示当前目录下以.txt 为扩展名的所有文件。如果同时要显示多种类型的文件供用户选择，例如 Documents（＊.doc）和 Text Files（＊.txt），则需要用管道符"|"分隔各种文件，此时该属性值应设为：

Documents（＊.doc）| ＊.doc|Text Files（＊.txt）| ＊.txt

其显示形式如图 9-2 所示。

3. FilterIndex（过滤器索引）属性

该属性为整型，表示用户在"文件类型"列表框中选中了第几组文件类型。例如，在图 9-2 中，若选中"Documents（＊.doc）"，则该属性值为 1；若选中"Text Files（＊.txt）"，则该属性值为 2。

4. InitDir 属性

该属性用来指定对话框中显示的起始目录，默认值为当前目录（即该应用程序文件所在的目录）。例如，若希望对话框一弹出就显示 C 盘 Windows 文件夹中的内容，则需将该属性设置为"C:\Windows"。

9.1.5　"另存为"对话框

"另存为"对话框是当 Action 属性值为 2 时的通用对话框,如图 9-3 所示。其功能是以指定的驱动器、路径和文件名保存当前的文件。它不能提供真正的保存文件操作,只提供存储界面,其他具体操作需要编程来完成。

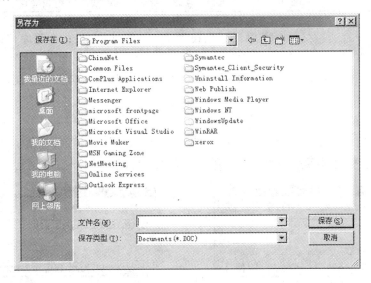

图 9-3　"另存为"对话框

9.1.6　"颜色"对话框

"颜色"对话框是当 Action 属性值为 3 时的通用对话框,如图 9-4 所示。该对话框供用户在调色板中选择颜色,用户还可以根据需要自定义颜色。

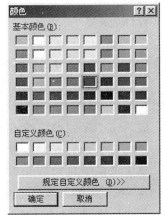

"颜色"对话框除基本属性外,还有一个重要的属性——Color,用来返回或设置选定的颜色。当用户在调色板中选中某颜色时,该颜色值赋给 Color 属性。

例如,用户在"颜色"对话框中选择一种颜色,设置为窗体的背景色,可用以下代码实现:

```
CommonDialog1. Action=3
'或 CommonDialog1. ShowColor
Form1. BackColor=CommonDialog1. Color
```

9.1.7　"字体"对话框

当 Action 属性值为 4 时,显示"字体"对话框供用户选择字体,如图 2-12 所示。

图 9-4　"颜色"对话框

"字体"对话框除基本属性外,还有一些重要的属性用来修改文本的外观。

1. Flags 属性

在显示"字体"对话框之前必须设置 Flags 属性(默认值为 0),否则 VB 会显示错误提示信息,提示用户没有安装字体。该属性可以用来设置屏幕字体、打印机字体或 TrueType 字体等。Flags 属性的设置值如表 9-1 所示。

表 9-1 Flags 属性设置

系 统 常 数	值	说　　明
cdlCFScreenFonts	1	显示屏幕字体
cdlCFPrinterFonts	2	显示打印机字体
cdlCFBoth	3	显示屏幕字体和打印机字体
cdlCFEffects	256	在"字体"对话框中显示删除线和下划线检查框以及颜色组合框

用户可在设计时通过"属性页"对话框来设置 Flags 属性值,也可在程序代码中设置。

2．Color 属性

Color 属性值表示文字的颜色。当用户在颜色列表框中选择某颜色时,Color 属性值即为所选颜色值。

3．Max、Min 属性

这两个属性用于设定"字体"对话框中所能选择字号的最大值和最小值。

例 9-1　使用通用对话框设计一个应用程序,设计界面如图 9-5(a)所示。

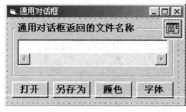

(a) 设计界面

(b) 运行界面

图 9-5　通用对话框示例

在窗体上设置一个命令按钮控件数组 Command1(其下标从左到右分别为 0、1、2、3)、一个文本框、一个框架和一个通用对话框。

设计要求:

① 单击"打开"命令按钮,弹出"打开文件"对话框,单击"确定"按钮,将此对话框中所选中的文件名和路径显示在文本框中。

② 单击"另存为"命令按钮,弹出"另存为"对话框,选择目录和输入适当的文件名,单击"确定"按钮,则将文件名和目录显示在文本框中。

③ 单击"颜色"命令按钮,弹出"颜色"对话框,将所选中的颜色作为文本框的前景色。

④ 单击"字体"命令按钮,则为文本框设置字体。

这 4 个命令按钮的功能可分别用通用对话框的 ShowOpen、ShowSave、ShowColor 和 ShowFont 方法来实现。

程序代码如下:

```
'命令按钮控件数组的事件过程
Private Sub Command1_Click(Index As Integer)
    Select Case Index
        Case 0
            CommonDialog1.Filter = "所有文件(＊.＊)|＊.＊|文本文件(＊.txt)|＊.txt"
                                        '指定显示文件类型
            CommonDialog1.FilterIndex = 1
            CommonDialog1.ShowOpen          '显示"打开"对话框
            '在文本框中显示所选文件名
```

```
        Text1.Text = CommonDialog1.FileName
        Frame1.Caption = "从打开对话框返回"
    Case 1
        CommonDialog1.ShowSave              '打开"另存为"对话框
        Text1.Text = CommonDialog1.FileName
        Frame1.Caption = "从另存为对话框返回"
    Case 2
        CommonDialog1.ShowColor             '打开"颜色"对话框
        Text1.Text = "从颜色对话框返回"
        Text1.ForeColor = CommonDialog1.Color
        Frame1.Caption = "从颜色对话框返回"
    Case 3
        '"字体"对话框的 Flag 属性设置
        CommonDialog1.Flags = 3 Or 256
        CommonDialog1.ShowFont              '打开"字体"对话框
        Text1.FontName = CommonDialog1.FontName
        Text1.FontSize = CommonDialog1.FontSize
        Text1.FontStrikethru = CommonDialog1.FontStrikethru
        Text1.FontBold = CommonDialog1.FontBold
        Text1.FontItalic = CommonDialog1.FontItalic
        Text1.FontUnderline = CommonDialog1.FontUnderline
        Text1.ForeColor = CommonDialog1.Color
        Text1.Text = " 从字体对话框返回"
        Frame1.Caption = "从字体对话框返回"
    End Select
End Sub
```

运行界面如图 9-5(b)所示。

9.2 菜单设计

菜单是 Windows 程序设计最常用的界面风格。菜单以分组的形式组织多个命令或操作，为用户灵活操作应用程序提供了方便。菜单可分为两种基本类型，即下拉式菜单和弹出式菜单。

9.2.1 下拉式菜单

下拉式菜单一般通过单击菜单栏中的菜单标题(如"文件"、"编辑"、"视图"等)打开。例如，在图 9-6 所示的界面中，单击"文件"菜单所显示的就是下拉式菜单。

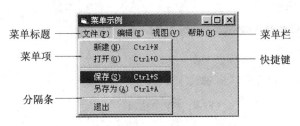

图 9-6   VB 窗体的菜单界面

1. 下拉式菜单的基本组成

在下拉式菜单系统中通常有一个主菜单，称为菜单栏，其中包括一个或多个选择项，称为菜单标题。当单击一个菜单标题时，包含菜单项的列表(菜单)即被打开。菜单由若干个命令、分隔条、子菜单标题(其右边含有三角的菜单项)等菜单项组成。当选择子菜单标题时，又会"下拉"出下一级菜单项列表，称为子菜单。VB 的菜单系统最多可达 6 层。

菜单标题或菜单项中带下划线的字母是菜单访问键，用户使用"Alt＋访问键"就能访问菜单。菜单项后面特别列出的按键称为快捷键，用户无须打开菜单就能通过按这些键启动菜单项对应的功能。此外，有的菜单项后面带有省略号"…"，说明该菜单项将打开一个对话框；有的菜单项是标识应用程序状态，如菜单项前面有符号"√"；也有的菜单项在程序运行处于某个特定状态时以灰色显示，说明此菜单项的功能当前不可用(称为无效菜单)。这些菜单特性都是 Windows 系统中所有应用程序都遵循的特性，用户在设计自己的菜单时也要考虑这些特性。

在 VB 中，菜单也是一个控件对象，称为菜单控件。与其他控件一样，它具有自身的属性、事件和方法。在设计或运行程序时，通过设置菜单控件的相应属性来控制其外观与行为。例如，每个菜单项都有一个 Caption 属性和一个 Name 属性，Caption 属性用于显示该菜单项的正文，Name 属性用于在程序中标识该菜单项。此外，还可设置菜单项的 Enabled、Visible、Checked 及其他属性。菜单控件只响应 Click(鼠标单击)事件。

2. 菜单编辑器

使用菜单编辑器可以创建新的菜单和菜单项，或在已有的菜单上增加新命令，编辑、修改及删除已有的菜单和菜单项等。菜单编辑器的主要优点是使用方便，可以在交互方式下操作。

在设计状态下，启动菜单编辑器可采用下面 3 种方法。

方法 1：选择"工具"菜单中的"菜单编辑器"命令。

方法 2：单击工具栏上的"菜单编辑器"按钮。

方法 3：在窗体上右击，从弹出的快捷菜单中选择"菜单编辑器"命令。

启动菜单编辑器之后，在屏幕上会出现"菜单编辑器"对话框，如图 9-7 所示。

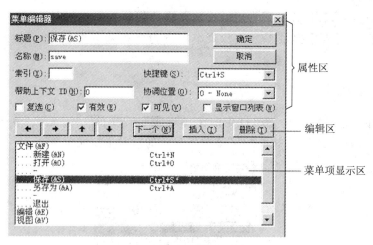

图 9-7 "菜单编辑器"对话框

"菜单编辑器"对话框由以下 3 个部分组成。

(1) 属性区

属性区位于对话框的上半部，用于输入或修改菜单项的各个属性。下面介绍一些主要的属性设置，对于其他属性读者可参见 VB 的联机帮助。

① "标题"文本框：输入要在菜单中显示的菜单项文本，相当于控件的 Caption 属性。

如果在菜单标题的某个字母前加一个"&"符号,那么该字母就成了热键字母。在窗体上显示时,该字母有下划线;如果操作时同时按 Alt 键和该字母,就可以选择这个菜单项命令。例如建立菜单"文件(F)",在"标题"文本框内应输入"文件(&F)",在执行时按 Alt+F 键就可以选择"文件"菜单。

如果设计的下拉式菜单中分成若干组,则需要用分隔条进行分隔。在建立菜单时需要在"标题"文本框中输入连字符"-",这样菜单显示时会形成一个分隔条。

注意:尽管分隔条是当作菜单控件来创建的,但它们不响应 Click 事件,也不能被选取。

② "名称"文本框:输入菜单项的名称,以便唯一识别该菜单项,仅用于在代码中访问菜单项,而不会出现在菜单中。相当于控件的 Name 属性,建议命名前缀为 mnu。

注意:分隔条也要有对应的名称。

③ "索引"文本框:输入菜单的索引号。如果建立菜单数组,必须使用该属性。该索引号与控件的屏幕位置无关。

④ "快捷键"下拉列表框:单击右侧的箭头,在列表中选择需要的快捷键组合。菜单项的快捷键可以不要,但如果选择了"快捷键",则会显示在菜单标题的右边。用户按快捷键可在不打开菜单的情况下执行指定的菜单项,大大提高了选取命令的速度。

⑤ "帮助上下文 ID"文本框:输入帮助信息的标志号。允许指定一个 ID 数值,在 HelpFile 属性指定的帮助文件中用该数值查找适当的帮助主题。

⑥ "复选"复选框:设置菜单的 Checked 属性。当该属性为 True 时,在菜单项文本前会显示一个"√"。该属性增强了菜单的显示效果。

⑦ "有效"复选框:设置菜单的 Enabled 属性。当该属性为 True(默认值)时,选项正常;当该属性为 False 时,选项暗淡显示,用户不可操作。

⑧ "可见"复选框:设置菜单的 Visible 属性。当该属性为 True(默认值)时,显示该菜单项,否则不显示。

对于每个菜单项,其最重要的两个属性是"标题"和"名称",因此,在"菜单编辑器"对话框中它们被放置在最重要的位置,并且"名称"属性作为菜单项的必要属性,必须予以指定。如果没有设置"名称"属性就试图退出"菜单编辑器"对话框,系统将显示如图 9-8 所示的出错信息对话框。

图 9-8 出错信息对话框

(2) 编辑区

编辑区位于"菜单编辑器"对话框的中部,共有 7 个按钮,用来对输入的菜单项进行简单的编辑。

① "←"和"→"按钮:菜单层次的选择按钮,用来产生或取消内缩符号"...."。内缩符号可以确定菜单的层次。单击一次右箭头"→"产生一个内缩符号,单击一次左箭头"←"则删除一个内缩符号。

② "↑"和"↓"按钮:用于调整菜单项的上下位置。

③ "下一个"按钮:用于进入下一个菜单项的设计。

④ "插入"按钮:在选定的菜单项前插入一个菜单项。

⑤ "删除"按钮:删除当前选定的菜单项。

(3) 菜单项显示区

菜单项显示区位于"菜单编辑器"对话框的下部,输入的菜单项都在这里显示,并通过内缩符号表明菜单项的层次。在"标题"文本框中输入一个菜单项时，该菜单项同时显示在该区域中。从菜单项显示区中选择一个菜单项，可编辑其相应的属性。

若窗体上所有的菜单项都已创建或修改完毕，单击"确定"按钮，则关闭"菜单编辑器"对话框，创建好的菜单项将显示在窗体上。若单击"取消"按钮，则关闭"菜单编辑器"对话框，取消当前所做的修改。

3. 创建下拉式菜单

这里以一个简单的实例来说明下拉式菜单的建立过程。

例 9-2　设计一个菜单，使它能做简单的加、减、乘、除运算，要求对每个菜单项设计快捷键。新建立的菜单项如图 9-9～图 9-11 所示。

图 9-9　"加减运算"界面

建立菜单大致可分为以下 3 个步骤。

（1）建立控件

除菜单项外，窗体上有 9 个控件，其中，文本框 txtInput1 和 txtInput2 作为输入控件，用来输入操作数；标签 lblSmybol 和 lblResult 作为输出控件，它们的 Borderstyle 属性为 1（Fixed Single），当单击菜单项时，在 lblSmybol 标签中显示对应的运算符号，在 lblResult 标签中显示运算结果。

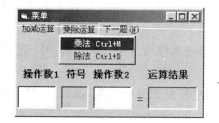

图 9-10　"乘除运算"界面

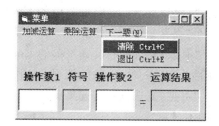

图 9-11　"下一题"界面

（2）设计菜单

窗口中的控件建立以后，就开始建立菜单了。在设计状态下，选择"工具"菜单中的"菜单编辑器（Ctrl＋E）"命令，弹出"菜单编辑器"对话框。然后在菜单设计窗口中对每一个菜单项输入标题、名称和相应的快捷键，各菜单项的具体属性设置如表 9-2 所示。

表 9-2　菜单项属性

菜　单　项	名　称　属　性	快捷键属性
加减运算	mnuAddSub	
….加法	mnuAdd	Ctrl＋A
….减法	mnuSub	Ctrl＋S
乘除运算	mnuMulDiv	
….乘法	mnuMul	Ctrl＋M
….除法	mnuDiv	Ctrl＋D
下一题(&N)	mnuNext	
….清除	mnuClear	Ctrl＋C
….退出	mnuEnd	Ctrl＋E

当完成所有的输入工作后,单击"确定"命令按钮,就完成了整个菜单的建立工作。

(3) 编写事件过程代码

在菜单建立好后,还需要编写相应的事件过程。

程序代码如下:

```
'"加法"菜单项的 Click 事件过程
Private Sub mnuAdd_Click()
    lblSymbol.Caption="＋"
    lblResult.Caption=Val(txtInput1.Text)＋Val(txtInput2.Text)
End Sub
'"减法"菜单项的 Click 事件过程
Private Sub mnuSub_Click()
    lblSymbol.Caption="－"
    lblResult.Caption=Val(txtInput1.Text)-Val(txtInput2.Text)
End Sub
'"乘法"菜单项的 Click 事件过程
Private Sub mnuMul_Click()
    lblSymbol.Caption="×"
    lblResult.Caption=Val(txtInput1.Text) * Val(txtInput2.Text)
End Sub
'"除法"菜单项的 Click 事件过程
Private Sub mnuDiv_Click()
    If Val(txtInput2.Text)=0 Then
        MsgBox "除数为0,重新输入", 5 ＋ vbExclamation, "输入数据"
        txtInput2.Text=""
        txtInput2.SetFocus
    Else
        lblSymbol.Caption="÷"
        lblResult.Caption = Val(txtInput1.Text)/Val
(txtInput2.Text)
    End If
End Sub
```

这里,"清除"和"退出"菜单项的 Click 事件过程略。

运行界面如图 9-12 所示。

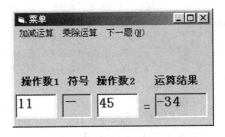

图 9-12 加减乘除菜单运行界面

4. 菜单项的动态增减

利用菜单编辑器创建的菜单是固定的,菜单项不能自动增减。但在使用 Windows 应用程序时,用户经常会发现一些特殊的应用程序,其菜单项是可以动态增减的。例如常用的 Word 应用程序,根据操作对象的不同,其菜单项内容是动态变化的。在 VB 中,要动态增减菜单项,可利用菜单控件数组,并结合 Load 与 Unload 语句实现。其中,Load 语句用于增加新菜单项,Unload 语句用于将增加的菜单项删除掉。

下面以例 9-2 中的菜单为基础,通过设计一个简单菜单项的动态增减示例来说明菜单设计步骤。

要求:单击窗体,在"乘除运算"菜单中增加"求余"和"整除"两个菜单项;双击窗体,在"乘除运算"菜单中删除这两个菜单项。

在例 9-2 的菜单设计窗口的"乘除运算"菜单中添加一个名称为"mnuNameA"的菜单项,并设置其 Index 属性为 0、Visible 属性为 False,如图 9-13 所示。

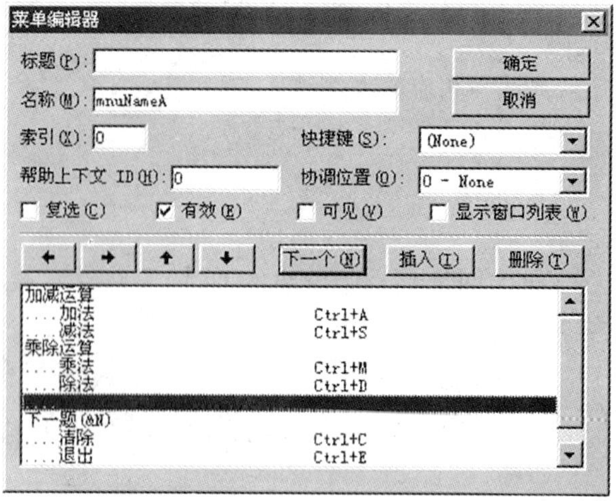

图 9-13　增加菜单项数组的"菜单编辑器"

菜单建立好以后，输入以下程序代码：

```
Dim iMenuC As Integer
'窗体的 Click 事件过程
Private Sub Form_Click()
    If iMenuC=0 Then
        iMenuC=iMenuC + 1
        Load mnuNameA(iMenuC)              '装入新菜单项
        mnuNameA(iMenuC).Caption="求余"
        mnuNameA(iMenuC).Visible=True
        iMenuC=iMenuC + 1
        Load mnuNameA(iMenuC)              '装入新菜单项
        mnuNameA(iMenuC).Caption="整除"
        mnuNameA(iMenuC).Visible=True
    End If
End Sub
'窗体的 DblClick 事件过程
Private Sub Form_DblClick()
    Do While iMenuC > 0
        Unload mnuNameA(iMenuC)            '删除菜单项
        iMenuC=iMenuC - 1
    Loop
End Sub
'菜单项数组 mnuNameA 的 Click 事件过程
Private Sub mnuNameA_Click(index As Integer)
    Select Case index
        Case 1                            '执行"求余"运算
            lblSymbol.Caption= "Mod"
            lblResult.Caption=Val(txtInput1.Text) Mod Val(txtInput2.Text)
        Case 2                            '执行"整除"运算
            lblSymbol.Caption="\"
            lblResult.Caption=Val(txtInput1.Text)\ Val(txtInput2.Text)
    End Select
End Sub
```

对于"求余"和"整除"运算,也要判断除数是否为 0,请读者自行添加相应语句。运行结果如图 9-14 所示。

图 9-14 "求余"运行界面

9.2.2 弹出式菜单

弹出式菜单是独立于菜单栏显示在窗体上的浮动菜单。在弹出式菜单上显示的项目取决于按下鼠标右键时指针所处的位置,因而弹出式菜单也被称为"上下文菜单"或"快捷菜单"。通常,弹出式菜单通过单击鼠标右键来激活显示。

弹出式菜单有两种类型,即系统弹出式菜单和定制弹出式菜单。

系统弹出式菜单是由系统连同窗体等一起自动提供的。例如,图 9-15 所示的菜单是窗体的系统弹出式菜单。系统弹出式菜单是由操作系统提供的,所以不需要专门创建及附加代码。

图 9-15 系统弹出式菜单示例

定制弹出式菜单是由用户自己创建的,它的创建方法与下拉式菜单的创建方法一样,也是使用"菜单编辑器"来创建。定制弹出式菜单与系统弹出式菜单不同的是,定制弹出式菜单需要添加与之相关的程序代码。

创建定制弹出式菜单的步骤如下:

① 使用"菜单编辑器"创建菜单。

② 把菜单的 Visible 属性设为 False,使得弹出式菜单不在窗体顶部出现;如果设为 True,那么该菜单既可作为下拉式菜单使用,又可作为弹出式菜单使用。

③ 为了显示弹出式菜单,需要使用 PopUpMenu 方法。其语法格式为:

[对象名.] PopUpMenu 菜单名 [,flags [,x [,y]]]

其中:

- 对象名:要显示弹出式菜单的对象名称,多为窗体名。若省略,则指当前窗体。
- x,y:快捷菜单显示的位置。
- flags:标志参数,设定弹出式菜单的位置和性能。表 9-3 和表 9-4 分别列出了可用于描述弹出式菜单位置和性能的标志参数。

表 9-3 描述弹出式菜单位置的 flags 参数

位置常数	值	描述
vbPopUpMenuLeftAlign	0	默认值,x 位置确定该弹出式菜单的左边界
vbPopUpMenuCenterAlign	4	该弹出式菜单以 x 为中心
vbPopUpMenuRightAlign	8	x 位置确定该弹出式菜单的右边界

表 9-4　描述弹出式菜单性能的 flags 参数

行 为 常 数	值	描　述
vbPopupMenuLeftButton	0	默认值，弹出式菜单仅识别鼠标左键对菜单项的选择
vbPopupMenuRightButton	2	弹出式菜单识别鼠标左键和右键对菜单项的选择

用户可以从上面两组中各选取一个常数，再用 Or 操作符将其连接起来组成 flags 参数。

例如，将例 9-2 中设计的"乘除运算"菜单在程序运行时作为弹出式菜单（快捷菜单）显示出来，其设计方法如下：

首先，按前面介绍的方法设计"乘除运算"菜单，将 Visible 属性设置为 False 或 True，然后编写以下事件过程：

```
' 窗体的 MouseDown 事件过程
Private Sub Form_MouseDown(Button As Integer, Shift As Integer, X As Single, Y As Single)
    If Button=2 Then
        PopUpMenu mnuMulDiv, 2
    End If
End Sub
```

程序运行后，当单击鼠标右键（Button＝2）时，立即在窗体上弹出"乘除运算"菜单，如图 9-16 所示，此时既可用鼠标左键选择菜单项，又可用鼠标右键选择菜单项。

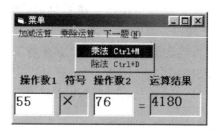

图 9-16　弹出式菜单运行界面

9.3　多文档界面

9.3.1　界面样式

文档界面样式主要有两种，即单文档界面（Single Document Interface，SDI）和多文档界面（Multiple Document Interface，MDI）。多文档界面（MDI）是指在一个父窗体（容器窗口）中可同时打开多个子窗体，并可在不同窗体间进行切换。图 9-17 所示为一个多文档应用程序，它由一个父窗体和两个子窗体组成。

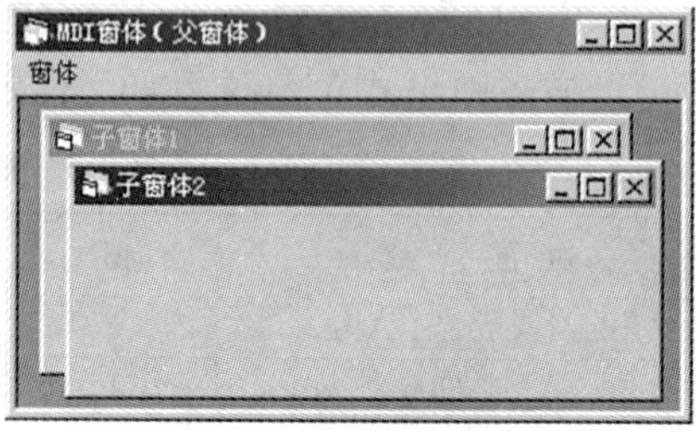

Windows 的写字板应用程序是一个典型的 SDI 示例，如图 9-18 所示，它每次只允许打开一个文档，要打开另一个文档必须关闭当前打开的文档。而 Microsoft Word 是一个典型的 MDI 示例，如图 9-19 所示，它允许同时显示多个文档，每个文档都显示在自己的窗体中，并能在各个窗体间进行切换。但必须注意：一个应用程序只能定义一个 MDI 父窗体（简称 MDI

图 9-17　多文档应用程序示例

窗体),这个父窗体可以有多个 MDI 子窗体(简称子窗体),父窗体为应用程序中的所有子窗体提供工作空间。在设计过程中,选用哪一种用户界面应根据实际需要而定。

图 9-18　单文档界面

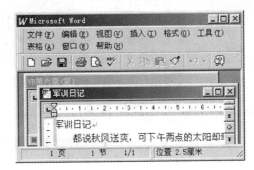

图 9-19　多文档界面

MDI 运行时具有以下特征:

① 所有子窗体都显示在 MDI 窗体的工作区内,像其他窗体一样,子窗体可以改变大小或进行移动,不过它们被局限在 MDI 窗体内。

② 当最小化一个子窗体时,它的图标显示在 MDI 窗体内,而不是任务栏中。当最小化 MDI 窗体时,父窗体连同所有子窗体将由一个图标来代替,显示在任务栏中。

③ 当最大化一个子窗体时,它的标题与 MDI 窗体的标题组合在一起,并显示在 MDI 窗体的标题栏上。

④ 活动子窗体的菜单显示在 MDI 窗体的菜单栏中,而不是显示在子窗体中。

⑤ 通过设定 AutoShowChildren 属性,子窗体可以在窗体加载时自动显示(True)或自动隐藏(False)。

另外,用户还要注意以下两点:

① MDI 与多重窗体不是一个概念。多重窗体程序中的各个窗体彼此独立,它们是一种"兄弟"关系;MDI 中虽然也可包含多个窗体,但它有一个父窗体,其他窗体都属于子窗体,并位于父窗体之内,它们是一种"父子"关系。

② MDI 窗体只能包含 Menu 和图片框控件、具有 Align 属性的自定义控件或具有不可见界面(如 Timer)的控件。如果要在 MDI 窗体中放置其他控件,则要先在 MDI 窗体上设置一个图片框,然后将其他控件放置在图片框内。在 MDI 窗体的图片框中可以使用 Print 方法显示文本,但不能在 MDI 窗体中使用 Print 方法显示文本。

9.3.2　MDI 的 MDIChild 属性和 Arrange 方法

MDI 应用程序除了具有单一窗体的属性、事件和方法外,还具有自己独特的 MDIChild 属性和 Arrange 方法等。

1. MDIChild 属性(逻辑型)

MDIChild 属性用来决定该窗体是否为 MDI 窗体的子窗体。它只能通过属性窗口设置,不能在程序代码中设置。若设置该属性为 True,则该窗体是 MDI 窗体的子窗体;否则,该窗体不是 MDI 窗体的子窗体。

2. Arrange 方法

Arrange 方法用来决定 MDI 窗体中子窗体的排列方式,其语法格式为:

　　　　　　MDI 窗体 . Arrange 方式

其中，"方式"取值的含义如下：

- 0——重叠排列所有未最小化的子窗体；
- 1——水平方向平铺所有未最小化的子窗体；
- 2——垂直方向平铺所有未最小化的子窗体；
- 3——排列图标（已最小化的子窗体）。

9.3.3　创建 MDI 应用程序

　　如果要创建 MDI 应用程序，必须先创建 MDI 窗体，然后编写相应的程序代码。一般情况下，其操作步骤如下：

　　（1）创建 MDI 窗体

　　新建一个工程，并创建窗体 Form1，在"工程"菜单中选择"添加 MDI 窗体"。此时，"工程资源管理器"中有两个窗体，即 Form1 和 MDIForm1。注意，由于 MDI 应用程序中只能有一个 MDI 窗体，因此添加 MDI 窗体后，"工程"菜单中的"添加 MDI 窗体"就变成不可选状态。

　　（2）创建 MDI 子窗体

　　单击 Form1 窗体，设置 MDIChild 属性为 True，使它成为 MDI 窗体的一个子窗体。如果要创建几个子窗体，则只要在"工程"菜单中选择"添加窗体"，并设置 MDIChild 属性为 True即可。MDI 子窗体的设计与 MDI 窗体无关，但在运行时总是包含在 MDI 窗体中。

　　（3）设置启动窗体

　　在 MDI 应用程序中包含 MDI 窗体和 MDI 子窗体，将 MDI 窗体设置为启动窗体。

　　（4）编写程序代码

　　MDI 应用程序中的各窗体编写程序代码的方法与普通窗体编写程序代码的方法一样。

9.3.4　MDI 应用程序示例

　　例 9-3　设计一个 MDI 应用程序。该应用程序有一个 MDI 窗体 frmMDI（如图 9-20 所示）和两个 MDI 子窗体 frmChild1、frmChild2，每个子窗体上设计一个文本框。在 MDI 窗体上设计一个菜单栏，各菜单项属性设置如表 9-5 所示。

图 9-20　"MDI 窗体"参考界面

表 9-5　菜单项属性设置

菜　单　项	名称（Name）属性	菜　单　项	名称（Name）属性
打开窗体	mnuOpen	....重叠	mnuOverlap
....子窗体 1	mnuForm1	....水平平铺	mnuHLay
....子窗体 2	mnuForm2	....垂直平铺	mnuVLay
排列窗体	mnuSortform		

　　如果选择"打开窗体"菜单中的"子窗体 1"，则显示 frmChild1 子窗体，同时通过 InputBox 函数输入一个文件名，在 frmChild1 子窗体的文本框中显示该文件内容，并且将文件名显示在子窗体的标题栏上。对于菜单项"子窗体 2"也是一样。

　　如果选择"排列窗体"菜单中的"水平平铺"，则将两个子窗体以水平平铺的方式显示在

MDI 窗体上。对于"重叠"和"垂直平铺"含义类似。

"打开窗体"菜单中各菜单项的程序代码如下：

```
'"子窗体 1"菜单项的 Click 事件过程
Private Sub mnuForm1_Click()
    frmChild1.Show
    '调用 InputBox 函数获取文件名
    FileName＝InputBox("输入要打开的文件名：")
    If FileName＝"" Then Exit Sub
    Open FileName For Binary As ♯1          '打开文件
    frmChild1.Caption＝FileName
    frmChild1.Text1.Text＝Input(LOF(1)，♯1)
    Close ♯1
End Sub
'"子窗体 2"菜单项的 Click 事件过程
Private Sub mnuForm2_Click()
    frmChild2.Show
    FileName＝InputBox("输入要打开的文件名：")
    If FileName＝"" Then Exit Sub
    Open FileName For Binary As ♯2
    frmChild2.Caption＝FileName
    frmChild2.Text1.Text＝Input(LOF(2)，♯2)
    Close ♯2
End Sub
```

"排列窗体"菜单中各菜单项的程序代码如下：

```
'"重叠"菜单项的 Click 事件过程
Private Sub mnuOverlap_Click()
    MDIForm1.Arrange 0
End Sub
'"水平平铺"菜单项的 Click 事件过程
Private Sub mnuHLay_Click()
    MDIForm1.Arrange 1
End Sub
'"垂直平铺"菜单项的 Click 事件过程
Private Sub mnuVLay_Click()
    MDIForm1.Arrange 2
End Sub
```

说明： 对于上述程序代码中涉及的文件操作，请参阅第 10 章中的相关内容。

应用程序运行界面分别如图 9-21～图 9-23 所示。

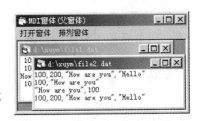

图 9-21　重叠排列方式

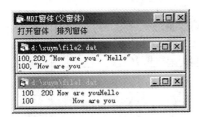

图 9-22　水平平铺排列方式

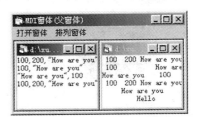

图 9-23　垂直平铺排列方式

9.4 工具栏和状态栏

工具栏通常显示在菜单栏下面，以图标形式显示应用程序中最常用的功能（通常这些功能都能在菜单中找到）。状态栏通常位于窗体的底部，用于显示各种状态信息。

9.4.1 工具栏

工具栏为用户提供了对应用程序中最常用菜单命令的快速访问，进一步增强了应用程序菜单界面的功能，现在已经成为 Windows 应用程序的标准功能。

在 VB 中创建工具栏的方法主要有两种，即手工创建和使用工具栏控件（ToolBar）创建。

1. 手工创建工具栏

手工创建工具栏实际上是在图片框中放置各种可作为工具栏按钮的控件，然后分别对各个控件编写程序，使其能完成特定功能。其具体设计方法如下：

① 在窗体上设置一个图片框控件作为工具栏按钮的容器，并设置其 Align 属性。通常，Align 属性值可设为 1 或 2。当 Align 属性值为 1 时，图片框自动沿窗体顶端形成与窗体同宽的工具栏；当 Align 属性值为 2 时，图片框自动沿窗体底端形成与窗体同宽的工具栏。

② 在图片框中添加任何想作为工具栏按钮的控件，通常情况下以一系列命令按钮或图像框作为工具栏按钮。在图片框中添加控件不能使用双击工具箱中控件按钮的自动方法，而应单击工具箱中的控件按钮，然后用出现的"＋"指针在图片框中"画"出控件。

③ 为工具栏按钮设置 Picture 属性（将命令按钮的 Style 属性设为 1，即图形方式），以装入图形文件，使其显示相应的图标。

④ 如果用户需要，设置工具栏按钮的 ToolTipText 属性以实现自动提示功能，即当鼠标指针移动到该按钮上时会自动显示 ToolTipText 属性的内容。

⑤ 调整工具栏按钮的位置和大小，也可在 Form_Load 事件中编写程序实现。

⑥ 分别对工具栏按钮编写代码。由于工具栏按钮通常用于提供对其他命令的快捷访问，所以一般都是从工具栏按钮的 Click 事件中调用其他过程，比如对应的菜单命令。

例 9-4 利用菜单和工具栏建立一个允许"剪切"、"复制"和"粘贴"的简单应用程序。

先建立菜单，其中，"编辑"菜单中有 3 个菜单项，如图 9-24 所示；"退出"菜单无菜单项，只是单一的菜单命令。然后创建工具栏，工具栏上有 3 个工具按钮，如图 9-25 所示，同样实现对文本框中文字的"剪切"、"复制"和"粘贴"功能。最后在窗体上建立一个文本框，其 Text 属性值为空，MultiLine 属性为 True，程序运行时，用户可在文本框中输入文本。

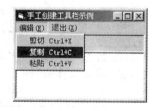

图 9-24　菜单界面

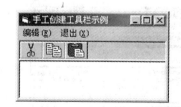

图 9-25　工具栏界面

对于菜单设计的具体过程这里省略。如果要创建工具栏，首先在窗体上创建一个图片框，设置其 Align 属性为 1；然后在图片框中"画"出 3 个命令按钮作为工具按钮，并设置其 Style

属性和 Picture 属性,将名称属性分别设置为 cmdCut、cmdCopy 和 cmdPaste。程序代码如下:

```
Dim st As String                              '声明 st 为窗体级变量
'"剪切"菜单项的 Click 事件过程
Private Sub mnuCut_Click()
    st=txtNoteedit.SelText                    '将选中的内容存放到 st 变量中
    txtNoteedit.SelText=""                    '将选中的内容清除,实现了剪切
End Sub
'"复制"菜单项的 Click 事件过程
Private Sub mnuCopy_Click()
    st=txtNoteedit.SelText                    '将选中的内容存放到 st 变量中
End Sub
'"粘贴"菜单项的 Click 事件过程
Private Sub mnuPaste_Click()
    ' 将 st 变量中的内容插入到光标所在的位置,实现了粘贴
    txtNoteedit.Text=Left(txtNoteedit, txtNoteedit.SelStart)+st+Mid(txtNoteedit, txtNoteedit. _
                      SelStart+1)
End Sub
'"剪切"工具按钮的 Click 事件过程
Private Sub cmdCut_Click()
    mnuCut_Click                              '调用"剪切"菜单命令
End Sub
'"复制"工具按钮的 Click 事件过程
Private Sub cmdCopy_Click()
    mnuCopy_Click                             '调用"复制"菜单命令
End Sub
'"粘贴"工具按钮的 Click 事件过程
Private Sub cmdPaste_Click()
    mnuPaste_Click                            '调用"粘贴"菜单命令
End Sub
'窗体的 Resize(改变窗体大小)事件过程
'当窗体大小改变时,应使文本框的大小与窗体匹配
Private Sub Form_Resize()
    txtNoteedit.Left=0
    txtNoteedit.Top=Picture1.Height
    txtNoteedit.Height=Form1.ScaleHeight - Picture1.Height
    txtNoteedit.Width=Form1.ScaleWidth
End Sub
```

这里,"退出"菜单的 Click 事件过程略。

程序运行后,在文本框中输入一段文字,若选定一串文字,如图 9-26(a)所示,然后单击"剪切"工具按钮,并把插入点定位在原文本内容尾部,再单击"粘贴"工具按钮,则显示如图 9-26(b)所示的界面。

(a)

(b)

图 9-26 例 9-4 的运行界面

　　当然，在工具按钮的 Click 事件中也可以不调用菜单项的 Click 事件，而直接书写对应的程序代码。

　　另外，对于工具栏中的各个控件，在创建时不可避免地会在它们之间留有空隙或间距不等，这样会影响工具栏的美观。若要删除按钮之间的空隙或调整间距，应首先选中这些控件，然后选择"格式"菜单的"水平间距"子菜单中的"删除"或"相同间距"命令。

2. 使用工具栏控件创建工具栏

　　使用工具栏控件（ToolBar）创建工具栏，可以使应用程序的工具栏更加标准化和更显专业性。工具栏控件是 ActiveX 控件，必须将其添加到工具箱中才能使用。

　　添加 ToolBar 控件到工具箱的操作方法为：在 VB 中选择"工程"菜单中的"部件"命令，打开"部件"对话框，选择 Microsoft Windows Common Control 6.0，然后单击"确定"按钮，即可在工具箱中增加一组按钮，如图 9-27 所示。

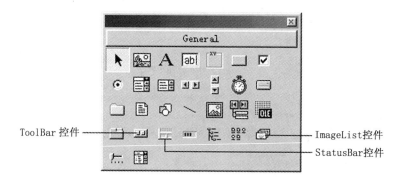

图 9-27　添加新控件后的工具箱

　　工具栏控件包含用来创建工具栏的按钮对象集合，也就是显示在工具栏上的一组按钮。每个按钮对象都含有图像、标题和提示，其中，图像由相关联的 ImageList 控件所提供。因为 ToolBar 按钮本身没有 Picture 属性，不能像其他控件那样用 Picture 属性直接添加按钮上显示的图像。

　　用 ToolBar 控件创建工具栏的具体操作步骤如下：

　　① 在窗体上创建一个 ToolBar 控件和一个 ImageList 控件。

　　② 设置 ImageList 控件的属性，为 ToolBar 控件提供按钮对象所需的图像。

　　③ 设置 ToolBar 控件的属性，建立与 ImageList 控件的关联，完成工具栏的外观设计。

　　④ 分别对工具栏按钮编写代码。

　　在多文档界面（MDI）的应用程序开发中，工具栏和下面要介绍的状态栏应放在 MDI 父窗体中。

　　下面分别对 ToolBar 控件和 ImageList 控件进行简单介绍。

　　（1）ToolBar 控件

　　双击工具箱中的 ToolBar 控件，该控件将自动加入窗体，并出现在窗体的顶部；用户也可单击 ToolBar 控件，在窗体上画出该控件。右击 ToolBar 控件，在弹出的快捷菜单中选择"属性"命令，打开"属性页"对话框，如图 9-28 所示。

　　该"属性页"对话框中包含 3 个选项卡，即通用、按钮和图片。选择"通用"选项卡（如图 9-28 所示），在"图像列表"下拉列表框中选择所需的 ImageList 控件，建立 ToolBar 控件和

ImageList 控件的关联；若为空,则表示还没有将 ImageList 控件添加到窗体中。在"样式"下拉列表框中可选择工具栏的不同样式。

- 0——tbrStandard：表示工具栏中的工具按钮呈突出状,单击时有按下并弹起的效果。
- 1——tbrTransparent：表示工具栏中的工具按钮呈平面状,当鼠标指针移至按钮上方时,按钮突出显示,这类似于 Windows 2000 下工具栏按钮的风格。

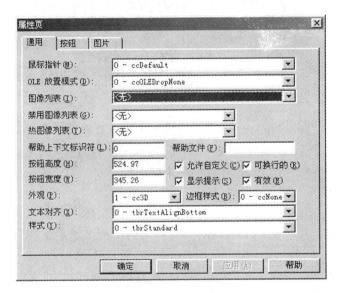

图 9-28　ToolBar 控件的"属性页"对话框中的"通用"选项卡

选择"按钮"选项卡,刚开始只有"插入按钮"可用(如图 9-29 所示),其余选项要在"插入按钮"被单击后才能使用。其中有 3 个属性值得注意,即"样式"、"工具提示文本"和"图像"。

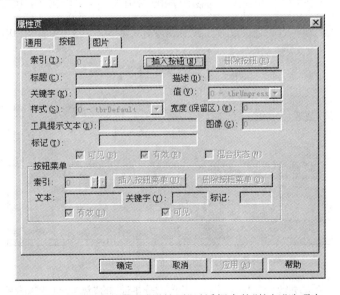

图 9-29　ToolBar 控件的"属性页"对话框中的"按钮"选项卡

① 样式(Style)属性：该属性决定按钮的行为特点,并且影响按钮的功能,其设置值如表 9-6 所示。

表 9-6　Style 属性的设置值及意义

符号常数	值	说　明
tbrDefault	0	普通按钮（默认值），按钮是一个规则的下压按钮
tbrCheck	1	复选按钮，具有按下、放开两种状态。当按钮代表的功能是某种开关类型时，可使用复选样式
tbrButtonGroup	2	选项按钮组，当一组按钮功能相互排斥时，可使用选项按钮组样式。注意，在同一时刻只能按下一个按钮，但所有按钮可能同时处于抬起状态
tbrSeparator	3	分隔符，按钮的功能是作为有 8 个像素的固定宽度的分隔符。分隔符样式的按钮可以将不同组或不同类的按钮分隔开
tbrPlaceHolder	4	占位符，按钮在外观和功能上像分隔符，但具有可设置的宽度
tbrDropdown	5	下拉式按钮，按钮可以建立下拉式的菜单

② 工具提示文本（ToolTipText）属性：该属性用于设置提示信息以实现自动提示功能。

③ 图像（Image）属性：该属性只有在"通用"选项卡中设置了"图像列表"属性后才可用，属性值为按钮上显示的图片在 ImageList 控件中的编号。

（2）ImageList 控件

双击工具箱中的 ImageList 控件，可将该控件添加到窗体上；也可单击 ImageList 控件，在窗体上画出该控件。右击 ImageList 控件，在弹出的快捷菜单中选择"属性"命令，打开"属性页"对话框，如图 9-30 所示。

该"属性页"对话框也包含 3 个选项卡，即通用、图像和颜色。"通用"选项卡用来设置图片的大小。"图像"选项卡用于插入图片，单击"图像"选项卡中的"插入图片"按钮，在弹出的"选定图片"对话框中找到所需要的图片，单击"打开"按钮即可将图片添加到 ImageList 控件中。插入图片后，"索引"框将从 1 开始，按插入的先后顺序自动编号。若要删除某个图片，则在"图像"框中选择该图片或在"索引"框中输入该图片的索引号，然后单击"删除图片"按钮。

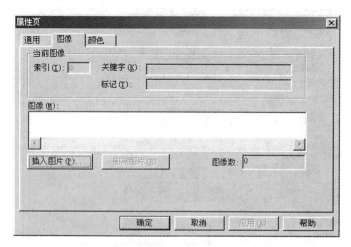

图 9-30　ImageList 控件的"属性页"对话框

将 ImageList 控件添加到窗体后，打开 ToolBar 控件的"属性页"对话框，在"通用"选项卡的"图像列表"下拉列表框中选择 ImageList 控件名，即可建立 ToolBar 控件与 ImageList 控件的关联。在程序运行时，也可通过下列代码建立两者间的关联：

```
Private Sub Form_Load()
```

```
    ToolBar.ImageList=ImageList1
End Sub
```

一旦 ToolBar 控件与 ImageList 控件建立了关联,在 ToolBar 控件"属性页"对话框的"按钮"选项卡中单击"插入按钮",则在工具栏上添加一个工具按钮(也称 Button 对象),此时,"图像"输入框变为有效,只需在其中输入 ImageList 图像库中图像的索引号即可将对应的图片添加到工具按钮上。

在窗体上放置 ToolBar 控件并添加工具按钮后,需要编写代码响应用户的操作,完成预定的任务。

ToolBar 控件的常用事件为 ButtonClick 事件,当用户单击 ToolBar 控件内的 Button 对象时触发该事件。ButtonClick 事件过程的语法格式为:

Private Sub 对象名_ButtonClick(ByVal button As Button)
  …   '事件程序代码
End Sub

其中:

- 对象名:ToolBar 控件的名称。
- Button:用户所单击工具按钮的引用。Button 对象有一个 Key 属性(对应于"属性页"对话框中的"关键字"文本框),应用程序通过 Key 属性能够知道用户单击了工具栏中的哪个工具按钮。

例 9-5 将例 9-4 中工具栏的设计改为用 ToolBar 控件设计。在菜单中,将菜单项设计成控件数组,名称分别为 mnuCutCopyPaste(1)～ mnuCutCopyPaste(3)(说明:该数组下标定义从 1 开始,目的是与工具按钮的"索引"属性值相对应)。

在窗体上创建一个 ToolBar1 控件、一个 ImageList1 控件和一个文本框,设置 ToolBar1 的 Align 属性为 1,设置文本框的 Text 属性为空。

右击 ImageList1 控件,在弹出的快捷菜单中选择"属性"命令,打开"属性页"对话框,选择"图像"选项卡,依次插入 3 个图片,如图 9-31 所示。

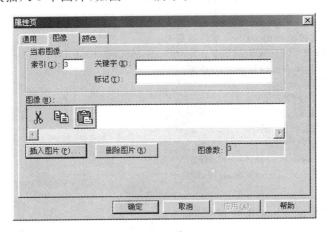

图 9-31 "属性页"对话框中的"图像"选项卡

右击 ToolBar1 控件,在弹出的快捷菜单中选择"属性"命令,打开"属性页"对话框,将"通用"选项卡中的"图像列表"属性设置为 ImageList1,建立两控件间的关联。在"按钮"选项卡中依次插入 3 个按钮,同时改变"图像"输入框的值。工具栏中工具按钮的属性设置如表 9-7 所示。

表 9-7　工具栏中工具按钮的属性设置

工具按钮名	索引属性	图像属性	工具提示文本属性
Button(1)	1	1	剪切
Button(2)	2	2	复制
Button(3)	3	3	粘贴

程序设计界面如图 9-32 所示。

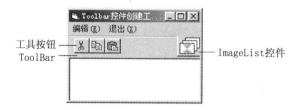

图 9-32　用 ToolBar 控件创建工具栏

程序代码如下：

```
Dim st As String
'"编辑"菜单控件数组的 Click 事件过程
Private Sub mnuCutCopyPaste_Click(Index As Integer)
    Select Case Index
        Case 1                              '若单击"剪切"菜单项
            st＝txtNoteedit.SelText          '将选中的内容存放到 st 变量中
            txtNoteedit.SelText＝""          '将选中的内容清除,实现剪切
        Case 2                              '若单击"复制"菜单项
            st＝txtNoteedit.SelText          '将选中的内容存放到 st 变量中
        Case 3                              '若单击"粘贴"菜单项
            '将 st 变量中的内容插入到光标所在的位置,实现粘贴
            txtNoteedit.Text＝Left(txtNoteedit, txtNoteedit.SelStart)＋st＋
                        Mid(txtNoteedit, txtNoteedit.SelStart＋1)
    End Select
End Sub
'工具栏中各工具按钮的 ButtonClick 事件过程
Private Sub ToolBar1_ButtonClick(ByVal Button As MSComctlLib.Button)
    mnuCutCopyPaste_Click(Button.Index)
End Sub
'窗体的 Resize 事件过程
Private Sub Form_Resize()
    txtNoteedit.Top＝ToolBar1.Height
    txtNoteedit.Left＝0
    txtNoteedit.Height＝Form1.ScaleHeight - ToolBar1.Height
    txtNoteedit.Width＝Form1.ScaleWidth
End Sub
```

这里，"退出"菜单的 Click 事件过程略。

9.4.2　状态栏

StatusBar 控件能够提供一个长方形状态栏，通常在窗体的底部，也可通过 Align 属性决定状态栏出现的位置。状态栏一般用来显示系统信息和对用户的提示。例如，系统日期、光标的当前位置和键盘的状态等。

1. 建立状态栏

设计时,在窗体上添加 StatusBar 控件后,打开该控件的"属性页"对话框(右击 StatusBar 控件,在快捷菜单中选择"属性"命令,即可打开),然后选择"窗格"选项卡,如图 9-33 所示。

图 9-33　StatusBar 控件的"属性页"对话框

其中:

- "插入窗格"按钮:可以在状态栏中增加新的窗格,最多可分成 16 个窗格。
- "索引"和"关键字"文本框:分别表示每个窗格的编号和标识。
- "文本"文本框:显示窗格上的文本。
- "浏览"按钮:可插入图像,图像文件的扩展名为.ico 或.bmp。
- "样式"下拉列表框:指定系统提供的显示信息。

例 9-6　在窗体上设计一个状态栏,并设置为 5 个窗格,如图 9-34 所示。各窗格的属性设置如表 9-8 所示。

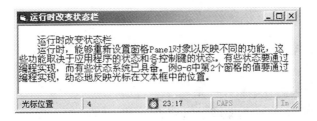

图 9-34　改变状态栏的运行界面

表 9-8　5 个窗格(Panel)的主要属性设置

索引(Index)	样式(Style)	文本(Text)或位图	说　明
1	sbrText	光标位置	显示提示
2	sbrText		运行时获得当前光标位置的值
3	sbrTime	Timer.bmp	显示当前时间和时钟图像
4	sbrCaps		显示大小写控制键的状态
5	sbrIns		显示插入控制键的状态

2. 运行时改变状态栏

运行时,能够重新设置窗格 Panel 对象以反映不同的功能,这些功能取决于应用程序的状态和各控制键的状态。有些状态要通过编程实现，有些状态系统已具备。例 9-6 中的第 2 个窗格的值要通过编程实现，动态地反映光标在文本框中的位置，简单设计如下：

在窗体上添加一个文本框（MultiLine 属性设为 True），单击文本框时在状态栏对应位置显示光标的位置。程序代码如下：

```
Private Sub Text1_Click()
    '当单击文本框时，当前光标位置在状态栏的第 2 个窗格显示
    StatusBar1.Panels(2).Text = Text1.SelStart
End Sub
```

运行界面如图 9-34 所示。

运行时还可以控制状态栏显示与否，具体设计过程留给读者完成。

本章小结

菜单和工具栏是应用程序界面的重要组成部分，它们在应用程序中使用广泛，可使应用程序的操作变得更加简单、轻松和自然。为进一步方便用户编写应用程序，VB 的通用对话框控件提供了一组标准的操作对话框，用于进行打开和保存文件、设置打印选项以及选择颜色和字体等操作。

本章重点介绍了在应用程序中设计通用对话框、菜单、多文档界面、工具栏和状态栏的方法，并通过示例完整地介绍了通用对话框、下拉式菜单、弹出式菜单、多文档界面、工具栏和状态栏设计的全过程。通用对话框控件和"菜单编辑器"的使用是本章学习的重点，并且，读者在学习过程中要掌握菜单控件、工具栏控件中的按钮对象、状态栏控件中窗格的设置方法和多文档界面的常用属性，学会在相关事件过程中灵活地使用它们。

思考与练习题

一、选择题

1. 如果要在两组菜单命令项之间加一个分隔条，可以在其标题文本框中输入＿＿＿＿＿＿。

  A. －   B. ＋   C. &.   D. ♯

2. 以下关于菜单的叙述中错误的是＿＿＿＿＿＿。

  A. 除了 Click 事件之外，菜单项不能响应其他事件

  B. 菜单的名称项（即 Name 属性值）不可省略

  C. 只有当代码窗口为当前活动窗口时，才能打开菜单编辑器

  D. 菜单项的快捷键不能任意设置

3. 以下关于菜单的叙述中错误的是＿＿＿＿＿＿。

  A. 把菜单项的 Enabled 属性设置为 False，则该菜单项不可用

  B. 菜单项不可以响应 DblClick 事件

  C. 弹出式菜单不需要先在菜单编辑器中设计

  D. 各级菜单中的所有菜单项的名称必须唯一

二、填空题

1. 窗体上有一个命令按钮和一个通用对话框（名称为 Cdl1），编写以下代码：

```
Private Sub Command1_Click()
    Cdl1.FileName = ""
    Cdl1.Filter = "所有文件|*.*|可执行文件|*.exe|纯文本文件|*.txt"
    Cdl1.FilterIndex = 3
    Cdl1.DialogTitle = "open file(*.exe)"
    Cdl1.Action = 1
End Sub
```

程序运行后,单击 Command1 按钮,则在弹出的对话框中:

① 该对话框的标题是_____。

② 该对话框的"文件类型"框中显示的内容是_____。

③ 单击"文件类型"框右端的箭头,显示的列表项是_____。

2. 在窗体上有一个通用对话框(默认名称),为了建立一个"另存为"对话框,则需要把_____属性设置为_____,其等价的方法是_____。

3. 在使用"字体"对话框之前必须先设置_____属性值。

4. VB 的菜单可分为_____菜单和_____菜单两种。

5. VB 菜单在_____中设计完成。如果要使某个菜单项在运行时不可见,则设置该菜单项的_____属性为 False;如果要使某个菜单项在运行时不可操作,则设置该菜单项的_____属性为 False。

6. 工具栏有两种创建方法,分别为_____和_____。

7. 将工具栏控件的 Align 属性设置为_____,可以使工具栏自动填充在窗体的顶部;当单击工具栏上的按钮时,会触发_____事件。

8. 如果要在 StatusBar 的一个 Panel 中显示系统时间,可以通过设置该 Panel 的_____属性来实现。

三、编程题

设计一个与"记事本"程序相类似的菜单栏,并设计一个工具栏,使菜单中的常用命令可通过工具栏上的工具按钮来实现(类似"写字板"应用程序)。

四、问答题

1. 通用对话框控件能够显示哪几种对话框? 如何实现? 设计时能否改变其大小?

2. 如何定义菜单及调整菜单项的层次?

3. 热键和快捷键的区别是什么? 如何为一个菜单项设置热键和快捷键?

4. 下拉式菜单和弹出式菜单有什么不同? 程序运行时用什么方法显示弹出式菜单?

5. 什么是菜单控件数组? 如何实现菜单项的增与减?

6. 如何设计 MDI 窗体和 MDI 子窗体? 在加载 MDI 窗体时,能否自动加载子窗体? 试说明 MDI 窗体、MDI 子窗体和普通窗体的区别。

7. 在 MDI 窗体以及 MDI 子窗体中通常有"窗口"菜单,其中包括"重叠"、"平铺"和"排列图标"命令,这些命令如何实现?

8. 分别说出 ToolBar 控件、ImageList 控件和 StatusBar 控件的作用,如何使前两个控件相关联?

9. 状态栏中最多有多少个窗格? 怎样控制状态栏的显示与否?

第 10 章　文　　件

文件是程序设计中的一个重要的概念。所谓"文件"，是指存储在外部介质（如硬盘）上的数据的集合。例如用 Word 编辑制作的文档，把它保存到硬盘上就是一个文件。通常情况下，计算机处理的大量数据是以文件的形式存放在外部介质上的，操作系统也是以文件为单位对数据进行管理的，即如果想访问存放在外部介质上的数据，必须先按文件名找到所指定的文件，然后再从该文件中读取数据。同样，如果要向外部介质上存储数据，也必须先建立一个文件（以文件名标识），再向它输出数据。通过直接处理文件，应用程序可以方便地创建、复制和存储大量数据，一次可以访问多组数据，还可以与其他应用程序共享数据。

VB 具有较强的对文件进行直接处理的能力，可以处理顺序文件、随机文件和二进制文件，同时提供了与文件处理有关的控件。本章将介绍用于操作文件的控件以及 VB 对顺序文件、随机文件和二进制文件的存取方法。

10.1　操作文件的控件

VB 提供了 3 种非常有用的文件系统控件，即驱动器列表框（DriveListBox）、目录列表框（DirListBox）和文件列表框（FileListBox）。这 3 种控件结合在一起，可以很容易地建立类似"Windows 资源管理器"目录窗口的界面，使用户能够方便地选择文件系统中的任意文件，如图 10-1 所示。

图 10-1　驱动器、目录和文件列表框

在图 10-1 中，首先从驱动器列表框中选择驱动器，再从目录列表框中选择目录，最后从文件列表框中选择所需的文件。

10.1.1　驱动器列表框

驱动器列表框是一个下拉式列表框，在设计状态下显示系统当前驱动器的名称，运行时单击右边的向下箭头，在下拉列表框中会列出该计算机系统所有有效的驱动器名称，若从中选择一个驱动器，选中的驱动器名称将出现在列表框的顶部，如图 10-2 所示。

1. Drive 属性

驱动器列表框具有列表框的一般属性，如 Name 属性（默认值为 Drive1、Drive2…）。它最重要的属性是 Drive 属性，用来在运行时返

图 10-2　驱动器列表框

回或设置所选定的驱动器。Drive 属性在设计状态下不能设置，在运行状态下可用两种方法予以设置。

方法 1：使用赋值语句。其语句格式为：

对象名.Drive＝"驱动器名称"

其中，"对象名"是指驱动器列表框的名称。

例如：

Drive1.Drive＝"C"

方法 2：用鼠标单击驱动器列表框中的某一驱动器图标，系统则将该驱动器名赋给驱动器列表框的 Drive 属性。

说明：从驱动器列表框中选择新驱动器后，并不能自动更新当前系统的工作驱动器，而需要用 ChDrive 语句来更新。ChDrive 语句的格式为：

ChDrive "驱动器名称"

例如：

ChDrive Drive1.Drive
ChDrive "D"   '将 D 盘设为当前系统的工作驱动器

2．Change 事件

驱动器列表框可响应 Change 事件，当 Drive 属性值发生改变时立即触发驱动器列表框的 Change 事件，用户可通过编制相应事件过程来完成某种任务。

10.1.2 目录列表框

目录列表框显示当前驱动器的目录结构及当前目录下的所有子目录，供用户选择其中的某个目录作为当前目录，并突出显示当前目录，如图 10-1 中的目录列表框所示。

1．Path 属性

目录列表框具有列表框的一般属性。它最重要的属性是 Path 属性，用来返回或设置当前路径。Path 属性适用于目录列表框和文件列表框，在设计状态下不可访问，在运行状态下可以用两种方法予以设置。

方法 1：使用赋值语句，该方法可以改变路径中的驱动器。其语句格式为：

对象名.Path＝"路径"

其中，"对象名"是指目录列表框或文件列表框的名称。

例如：

Dir1.Path＝"C:\Program Files\Devstudio"

方法 2：用鼠标双击目录列表框中的一个图标，系统则将该图标所代表的绝对路径字符串赋给目录列表框的 Path 属性。这种方法不能改变路径中的驱动器。

说明：从目录列表框中选择新的当前目录后，并不能自动更新当前系统的工作目录，而需要用 ChDir 语句来更新。ChDir 语句的格式为：

ChDir "路径名"

例如：

ChDir "C:\Windows"   '将 C 盘 Windows 目录设置为当前工作目录

```
    ChDir Dir1.Path                  '将目录列表框 Dir1 的当前目录设置为当前工作目录
```

　　如果在窗体上同时建立驱动器列表框 Drive1 和目录列表框 Dir1,由于目录列表框中只能显示当前驱动器的目录结构,在一般情况下,希望改变驱动器列表框中的当前驱动器时,目录列表框中显示的目录内容也应当随之同步变化,可通过以下程序代码实现:

```
    Private Sub Drive1_Change()      '驱动器列表框的 Change 事件
        Dir1.Path=Drive1.Drive
    End Sub
```

　　这样,当改变驱动器列表框 Drive1 中的驱动器时,Drive1.Drive 属性值就会发生改变,这将触发 Drive1 的 Change 事件,调用 Change 事件过程,执行 Dir1.Path=Drive1.Drive 语句,Dir1 的 Path 属性改变就意味着目录列表框 Dir1 的内容改变,从而立即显示刚刚被选定的驱动器的目录结构。

2. Change 事件

　　目录列表框可响应 Change 事件,即当 Path 属性值发生改变时,目录列表框中的显示内容随之改变,同时触发目录列表框的 Change 事件。

10.1.3　文件列表框

　　文件列表框是“驱动器—目录—文件”链中的最后一个环节,用来显示当前驱动器中当前目录下的所有文件清单,如图 10-1 中的文件列表框所示。

　　文件列表框有 3 个重要的属性,即 Path 属性、Pattern 属性和 FileName 属性。

1. Path 属性

　　文件列表框的 Path 属性用来设置或返回文件列表框中所显示文件所在的路径。在设计状态下由系统设置为当前驱动器的当前路径,不可改变,在程序代码中可以通过下面的赋值语句重新设置 Path 属性的值:

```
    File1.Path="路径"
```

　　如果在窗体上同时建立目录列表框 Dir1 和文件列表框 File1,当目录列表框的当前目录发生变化时,若希望文件列表框内显示的内容是当前目录下的所有文件名,则可通过以下程序代码来实现:

```
    Private Sub Dir1_Change()        '目录列表框的 Change 事件
        File1.Path=Dir1.Path
    End Sub
```

2. Pattern 属性

　　Pattern 属性值是一个字符串,用于返回或设置文件列表框中所显示的文件类型,默认值为“*.*”,即显示所有文件。此值既可在设计时设置,也可在运行时通过赋值语句设置,其语句格式为:

> **对象名.Pattern="文件类型"**

其中:
- 对象名: 指文件列表框名称。
- 文件类型: 例如 *.frm、*.doc 等。

例如,如果有语句

File1.Pattern="*.exe"

则 File1 文件列表框中只显示扩展名为.exe 的文件。

File1.Pattern="a*.frm"

则 File1 文件列表框中显示文件名的首字符为 a、扩展名为.frm 的文件。

File1.Pattern="???.vbp"

则 File1 文件列表框中显示文件名为任意 3 个字符、扩展名为.vbp 的文件。

3. FileName 属性

FileName 属性用来返回或设置被选定文件的文件名和路径。该属性在设计状态下不能使用,在运行时有两种方法进行设置。

方法 1:使用赋值语句。其语句格式为:

对象名.FileName="路径名"

其中:

- 对象名:指文件列表框名称。
- 路径名:是一个指定文件名及其路径的字符串。

例如:

File1.FileName="D:\vb*.frm"

注意:引用 FileName 时仅仅返回被选定文件的文件名。若想得到其路径,则需要用 Path 属性,但设置时文件名前可以带路径。

方法 2:用鼠标单击文件列表框中的某文件名,此时会触发该文件列表框的一个单击事件。例如:

```
Private Sub File1_Click()
    MsgBox File1.FileName        '显示所单击文件的文件名
End Sub
```

4. 文件列表框的文件属性

文件列表框的文件属性分别为 Archive、Normal、System、Hidden 和 ReadOnly。通过这些属性,可以在应用程序运行期间设置文件列表框中显示哪一种类型的文件。这些属性都是逻辑型,设置值为 True 或 False,下面介绍其默认值及含义。

- Archive:默认值为 True,表示显示文档文件。
- Normal:默认值为 True,表示显示正常标准文件。
- System:默认值为 False,表示不显示系统文件。
- Hidden:默认值为 False,表示不显示隐含文件。
- ReadOnly:默认值为 True,表示显示只读文件。

5. PathChange 事件和 PatternChange 事件

当文件列表框的 Path 属性值发生改变时,触发 PathChange 事件;当文件列表框的 Pattern 属性值发生改变时,触发 PatternChange 事件。

另外,3 种列表框都具有 List、ListCount 和 ListIndex 等属性,功能和前面介绍的普通列表框的一样。

10.1.4 使用文件系统控件的示例

例 10-1 设计一个如图 10-3 所示的图片浏览系统，通过该系统可以浏览所选中文件的图片。窗体上除了有 3 个文件系统控件以外，还有组合框、文本框、图片框和标签等控件。

程序要求：运行时 3 个文件系统控件要同步变化；当单击文件列表框中的某一列表项时，在文本框中显示所选择文件的目录路径；单击"打开"按钮，在图片框内显示该文件的图像。其中，组合框中包含的列表项有所有文件(＊.＊)、BMP 文件(＊.BMP)和 JPEG 文件(＊.JPG)。

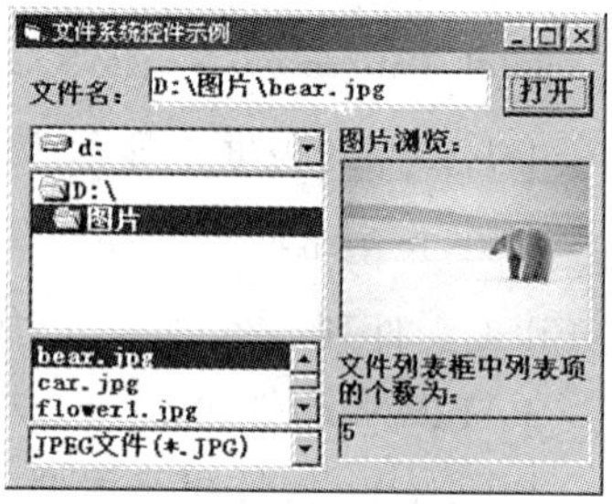

程序代码如下：

图 10-3 图片浏览系统界面图

```vb
'窗体的 Load 事件
Private Sub Form_Load()                        '初始化组合框
    Combo1.AddItem "所有文件(＊.＊)"
    Combo1.AddItem "BMP 文件(＊.BMP)"
    Combo1.AddItem "JPEG 文件(＊.JPG)"
    Combo1.ListIndex = 2
End Sub
'组合框的 Click 事件过程
Private Sub Combo1_Click()
    Select Case Combo1.Text
        Case "所有文件(＊.＊)"
            File1.Pattern = "＊.＊"
        Case "BMP 文件(＊.BMP)"
            File1.Pattern = "＊.BMP"
        Case "JPEG 文件(＊.JPG)"
            File1.Pattern = "＊.JPG"
    End Select
End Sub
'下面两个事件过程可使文件系统的 3 种列表框实现同步操作
'驱动器列表框的 Change 事件过程
Private Sub Drive1_Change()
    Dir1.Path = Drive1.Drive
End Sub
'目录列表框的 Change 事件过程
Private Sub Dir1_Change()
    File1.Path = Dir1.Path
    Label3.Caption = File1.ListCount        '在标签上显示文件列表框中的项数
End Sub
'文件列表框的 Click 事件过程
Private Sub File1_Click()
    If Right(File1.Path, 1) = "\" Then         '判断是否为根目录
        Text1.Text = File1.Path + File1.FileName      '是根目录
    Else
        Text1.Text = File1.Path + "\"+ File1.FileName   '不是根目录
    End If
End Sub
'"打开"按钮的 Click 事件过程
Private Sub Command1_Click()
    Picture1.Picture = LoadPicture(Text1.Text)
End Sub
```

10.2 文件的分类及访问

文件是一组相关信息的集合。在计算机中,文件是指存储在外存(如硬盘)上的一系列相关的字节。当应用程序按照文件名访问一个文件时,应当知道这些字节表示的是什么(是字符、整数、字符串,还是数据记录等)。如果想有效地存取数据,应当约定数据存放的方式和文件的访问方式。

10.2.1 文件的分类

在计算机系统中,文件种类繁多,处理方法和用途各不相同。根据不同的分类标准,文件分为不同的类型。

- 按文件内容可分为程序文件和数据文件。
- 按数据编码的方式可分为 ASCII 文件和二进制文件。
- 按存取方式和结构可分为顺序文件和随机文件。

程序文件存储的是程序,包括源程序和可执行程序,如 VB 的. frm、. vbp、. bas、. cls、. exe 等由编程产生的文件就属于程序文件。而数据文件存储的是程序运行所需要的各种数据或执行程序产生的数据、图形等,如文本文件(. txt)、Word 文档(. doc)、Excel 工作簿(. xls)都是数据文件。

ASCII 文件就是文本文件,存放的是各种数据的 ASCII 码,可用记事本打开,在显示器上显示或在打印机上输出。二进制文件存放的是各种数据的二进制代码,不能用记事本打开,必须用专用程序打开,但二进制文件占用的存储空间小。

10.2.2 VB 中文件的访问

对文件的存取又称为访问。在 VB 中,按文件的访问方式可将文件分为顺序文件、随机文件和二进制文件。

1. 顺序文件

在 VB 中,顺序文件就是文本文件。文件中的每一个字符代表一个文本字符或者文件格式符(如回车、换行符)。

① 文件中的数据是以 ASCII 码方式存储的,即写入顺序文件中的任何类型的数据都被转换成字符格式。

② 文件中的数据是按顺序组织的,与文档中出现的顺序相同。并且,每行长度是可以变化的,访问顺序文件时只能从头到尾按顺序存取。

③ 顺序文件的结构简单,缺点是不能同时进行读、写两种操作。

2. 随机文件

随机文件是由一组长度相同的记录(Record)组成的。

① 记录由若干相互关联的数据项组成,每个数据项称为一个字段。在数据处理中,表示一件事或一个人的某些信息就可以构成一个记录。例如,进行学生成绩统计时,每个学生的学习成绩等信息组成一个记录,它由学号、姓名、各科成绩、总分等数据项组成,格式如下:

学号	姓名	数学成绩	语文成绩	英语成绩	总分

② 随机文件中的每条记录都有一个记录号，其简单的排列结构如下：

♯1 记录 1	♯2 记录 2	…	♯n 记录 n

在写入数据时，只要指定记录号，就可以把数据直接存入指定位置；在读取数据时，只要给出记录号，就能直接读取该记录，而不必考虑各个记录的排列和位置。也就是说，随机文件可根据需要访问文件中的任一记录，其优点是可以同时进行读、写操作，数据的存取速度较快，数据更新方便。

③ 在随机文件中，除字符串以外，其他类型的数据都不转换成字符，而是直接以二进制形式存储在文件中，因此占用的存储空间比顺序文件大，不能用字处理软件查看其中的内容。

3. 二进制文件

这里按访问方式说的二进制文件与前面按数据编码方式说的二进制文件在概念上有区别。按数据编码方式来说，随机文件也应归到二进制文件。

按访问方式说的二进制文件是最原始的文件类型，它由一系列字节组成，没有固定的格式，只是要求以字节为单位定位数据位置，允许程序直接访问各个字节数据，也允许程序按所需的任何方式组织和访问数据。任何类型的文件（顺序文件或随机文件）都可以以二进制访问方式打开。因此，这类文件的灵活性较大，占用的空间小，但编程工作量较大。

10.3 顺序文件

将数据从内存写入顺序文件通常有 3 个步骤，即打开、写入和关闭。从顺序文件读取数据到内存通常也有 3 个步骤，即打开、读出和关闭。但是，写顺序文件和读顺序文件中的"打开"含义不同，体现在打开的模式上。

10.3.1 顺序文件的打开和关闭

在对文件进行读/写操作之前必须先打开文件，通知操作系统对文件进行读操作还是写操作，给文件指定一个文件号。当结束操作后，还必须将文件关闭，否则会造成数据丢失等现象。

1. 顺序文件的打开（创建）

打开顺序文件使用 Open 语句，其语法格式为：

Open "文件名" **For** 模式 **As** [♯]文件号 [**Len**＝记录长度]

其中：

- 文件名：指定要打开（或创建）的文件，可包含盘符和路径。
- 模式：设置文件模式，可以选择下列 3 种形式之一。

  Output——从文件的起始处写入数据，替代其中原有数据，即对文件进行写操作。

  Input——将文件数据从外存读入内存中，即对文件进行读操作。

  Append——从文件当前结束处开始写入数据，且保留原有数据，即以追加的方式对文件进行写操作。

- 文件号：文件号是一个介于 1~511 之间的整数，又称为文件标识符或通道号。在文件关闭前为该文件专用，在各种文件操作中代表该文件。

- 记录长度：可选参数，是一个小于或等于 32 767 的整数，用于指定数据缓冲区的大小。

说明：

① 在对文件进行任何读/写操作之前都必须先用 Open 语句打开文件。Open 语句分配一个内存缓冲区供文件进行读/写操作，并决定缓冲区所使用的访问模式。

② 如果文件名指定的文件不存在，则用 Append 或 Output 模式打开文件时会自动建立这一文件。当以 Output 模式打开一个已存在的顺序文件时，则将文件中原有的数据全部清空，相当于将原文件删除后再新建一个同名的新的空文件。而用 Input 模式打开文件时，需打开的文件必须存在，否则会产生运行错误。

③ 用 Input 模式打开文件时，可以用不同的文件号打开同一文件，即不必先将该文件关闭。而用 Append 或 Output 模式打开文件时，如果要用不同的文件号打开同一文件，则必须在打开文件之前先关闭该文件。

④ 文件打开以后，系统会自动生成一个（隐形的）文件指针，文件的读或写操作从文件指针所指的位置开始。用 Append 方式打开的文件，文件指针指向文件末尾，用其他方式打开的文件，文件指针都指向文件开头。每完成一次读/写操作后，文件指针自动移到下一个读/写操作的起始位置，移动量的大小与读/写的字符串的长度相同。

下面给出几个顺序文件的打开示例。

① 若要在 C 盘根目录下建立一个新的文件名为 TEMP.dat 的顺序文件，指定文件号为 #1，则命令应为：

Open "C:\TEMP.dat" For Output As #1

② 如果要打开 C：\VBTMP 目录下文件名为 TST.txt 的顺序文件进行读操作，指定文件号为 #15，则命令应为：

Open "C:\VBTMP\TST.txt" For Input As #15

③ 如果要打开 D：\ABC 目录下文件名为 TEST.txt 的顺序文件，在文件末尾添加新内容，指定文件号为 #3，则命令应为：

Open "D:\ABC\TEST.txt" For Append As #3

2. 顺序文件的关闭

关闭使用 Open 语句打开的顺序文件由 Close 语句完成，其语法格式为：

Close [[#]文件号][,[#]文件号]…

功能：关闭与文件号相关联的文件。若语句中没有文件号，则关闭所有已经打开的文件。

关闭文件时系统将内存缓冲区中的数据全部写入文件，并清除缓冲区，释放全部与被关闭文件有关的 VB 缓冲区和表示该文件的文件号，使该文件号能够供其他 Open 语句使用。例如：

```
Close #1, #2              '关闭1号和2号文件
Close                     '关闭所有已打开的文件
```

注意：用写语句写入数据只是将数据写入内存缓冲区中，并没有写到打开的文件中，只有使用 Close 语句关闭文件后，数据才被写入文件中。

10.3.2　顺序文件的读/写操作

1. 写操作

将数据从内存写入文件可使用 Print ♯ 语句或 Write ♯ 语句。

（1）Print ♯ 语句

格式：

Print ♯ 文件号，输出列表

功能：按规定格式把"输出列表"中的数据写到由"文件号"所代表的文件中。

其中，"输出列表"是指[{Spc(n)|Tab(n)}][表达式列表][；|，]，其含义参见 2.5.1 节。

例 10-2　用 Print ♯ 语句建立顺序文件，并观察输出列表中分号和逗号的作用。

程序代码如下：

```
Private Sub Form_Click()
    Dim x As Integer, y As Integer
    Dim str1 As String, str2 As String
    x=100:y=200
    str1="How are you":str2="Hello"
    Open "D:\File1.dat" For Output As ♯1
    Print ♯1,x;y;str1;str2
    Print ♯1,x,str1
    Print ♯1,str1,x
    Print ♯1,x;y;
    Print ♯1,str1;str2
    Print ♯1,Spc(5);str1             '先输出 5 个空格，再输出字符串 str1
    Print ♯1,Tab(10);str2            '在第 10 列上输出字符串 str2
    Close ♯1
    Print
    Print "文件 File1.Dat 已建立"
End Sub
```

运行该程序，单击窗体，则在 D 盘上建立一个顺序文件 File1.dat。用 Word（或其他字处理软件）打开该文件，可以看到它由 6 行组成，如下所示：

```
    100    200 How are youHello
    100              How are you
How are you          100
    100    200 How are youHello
        How are you
            Hello
```

请读者根据程序分析结果。

（2）Write ♯ 语句

格式：

Write ♯ 文件号，[输出表][，]

功能：与 Print ♯ 语句相同。

说明：输出表可包含任意数目的字符串表达式或数值表达式，表达式间用逗号","分隔。当用 Write ♯ 语句把表达式的值写入文件时，在数据项之间插入逗号，并给字符串加上双引号。输出表若以逗号结束，下一输出项则在同一行接着输出；若无逗号，则自动插入换行符换行输出。

例10-3 用 Write ♯语句建立顺序文件。

程序代码如下：

```
Private Sub Form_Click()
    Dim x As Integer, y As Integer
    Dim str1 As String, str2 As String
    x=100:y=200
    str1="How are you":str2="Hello"
    Open "D: \File2.dat" For Output As ♯1
    Write ♯1,x,y,str1,str2
    Write ♯1,x,str1
    Wtite ♯1,str1,x
    Write ♯1,x,y,
    Write ♯1,str1,str2
    Close ♯1
    Print "文件 Flie2.dat 已建立"
End Sub
```

运行该程序，单击窗体，则在 D 盘上建立一个顺序文件 File2.dat。用 Word（或其他字处理软件）打开该文件，可以看到它由 4 行组成，如下所示：

```
100,200,"How are you","Hello"
100,"How are you"
"How are you",100
100,200,"How are you","Hello"
```

例10-4 用 Print ♯语句把整个文本框 Text1 中的数据一次性地写入 D 盘根目录下的文件 File3.dat 中。

程序段如下：

```
Open "D:\File3.dat" For Output As ♯1
Print ♯1,Text1.Text
Close ♯1
```

例10-5 用 Print ♯语句也可把文本框 Text1 中的数据一个字符一个字符地写入 D 盘根目录下的文件 File4.dat 中，但必须与循环语句配合使用。

程序段如下：

```
Open "D: \File4.dat" For Output As ♯1
For i=1 to Len(Text1.Text)
    Print ♯1,Mid$(Text1.Text,i,1)
Next i
Close ♯1
```

2. 读操作

将数据从顺序文件读到内存，根据不同需要，可使用下面的语句或函数。

（1）Input ♯语句

格式：

Input ♯文件号，变量列表

功能：从文件号对应的顺序文件中读出若干数据，依次赋给相应的变量。

说明："变量列表"中的各变量名用逗号分隔，变量用来存放文件中的数据，其类型必须与文件内读出数据的类型一致，一次可读一个数据项，也可读多个数据项。文件中的数据项以逗号、空格或回车换行符分隔，由此可知，使用 Input ♯ 语句不能用来读取逗号、空格或回车换行符等。一般情况下，用 Input ♯ 语句读出的文件可事先用 Write ♯ 语句写入作为一个顺序文件（往往是数据文件），因此，Write ♯ 语句常与 Input ♯ 语句配合使用。

（2）Line Input ♯ 语句

格式：

Line Input ♯ 文件号，字符串变量

功能：把文件号对应的顺序文件中的整个一行字符读到字符串变量中。

与第一种格式相比，这种格式不把逗号当作分隔符，而只以 Enter 或 Return 作为分隔符。这种格式适合于一行一行地读取文本文件。

（3）Input 函数

格式：

Input$（字符数，♯ 文件号）

功能：从文件号对应的顺序文件中读出一串字符作为函数的返回值。所读出字符串的长度由参数"字符数"决定，而不考虑分隔符的存在。

例 10-6　将 1～10 这 10 个整数写入文件 Mydata1.txt 中，再从该文件中读取这 10 个整数，并显示在窗体上。

在窗体上可放置一个命令按钮 Command1，使用其单击事件过程完成将 1～10 的 10 个整数写入文件的操作。程序运行界面如图 10-4 所示。

程序代码如下：

图 10-4　"读写文件"的简单输出界面

```
'"写文件"按钮的 Click 事件过程
Private Sub Command1_Click()
    Dim i As Integer
    '建立新的顺序文件用于写操作,文件指针指向文件头
    Open App.path & "\" & "Mydata1.txt" For Output As ♯1
    For i=1 To 10
        Write ♯1,i                    '将 1～10 写入顺序文件中
    Next i
    Close ♯1
End Sub
```

窗体的单击事件过程用于读出 Mydata1.txt 中的内容。程序代码如下：

```
Private Sub Form_Click()
    Dim i As Integer
    '打开顺序文件用于读,文件指针指向文件头
    Open App.path & "\" & "Mydata1.txt" For Input As ♯1
    Print
    Do While Not EOF(1)              'EOF 函数测试文件指针是否到达文件末尾
        Input ♯1,i                  '读出各数据项,放在 i 中
        Print i;                     '在窗体上输出显示 i
    Loop
    Close ♯1
    Print
End Sub
```

其中,App. path 用于取得当前工程文件所在的文件夹路径,App. path & "\" & Filename 指明了文件的物理位置。

例 10-7 用 Line Input # 语句将例 10-2 建立的 File1. dat 文件中的数据一行一行地读到文本框中。

在窗体上放置一个命令按钮和一个文本框(文本框的 MultiLine 属性设置为 True),通过命令按钮的单击事件实现读出操作。

程序代码如下:

```
'"读文件"按钮的 Click 事件过程
Private Sub Command1_Click()
    Text1. Text=""
    Open "D:\File1. Dat" For Input As #1
    Do While Not EOF(1)
        Line Input #1, ch
        Text1. Text=Text1. Text+ch+vbCrLf
    Loop
    Close #1
End Sub
```

图 10-5　读文件界面

程序运行界面如图 10-5 所示。

如果用 Input 函数,也可将 File1. Dat 文件中的数据一次性地读入文本框,只需将上面程序代码中的 Do While…Loop 循环语句改为下列语句:

Text1. Text=Input$(LOF(1),1)

其中,LOF 函数返回文件所含的字节数。

Input 函数把文件中的所有字符包括回车、换行这类控制字符都读进来,并且可以跨行读,这一点与 Input 语句和 Line Input 语句都不一样,请读者注意它们之间的区别。

10.3.3　几个重要的函数和语句

VB 提供了多个用于文件操作的函数和语句,其中的大部分函数和语句对于 3 种类型文件(顺序、随机、二进制)都适用。

1. LOF 函数
格式:

LOF(文件号)

功能:返回一个已打开文件(由文件号标识)所含的字节数,即文件长度。例如 LOF(1),返回 1 号文件的字节数。若文件是空文件,则返回值为 0。

2. LOC 函数
格式:

LOC(文件号)

功能:返回文件当前的读/写位置。对于随机文件,返回最近读/写的记录号;对于二进制文件,返回最近读/写的一个字节的位置;对于顺序文件,返回在文件中当前字节位置除以 128 所得的值,但此值在顺序文件中没有用处。

3. EOF 函数
格式:

EOF(文件号)

功能：用于测试文件指针是否到达文件末尾，若到达文件末尾，则 EOF 函数返回 True，否则返回 False。对于顺序文件，该函数测试文件指针是否到达文件末尾；对于二进制文件或随机文件，当 Get♯语句读不到一个完整记录时，该函数返回 True，否则返回 False。

4. FreeFile 函数

格式：

FreeFile[()]

功能：返回下一个可利用的文件号。

5. Seek 函数

格式：

Seek(文件号)

功能：返回下一个读或写操作的起始位置。

6. Seek ♯ 语句

格式：

Seek [♯]文件号，新位置

功能：把文件号所代表文件的文件指针移动到"新位置"。

其中，"新位置"为一长整型数。对于随机文件，此数代表记录号；对于顺序文件或二进制文件，此数代表从头数起的字节数，下一个读/写操作将从这个新位置开始。

7. FileAttr 函数

格式：

FileAttr(文件号，返回类型)

功能：返回用 Open 语句打开的某个文件的访问模式的代码。

其中，"返回类型"是一个整型数，取值为 1 或 2。当该参数值为 1 时，返回一个表示文件的访问模式的代码，其含义如表 10-1 所示；当该参数值为 2 时，在 32 位系统中将产生错误。

表 10-1　访问模式对应的代码

访问模式	返回值	访问模式	返回值
Input	1	Append	8
Output	2	Binary	32
Random	4		

8. FileLen 函数

格式：

FileLen(文件名)

功能：返回指定文件的长度(字节数)。

其中，"文件名"是一个字符串表达式，可以包含驱动器名和路径。

9. Kill 语句

格式：

Kill 文件名

功能：从磁盘中删除文件，但不能删除一个已打开的文件。

例如：

Kill "D:\MyFile\ * .txt"

该语句可删除 D 盘 MyFile 目录下所有以.txt 为扩展名的文件。

10. Name 语句

格式：

Name 原文件名 As 新文件名

功能：重新命名一个文件和目录，可以实现文件的更名和移动。

例如：

Name "D:\Book.dat" As "D:\MyFile\Temp.dat"

该语句可把 D 盘中的 Book.dat 文件移动到 D 盘 MyFile 目录下，并改名为 Temp.dat。

11. Reset 语句

格式：

Reset

功能：关闭所有已打开的文件。

12. Lock 语句和 Unlock 语句

格式：

Lock　[＃]文件号[,记录范围]
Unlock　[＃]文件号[,记录范围]

功能：Lock 语句不允许其他进程对一个已打开文件的全部记录或部分记录进行读/写操作。Unlock 语句释放由 Lock 语句设置的对一个文件的锁定，允许其他进程对它进行访问。

注意：Lock 语句和 Unlock 语句总是成对出现，且参数必须严格匹配。

10.4　随机文件

随机文件以记录为单位，由一组固定长度的记录顺序排列而成，并且给每条记录赋予了记录号以便查找，因此常被称为记录文件。用户在对随机文件进行访问时，只要指定记录号，便可对检索到的任意一条记录进行读或写操作。

记录是最小的读/写单位，一条记录又是由多个数据项组成的，每个数据项都有不同的类型和长度，因此，在程序中采用用户自定义类型说明语句(参见 3.2.2 节)定义记录的类型结构，然后将记录变量说明成该类型，这样就为这个变量申请了内存空间，用于存放随机文件中的记录。

同顺序文件一样，将数据写入随机文件和从随机文件中读出数据也要经过 3 个步骤，即打开、写入/读出和关闭。

10.4.1　随机文件的打开和关闭

1. 随机文件的打开

随机文件的打开仍用 Open 语句，其语法格式为：

Open "文件名" For Random As ♯文件号 [Len＝记录长度]

其中：

- 文件名：指定要操作的文件名称，可包含盘符和路径。如果原来没有此文件，则自动建立该文件。
- Random：随机文件的读/写模式。随机文件打开后，文件指针指向文件头，既可以进行读操作，也可以进行写操作。
- 记录长度：规定随机文件中每个记录所含的字节数，即指明记录的长度。如果省略，则默认值是 128 个字节。

2. 随机文件的关闭

关闭随机文件与关闭顺序文件的语句格式相同。

10.4.2　随机文件的读/写操作

1. 写操作

将数据写入随机文件使用 Put ♯语句，其语法格式为：

Put [♯]文件号，[记录号]，变量名

功能：把记录变量的内容写到所打开的文件中由记录号指定的位置。若省略记录号，则表示在当前记录后的位置插入一条记录，但此时记录号前后的逗号不能省略。

说明：

① 将新记录写入随机文件中已有的记录位置，其实是对指定记录进行修改操作。

② 若要在随机文件的末端添加新记录，则设置的记录号值应为文件中的记录数加 1。

2. 读操作

从随机文件中读出数据使用 Get ♯语句，其语法格式为：

Get [♯]文件号，[记录号]，变量名

功能：把文件中由记录号所指定的记录内容读到指定的记录变量中。若省略记录号，则表示读出当前记录后的那一条记录。

文件指针指向最近一次用 Put ♯或 Get ♯语句所操作的记录的下一条记录，或最近一次由 Seek ♯语句定位的记录，以最后一次操作为准。

例 10-8　设计如图 10-6 所示的随机文件读/写操作的简单示例。程序的功能为单击"写随机文件"按钮，将"姓名"文本框和"学号"文本框内的信息写入随机文件 randomFile. txt 中；单击"读随机文件"按钮，将随机文件 randomFile. txt 中的信息读出并显示在图片框（Pic1）中。

程序代码如下：

图 10-6　随机文件读/写操作的
　　　　　简单示例界面

```
' 在标准模块中定义一个自定义数据类型
Public Type students
    strName As String ＊ 10
    strNum As String ＊ 6
End Type
' 窗体模块中的代码
Dim stu As students
Dim i As Integer
' "读随机文件"按钮的 Click 事件过程
```

```
Private Sub cmdRead_Click()
    Dim recCount As Integer, curRec As Integer
    Pic1.Cls
    Pic1.Print "姓名 学号"
    Open "D:\randomFile.txt" For Random As #1 Len = Len(stu)
    recCount = LOF(1) \ Len(stu)              '获取随机文件中记录的个数
    For curRec = 1 To recCount
        Get #1, curRec, stu
        Pic1.Print " "; stu.strName; stu.strNum
    Next curRec
    Close #1
End Sub
'"写随机文件"按钮的 Click 事件过程
Private Sub cmdWrite_Click()
    Open "D:\randomFile.txt" For Random As #1 Len = Len(stu)
    stu.strName = txtName.Text
    stu.strNum = txtNum.Text
    i=i+1                                     '标记写记录的位置
    Put #1, i, stu
    txtName.Text = ""
    txtNum.Text = ""
    Close #1
End Sub
```

例 10-9 设计如图 10-7 所示的简单图书管理程序,要求实现以下功能:

程序运行时,在文本框中显示随机文件中的第一条记录内容,记录号自动显示,若文件中无记录,则文本框为空,记录号中显示"当前文件中无记录";单击"上一个"或"下一个"按钮,则在文本框中显示当前记录的上一条或下一条记录;单击"添加"按钮,则将文本框中输入的记录信息添加到随机文件尾部;单击"修改"按钮,则将文本框中修改后的记录信息写入文件中;单击"删除"按钮,则删除当前显示的记录。

图 10-7　图书管理程序界面

在随机文件尾部追加一条记录,关键是要确定文件的最后一个记录号,即文件记录总数,可利用 LOF 函数和 Len 函数求得:

LastRec=LOF(文件号)\Len(记录变量名)

对随机文件删除记录可借助临时文件,先读出随机文件中不要删除的记录并写入临时文件,然后通过记录号跳过要删除的记录,继续读不要删除的记录直到文件结束,最后对临时文件改名即可。

程序代码如下:

```
'在标准模块中定义一个自定义数据类型
Public Type Books
    Number As String * 4
    BookName As String * 30
    Author As String * 8
    Price As Single
End Type
'窗体模块中的代码
Dim book As Books                        '声明 book 为 Books 类型的窗体级变量
```

```
Dim CurRec As Integer                          '用于存放当前记录号
Dim LastRec As Integer                         '用于存放最后(最大)记录号
'窗体的 Load 事件过程
Private Sub Form_Load()
    Open "D:\BOOK.DAT" For Random As ♯1 Len＝Len(book)
    LastRec＝LOF(1)\Len(book)                   '文件记录个数
    If LastRec＝0 Then
        Text1.Text＝"" : Text2.Text＝""
        Text3.Text＝"" : Text4.Text＝""
        Label5.Caption＝"当前文件中无记录"
        cmdDelete.Enabled＝False
        cmdModify.Enabled＝False
        cmdAbove.Enabled＝False
        cmdNext.Enabled＝False
    Else
        CurRec＝1
        Label5.Caption＝CurRec
        Get ♯1,CurRec,book
        Text1.Text＝book.Number
        Text2.Text＝book.BookName
        Text3.Text＝book.Author
        Text4.Text＝book.Price
    End If
End Sub
'"添加"命令按钮的 Click 事件过程
Private Sub cmdAppend_Click()                   '添加记录
    book.Number＝Text1.Text
    book.BookName＝Text2.Text
    book.Author＝Text3.Text
    book.Price＝Val(Text4.Text)
    LastRec＝LastRec＋1                          '记录总数＋1
    Put ♯1,LastRec,book                         '把新记录增加到文件的末尾
    CurRec＝LastRec
    Label5.Caption＝CurRec
    cmdDelete.Enabled＝True
    cmdModify.Enabled＝True
    cmdAbove.Enabled＝True
    cmdNext.Enabled＝True
End Sub
'"修改"命令按钮的 Click 事件过程
Private Sub cmdModify_Click()
    book.Number＝Text1.Text
    book.BookName＝Text2.Text
    book.Author＝Text3.Text
    book.Price＝Val(Text4.Text)
    Put ♯1,CurRec,book                          '修改当前记录
End Sub
'"删除"命令按钮的 Click 事件过程
Private Sub cmdDelete_Click()
    Dim i%,j%, TempFNum%
    TempFNum＝FreeFile()                        '获取下一个可用的文件号
    Open "D:\TEMP.DAT" For Random As ♯TempFNum Len＝Len(book)
    '建立一个临时文件
    For i＝1 To LastRec
        If i<>CurRec Then                       '当前记录不复制到临时文件中
```

```
            Get 1,i,book
            j=j+1
            Put TempFNum,j,book
        End If
    Next i
    Close ♯1,♯TempFNum                          '关闭打开的文件
    Kill "D:\BOOK.DAT"                           '删除原文件
    '把临时文件名改为原文件名
    Name "D:\TEMP.DAT" As "D:\BOOK.DAT"
    '下面重新打开完成删除操作后的随机文件,在文本框中显示记录内容
    Open "D:\BOOK.DAT" For Random As ♯1 Len=Len(book)
    LastRec=LOF(1)\Len(book)
    If LastRec=0 Then
        Text1.Text="" : Text2.Text=""
        Text3.Text="" : Text4.Text=""
        Label5.Caption="当前文件中无记录"
        cmdDelete.Enabled=False
        cmdModify.Enabled=False
        cmdAbove.Enabled=False
        cmdNext.Enabled=False
    Else
        CurRec=1
        Label5.Caption=CurRec
        Get ♯1,CurRec,book
        Text1.Text=book.Number
        Text2.Text=book.BookName
        Text3.Text=book.Author
        Text4.Text=book.Price
    End If
End Sub
'"上一个"命令按钮的 Click 事件过程
Private Sub cmdAbove_Click()
    If CurRec>1 Then
        CurRec=CurRec-1                          '当前记录位置向前移动
        Label5.Caption=CurRec
        Get ♯1,CurRec,book
        Text1.Text=book.Number
        Text2.Text=book.BookName
        Text3.Text=book.Author
        Text4.Text=book.price
    Else
        Label5.Caption="这已是第一条记录!!"
    End If
End Sub
'"下一个"命令按钮的 Click 事件过程
Private Sub cmdNext_Click()
    If CurRec<LastRec Then
        CurRec=CurRec+1
        Label5.Caption=CurRec
        Get ♯1,CurRec,book
        Text1.Text=book.Number
        Text2.Text=book.BookName
        Text3.Text=book.Author
        Text4.Text=book.Price
```

```
        Else
            Label5.Caption="这已是最后一条记录!!"
        End If
End Sub
```

10.5　二进制文件

二进制文件以字节为最小单位对文件进行访问操作，允许用户从文件中的任何一个字节处开始读或写操作，只要知道文件中数据的组织结构，任何文件都可以当作二进制文件来处理。

10.5.1　二进制文件的打开和关闭

1.二进制文件的打开

打开二进制文件使用 Open 语句，其语法格式为：

Open "文件名" For Binary As [♯]文件号

说明：

① 打开二进制文件与打开随机文件一样，不必指定读/写操作模式，即打开二进制文件以后就可以进行读出或写入操作。

② 如果要打开的文件不存在，则创建一个新文件。

③ 二进制文件刚被打开时，文件指针指向第一个字节；打开以后，可用 Seek ♯ 语句把文件指针指向文件的任何位置。

2.二进制文件的关闭

关闭二进制文件与关闭其他类型文件的语句格式相同。

10.5.2　二进制文件的读/写操作

1.写操作

把数据写入二进制文件用 Put ♯ 语句，其语法格式为：

Put ♯文件号,[写入位置],变量名

功能：将变量内容从指定的写入位置开始写入文件。

说明：

① Put ♯语句一次写入的字节数由语句中变量的类型决定，即等于变量对应的数据类型所占用的字节数。例如，变量为整型，则写入两个字节的数据。写入后，文件指针移动的字节数等于该变量类型所占用的字节数。

② 如果省略写入位置，则表示从文件指针所指的位置开始写入数据。

③ 写入位置是从文件开头算起的字节数。

2.读操作

从二进制文件中读出数据用 Get ♯ 语句，其语法格式为：

Get ♯文件号,[读出位置],变量名

功能：从指定的读出位置开始读出长度等于变量长度的数据并存入变量中。

说明：

① Get ♯语句一次读出的字节数由语句中的变量类型决定。数据读出后，文件指针移动的字节数等于该变量类型所占用的字节数。

② 如果省略读出位置，则表示从文件指针所指的位置开始读出数据。

③ 读出位置是从文件开头算起的字节数。

对于二进制文件的读操作还可用 Input 函数，其语法格式为：

Input\$(字节数,♯文件号)

例 10-10　建立一个文件名为 BinaryFile.dat 的二进制文件，要求从位置 5 起写入字符串"Visual Basic"，从位置 50 起写入字符串"程序设计"。

程序代码如下：

```
Private Sub Form_Click()
    fileNo=FreeFile                              '得到一个可用的文件号
    Open "C:\BinaryFile.dat" For Binary As ♯fileNo   '打开二进制文件
    str1="Visual Basic"
    str2="程序设计"
    Put ♯fileNo,5,str1                           '写入字符串到指定位置
    Put ♯fileNo,50,str2
    Close ♯1
End Sub
```

例 10-11　用 Input 函数和 Get ♯语句读出例 10-10 中建立的 BinaryFile.dat 文件。

程序代码如下：

```
Private Sub Form_Click()
    fileNo=Freefile
    Open "C:\BinaryFile.dat" For Binary As ♯fileNo
    flength=LOF(fileNo)
    str3=Input(flength, ♯fileNo)                 '调用 Input 函数读数据
    Print str3
    Get ♯fileNo,5,str4                           '用 Get ♯语句读数据
    Get ♯fileNo,50,str5
    Print str4;str5
    Close ♯fileNo
    Kill "C:\BinaryFile.dat"
End Sub
```

读者可以从本例中看出使用 Input 函数与 Get ♯语句读出二进制文件的差异。

本章小结

文件是长久保存数据的简便且有效的方法。VB 支持 3 种类型的文件，即顺序文件、随机文件和二进制文件。应用程序在读文件或写文件之前，必须首先用 Open 语句打开文件。用不同方式打开的文件必须用相应的读/写语句进行读/写，例如，顺序文件用 Input ♯语句读，用 Print ♯或 Write ♯语句写；随机文件和二进制文件用 Get ♯语句读，用 Put ♯语句写。在完成文件读或写操作后，一定要使用 Close 语句关闭文件。

为了方便用户操作应用程序和提高应用程序的灵活性，通常应提供让用户选择要操作文件的手段。将驱动器、目录和文件列表框控件结合在一起，能够实现让用户自由选择要操作文件的目的。

思考与练习题

一、选择题

1. 在 VB 中，文件访问的类型有_____。
   A. 顺序、随机、二进制　　　　　　B. 顺序、随机、字符
   C. 顺序、十六进制、随机　　　　　D. 顺序、记录、字符

2. 在下面关于顺序文件的叙述中，正确的是_____。
   A. 顺序文件中的数据是按每行的长度从小到大排序的
   B. 顺序文件中的数据按某个关键数据项从大到小进行排序
   C. 顺序文件中的数据按某个关键数据项从小到大进行排序
   D. 顺序文件中的数据是按写入的先后顺序存放，读出也是按原写入的先后顺序读出

3. 以下有关文件操作的说法正确的是_____。
   A. 在某过程中用 Open 语句打开的文件，只能在这个过程中使用
   B. 不能用 Output、Append 方式打开一个不存在的顺序文件
   C. 在 Input 方式下，可以使用不同的文件号同时打开同一个文件
   D. 在不同的过程中，可以用同一个文件号同时打开不同的文件

4. 下面关于随机文件的叙述中不正确的是_____。
   A. 每条记录的长度必须相同
   B. 一个文件中的记录号不必唯一
   C. 可通过编程对文件中的某条记录方便地修改
   D. 文件的组织结构比顺序文件复杂

二、填空题

1. 若要获得在驱动器列表框中所选择的驱动器，可通过该对象的_____属性来实现；若要获得在目录列表框中所选择的目录路径，可通过该对象的_____属性来实现；若要获得在文件列表框中所选择的文件，可通过该对象的_____属性来实现。

2. VB 中操作文件的基本步骤是_____、_____或_____、_____。

3. 将文本文件"file2.txt"合并到"file1.txt"文件中。请完善下面的程序，实现上述功能。

```
Private Sub Command1_Click()
    Dim ch As String
    Open "file1.txt"    ①
    Open "file2.txt"    ②
    Do While Not EOF(2)
        Line Input #2, ch
            ③
    Loop
    Close #1, #2
End Sub
```

4. 建立一个文件名为"f:\file1.txt"的顺序文件，该文件的内容来自文本框的输入，在文本框中每按一次回车键，就将文本框中的内容写入文件，并清空文本框，当在文本框中输入"OK"时则停止写入，并结束程序的运行。请完善下面的程序，实现上述功能。

```
Private Sub Form_Load()
```

```
    Text1 = ""
        ①
End Sub
Private Sub Text1_KeyPress(KeyAscii As Integer)
    If KeyAscii = 13 Then
        If       ②       Then
            Close #1
            End
        Else
               ③
            Text1 = ""
        End If
    End If
End Sub
```

5. 本程序的功能为：单击"打开"按钮,则弹出打开文件对话框,默认打开文件的类型为"纯文本文件",当选择某个纯文本文件(用户自己事先已创建)后,该文件中的内容将显示在文本框 Text1 中;单击"转换"按钮,则将 Text1 中的所有大写字母转换成小写字母;单击"存盘"按钮,则弹出文件另存为对话框,可将转换后的 Text1 中的内容存入某文件中(默认存到当前工作目录的 out.txt 文件中)。程序界面如图 10-8 所示,并且窗体上还有一个名称为 Cdl1 的通用对话框。

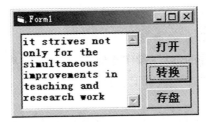

图 10-8　填空题第 5 题

请完善下列程序,以实现上述功能。

```
Private Sub CmdOpen_Click()
    Dim a As String
    Cdl1.Filter = "所有文件| * . * |纯文本文件| * .txt|Word 文件| * .doc"
    Cdl1.FilterIndex = 2
    Cdl1.Action =        ①
    Open Cdl1.       ②       For Input As #1
    a=Input(LOF(1), #1)
    Close #1
    Text1.Text = a
End Sub
Private Sub CmdTran_Click()
    Text1.Text =        ③
End Sub
Private Sub CmdSave_Click()
    Cdl1.FileName = "out.txt"
    Cdl1.Action =        ④
    Open Cdl1.FileName For Output As #1
    Print #1, Text1.Text
    Close #1
End Sub
```

6. 假设已经定义了一个记录类型 Student，同时建立了一个数据记录为该记录类型的随机文件 stu. txt，然后编写以下程序段：

```
Dim SS As Student
Open "stu. txt" For Random As #1 Len＝Len(SS)
n = LOF(1) \ Len(SS)
```

执行上面的程序段后，变量 n 中存放的是_____。

三、问答题

1. 驱动器列表框、目录列表框和文件列表框各有什么作用？如何实现三者间的同步操作？

2. 用 Open 语句实现以下描述：

① 建立一个新的顺序文件 MyFile1. dat 供用户写入数据，指定文件号为 1。

② 打开顺序文件 MyFile2. dat 供用户读出数据，指定文件号为 2。

③ 打开顺序文件 MyFile3. dat 供用户添加数据，指定文件号为 3。

④ 建立随机文件 MyFile4. dat 供用户写入数据，指定文件号为 4。

⑤ 打开二进制文件 MyFile5. dat 供用户读出数据，指定文件号为 5。

3. 在向顺序文件写入数据时，可用 Append 或 Output 两种模式打开。请问在这两种模式下，执行写操作时有什么不同？

4. 试说明 Print # 语句和 Write # 语句的区别。

5. 试说明 EOF、LOF 和 LOC 3 个函数的功能。

6. 随机文件和二进制文件的读/写操作有何不同？

7. 如何向一个随机文件添加一条新记录？

第 11 章 图形操作和多媒体应用

利用 VB 不仅可以处理数值型和文本型数据,还能处理图形、图像、音频、视频等各种多媒体信息。本章先介绍有关图形操作的一些基本知识、图形控件和绘图方法的使用,然后介绍 VB 提供的常用多媒体控件的功能和使用方法。

11.1 图形操作基础

VB 提供了丰富的图形功能,利用它不仅可以在窗体、图片框和图像框等对象中显示已存在的图形,还可以利用它提供的多种图形控件和绘图方法绘制图形。

11.1.1 坐标系统

坐标系统是绘图的基础。在 VB 中,控件放置在窗体或图片框等对象中,而窗体又放置在屏幕中,这些能放置其他对象的对象称为容器。例如,窗体处于屏幕内,屏幕是窗体的容器;在窗体内绘制对象,窗体就是容器;在框架内绘制控件,该框架就是容器。每个容器有一个坐标系统,以便实现对其中的对象的定位。本章描述的每一个图形操作(包括调整大小、移动和绘图)都要使用绘图区或容器的坐标系统。VB 提供了默认坐标系统,也允许用户自定义坐标系统。

1. 默认坐标系统

每个容器的坐标系统包括 3 个要素,即坐标原点、坐标度量单位、坐标轴的长度与方向。容器坐标系的默认设置是:容器的左上角为坐标原点(0,0),横向向右为 X 轴的正向,纵向向下为 Y 轴的正向。在默认状态下,屏幕坐标总是以 twip 为单位(每英寸相当于 1440twips),所以窗体的 Top、Left、Width 和 Height 4 项属性的默认单位也是 twip。图 11-1 是窗体的默认坐标系统示意图。

对象的 Left、Top 属性定义了该对象左上角在"容器"内的位置,Width、Height 属性定义了该对象的大小,它们总是与容器的度量单位相同,如图 11-2 所示。

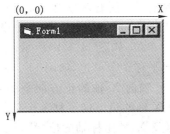

图 11-1 VB 的默认坐标系统

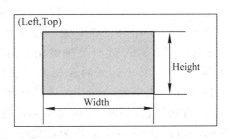

图 11-2 对象的 4 项定位属性

在 VB 中虽然使用的默认度量单位是 twip,但是 twip 不一定对每个程序都适合。例如,对于位图绘制的程序,pixel(像素点)是最好的度量单位,它是屏幕上最小的点;对于字处理程序,最好的度量单位是 point,它可以对文字进行精确定位。因此,VB 提供了多种度量单位,以备不同的度量需要。坐标的度量单位是由容器对象的 ScaleMode 属性决定的,通过对 ScaleMode 属性进行设置可改变度量单位。表 11-1 列出了 ScaleMode 属性的设置值与度量单位的对应关系。

表 11-1　ScaleMode 属性的设置值与度量单位的对应关系

名　称	设置值	描　述
user(用户自定义)	0	
twip(缇)	1	1 英寸＝1440twips；1 厘米＝567twips
point(磅)	2	1 英寸＝72points；1 磅＝20twips
pixel(像素点)	3	显示器或打印机分辨率的最小单位
character(字符)	4	水平每个单位＝120twips；垂直每个单位＝240twips
inch(英寸)	5	
millimeters(毫米)	6	1 英寸＝25.4 毫米
centimeters(厘米)	7	1 英寸＝2.54 厘米

在表 11-1 中,除 0 和 3 外,其余规格均可用于打印机,所使用的单位长度就是在打印机上输出的长度。例如,当 ScaleMode 属性设置为 7(即以厘米为单位)时,如果某一线段的长度为两个单位,则在打印机上输出的长度是 2 厘米。

ScaleMode 属性的值既可在属性窗口中设置,也可通过程序代码设置。例如,可用以下语句设置窗体和图片框的 ScaleMode 的值。

```
Form1.ScaleMode=2          '窗体坐标以磅为单位
Picture1.ScaleMode=7       '图片框以厘米为单位
```

2. 自定义坐标系统

由于在默认坐标系统中,屏幕的左上角为坐标原点(0,0),这对于绘制表格、图形和其他对象是极不方便的。在大多数情况下,用户希望坐标原点(0,0)在屏幕的中心点。为了解决这些问题,VB 允许用户自定义坐标系统,用户可通过设置容器的坐标属性或使用 Scale 方法自定义容器的坐标系统。

（1）通过设置容器的坐标属性定义坐标系统

通过对象的 ScaleTop、ScaleLeft、ScaleWidth、ScaleHeight 4 项属性可以改变对象的坐标系统,其方法如下:

① 重新定义坐标原点。

属性 ScaleTop、ScaleLeft 的值用于定义对象左上角的坐标。所有对象的 ScaleTop、ScaleLeft 属性的默认值为 0,即坐标原点在对象的左上角,如图 11-3(a)所示;当 ScaleTop 设置成负数($-n$)时,表示将坐标系的 X 轴向 Y 轴的正方向平移 n 个单位,如图 11-3(b)所示;当 ScaleTop 设置成正数(n)时,表示将坐标系的 X 轴向 Y 轴的负方向平移 n 个单位,如图 11-3(c)所示。同样,当 ScaleLeft 设置成负数($-n$)时,表示将坐标系的 Y 轴向 X 轴的正方向平移 n 个单位;当 ScaleLeft 设置成正数(n)时,表示将坐标系的 Y 轴向 X 轴的负方向平移 n 个单位。图 11-3(d)给出了 ScaleLeft 和 ScaleTop 均为负数时,坐标原点及 X、Y 坐标轴的位置。

② 重新定义坐标轴方向。

ScaleWidth 和 ScaleHeight 属性值可确定对象坐标系 X 轴和 Y 轴的正方向和最大坐标值。默认状态下,它们的值均大于 0,X 轴的正方向向右,Y 轴的正方向向下,如图 11-4(a)所示。如果 ScaleWidth 的值小于 0,则 X 轴的正方向向左;如果 ScaleHeight 的值小于 0,则

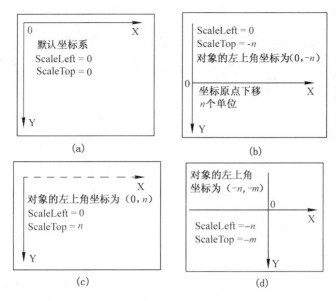

图 11-3　重新定义坐标原点

Y 轴的正方向向上。X 轴的度量单位为容器对象当前宽度的 $1/\text{ScaleWidth}$，Y 轴的度量单位为容器对象当前高度的 $1/\text{ScaleHeight}$，对象的右下角坐标为（ScaleLeft＋ScaleWidth，ScaleTop＋ScaleHeight）。图 11-4(b)给出了坐标轴方向的重新定义。

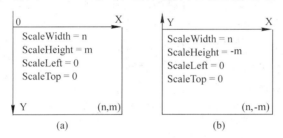

图 11-4　重新定义坐标轴方向

例 11-1　通过设置窗体的坐标属性自定义坐标系统。

在设计阶段定义窗体 Form1 的坐标属性如下：

Form1.ScaleTop＝40　　　　　Form1.ScaleLeft＝－40
Form1.ScaleHeight＝－80　　　Form1.ScaleWidth＝80

则

ScaleLeft＋ScaleWidth＝40　　　ScaleTop＋ScaleHeight＝－40

窗体 Form1 的左上角坐标为(－40,40)，窗体 Form1 的右下角坐标为(40,－40)，而坐标原点定在窗体的中心，这样就可以把窗体定义为笛卡儿坐标系。建立的坐标系如图 11-5 所示。

（2）使用 Scale 方法设置坐标系统

如果要建立自定义坐标系，还可以用 Scale 方法设置，其语法格式为：

[对象名.] Scale [(X1,Y1)－(X2,Y2)]

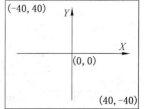

图 11-5　自定义的坐标系

其中:

- 对象名:可以是窗体、图片框或打印机,省略时指当前窗体。
- $(X1,Y1)$ 和 $(X2,Y2)$:可选项,分别用来定义对象左上角和右下角的坐标值。这 4 个参数和前面 4 个属性的对应关系如下:

ScaleLeft＝X1
ScaleTop＝Y1
ScaleWidth＝X2－X1
ScaleHeight＝Y2－Y1

当 Scale 方法不带参数时,取消用户自定义坐标系,而采用默认坐标系。

当使用 Scale 方法时,对象的 ScaleMode 属性自动设置为 0。

例 11-2　使用 Scale 方法自定义坐标系。

图 11-5 所示的坐标系也可采用 Scale 方法来定义,即可在程序代码中用以下语句实现:

Form1.Scale (－40,40)－(40,－40)

由此可见,Scale 方法是用户定义对象坐标系的实用方法,用它完全可以代替用 ScaleTop、ScaleLeft、ScaleWidth、ScaleHeight 属性定义坐标系的方法,而且更方便。

11.1.2　绘图属性

1. CurrentX、CurrentY(当前坐标)属性

在 VB 编程中,经常要设置信息当前输出的位置。例如,在窗体上输出一个信息时,需要设定在什么位置开始输出。窗体、图片框或打印机的 CurrentX 和 CurrentY 属性值给出了这些对象在绘图时的当前坐标点的位置。这两个属性在设计时是不可用的,在程序运行时可通过代码来引用或设置这两个属性的值。其语法格式为:

[对象名.] CurrentX [＝x]
[对象名.] CurrentY [＝y]

其中:

- 对象名:意义与前述相同。
- x:用来确定水平坐标的数值。
- y:用来确定垂直坐标的数值。

当坐标系确定后,坐标值 (x,y) 表示对象上的绝对坐标位置。

例如,下面的语句在窗体上从 $(500,600)$ 开始输出一个字符串"Visual Basic":

CurrentX＝500
CurrentY＝600
Print "Visual Basic"

注意:当使用图形方法后,CurrentX 和 CurrentY 的设置值会发生变化,具体如表 11-2 所示。

表 11-2　各种方法对应的 CurrentX 和 CurrentY 的设置值

方　　法	CurrentX,CurrentY 的设置值	方　　法	CurrentX,CurrentY 的设置值
Circle	对象的中心	NewPage	0,0
Cls	0,0	Print	下一个打印位置
EndDoc	0,0	Pset	画出的点
Line	线终点		

2. DrawWidth(线宽)属性

窗体、图片框或打印机的 DrawWidth 属性给出在这些对象上用图形方法所画线的宽度或点的大小。其语法格式为：

[对象名.] DrawWidth [＝size]

其中,参数 size 是数值表达式,其取值范围为 1～32 767。该值以像素为单位来度量线宽,默认值为 1,即一个像素宽。

如果使用控件,则通过 BorderWidth 属性定义线的宽度或点的大小。

3. DrawStyle(线型)属性

窗体、图片框或打印机的 DrawStyle 属性给出在这些对象上用图形方法所画线的线型样式。其语法格式为：

[对象名.] DrawStyle [＝number]

其中,参数 number 指定线型,表 11-3 列出了其属性设置值及意义。

表 11-3　DrawStyle 属性设置

设置值	线　　型	图　　示
0	实线（默认）	————————————
1	长划线	— — — — — — — —
2	点线	····················
3	点划线	—·—·—·—·—·—·—
4	点点划线	—··—··—··—··—
5	透明线	
6	内实线	————————————

以上线型仅当 DrawWidth 属性值设置为 1 时才能产生相应的效果。若 DrawWidth 属性值设置大于 1,且 DrawStyle 属性值设置为 1～4,则 DrawStyle 属性不起作用,此时给出的都是实线。若 DrawWidth 属性值设置大于 1,且 DrawStyle 属性值设置为 6,则所画的内实线仅当是封闭线时才起作用。

如果使用控件,则可通过 BorderStyle 属性给出所画线的形状。BorderStyle 属性设置值及意义如表 11-4 所示。

表 11-4　BorderStyle 属性设置

设　置　值	线　　型	设　置　值	线　　型
0	透明线	4	点划线
1	（默认值）实线	5	点点划线
2	长划线	6	内实线
3	点线		

BorderStyle 默认设置为 1。BorderStyle 属性值的设置将对 BorderWidth 属性(控件线条的粗细)产生影响,具体如表 11-5 所示。

表 11-5　BorderStyle 属性值对 BorderWidth 的影响

BorderStyle 属性设置值	对 BorderWidth 的影响
0	BorderWidth 的设置值被忽略
1～5	边界宽度计算或控件的外形测量从边界中心开始
6	边界宽度计算或控件的外形测量从边界外沿开始

4. FillStyle(填充)样式和 FillColor(填充色)属性

利用 FillStyle 和 FillColor 属性可以设置封闭图形的填充方式。

FillStyle 属性用来设置填充 Shape 控件以及由 Circle 和 Line 图形方法生成的圆和方框的图案样式,即填充效果。其语法格式为:

[对象名.] FillStyle [＝number]

其中,参数 number 指定填充样式,表 11-6 列出了其属性设置值及意义。

表 11-6　FillStyle 属性设置值

设　置　值	填　充　样　式	设　置　值	填　充　样　式
0	实填充	4	左斜线
1	(默认值)透明	5	右斜线
2	水平线	6	水平网格
3	垂直线	7	斜交网格

FillStyle 属性指定填充的图案如图 11-6 所示。

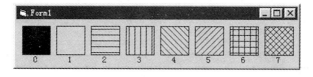

图 11-6　FillStyle 属性指定填充的图案

FillColor 属性指定填充图案的颜色,默认情况下,FillColor 设置为 0(黑色)。如果 FillStyle 设置为 1(透明),则忽略 FillColor 属性,但是 Form 对象除外。

11.1.3　颜色设置

在绘图时,经常要使用各种不同的颜色。VB 可以通过颜色常量和函数来指定各种颜色,如果不指定颜色,VB 对所有的图形方法都使用对象的前景色(ForeColor 属性)绘图。在设计阶段,当在属性窗口中设置颜色时可直接使用调色板进行颜色的选择。如果想在程序运行期间设置对象的颜色,就必须指定颜色值。下面介绍在程序运行时指定颜色值的两种方法。

1. 使用颜色常量

在 VB 中,颜色是以十六进制数表示的,例如在属性窗口中设置 ForeColor 和 BackColor 属性时,出现的值是一个十六进制数。在实际使用中,用十六进制数设置颜色不太方便,为此,VB 提供了一些颜色常量来设置颜色。

当设计者只想运用最基本的 8 种颜色时,只要使用 VB 内部颜色常量即可达到目的。这 8 种颜色常量与颜色值、颜色之间的对应关系如表 11-7 所示。

表 11-7　8 种颜色常量与颜色之间的对应关系

颜 色 常 量	值	描　　述
vbBlack	&H0	黑色
vbRed	&HFF	红色
vbGreen	&HFF00	绿色
vbYellow	&HFFFF	黄色
vbBlue	&HFF0000	蓝色
vbMagenta	&HFF00FF	洋红
vbCyan	&HFFFF00	青色
vbWhite	&HFFFFFF	白色

使用颜色常量设置颜色的方法非常简单,只需将要指定对象的颜色属性值用颜色常量表示即可。例如:

Form1.BackColor=vbGreen　　　　　　　　'将窗体的背景色设置为绿色

2. 使用颜色函数

VB 提供了两个专门处理颜色的函数,即 QBColor 函数和 RGB 函数。

(1) QBColor 函数

QBColor 函数采用 QuickBasic 所使用的 16 种颜色。其语法格式为:

QBColor(color)

其中,参数 color(也称颜色码)是一个介于 0～15 之间的整数,每个整数代表一种颜色。表 11-8 给出了参数 color 的设置值及意义。

表 11-8　参数 color 的设置值

值	颜　　色	值	颜　　色
0	黑色	8	灰色
1	蓝色	9	亮蓝色
2	绿色	10	亮绿色
3	青色	11	亮青色
4	红色	12	亮红色
5	洋红色	13	亮洋红色
6	黄色	14	亮黄色
7	白色	15	亮白色

例如,使用 QBColor 函数将窗体的前景色设置为亮红色,可用下面的语句实现:

Form1.ForeColor= QBColor(12)

(2) RGB 函数

RGB 函数可以通过红色、绿色和蓝色 3 种基本颜色混合产生某种颜色。其语法格式为:

RGB(red,green,blue)

其中,参数 red、green 和 blue 分别表示颜色的红色成分、绿色成分和蓝色成分,取值范围都是从 0～255 的整数。

一个 RGB 颜色值可以通过指定红、绿、蓝 3 种基色的相对亮度,生成一个用于显示的特定颜色。另外，若 RGB 函数中任何参数的值超过 255，则被当作 255。

表 11-9 列出了一些常见的标准颜色，以及这些颜色的红、绿、蓝三基色的成分值。

表 11-9　常见标准颜色所包含三基色的成分值

颜　　色	红 色 值	绿 色 值	蓝 色 值
黑色	0	0	0
蓝色	0	0	255
绿色	0	255	0
青色	0	255	255
红色	255	0	0
洋红色	255	0	255
黄色	255	255	0
白色	255	255	255

例如，用 RGB 函数将窗体的前景色设为红色，可用下面的语句设置：

Form1. ForeColor＝RGB(255,0,0)

11.2　图形控件

为了在应用程序中创作图形效果，VB 提供了 4 个图形控件以简化与图形有关的操作，它们分别是 Line(画线)控件、Shape(形状)控件、PictureBox(图片框)控件、Image(图像框)控件。这 4 个控件很容易在工具箱中找到。其中，Line 控件和 Shape 控件是最简单的图形控件，它们用于在窗体或图片框中绘制一些图形；PictureBox 控件和 Image 控件可以用来显示来自图片文件的图片，这些图片文件格式包括. bmp、. dib、. ico、. cur、. wmf、. emf、. jpg、. gif 等。

11.2.1　Line 控件

Line 控件和 Shape 控件用于绘制特定形状的几何图形。使用这两个控件的优点有两方面：一方面是所需的系统资源比其他 VB 控件少，从而能够提高应用程序的性能；另一方面是创建图形所用的代码比用绘图方法绘图所用的代码少。

在设计时，可以使用 Line 控件在窗体、图片框、图像框和框架中画线，主要用于修饰。画线操作的步骤如下：

① 单击工具箱中的 Line 图标。

② 移动鼠标到要画线的起始位置。

③ 按下鼠标左键并拖曳鼠标到要画线的结束处，松开鼠标左键。

Line 控件用来画直线，系统将一根直线看成一个对象，就像其他对象那样，用户可以通过其属性变化来改变直线的粗细、颜色和线型。直线对象最重要的几个属性为 BorderWidth、BorderStyle、BorderColor、Visible、X1(线段端点 1 的 X 坐标)、Y1(线段端点 1 的 Y 坐标)、X2(线段端点 2 的 X 坐标)、Y2(线段端点 2 的 Y 坐标)。

Line 控件没有任何事件，在程序运行时，它只是美化外观，且不能影响用户的任何操作。

11.2.2 Shape 控件

Shape 控件用来画矩形、正方形、椭圆、圆形、圆角矩形和圆角正方形。用户可以在容器中绘制 Shape 控件,但是不能把该控件当作容器。

在设计时,使用 Shape 控件画某一形状的几何图形的步骤如下:

① 单击工具箱中的 Shape 图标。

② 在窗体内将鼠标移到要画图形的左上角位置。

③ 按下鼠标左键并拖曳鼠标到要画图形结束处的右下角。

④ 松开鼠标左键,屏幕上显示一个矩形。

⑤ 选择属性窗口中的 Shape 属性(取值 0~5),确定所需要的形状,如图 11-7 所示。

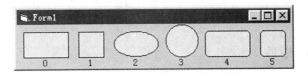

图 11-7 Shape 属性确定的形状

当将 Shape 控件放到窗体上时,默认显示一个矩形,通过设置 Shape 属性可确定所需的几何形状。

利用 FillStyle 属性可以为 Shape 控件指定填充的图案,运用 FillColor 属性可以为 Shape 控件着色。另外,还可以用 BorderColor 属性给图形的边框设置颜色。

Shape 控件与 Line 控件一样仅用于在窗体或图片框中绘制图形,它也不支持任何事件。

例 11-3 本程序实现一个简易指针式钟表。窗体上有一个计时器和两个命令按钮,用一个 Line 控件和一个 Shape 控件设计一个简易钟表,程序设计时界面如图 11-8(a)所示。程序运行时,若单击"开始"按钮,每隔一秒,时钟转动 6°;若单击"停止"按钮,时钟指针则停止转动。运行时界面如图 11-8(b)所示。

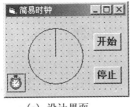

(a) 设计界面

(b) 运行界面

图 11-8 简易钟表图

分析:要实现钟表指针每隔 1 秒转动 6°的效果,需将计时器的 Interval 属性值设为 1000,并在单击"开始"按钮后启用,在计时器的 Timer 事件中利用三角函数计算出时钟指针线段外侧点新的坐标。

程序代码如下:

```
Dim Lenth As Integer            'Lenth 变量记录时钟指针线段的长度
Dim q As Integer                'q 变量记录时钟指针线段与 X 轴的夹角
Const PI = 3.14159
Private Sub Form_Load()
```

```
        Lenth = Line1.Y2 - Line1.Y1          '计算时钟指针线段的长度
        q = 90
    End Sub
    Private Sub Command1_Click()             '单击"开始"按钮后,计时器开始工作
        Timer1.Enabled = True
    End Sub
    Private Sub Command2_Click()             '单击"停止"按钮后,计时器停止工作
        Timer1.Enabled = False
    End Sub
    Private Sub Timer1_Timer()
        q = q - 6
        Line1.Y1 = Line1.Y2 - Lenth * Sin(q * PI / 180)
                                             '计算时钟指针线段外侧点新的 Y 坐标
        Line1.X1 = Line1.X2 + Lenth * Cos(q * PI / 180)
                                             '计算时钟指针线段外侧点新的 X 坐标
    End Sub
```

11.2.3　PictureBox 控件

PictureBox 控件的主要作用是在窗体的指定位置显示图形或图片信息。另外,也可使用各种绘图方法在图片框上画图、用 Print 方法输出文本,还可以作为其他控件的容器,故 PictureBox 控件又有"小窗体"之称。

图片框实际显示的图片由其 Picture 属性决定,Picture 属性包括被显示图片的文件名(及可选的路径名)。用户可以在设计时通过修改 Picture 属性从图片文件中装入图片;也可以在程序运行时使用 LoadPicture 函数向图片框中装入图片,其语法格式为:

对象名.Picture=LoadPicture("图片文件名")

加载到图片框中的图片默认保持其原始尺寸。这意味着如果图片比控件大,则超过的部分将被剪切掉。图片框控件不提供滚动条,而且它不能伸展图片以适应控件尺寸,但可以用图片框的 AutoSize 属性调整图片框大小以适应图片。当 Autosize 属性设置为 True 时,图片框能自动调整大小与显示的图片匹配;如果将 Autosize 属性设置为 False,则图片框不能自动调整大小以适应其中的图片。

如果要在运行时从图片框中删除一个图片,可使用下列语句:

对象名.Picture=LoadPicture("")

为了将图片框中的图片保存为磁盘文件,可使用 SavePicture 命令,其语法格式为:

SavePicture 对象名.Picture,"文件名"

注意:使用 SavePicture 命令保存图像时,使用对象的 Picture 属性只能保存通过窗体、图片框、图像框的 Picture 属性载入或通过 LoadPicture 函数载入的图像。如果要保存用绘图方法(如 Line、Circle、Pset 等)绘制的图形,则要使用对象的 Image 属性,且保存的图像文件类型为 .bmp。

使用 PaintPicture 方法,可对加载到窗体或图片框中的图片进行处理。有兴趣的读者,可查阅 VB 相关的书籍或资料。

此外,在 MDI(多文档界面)窗体上,图片框是唯一可以直接放置在 MDI 主窗体上的控件,其他的控件只能放置在它上面(一般在设计工具栏时,用于放置工具栏按钮图标)。

图片框和窗体一样,也可以接受 Click、DblClick 等事件,还可以使用 Cls、Print 等方法。

例 11-4　图形漫游。

当图形的尺寸大于窗体时,窗体上只能显示图形的一部分,但可以使用漫游的手段显示该图形保存在内存中的其他部分。程序界面如图 11-9 所示。

在窗体内显示一幅较大的图片,窗体(名称属性设为 frmWin)内放置一个已经装有图片的图片框 picWin、一个水平滚动条 hsbWin 和一个垂直滚动条 vsbWin,它们在窗体上的位置和大小在设计时可以任意。这里窗体和图片框的 ScaleMode 属性值均设为 3。

图 11-9　图形漫游

程序代码如下:

```
'定义窗体级变量
Dim gjmin As Single,gwmin As Single,gn As Single
Dim gminheight As Single,gminwidth As Single
'窗体的 Load 事件完成数据准备,如果窗体宽度大于图片框宽度,
'则使滚动条不可见,否则定义滚动条在窗体的右边和下方
Private Sub Form_Load()
    picWin.Move 0,0                        '移动图片框到坐标原点
    '定义水平滚动条 hsbWin 的位置和大小及最大、最小属性
    hsbWin.Left=0
    hsbWin.Max=picWin.Width-frmWin.ScaleWidth
    hsbWin.ZOrder 0                        '放在图片框前
    '定义垂直滚动条 vsbWin 的位置和大小及最大、最小属性
    vsbWin.Top=0
    vsbWin.ZOrder 0
    vsbWin.Max=picWin.Height-frmWin.ScaleHeight
    '水平滚动条、垂直滚动条显示控制
    If picWin.Width < frmWin.ScaleWidth Then
        hsbWin.Visible=False
    Else
        hsbWin.Visible=True
    End If
    If picWin.Height<frmWin.ScaleHeight Then
        vsbWin.Visible=False
    Else
        vsbWin.Visible=True
    End If
End Sub
'当窗体大小发生变化时重新定义水平、垂直滚动条的位置和大小
Private Sub Form_Resize()
    If (frmWin.ScaleWidth >= picWin.Width) Then
        hsbWin.Visible=False
        picWin.Left=0
    Else
        hsbWin.Visible=True
        If vsbWin.Visible=True Then
            hsbWin.Width=frmWin.ScaleWidth-vsbWin.Width
        Else
            hsbWin.Width=frmWin.ScaleWidth
        End If
        hsbWin.Top=frmWin.ScaleHeight-hsbWin.Height
        hsbWin.Max=picWin.Width-frmWin.ScaleWidth
```

```
            hsbWin.Value=-picWin.Left
        End If
        If (frmWin.ScaleHeight>=picWin.Height) Then
            vsbWin.Visible=False
            picWin.Top=0
        Else
            vsbWin.Visible=True
            vsbWin.Height=frmWin.ScaleHeight
            vsbWin.Left=frmWin.ScaleWidth-vsbWin.Width
            vsbWin.Max=picWin.Height-frmWin.ScaleHeight
            vsbWin.Value=-picWin.Top
        End If
    End Sub
'滚动图形通过滚动条的滑块移动,设置图片框的 Left 和 Top 属性值为滑块当前值的负数,
'形成图形的相对移动
Private Sub hsbWin_Change()
        picWin.Left=-hsbWin.Value
End Sub
Private Sub hsbWin_Scroll()
        picWin.Left=-hsbWin.Value
End Sub
Private Sub vsbWin_Change()
        picWin.Top=-vsbWin.Value
End Sub
Private Sub vsbWin_Scroll()
        picWin.Top=-vsbWin.Value
End Sub
```

11.2.4　Image 控件

在窗体上使用图像框（Image）的步骤与图片框相同。但与 PictureBox 控件相比，Image 控件只能用于显示已有的图形，支持 PictureBox 控件的一部分属性、事件和方法，不能作为其他控件的容器，但是它占用的内存更少，描绘得更快，可用来制作简单动画。

Image 控件没有 AutoSize 属性，但它可以利用 Stretch 属性自动改变图像框大小以适应其中的图形，还可以用 Stretch 属性来拉伸位图和图标，以适应图像框的大小。当 Stretch 属性值为 True 时，表示图片要调整大小以与图像框控件相适应；当 Stretch 属性值为 False（默认值）时，表示图像框控件要调整大小以与图片相适应。

例如在图 11-10 中，图像框 1 的 Stretch 属性值为 False，其中的位图按原大小显示；而图像框 2 的 Stretch 属性值为 True，其中的位图自动改变大小以适应其图像框，从而可以看出位图拉伸的效果。

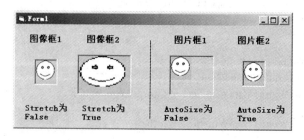

图 11-10　图像框的 Stretch 属性与图片框的 AutoSize 属性对比示例

在图 11-10 中,图片框 1 的 AutoSize 属性值为 False,它不能自动改变大小来适应其中的位图;而图片框 2 的 AutoSize 属性值为 True,它可以自动改变大小来适应其中的位图。

例 11-5 窗体上有一个图像框,通过属性窗口设置其高、宽分别为 600、800,并将图像文件 pic. bmp 装入该图像框中。要求程序运行后,单击窗体上的"放大"按钮,则把该图像框的高度、宽度均增加 600,同时会看到图像框中显示的图像也随之自动放大。程序运行界面如图 11-11 所示。

分析:为使图像框中装入的图像能自动缩放以适应图像框的大小,需将图像框的 Stretch(自动伸缩)属性值设为 True。

图 11-11 放大图像示例

程序代码如下:

```
Private Sub Command1_Click()
    Image1.Stretch=True
    Image1.Width=Image1.Width+600
    Image1.Height=Image1.Height+600
End Sub
```

11.3 绘图方法

11.3.1 Line 方法

Line 方法是 VB 中最主要的绘图方法,可用于在对象上画直线或矩形。其语法格式为:

[对象名.] Line [[Step](x1,y1)]-[Step](x2,y2)[,color] [,B [F]]

其中:

- 对象名:表示在何处产生结果。它可以是窗体、图片框或打印机,省略时为当前窗体。
- $(x1,y1)$:线段的起点坐标或矩形的左上角坐标。
- $(x2,y2)$:线段的终点坐标或矩形的右下角坐标,坐标值既可以是整数,也可以是实数。

第一对坐标$(x1,y1)$是可选的,若省略这对坐标,将把该对象的 x、y 当前位置(画图坐标)作为画线的起点。当前位置是由 CurrentX 和 CurrentY 属性值确定的,或者是由执行该方法之前使用的图形方法或 Print 方法所画最后点的位置确定的。如果之前没有使用过图形方法或 Print 方法,或没有设置 CurrentX 和 CurrentY 属性,则默认设置为对象的左上角。

- 关键字 Step:表示采用当前作图位置的相对值,即若在坐标(x,y)之前加有关键字 Step,则表示该坐标值是上一个画图点的相对坐标。

例如,下面的语句可在窗体上画一条斜线:

Line (100,200)-(500,700)

等价于:

Line (100,200)-Step(400,500)

- color:为所画线指定 RGB 颜色。如果省略,则使用当前的 ForeColor 属性值。
- 关键字 B:表示画矩形。
- 关键字 F:必须与关键字 B 搭配在一起使用,表示用画矩形的颜色填充矩形,即产生一个实心矩形。如果省略 F,则矩形的填充由 FillColor 和 FillStyle 属性决定。

例 11-6　在窗体上显示一段灰度渐变的色带。

程序代码如下：

```
'窗体的 Click 事件过程
Private Sub Form_Click()
    Dim i As Integer
    ScaleMode＝3                    '以像素为单位
    For i＝0 To 255
        Line (0,i)－(500,i),RGB(i,i,i)
    Next i
End Sub
```

运行结果如图 11-12 所示。

例 11-7　在窗体上通过三点连接画出一个三角形。

程序代码如下：

```
Private Sub Form_Click()
    CurrentX＝500                   '设置起点的 x 坐标
    CurrentY＝100                   '设置起点的 y 坐标
    Line －(1500,1100)              '向起点的右下方画一条直线
    Line －(500,1100)               '向当前点的左方画一条直线
    Line －(500,100)                '向上方画一条直线到起点
End Sub
```

运行结果如图 11-13 所示。

图 11-12　例 11-6 的运行结果

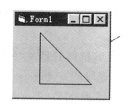

图 11-13　用 Line 方法画三角形

例 11-8　用 Line 方法在一个窗体上画逐渐缩小的框。

程序代码如下：

```
Private Sub Form_Click()
    Dim x,y,m,m1,m2,i
    ScaleMode＝3                    '以像素为单位
    x＝ScaleWidth/2                 '水平线中心点
    y＝ScaleHeight/2                '垂直线中心点
    DrawWidth＝8                    '线宽
    For i＝50 To 0 Step －2
        m＝i/50                     '变动单位
        m1＝1－m                    '计算
        m2＝1＋m
        ForeColor＝QBColor(i Mod 15)    '设置前景色
        Line (x＊m1,y＊m1)－(x＊m2,y＊m2),,BF    '画框
    Next i
    DoEvents                        '将控制交给 Windows
    If y＞x Then                    '根据窗体大小设置线宽
        DrawWidth＝ScaleWidth/25
```

```
        Else
            DrawWidth=ScaleHeight/25
        End If
        For i=0 To 50 Step 2
            m=i/50
            m1=1-m
            m2=1+m
            Line (x * m1,y)-(x,y * m1)        '画左上方的线
            Line -(x * m2,y)                  '画右上方的线
            Line -(x,y * m2)                  '画右下方的线
            Line -(x * m1,y)                  '画左下方的线
            ForeColor=QBColor(i Mod 15)       '改变颜色
        Next i
        DoEvents        '将控制交给 Windows
End Sub
```

运行结果如图 11-14 所示。

图 11-14　在窗体上画框

11.3.2　Circle 方法

Circle 方法用于在对象上画圆、椭圆、扇形或圆弧,其语法格式为:

[对象名.] Circle [[Step](x,y),radius[,color] [,start] [,end] [,aspect]]

其中:

- 对象名:意义与前述相同。
- (x,y):圆、椭圆或圆弧的中心坐标。
- 关键字 Step:表示采用当前作图位置的相对值。
- radius:表示圆或椭圆长轴或弧的半径。
- color:指定图形颜色的长整型数,如果省略,则使用 ForeColor 属性规定的颜色。
- start、end:分别表示起始角度和终止角度,以弧度为单位,取值范围为 $-2\pi \sim 2\pi$。当参数 start、end 的取值在 $0 \sim 2\pi$ 时为画圆弧;当在参数 start、end 的取值前加一负号时为画扇形,负号表示圆心到圆弧的径向线。当 start 值省略时,默认为 0,当 end 值省略时,默认为 2π。
- aspect:表示椭圆垂直长度与水平长度的比值,它是画椭圆的必要参数,默认值为 1,表示画一个圆。当参数 aepect 的值大于 1 时,表示垂直长度大于水平长度,则垂直方向为长轴;当参数 aepect 的值小于 1 时,表示垂直长度小于水平长度,则水平方向为长轴。

Circle 方法总是以逆时针方向绘图。用户可以省略语法中间的某个参数,但不能省略分隔参数的逗号,而最后一个参数后面的逗号可以省略。

例 11-9　用 Circle 方法绘制如图 11-15 所示的圆、扇形、椭圆、圆弧。

程序代码如下:

```
Private Sub Form_Click()
    Circle (1200, 700), 500                '画圆
    Circle (3000, 700), 500, , , -1, -5.1  '画扇形
    Circle (1200, 1800), 500, , , , 2      '画椭圆
    Circle (3000, 1800), 500, , -2, 0.7    '画圆弧
End Sub
```

例 11-10 设计一个窗体，窗体上有一个图片框 Picture1 和一个时钟 Timer1（设置其 Interval 属性值为 200）。用画圆的方法，在 Picture1 中绘制"球的经纬线"图形，程序运行结果如图 11-16 所示。

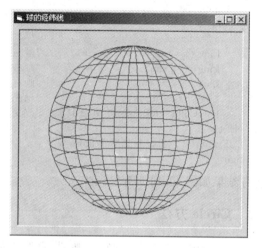

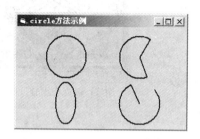

图 11-15 Circle 方法示例   图 11-16 球的经纬线

程序代码如下：

```
Dim r As Double                                    '球的中心坐标
Dim r1 As Double                                   '球的半径
Dim y0 As Double                                   '纬线圈的半径
Dim red As Integer, green As Integer, blue As Integer     '三基色
Private Sub Form_Load()
    IndexX = Picture1.Width / 2                     '确定球的中心
    IndexY = Picture1.Height / 2
    r = 2000                                        '球的半径
    Picture1.Circle (IndexX, IndexY), r
    red = 1                                          '球的初始颜色
    green = 1
    blue = 1
End Sub
Private Sub Timer1_Timer()
    Picture1.Cls                                     '刷新
    Randomize
    For i = 1 To 6
        y0 = (i-1) * 350
        r1 = Sqr(r * r - y0 * y0)
        Picture1.Circle (IndexX, IndexY+y0), r1, RGB(red, green, blue),,, 1/7
        Picture1.Circle (IndexX, IndexY-y0), r1, RGB(red, green, blue),,, 1/7
    Next i
    a=r                                             '半长轴长度
    b=r                                             '半短轴长度初始值
    For i = 1 To 7
        Picture1.Circle (IndexX, IndexY), r, RGB(red, green, blue),,, a/b
        b=b-310
    Next i
    If red < 255 And red > 0 Then                   '颜色按照红、绿、蓝变化
        red = red + 10
    Else
```

```
        red = 0
        If green < 255 And green > 0 Then
          green = green + 10
        Else
          green = 0
          If blue < 256 And blue > 0 Then
            blue = blue + 10
          Else
            red = 1
            green = 1
            blue = 1
          End If
        End If
      End If
    End If
End Sub
```

例 11-11　用 Circle 方法绘制饼状图，统计男、女生所占的比例。程序设计时界面和运行时界面分别如图 11-17(a)和(b)所示。

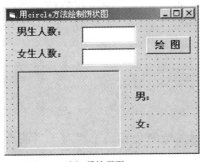
(a) 设计界面

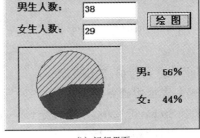
(b) 运行界面

图 11-17　用 Circle 方法绘制饼状图

本例中，分别在两个文本框中输入男生、女生人数，单击"绘图"命令按钮，则在图片框 Picture1 中画出饼状统计图，并在标签控件上显示男、女生的百分比。

程序代码如下：

```
'"绘图"命令按钮的 Click 事件过程
Private Sub cmdDraw_Click()
    Const PI = 3.14159
    Dim manNum As Integer, womanNum As Integer, totalNum As Integer
    Dim manR As Single, x As Single, y As Single, r As Single
    Picture1.Cls
    manNum = Val(txtMan)
    womanNum = Val(txtWoman)
    totalNum = manNum + womanNum              '计算总人数
    If totalNum > 0 Then                      '避免除数为 0 的错误
        manR = manNum / totalNum              '计算男生所占比例
        lblManR = "男:" + Str(Int(manR * 100)) + "%"
        lblWomanR = "女:" + Str(100 - Int(manR * 100)) + "%"
        x = Picture1.ScaleWidth /2            '根据图片框大小决定圆心和半径
        y = Picture1.ScaleHeight/2
        r = Picture1.ScaleWidth/3
        If manNum > 0 Then
            Picture1.FillStyle=5              '设置填充样式为斜线
            Picture1.FillColor = QBColor(1)   '设置填充颜色为蓝色
```

```
            Picture1.Circle (x, y), r, QBColor(1), −0.001, −2 * PI * manR   '语句 *
                                                                '绘制男生所占比例的扇形
         End If
       If womanNum > 0 Then
            Picture1.FillStyle = 0
            Picture1.FillColor = QBColor(4)
            Picture1.Circle (x, y), r, QBColor(4), −2 * PI * manR, −2 * PI
                                                                '绘制女生所占比例的扇形
         End If
      End If
   End Sub
```

说明：本例中语句 * 是用 Circle 方法来绘制男生所占比例的扇形，起点角度为 0，终点角度为 2 * PI * 男生所占的比例。为了绘制左斜线扇形，在起始、终止角度前都加负号，注意起始角度为 0.001，因为 0 为中性数加负号无效，所以改为近似值。

11.3.3　PSet 方法

PSet 方法用于画点，其实质是在对象中设置某点为指定的颜色而将该点画出来的。其语法格式为：

[对象名.] PSet [Step] (x, y) [, color]

其中：

- 对象名：意义与前述相同。
- (x, y)：表示所画点的坐标。
- 关键字 Step：可选项，用于设定(x, y)坐标是绝对坐标还是相对于当前点(CurrentX, CurrentY)的相对坐标。
- color：该点指定的 RGB 颜色。如果省略，则使用当前的 ForeColor 属性值。

例如，下列语句可设置(50,75)这一点为亮蓝色：

PSet (50,75), RGB(0,0,255)

若要清除某个位置上的点，只要把其颜色设置为背景色即可。

PSet (50,75), BackColor

另外，所画点的尺寸取决于 DrawWidth 属性值，画点的方法取决于 DrawMode 和 DrawStyle 属性值。利用 PSet 方法可画任意曲线，它是最简单的图形绘制方法。

例 11-12　用 PSet 方法绘制阿基米德螺线。

程序代码如下：

```
'窗体的 Click 事件过程
Private Sub Form_Click()
    Dim x As Single, y As Single, I As Single
    Scale (−15,15)−(15,−15)              '自定义坐标系
    Line (0,14)−(0,−14)                  '画纵轴
    Line (14.5,0)−(−14.5,0)              '画横轴
    For I=0 To 12 Step 0.01
        y=I * Sin(I)                      '阿基米德螺线参数方程
        x=I * Cos(I)                      '阿基米德螺线参数方程
        PSet (x,y)
    Next I
End Sub
```

运行结果如图 11-18 所示。

例 11-13　在窗体上建立自定义坐标系，X 轴的正向向右，Y 轴的正向向上，坐标原点在窗体中央。在坐标系上用 Pset 方法绘制正弦曲线，如图 11-19 所示。

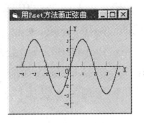

图 11-18　用 PSet 方法绘制阿基米德螺线　　　　图 11-19　用 PSet 方法绘制正弦曲线

在窗体的 Click 事件中首先重新定义坐标系，利用 Line 方法和 Print 方法画出坐标轴和坐标轴上的刻度，再利用 PSet 方法画出函数 $y=3\sin\left(\dfrac{\pi}{2}x\right)$ 的正弦曲线。

程序代码如下：

```
'窗体的 Click 事件过程
Private Sub Form_Click()
    Dim x As Single, y As Single, I As Single
    Scale (-5,5)-(5,-5)                '自定义坐标系
    DrawWidth=1                        '设置线宽
    Line (-4.5,0)-(4.5,0)              '画 X 轴
    Print "X"                          '输出 X 轴标志
    Line (0,-4.5)-(0,4.5)             '画 Y 轴
    Print " Y"                         '输出 Y 轴标志
    CurrentY=-0.1: CurrentX=-0.4       '设置当前坐标
    Print "0"                          '输出坐标原点标志
    FontSize=6                         '设置字体大小
    For I=4 To -4 Step -1              '画出 X 轴上的刻度
        If I <> 0 Then
            Line (I,0.5)-(I,0),RGB(255,0,0)
            CurrentY=-0.5: CurrentX=I-0.2   '指定下面输出 I 的位置
            Print I
        End If
    Next I
    For I=4 To -4 Step -1                      '画出 Y 轴上的刻度
        If I <> 0 Then
            Line (0.25,I)-(0,I),RGB(255,0,0)
            CurrentX=-0.5: CurrentY=I+0.1
            Print I
        End If
    Next I
    '画出正弦曲线 y=3sin(π/2 x)
    For I=-4 To 4 Step 0.01
        y=3 * Sin(I * 3.14159/2)
        x=I
        PSet (x,y),RGB(0,0,255)        '画出蓝色点来构成正弦曲线
    Next I
End Sub
```

11.4　多媒体应用

目前，多媒体技术已经应用到各个领域，在 VB 6.0 中可以处理多种类型的多媒体信息，包括文本、图形、图像、音频、视频、动画等。在多媒体应用程序中，除了利用前面介绍的标准控件（如 TextBox、PictureBox 等）处理文本、图形、图像等信息外，还可以利用 VB 6.0 提供的多媒体控件和 Win32 API 函数在应用程序中轻松地实现音频、视频、动画等多媒体处理的功能。本节将介绍几种常用的多媒体控件，它们都属于 ActiveX 控件。

11.4.1　Animation 控件

动画（Animation）控件用于播放无声的".avi"数字电影文件。利用它可播放有关应用程序的无声动画，提供应用程序的使用指导；也可在对话框中显示出操作的时间长短和特征。

1. 向工具箱中添加 Animation 控件

向工具箱中添加 Animation 控件的方法是：选择"工程"菜单中的"部件"命令，打开"部件"对话框，在"控件"选项卡中选中 Microsoft Windows Common Controls-2 6.0，然后单击"确定"按钮。此时，工具箱中将会增加包括 Animation 控件在内的几个新的控件按钮。

注意：Animation 控件在设计时可见，运行时不可见。

2. Animation 控件的常用属性

Animation 控件常用的属性有两个，即 Center 和 AutoPlay。

Center 属性用于设置动画是否在该控件中居中播放。由于动画控件并不提供专门的播放图文框，用户播放前可能并不了解动画每一帧的大小，所以对动画的实际播放位置难以把握。如果将 Center 属性的值设为 True，则可确保播放的画面位于动画控件的中间位置。如果将 Center 属性的值设为 False，则在运行时，该控件会自动根据视频动画的大小调整自身的大小。

AutoPlay 属性用于设定已打开的动画文件是否自动播放。如果将 AutoPlay 的值设为 True，则一旦在 Animation 控件中用 Open 方法打开.avi 文件，就会立刻播放该文件，反之，如果将 AutoPlay 的值设为 False，则打开文件后还必须用 Play 方法来播放文件。

3. Animation 控件的常用方法

在使用动画控件播放无声.avi 文件时，需要先使用 Open 方法打开要播放的文件；再使用 Play 方法进行播放；使用 Stop 方法可以停止播放；如果播放结束，应使用 Close 方法关闭文件。

（1）Open 方法

Open 方法的语法格式为：

对象名.Open Fname

其中，对象名是动画控件名，Fname 是要打开播放的文件名。

（2）Play 方法

Play 方法的语法格式为：

对象名.Play [repeat] [,start] [,end]

其中，对象名的意义同上，3 个可选参数的意义如下。

- repeat：重复播放次数的正整数。
- start：起始播放的帧号，.avi 文件由若干幅可以连续播放的画面组成，每一幅画面称为 1 帧,第 1 幅画面为第 0 帧,Play 方法可以控制从指定的帧开始播放。

- end:停止播放的帧号。

例如,使用名为 Animation1 的动画控件要把已打开的.avi 文件的第 10 幅画面到第 25 幅画面重复播放 3 遍,可使用以下代码:

```
Animation1.Play 3,9,24
```

(3) Stop 方法和 Close 方法

Stop 与 Close 方法的语法格式分别如下:

对象名.Stop
对象名.Close

注意:如果试图用 Animation 控件播放有声的.avi 文件,系统将给出错误信息,表示系统不能打开该文件。

4. Animation 控件的应用

例 11-14 利用 Animation 控件播放无声的.avi 文件。

本程序的设计界面如图 11-20(a)所示,窗体中包含有名为 Animation1 的动画控件、3 个名称分别为 cmdOpen、cmdPlay、cmdStop 的命令按钮和一个名为 dlgOpen 的通用对话框控件。

| (a) 设计界面 | (b) 运行界面 |

图 11-20 播放无声动画示例

程序代码如下:

```
Dim fName As String                    '窗体级变量
'"打开"按钮的 Click 事件过程
Private Sub cmdOpen_Click()
    '设置通用对话框控件显示的文件类型
    dlgOpen.Filter = "无声.avi 文件(*.avi)|*.avi"
    dlgOpen.ShowOpen                    '显示打开文件对话框
    '将从打开文件对话框中选定的文件及其路径赋给 fName 变量
    fName = dlgOpen.FileName
End Sub
'"播放"按钮的 Click 事件过程
Private Sub cmdPlay_Click()
    Animation1.Open fName               '使用 Open 方法打开要播放的文件
    Animation1.Play                     '进行播放
End Sub
'"停止"按钮的 Click 事件过程
Private Sub cmdStop_Click()
    Animation1.Stop                     '停止播放
    Animation1.Close                    '关闭文件
End Sub
```

程序运行时,先单击"打开"命令按钮,屏幕上会出现打开文件对话框。由于在 VB 系统中附带有若干个无声的. avi 文件,因而可在存放 VB 系统的文件夹的\common\graphics\video 中找到它们,选定要打开的文件,然后单击"播放"命令按钮,就开始播放打开的文件。图 11-20(b)是播放 filecopy. avi 文件过程中的一个画面,在播放过程中随时可通过单击"停止"命令按钮结束播放。

11.4.2　Multimedia MCI 控件

Multimedia MCI 控件是用于管理、控制各种 MCI(Media Control Interface,媒体控制接口)设备的控件。MCI 提供了应用程序与相关的多媒体设备进行通信的命令驱动机制,Multimedia MCI 控件正是通过 MCI 实现多媒体文件的保存与播放的。

VB 的 Multimedia MCI 控件从概念上讲,就是提供了一组控制按钮,可以通过这些按钮控制各种多媒体设备来记录或播放多媒体数据。MCI 能管理和控制的多媒体设备有声卡、CD-ROM、MIDI 音序器、视频 CD 播放器和视频磁带记录器及播放器等。在窗体中放置一个 Multimedia MCI 控件,可看到如图 11-21 所示的画面。这是一组类似于一般 CD 播放机的控制按钮,它们用于执行相

图 11-21　MCI 控件的外观

关的 MCI 命令。图 11-21 中共有 9 个按钮,从左到右依次为 Prev(前一个)、Next(下一个)、Play(播放)、Pause(暂停)、Back(向后步进)、Step(向前步进)、Stop(停止)、Record(录制)和Eject(弹出)。哪些按钮可以使用以及 Multimedia MCI 控件能够提供什么样的功能,都取决于计算机相应硬件与软件的具体配置。

1. 向工具箱中添加 Multimedia MCI 控件

向工具箱中添加 Multimedia MCI 控件的方法是:选择"工程"菜单中的"部件"命令,打开"部件"对话框,在"控件"列表框中选中 Microsoft Multimedia Control 6.0,然后单击"确定"按钮,即可将 Multimedia MCI 控件添加到控件工具箱中。

2. Multimedia MCI 控件的常用属性

(1) Enabled 和 Visible 属性

Enabled 和 Visible 属性用于设置 Multimedia MCI 控件在运行时是否可用和可见。如果不希望通过 Multimedia MCI 控件上的按钮直接与用户交互,而希望使用该控件实现其多媒体功能,可以将其 Visible 属性设为 False。如果要使单个按钮可见或不可见,可以设置该按钮对应的 Visible 或 Enabled 属性,例如设置 Back 按钮的 BackEnabled 或 BackVisible 属性。

(2) DeviceType 属性

DeviceType 用于在设计时或运行时设置 Multimedia MCI 控件所要管理控制的设备类型。注意,设备类型名必须使用表 11-10 中列出的设备名称对应的字符串,而且运行程序的计算机必须已经正确安装了相应的设备。

表 11-10　MCI 控件支持的多媒体设备

设　备　类　型	字　符　串	文件类型	描　　　述
CD audio	cdaudio		音频 CD 播放器
Digital Audio Tape	dat		数字音频磁带播放器
Digital video(not GDI-based)	DigitalVideo		窗口中的数字视频
Other	Other		未定义 MCI 设备
Overlay	Overlay		覆盖设备

续表

设 备 类 型	字 符 串	文件类型	描 述
Scanner	Scanner		图像扫描仪
Sequencer	Sequencer	. mid	音响设备数字接口(MIDI)序列发生器
Vcr	VCR		视频磁带录放器
AVI	AVIVideo	. avi	视频文件
Videodisc	Videodisc		视盘播放器
Waveaudio	Waveaudio	. wav	播放数字波形文件的音频设备
MPEGVideo	MPEGVideo	. mpg	播放电影文件

（3）AutoEnable 属性

AutoEnable 属性决定了系统是否自动检测各按钮的状态。当 AutoEnable 属性值为 True 时，Multimedia MCI 控件可以根据 DeviceType 属性指定的设备类型自动激活相关的控制按钮，用户也可以为这些按钮编写程序代码。从 Multimedia MCI 控件的属性窗口可以看到，每一个控制按钮（如 Play、Back 等）都有独自的活动与可视属性（PlayEnabled、PlayVisible、BackEnabled 与 BackVisible）。当 AutoEnable 属性为 True 时，这些按钮的属性均无效，只有在 AutoEnable 为 False 时，这些按钮的设置才有效。

（4）FileName 属性

FileName 属性用于指定使用 MCI 的 Open(打开)命令或 Save(保存)命令要打开或保存的文件名。

（5）Command 属性

Command 属性是一个只能在运行时使用的属性，它用于指定需要执行的 MCI 命令。

（6）UpdateInterval 属性

UpdateInterval 属性用于指定连续 StatusUpdate 事件之间的毫秒数。

（7）Notify、NotifyMessage 和 NotifyValue 属性

Notify、NotifyMessage、NotifyValue 属性提供了有价值的反馈信息，表明某个命令出错或完成。如果将 Notify 属性设为 True，则在下一条命令完成时将产生 Done 事件。Done 事件提供了很有用的反馈信息，用于指出该命令成功或失败。

（8）Wait 属性

Wait 属性指定 Multimedia MCI 控件是否等到下一命令执行完毕才将控制权还给应用程序，它的取值为 True 或 False。

（9）Shareable 属性

Shareable 属性限制或允许其他应用程序或进程使用该多媒体设备。它的取值为 True 或 False，当值为 False 时，表示系统中的其他应用程序不能访问已经打开的 MCI 设备。

（10）Position 属性

Position 属性(只读)用于指定打开的 MCI 设备的当前位置。

（11）TimeFormat 属性

TimeFormat 属性用来设置时间的格式，取值为 0~10。

（12）From 和 To 属性

From 和 To 属性用于为 Play 和 Record 命令设置指定的起点和终点。

3. MCI 命令

Multimedia MCI 控件是通过一套高层次的与设备无关的命令来控制多媒体设备的,这套命令称为 MCI 命令。在用 DeviceType 属性表示了程序中想要使用的设备之后,就可以使用 Command 属性将 MCI 命令发给该设备,并在 MCI 控件上启用适当的按钮。其语法格式为:

> **对象名.Command="commandname"**

其中,对象名指 Multimedia MCI 控件的名称,commandname 代表要执行的 MCI 命令。例如,要执行打开命令的语句是:

> MMControl1.Command="Open"

一般将对此属性设置的语句放在 Form_Load 事件过程中。在使用这些命令前,要对这些命令所涉及的属性进行设置。表 11-11 是 Multimedia MCI 控件使用的 MCI 命令表。

表 11-11　MCI 命令

控件命令	Win32 API MCI 命令	描　　述
Open	MCI_OPEN	打开 MCI 设备
Close	MCI_CLOSE	关闭 MCI 设备
Play	MCI_PLAY	用 MCI 设备进行播放
Pause	MCI_PAUSE 或 MCI_RESUME	暂停播放或录制
Stop	MCI_STOP	停止 MCI 设备
Back	MCI_STEP	向后步进可用的曲目
Step	MCI_STEP	向前步进可用的曲目
Prev	MCI_SEEK	使用 Seek 命令跳到当前曲目的起始位置。如果在前一个 Prev 命令执行后 3 秒内再次执行,则跳到前一个曲目的起始位置;如果已在第一个曲目,则跳到第一个曲目的起始位置
Next	MCI_SEEK	使用 Seek 命令跳到下一个曲目的起始位置(如果已在最后一个曲目,则跳到最后一个曲目的起始位置)
Seek	MCI_SEEK	向前或向后查找曲目
Record	MCI_RECORD	录制 MCI 设备的输入
Eject	MCI_SET	从 CD 驱动器中弹出音频 CD
Save	MCI_SAVE	保存打开的文件

从表 11-11 中所列的命令可以看出,不少命令都与相应的命令按钮相对应。例如,Play 命令就与控制播放的按钮相对应。

4. MCI 控件的事件

MCI 控件常用的事件有 Done 事件、StatusUpdate 事件等。

Done 事件在 Notify 属性为 True 的 MCI 结束时发生。格式为:

Private Sub MMControl1_Done(NotifyCode As Integer)
> …
End Sub

其中,NofifyCode 参数表示 MCI 命令是否成功,可取值有 1、2、4、8,分别表示执行成功、执行失败、被其他的命令取代、被用户中断。

StatusUpdate 事件在 UpdateInterval 属性设置的时间间隔内会自动发生,能对控件的运行状态进行跟踪,类似于定时器,可以实现程序的更新。

5. MCI 控件的应用

例 11-15 用 MCI 控件设计一个 CD 播放器,可用来播放指定的 CD 曲目。窗体界面设计如图 11-22(a)所示。

窗体上放置了一个标签控件、一个命令按钮、一个 MCI 控件和一个通用对话框。这里在设计阶段将 MCI 控件的 StepVisible、RecordVisible 和 BackVisible 属性均设置为 False。

程序运行时,单击"浏览"按钮,则可在弹出的对话框中选择要播放的 CD 文件,然后单击 MCI 控件的播放按钮,即可播放指定曲目,并在标签控件上显示播放曲目,如图 11-22(b)所示。

(a) 设计界面　　　　　　　　(b) 运行界面

图 11-22　CD 播放器示例

程序代码如下:

```
'"浏览"按钮的 Click 事件过程
Private Sub cmdOpen_Click()
    CommonDialog1.Filter = "(*.cda)|*.cda"
    CommonDialog1.Action = 1              '以打开文件方式建立对话框
    MMControl1.Command = "stop"
    MMControl1.Command = "close"
    MMControl1.DeviceType = "cdaudio"     '设置 MCI 设备为 cdaudio
    MMControl1.UpdateInterval = 1000      '指定 StatusUpdate 事件的时间间隔为 1 秒
    MMControl1.Command = "open"           '打开媒体文件
    MMControl1.TimeFormat = 10            '设置时间格式为轨道方式
    MMControl1.To = Val(Mid(CommonDialog1.FileName, 9, 2))
                                          '确定开始播放的轨道
    MMControl1.Track = MMControl1.To      '使轨道数等于 To 属性值
    MMControl1.Command = "seek"           '寻找 To 属性
End Sub
'窗体的 Unload 事件过程
Private Sub Form_Unload(Cancel As Integer)
    MMControl.Command = "stop"            '停止播放
    MMControl.Command = "close"           '关闭 MCI 设备
End Sub
'MCI 控件的 StatusUpdate 事件过程
Private Sub MMControl1_StatusUpdate()
    Label1.Caption = "播放第" & MMControl1.TrackPosition & "曲目"
End Sub
```

11.4.3　Media Player 控件

Media Player 控件的全称是 Windows Media Player,它为多媒体设备提供了一个公共接口,将多媒体设备绑定在窗体上,实现对音频和视频文件的操作。

向工具箱中添加 Media Player 控件的方法是选择"工程"菜单中的"部件"命令,在打开的对话框中选择 Windows Media Player,然后单击"确定"按钮。

Media Player 控件提供了一组按钮,当其被使用时外观如图 11-23 所示。

例 11-16 用 Media Player 控件设计一个 MP3 播放器,窗体的运行界面如图 11-24 所示。

图 11-23　Media Player 控件的外观

图 11-24　MP3 播放器

窗体的设计界面上放置一个 Media Player 控件、一个通用对话框、两个命令按钮。

程序运行时,单击"打开"按钮,可在弹出的对话框中选择要播放的 MP3 文件,单击 Media Player 控件上的播放按钮,即可播放选择的曲目。

程序代码如下:

```
'"打开"按钮的 Click 事件过程
Private Sub CmdOpen_Click()
        CommonDlg1.ShowOpen
        DoEvents
        MedPlayer1.URL = CommonDlg1.FileName
End Sub
```

这里,"退出"按钮的 Click 事件过程略。

本章小结

本章讲述了 VB 中使用的 8 种度量单位以及如何运用 VB 提供的 ScaleTop、ScaleLeft、ScaleWidth、ScaleHeight 属性或 Scale 方法实现自定义坐标系统。本章简单介绍了与绘图有关的部分属性(CurrentX 属性、CurrentY 属性、DrawWidth 属性、DrawStyle 属性、FillStyle 属性等)和设置颜色值的函数(RGB 函数、QBColor 函数),重点讨论了 VB 提供的图形控件(Line(画线工具)、Shape(形状)、PictureBox(图片框)、Image(图像框))、绘图方法(Pset 方法、Line 方法、Circle 方法)以及 VB 提供的与多媒体应用相关的多媒体控件(Animation 控件、Multimedia MCI 控件和 Media Player 控件)的功能与使用,并且通过实例介绍了如何使用绘图方法和图形控件画图,如何实现动画的设计等,以及如何使用多媒体控件实现对音频、视频、动画的处理。

思考与练习题

一、选择题

1. 在以下属性和方法中,可重新定义坐标系的是_____。

    A. DrawStyle 属性   B. DrawWidth 属性

    C. Scale 方法   D. ScaleMode 属性

2. 假定在图片框 Picture1 中装入了一幅图形,为了清除该图形(不删除图片框),应采用的正确方法是_____。

    A. 选择图片框,然后按 Del 键

    B. 执行语句 Picture1. Picture＝LoadPicture("")

    C. 执行语句 Picture1. Picture＝ ""

    D. 选择图片框,在属性窗口中选择 Picture 属性条,然后按 Enter 键

3. 若在 Shape 控件内以 FillStyle 属性所指定的图案填充区域,而填充图案的线条颜色由 FillColor 属性指定,非线条的区域由 BackColor 属性填充,则应_____。

    A. 将 Shape 控件的 FillStyle 属性设置为 2 至 7 间的某个值,BackStyle 属性设为 1

    B. 将 Shape 控件的 FillStyle 属性设置为 0 或 1,BackStyle 属性设为 1

    C. 将 Shape 控件的 FillStyle 属性设置为 2 至 7 间的某个值,BackStyle 属性设为 0

    D. 将 Shape 控件的 FillStyle 属性设置为 0 或 1,BackStyle 属性设为 0

4. 在 VB 中可通过_____方法画圆。

    A. Pset   B. Line   C. Circle   D. Print

5. 假定 Form1、Picture1 和 Text1 分别为窗体、图片框和文本框的名称,下列不正确的语句是_____。

    A. Print 25   B. Picture1. Print 25

    C. Text1. Print 25   D. Form1. Print 25

6. 下列可把当前目录下的图形文件 pic1. jpg 装入图片框 Picture1 的语句是_____。

    A. Picture＝"pic1. jpg "

    B. Picture. Handle＝"pic1. jpg"

    C. Picture1. Picture＝LoadPicture("pic1. jpg")

    D. Picture＝LoadPicture("pic1. jpg")

二、填空题

1. 图形操作要使用绘图区或容器的坐标系统。VB 提供了_____坐标系统,也允许用户_____坐标系统。

2. 在 VB 中,每个容器的坐标系统包括 3 个要素,即_____、_____、_____。

3. 在 VB 中,_____和_____属性用于设置窗体、图片框或打印机等对象在绘图时当前坐标点的位置。

4. 利用 VB 中的_____和_____属性,可以设置封闭图形的填充方式。

5. VB 提供的 4 个图形控件分别是_____、_____、_____、_____。

6. VB 提供的绘图方法有_____、_____、_____。

7. 为了能自动放大或缩小图像框中的图形以与图像框控件的大小相适应,应将图像框控

件的_____属性设置为 True。

　　8. 在 VB 的多媒体控件中，_____控件用于播放无声的".avi"数字电影文件；_____控件用于管理、控制各种 MCI 设备。

　　三、编程题

　　1. 利用图像控件编写一个显示不断增大的方框的简单动画程序。（提示：使用计时器控件，每隔一个时间段改变方框的位置与大小。）

　　2. 用 PSet 方法在窗体上画 1 000 个随机点，点的大小为两个单位，点的颜色可随机变化。

　　3. 编写程序，画出 $y = 3x^3 + 5x^2 + x$ 的曲线图。

　　4. 编写程序，实现以 50 为步长，绘制 10 个红色同心圆。

　　5. 使用 Animation 控件设计一个能控制播放遍数的动画程序。

　　6. 使用 Multimedia MCI 控件设计一个在图片框中播放 .mpg 格式电影文件的程序。

　　四、问答题

　　1. VB 的系统坐标系与容器坐标系各有什么特点？相互间有何关系？

　　2. 怎样建立用户坐标系？

　　3. PictureBox 控件和 Image 控件有什么区别？

　　4. VB 可以处理哪些格式的图形文件？

　　5. 在程序运行时怎样在图片框和图像框中装入或删除图形？

　　6. 控件的 DrawMode 属性在图形处理中有什么作用？

　　7. 怎样通过 SavePicture 将图片框中的图形保存为磁盘文件？

　　8. 可以通过哪些方法设置对象的颜色（包括背景色与前景色）？

　　9. 如何添加 Multimedia MCI 控件？它能打开哪些设备类型？

第 12 章　数据库访问技术

数据库系统是计算机应用技术的一个重要组成部分,数据库技术主要研究如何科学地组织和存储数据,以及如何高效地检索和处理数据。VB 提供了强有力的数据库存取能力,利用 VB 能够开发各种数据库应用系统,建立多种类型的数据库,并管理、维护和使用这些数据库。本章介绍有关数据库的基本概念以及 VB 中访问数据库的基本方法。

12.1　数据库基本知识

12.1.1　数据管理技术的发展

数据管理主要面向非数值数据的处理问题,这类数据的特点是数据量大,数据处理的主要内容是对数据进行收集、加工、分析、计算、转换、合并、分类、统计、存储、传送、制表等操作。随着计算机软、硬件技术的不断发展,计算机数据管理技术经历了人工管理阶段、文件管理阶段和数据库管理阶段的变迁。

在人工管理阶段,数据处理的性质是计算机代替了人的手工劳动,例如计算工资、会计账目等数值运算,其特点是数据不长期保存,没有软件系统对数据进行管理,没有文件的概念,一组数据对应一个程序。

在文件管理阶段,数据处理的特征是数据不再是程序的组成部分,而是有组织、有结构地构成文件形式,形成数据文件,文件管理系统就是应用程序与数据文件的接口。

在数据库管理阶段,数据处理的主要特征是对所有数据实行统一、集中、独立的管理,数据独立于程序存在并可以提供给各类不同用户使用。数据库系统克服了传统的文件管理方式的缺陷,提高了数据的一致性、完整性,减少了数据冗余。

在当今信息爆炸的时代,只有通过数据库并结合计算机的高速计算能力才能实现对大量信息的及时处理和分析。

12.1.2　数据库基本概念

1. 数据库

数据库(DataBase),简单地理解就是存放数据的“仓库”,严格地讲,数据库是以一定的组织方式存储在一起的相互关联的数据的集合。数据库文件与应用程序文件分开,是独立的文件,它可以为多个应用程序所使用,以达到共享数据的目的。

2. 数据库管理系统

数据库管理系统(DataBase Management System,DBMS)是指在操作系统支持下建立、管理和维护数据库数据的一组软件。它的主要功能是维护数据库、接收和完成用户程序或命令提出的访问数据的各种请求,如检索、存储数据等。用户通过数据库管理系统使用数据库中的数据,Access、SQL Server、Oracle 等产品就是不同软件厂商提供的数据库管理系统。

3. 数据库应用程序

数据库应用程序是指用 VB、FoxPro 等开发工具设计的、实现某种特定功能的应用程序，例如学生成绩管理系统、工资管理系统、物资管理系统等。它利用数据库管理系统提供的各种手段访问一个或多个数据库，实现其特定的功能。

4. 数据库系统

数据库系统是指具有管理和控制数据库功能的计算机应用系统，除了用户程序外，它一般由计算机支持系统、数据库、数据库管理系统和有关人员组成。

5. 数据模型

数据是描述客观事物的数字、字符等符号的集合。在数据库中用数据模型这个工具来抽象表示和处理现实世界中的数据和信息。各个数据对象及它们之间存在的关联的集合称为数据模型，它是指数据在数据库中排列、组织所遵循的规则。

数据模型应该满足 3 个方面的要求：一是能比较真实地模拟现实世界，二是容易为人所理解，三是便于在计算机上实现。一种数据模型若要很好地满足这 3 个方面的要求，就目前来说仍很困难。因此，在数据库系统中针对不同的使用对象和应用目的采用不同的数据模型。目前流行的数据模型有层次模型、网状模型和关系模型。

6. 数据库的分类

按数据库所采用的数据模型来划分，数据库可分为 3 类，即层次型数据库、网状型数据库和关系型数据库。目前应用最广泛的是关系型数据库，它已成为数据库设计事实上的标准，这不仅因为关系模型自身具有强大的功能，而且还由于它提供了称为结构化查询语言（Structure Query Language，SQL）的标准接口，该接口允许用户以一致的和可以理解的方法来一起使用多种数据库工具和产品。

12.1.3 关系型数据库

关系型数据库采用关系模型作为其数据模型，理论基础是关系运算。它把数据用表的集合来表示，通过建立简单表之间的关系来定义结构，而不是根据数据的物理存储方式建立数据的关系。不管数据的物理存储方式如何，都看成是由若干行和列组成的二维表格，即关系表。如表 12-1 所示，它是表示学生基本情况的关系数据表。

表 12-1　学生基本情况表

学　号	姓　名	性　别	出生日期	班　级	籍　贯
06020101	李大鹏	男	1988/7/2	计算机 06-1	上海
06040506	李小红	女	1989/9/20	建筑 06-2	江苏
07020171	潘晓芳	女	1989/7/5	计算机 07-1	四川
07060171	王大庆	男	1989/4/8	数学 07-1	北京
08025101	沈光明	男	1990/12/1	计算机 08-3	浙江
06020102	梁青	女	1989/3/20	计算机 06-1	北京
06020104	张强	男	1988/4/28	计算机 06-1	河南
06040508	张灵灵	女	1988/3/15	建筑 06-2	江苏

VB 默认的数据库是 Access 数据库,可以在 VB 中直接创建,库文件的扩展名为.mdb。另外,VB 还可以处理其他各种外部数据库,如 FoxPro、dBase 等。

下面以表 12-1 为例,介绍关系型数据库中的几个基本术语。

1. 数据表

数据表是一组相关联的数据按行和列排列的二维表格,简称为表。例如,表 12-1 所示的学生基本情况表中包含有关学生的基本情况信息,例如学号、姓名、性别、出生日期、班级、籍贯等。每个数据表均有一个表名,一个数据库可以包含一个或相关的多个数据表。

2. 记录

数据表中的每一行数据称为该表中的一条记录。例如,学生基本情况表中姓名为"李大鹏"对应的行中所有数据即为一条记录。为便于指示当前正在或将要进行操作的记录,系统为每个打开的表设置了一个记录指针,指针所指的记录即为当前记录。通过相关语句,可使指针在表中上下移动。

3. 字段

数据表中的每一列具有相同的性质和数据类型,称为一个字段。它对应数据表中的数据项,每个数据项的名称(即表头第一行内容)称为字段名。例如,学生基本情况表中的"学号"、"姓名"、"性别"等都是字段名。通常,每个字段都有特定的数据类型(文本、数字等),并且代表事物的某一类属性。

4. 关键字

如果数据表中的某个字段值能唯一地确定一个记录,用于区分不同的记录,则称该字段名为候选关键字。一个表中可以存在多个候选关键字,选定其中一个关键字作为主关键字。例如表 12-1 中的"学号"是唯一的,可选择为主关键字(简称"主键"),因为学号唯一地标识了一个学生,而"姓名"和"班级"存在相同的情况,可将其组合起来作为组合关键字。

对于数据表中的每一个记录来说,主关键字必须具有唯一的值,且主关键字不能为空值。

5. 索引

在关系型数据库中,通常使用增加索引(Index)的方法来提高数据检索速度。表的记录数据在表中是按输入的自然顺序存放的,当为主关键字或其他字段建立索引时,数据库管理程序将索引字段的内容以特定的顺序记录在一个索引文件上;而在检索数据时,系统首先从索引文件上找到信息的位置,再从表中读取数据。这种方法如同图书馆的索引卡片,可以大大加快数据库访问的速度。

6. 关系

数据库可以由多个表组成,表与表之间可以通过不同方式相互关联,常使用关键字来相互关联。例如,若学生数据库中还有一个学生成绩表,其结构如表 12-2 所示。在该表中它只需要一个"学号"字段来引用学生基本情况,而不必在表中重复学生基本情况的每项信息。通过成绩表中的"学号"字段引用学生基本情况表中的"学号"字段,就可以将学生成绩和学生的姓名、班级等联系起来,用来联系两个数据表的字段称为关联字段。根据一个表中记录与另一个表中记录之间的数量对应关系,关系分为一对一、一对多(或多对一)、多对多 3 种类型。常用的是一对多关系,一对一关系可看成是一对多关系的特例,而多对多关系必须转换为一对多关系。

表 12-2　学生成绩表

学　号	课程名称	成　绩	学　期
06020101	高等数学	95	一上
06020101	英语	90	一上
06040506	英语	85	二上
…	…	…	…
06040506	计算机基础	78	一上
07060171	物理	87	一下
06040508	C 语言	88	二上

7. VB 中记录集 Recordset 对象

在 VB 中，数据库内的数据表中的数据不允许直接访问，而只能通过创建于内存中的记录集 Recordset 对象进行记录的浏览和操作，记录集是一种浏览数据库的工具。在 VB 中可以将一个或几个表中的数据构成记录集，记录集与表类似，也由行和列构成，如图 12-1 所示。

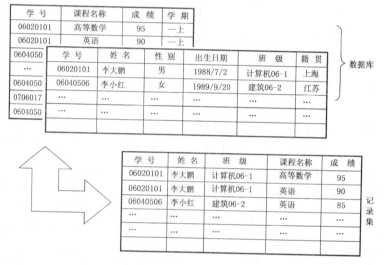

图 12-1　数据库和记录集

用户根据需要，可通过设置记录集对象的类型来选择数据。记录集有以下 3 种类型：

（1）表（Table）类型记录集

表类型的 Recordset 对象是当前数据库真实的数据表，因此使用本方式打开数据库的数据表时，所进行的增、删、改等操作都将直接更新数据库中的数据。表类型比其他记录集类型的处理速度都快，但它只能对应单个数据表且需要大量的内存。

（2）动态集（DynaSet）类型记录集

动态集类型的 Recordset 对象可以是一个表，也可以是返回的行查询结果，它实际上是对一个或几个表中记录的一系列引用。图 12-1 所示为两个表记录的引用，该记录集从表 12-1 中选取了学号、姓名、班级，从表 12-2 中选取了课程名称和成绩，通过主关键字"学号"建立表间关系。动态集和产生动态集的基本表可以互相更新，因此可用动态集从多个表中提取和更新数据。动态集类型是最灵活、功能最强的记录集类型，但其操作速度不及表类型。

（3）快照（SnapShot）类型记录集

快照类型的 Recordset 对象包含的数据是固定的，记录集为只读状态，它反映了在产生快照的一瞬间数据库的状态。快照只是静态数据的显示,不能更新数据,它是最缺少灵活性的记录集,但其所需的内存较少,所以若只是浏览记录,可以选用快照类型。

在实际编程中,使用哪种类型的记录集取决于需要完成的任务是要更改数据还是简单地查看数据。例如,如果必须对数据进行排序或使用索引,可以使用表类型,因为表类型的Recordset对象是可以索引的,它定位数据的速度最快。如果希望能对查询选定的一系列记录进行更新,可以使用动态集类型。如果在特殊情况下不能使用表类型的记录集,或只需对记录进行扫描,则使用快照类型可能会快一些。一般来说,应该尽可能使用表类型的Recordset对象,因为它的性能通常最好。

12.2 数据库的建立

建立数据库,就是确定数据库的结构,即确定该数据库由哪些数据表组成,每张数据表有哪些字段,以及每个字段的名称、数据类型和数据长度等。

VB支持的不同类型的数据库可以通过相关的数据库管理系统来建立,例如,在FoxPro数据库管理系统中可建立.dbf结构的数据库。用户也可以使用VB提供的一个非常实用的数据库设计工具来建立数据库,即可视化数据管理器(Visual Data Manager),它具有数据库的创建、查看、修改库结构以及输入记录、查询记录等功能。

12.2.1 可视化数据管理器

只要完整地安装了VB,就可以使用VB所带的外接程序——“可视化数据管理器(VisData)”来创建数据库文件。在VB主窗口中选择“外接程序”菜单中的“可视化数据管理器”命令,即可启动“可视化数据管理器”,如图12-2所示。

“可视化数据管理器”所对应的可执行文件为VB安装目录下的VisData.exe程序,因此也可以双击该文件图标启动它。

在图12-2所示的可视化数据管理器中,工具栏上的前3个按钮用于选择系统以何种记录集类型来访问数据库,依次为“表类型记录集”、“动态集类型记录集”和“快照类型记录集”,默认选择是“动态集类型记录集”。

图12-2 可视化数据管理器

12.2.2 创建数据库、添加表和删除表

如果要创建一个数据库,必须首先分析该数据库由几个数据表组成。而要建立一个数据表需要分两步进行,即建立数据表的结构和输入表中的记录。

建立数据表的结构就是要定义数据表中有哪些字段,每个字段的字段名、类型是什么,长度应该多大才合适。下面以表12-1和表12-2为例说明建立一个学生数据库(xs.mdb)的方法。本数据库中包含两个数据表,即学生基本情况表(jb)和学生成绩表(cj)。

1. 创建一个数据库

① 在“可视化数据管理器”中,选择“文件”菜单中的“新建”命令,在“新建”子菜单中列出了VB可访问的数据库文件类型。选择Microsoft Access中的Version 7.0 MDB选项,然后

在"选择要创建的 Microsoft Access 数据库"对话框中输入新建的数据库名称xs.mdb,并且选择合适的保存数据库的文件夹,这里选择为 D:\vb。

② 单击该对话框中的"保存"按钮,数据库生成并以磁盘文件存储。系统随后会在 VisData 多文档窗口中出现"数据库窗口"和"SQL 语句"两个窗口,如图 12-3 所示。在"数据库窗口"中单击"+",将列出新建数据库的常用属性。

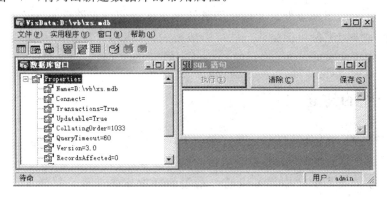

图 12-3 数据库窗口和 SQL 语句窗口

· Access 数据库文件的扩展名是.mdb。一个.mdb 文件可包含多个二维关系的数据表,每个数据表不是以文件的方式保存在磁盘上,而是包含在数据库文件中。

单击"数据库窗口"右上角的关闭按钮,可关闭新建或已打开的数据库。

2. 打开数据库

在"可视化数据管理器"中,选择"文件"菜单中的"打开数据库"命令,并选择 Microsoft Access,将显示"打开 Microsoft Access 数据库"对话框。在该对话框中选择要打开的.mdb 文件,单击"打开"按钮,即可打开选定的文件,"数据库窗口"和"SQL 语句"窗口将显示在 VisData 窗口中。

3. 添加数据表

利用"可视化数据管理器"建立数据库后,就可向该数据库中添加数据表,即建立数据表结构。

数据表的结构包括表中各个字段的名称、类型、字段长度等信息,学生基本情况(jb)表结构如表 12-3 所示。

表 12-3 学生基本情况(jb)表结构

字段名称	类　型	字段长度	字段名称	类　型	字段长度
学号	Text	8	班级	Text	20
姓名	Text	10	籍贯	Text	20
性别	Text	2	照片	Binary	系统自动设置
出生日期	Date	8			

说明:表中"类型"用来指定字段的数据类型,可以是普通的 VB 数据类型,也可以是 Memo(备注类型)或 Binary(二进制类型)。Memo 类型通常用来存放大段文本,Binary 类型通常用来存放二进制数据,例如声音、图像等。

数据表的建立步骤如下:

① 打开已经建立的 Access 数据库,例如 xs.mdb。在"可视化数据管理器"中,右击数据库窗口,在快捷菜单中选择"新建表"命令,此时将打开"表结构"对话框,如图 12-4 所示。

在"表结构"对话框中,"表名称"文本框必须输入,即数据表必须有一个名字,例如 jb。"字段列表"显示表中的字段名,通过"添加字段"和"删除字段"按钮来进行字段的添加和删除。如果需要索引,则可向"索引列表"中添加索引。

② 单击"添加字段"按钮,打开"添加字段"对话框,如图 12-5 所示。

在"名称"文本框中输入一个字段名,在"类型"下拉列表框中选择相应的数据类型,在"大小"文本框中输入字段长度,选择字段是"固定字段"还是"可变字段",以及"允许零长度"和"必要的"。另外,还可定义验证规则对取值进行限制,可以指定插入记录时字段的默认值。

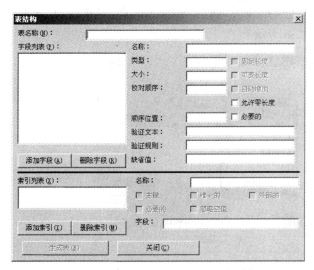

图 12-4　建立数据表前的"表结构"对话框

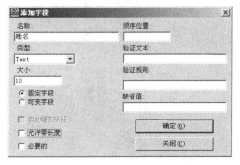

图 12-5　"添加字段"对话框

一个字段完成后,单击"确定"按钮,该对话框中的内容将变为空白,可继续添加该表中的其他字段。当所有字段都添加完毕后,单击该对话框中的"关闭"按钮,将返回如图 12-6 所示的"表结构"对话框。

③ 为加快查找记录数据的速度,可为数据表中的某些字段设置索引(Index)。单击"表结构"对话框中的"添加索引"按钮,打开"添加索引"对话框,如图 12-7 所示。

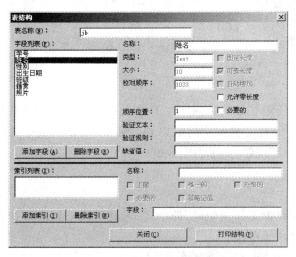

图 12-6　"表结构"对话框

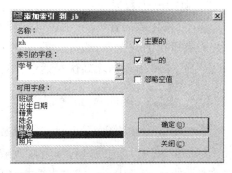

图 12-7　"添加索引"对话框

在"添加索引"对话框中包含以下内容。

- 名称：给被索引的字段取的名字，例如 xh。
- 索引的字段：给出被索引的字段名，在"可用字段"中选择要建立索引的字段名，例如 "学号"。
- 主要的：表示当前建立的索引是主索引，主索引在每个表中是唯一的。
- 唯一的：表示设置的字段里面不会有重复数据。
- 忽略空值：表示搜索索引时将忽略空值记录。

④ 在"表结构"对话框中单击"生成表"按钮生成表，然后关闭"表结构"对话框，在数据库窗口中可以看见生成的数据表结构，如图 12-8 所示。

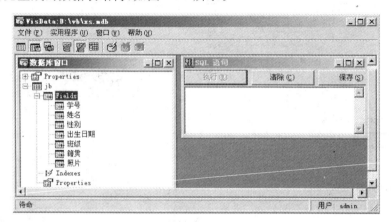

图 12-8　生成的数据表结构

当一个表建立好后，可采用同样的办法建立该数据库中的其他表，这里读者可参照表 12-2 在 xs. mdb 中再添加一个学生成绩表（cj），以方便下面举例。在学生成绩表中必须也有一个 "学号"字段，且它的数据类型、长度与学生基本情况表（jb）一致，这样才可以使两个表通过该字段进行关联。

4．修改数据表结构

在"可视化数据管理器"中可以修改数据库中已经建立的数据表的结构。在数据库窗口中右击要修改结构的数据表表名，在快捷菜单中选择"设计"命令，将重新打开"表结构"对话框。在该对话框中可以修改表名称，添加、删除字段或索引，修改验证和默认值等。单击"打印结构"按钮可打印表结构，单击"关闭"按钮则完成修改。

5．删除一个数据表

在"可视化数据管理器"中，可以删除已经建立好的数据库中的数据表。首先打开要删除的数据表所在的数据库，然后在数据库窗口中右击要删除的数据表表名，在快捷菜单中选择 "删除"命令，将出现删除确认对话框，单击"是"按钮，即可删除该表。

12.2.3　输入、编辑和删除记录

在数据表的结构建立好以后，这时数据表中无任何记录，即空表，因此可以对该表添加记录，也可以对已有的记录进行编辑修改或删除等操作。

在数据库窗口中双击或右击要操作的数据表，在快捷菜单中选择"打开"命令，即可打开数据表记录处理窗口，如图 12-9 所示。

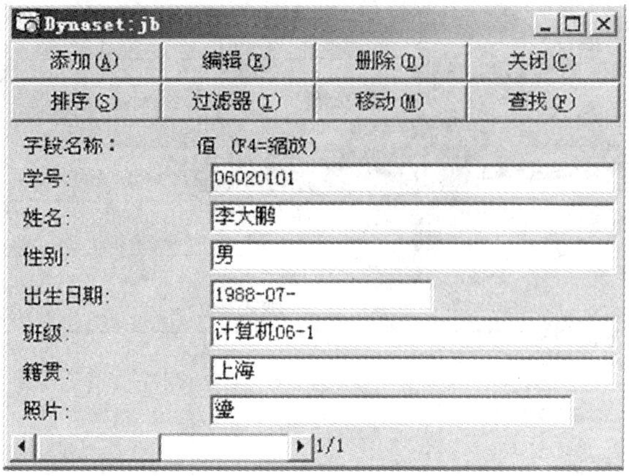

图 12-9　数据表记录处理

在该窗口中有 8 个按钮用于记录操作，它们的作用如下：

- "添加"按钮：向表中添加记录。在新记录输入后，应单击"更新"按钮添加到数据库。
- "编辑"按钮：修改窗口中的当前记录。
- "删除"按钮：删除窗口中的当前记录。
- "排序"按钮：按指定字段对表中记录进行排序。
- "过滤器"按钮：指定过滤条件只显示满足条件的记录。
- "移动"按钮：根据指定的行数移动记录的位置。
- "查找"按钮：根据指定条件查找满足条件的记录。
- "关闭"按钮：关闭数据表记录处理窗口。

12.2.4　建立查询

查询是数据库的基本操作之一。针对数据表中的记录，有时需要找到满足某些特定条件的记录，这些记录又组成一个新的数据表，称为查询。例如上面建立的学生基本情况表(jb)，可以查询所有计算机 06-1 班的学生记录，或者找出所有男同学记录等。

1. 建立一个查询

"查询生成器"是一个用来构造 SQL 查询的表达式生成器，可生成、查看、执行和保存 SQL 查询，生成的查询将作为数据库的一部分保存。使用"查询生成器"建立一个查询的步骤如下：

① 打开"可视化数据管理器"和要建立查询的数据库，从"实用程序"菜单中选择"查询生成器"命令，打开"查询生成器"对话框，如图 12-10 所示。用户可以看到，在"表"列表框中列出了该数据库中包含的所有数据表。

② 在"表"列表框中单击要查询的表，则该表中的所有字段将出现在"要显示的字段"列表框中，在其中选中查询时要显示的字段名，在图 12-10 中选中了 jb 表中的"学号"、"姓名"、"性别"3 个字段名。

③ 在对话框上部有"字段名称"、"运算符"和"值"3 个下拉列表框，它们用于构成表的一个查询条件关系表达式。操作方法如下：

在"字段名称"下拉列表中选择一个字段(如"性别")，在"运算符"下拉列表中选择一个运算符(如"＝")，在"值"下拉列表中输入取值(如"男")，这样就形成了"性别＝'男'"的关系表达

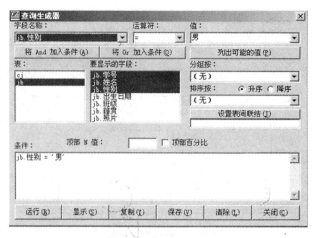

图 12-10　"查询生成器"对话框

式。在选值时，可单击"列出可能的值"按钮，然后选择字段的取值添加到"值"下拉列表中。

④ 单击"将 And 加入条件"或"将 Or 加入条件"按钮，可把条件依次添加到"条件"列表框中。查询条件表达式可以是由多个条件组合而成的逻辑表达式。单击"清除"按钮可删除条件，如果要查看查询条件，可以单击"显示"按钮。查询条件设定以后，可以单击"运行"按钮执行 SQL 语句，显示查询结果，如图 12-11 所示。

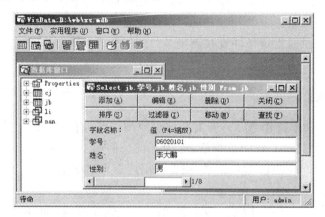

图 12-11　SQL 语句窗口中显示查询结果

⑤ 如果要保存创建的查询，在"查询生成器"对话框中单击"保存"按钮，然后在打开的对话框中输入查询名称"nan"，可将查询保存至数据库中。

保存查询后，就能在可视化数据管理的数据库窗口中看到刚才建立的查询。以后要执行该查询，只需在数据库窗口中双击该查询名，即可看到所建查询的内容（见图 12-11）。

2. 修改查询

在数据库窗口中的某个已建立的查询名（例如这里的 nan）上右击，从快捷菜单中选择"设计"命令，则相应的 SELECT 语句就出现在 SQL 语句窗口中，如图 12-12 所示。

若将图 12-12 中的 SELECT 语句修改为：

SELECT jb.学号,jb.姓名,jb.性别 FROM jb WHERE(jb.班级＝'计算机 06-1')

则可查询所有计算机 06-1 班的学生记录。

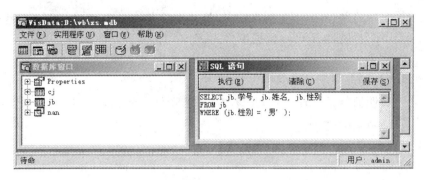

图 12-12　查询对应的 SQL 语句

除了可以用"查询生成器"建立查询外,还可以直接在"SQL 语句"窗口中输入一条 SQL 语句,并保存为数据库中的一个查询。对于熟悉 SQL 语言的用户来说,这种方法比使用"查询生成器"更方便、更快捷。

12.3　数据控件

VB 中访问数据库最简单的方法是使用 Data 控件,使用它几乎不需编写任何程序代码,或只需编写极少的代码就可以实现对数据库中数据的浏览、修改、添加、删除等操作。

12.3.1　数据控件概述

利用数据控件(Data)访问数据库中的数据是通过设置其相关属性将数据控件与一个特定的数据库及其中的表联系起来,同时使用一些类似于文本框这样的数据绑定控件就可以实现对数据库的一般访问。数据控件是 VB 的标准控件,用户可直接在控件工具箱中找到它(图标为 ▦),并将它添加到窗体上,其外观如图 12-13 所示。

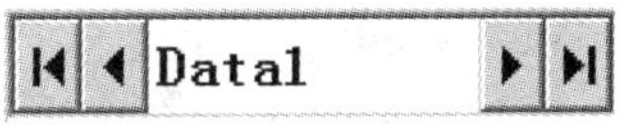

图 12-13　数据控件外观

在数据控件上,前后共有 4 个按钮,第一个按钮是指将记录指针移到第一条记录;第二个按钮是指将记录指针向前移一条记录;第三个按钮是指将记录指针向后移一条记录;第四个按钮是指将记录指针移到最后一条记录。在数据控件中间显示的是数据控件的 Caption(标题)属性值(默认为 Data1)。

1. 数据控件的主要属性

使用 Data 控件,需要首先建立它与数据库的连接,Data 控件的 Connect、DatabaseName 和 RecordSource 3 个基本属性决定了它所要访问的数据源。它们可以通过属性窗口进行设置,也可以运行时在 Form_Load 事件中设置。

(1) Connect 属性

该属性指定数据控件所要连接的数据库类型,包括 Microsoft Access、dBASE、FoxPro 等,其默认值为 Access。

(2) DatabaseName 属性

该属性指定具体使用的数据库文件名,其设置与 Connect 属性值有很大的关系。如果 Connect 属性值是 Access 数据库格式,则 DatabaseName 属性值必须包括一个数据库完整的路径名及文件名;如果 Connect 属性值是其他形式的单表数据库格式,则 DatabaseName 属性

只能包含某一数据库的路径名,不包括文件名,具体文件名放在 RecordSource 属性中。例如:

若 Connect 属性的值是 Access 数据库格式,则:

```
Data1.Connect="Access"
Data1.DatabaseName="d:\vb\xs.mdb"
```

若 Connect 属性的值是 FoxPro 数据库格式,则:

```
Data1.Connect="FoxPro 6.0"
Data1.DatabaseName="d:\vb"
```

（3）RecordSource 属性

该属性确定具体可访问的数据,这些数据构成记录集对象 Recordset。该属性值也与 Connect 属性值有关,有以下几种可能:

① 当 Connect 属性值是 Access 数据库格式时,RecordSource 属性值可以为数据库中的一个数据库表名或是一条 SQL 查询语句。例如,数据库文件 xs.mdb 中有一个数据表 jb,那么 RecordSource 属性值可为:

```
Data1.RecordSource="jb"
```

或

```
Data1.RecordSource="SELECT * FROM jb WHERE 班级='计算机06-1'"
```

② 如果 Connect 属性值是其他形式的单表数据库格式,则 RecordSource 属性值为数据库文件名或一条 SQL 查询语句。

（4）RecordsetType 属性

该属性返回或设置数据控件创建的记录集类型,可指定记录集为 Table、DynaSet、SnapShot 3 种类型中的一种。

（5）ReadOnly 属性

如果该属性值为 True,则在程序运行时,数据库中的内容只能查看不能修改。

（6）BOFAction 属性和 EOFAction 属性

在对数据库中的记录进行操作时,往往是针对当前记录进行的。当前记录就是记录指针所指向的记录。在程序运行时,当记录指针指向 Recordset 对象的开始（第一个记录前,即 BOF 值为 True）或结束（最后一个记录后,即 EOF 值为 True）,且用户又单击了数据控件上的 ◀或▶按钮时,BOFAction 属性和 EOFAction 属性的设置或返回值决定了数据控件应执行什么操作。它们的取值如表 12-4 所示。

表 12-4 BOFAction 和 EOFAction 属性的设置

属　　性	取值	操　　　作
BOFAction	0	控件重定位到第一个记录
	1	移过记录集开始位,定位到一个无效记录,触发数据控件对第一个记录的无效事件 Validate
EOFAction	0	控件重定位到最后一个记录
	1	移过记录集结束位,定位到一个无效记录,触发数据控件对最后一个记录的无效事件 Validate
	2	向记录集加入新的记录,可以对新记录进行编辑,移动记录指针新记录写入数据库

（7）Exclusive 属性

该属性指定是否允许其他用户访问数据库。当其值为 True 时，表示单用户使用，否则表示共享存取。Exclusive 属性的默认值是 False。需要注意的是，当使用 Data1. Exclusive＝True 语句禁止其他用户访问数据库以后，若现在又允许其他用户访问数据库，除了使用 Data1. Exclusive＝False 语句外，还必须在其后使用 Data1. Refresh 语句设置才有效。

2. 数据绑定控件

数据控件用于与数据库中的某一数据表建立关联，以实现对数据表的存取操作，但数据控件本身并不能实现对记录内容的显示，为此在 VB 中提供了一种控件绑定技术。通过将一些普通控件绑定到数据控件上，可将这些控件与数据控件记录集中的字段连接起来，这样即可自动地完成记录集中数据的显示、更新等操作。

在 VB 中，并不是所有的控件都可以绑定到数据控件上，可以用作与 Data 控件绑定的控件对象有文本框、标签、图像框、图片框、列表框、组合框、复选框、网格、DB 组合框、DB 网格和 OLE 容器等控件。

如果要将某一控件绑定到数据控件上，只要在设计或运行时设置它的 DataSource 和 DataField 属性即可。

- DataSource 属性：通过指定一个有效的数据控件将绑定控件连接到一个数据源上。
- DataField 属性：设置数据源中有效的字段使绑定控件与其建立联系。

绑定控件、数据控件和数据库三者的关系如图 12-14 所示。

图 12-14 绑定控件、数据控件和数据库三者的关系

例 12-1 设计一个如图 12-15 所示的窗体，用于显示在 12.2 节中建立的 xs. mdb 数据库中的学生基本情况表(jb)的内容。

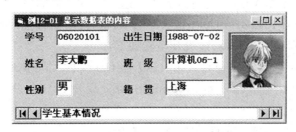

图 12-15 显示 xs. mdb 数据库中的学生基本情况表(jb)的数据

本程序利用数据控件和数据绑定控件显示 xs. mdb 数据库中的 jb 数据表的内容。由于 jb 数据表包含 7 个字段，因此窗体上需要 7 个绑定控件与之对应。这里用 6 个文本框分别对应显示学号、姓名等数据，用一个图片框显示照片。本例中不需要编写任何代码，具体设计步骤如下：

① 在窗体上添加一个数据控件 Data1，设置 Data1 的 Connect 属性为 Access 类型，DatabaseName 属性为 d:\vb\xs. mdb，RecordSource 属性为 jb。

② 在窗体上设计 6 个文本框和 6 个标签(用于相关提示说明)。将 6 个文本框的 DataSource

属性均设为 Data1，然后通过单击这些文本框各自 DataField 属性上的"…"按钮，将弹出 jb 表中所包含的全部字段名，分别选择与其对应的字段名，使之与数据控件 Data1 绑定。

运行该程序，即可显示如图 12-15 所示的界面。这里除了通过单击数据控件 Data1 上的 4 个箭头按钮浏览整个记录集中的记录外，还可以编辑数据。如果在某个文本框中改变了某个字段值，只要单击箭头按钮移动记录，这时所做的改变便可存入数据库中。因此，若为此例增加下列代码，便可以进行照片字段内容的装入或修改。

```
Private Sub Picture1_Click()
    Picture1.Picture = Clipboard.GetData        '将当前剪贴板中的图片装入图片框中
End Sub
```

程序运行时，先将某同学的照片通过复制（或剪切）放入剪贴板，然后将记录指针移动到该同学记录上，单击图片框，再单击箭头按钮移动记录，便可对该同学的照片字段内容进行装入或修改。

例 12-2 采用 VB 提供的数据网格控件 MsFlexGrid 实现 xs.mdb 数据库中学生基本情况表(jb)的多条记录数据的显示，如图 12-16 所示。

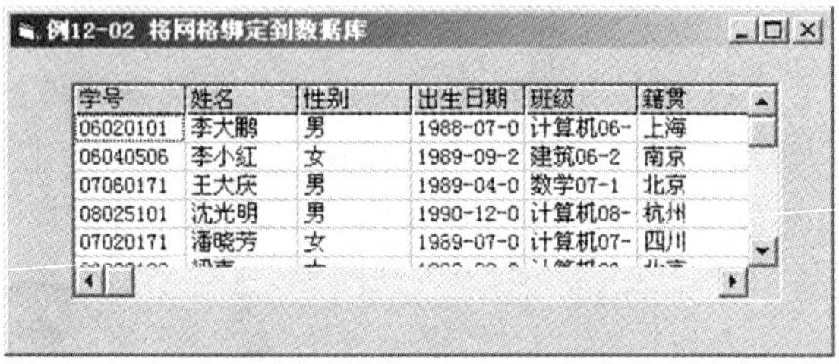

图 12-16 用数据网格控件显示数据

VB 提供了几个比较复杂的数据网格控件，几乎不需编写代码即可实现多条记录数据的显示。只要把数据网格控件的 DataSource 属性设置为一个 Data 控件，网格控件便会被自动填充，并且其列标题会用 Data 控件记录集里的数据自动设置。

由于 MsFlexGrid 不是 VB 标准控件，需通过选择"工程"菜单中的"部件"命令，在出现的对话框中选择 Microsoft FlexGrid Control 6.0 选项，将其（图标为）添加到工具箱中。

本例中不需要编写任何代码，具体设计步骤如下：

① 在窗体上添加一个数据控件 Data1，设置 Data1 的 Connect 属性为 Access 类型，DatabaseName 属性为 d:\vb\xs.mdb，RecordSource 属性为 jb。设置 Data1 的 Visible 为 False（不可见）。

② 在窗体上设计一个 MsFlexGrid 控件，设置其 DataSource 属性为 Data1。

运行该程序，即可显示图 12-16 所示的界面。这里通过单击 MsFlexGrid 控件对象本身具有的水平或垂直滚动条即可浏览整个记录集中的记录数据。

3. 数据控件的事件

数据控件常用的事件有 Reposition、Validate。

（1）Reposition 事件

当用户单击 Data 控件上的某个箭头按钮，或在代码中使用了某个 Move 或 Find 方法使某条新记录成为当前记录时，将产生 Reposition 事件。因此，在该事件过程中编写下列代码，程序运行后，若单击 Data 控件上的某个箭头按钮，则可在 Data 控件标题处显示当前记录的位置。

```
Private Sub Data1_Reposition()
    Data1.Caption = Data1.Recordset.AbsolutePosition + 1
End Sub
```

这里,Recordset 为 Data 控件所控制的记录集对象,AbsolutePosition 属性返回当前记录指针值(从 0 开始)。

(2) Validate 事件

在一条不同的记录成为当前记录之前或使用 Update 方法之前(用 UpdateRecord 方法保存数据除外),以及 Delete、Unload 或 Close 操作之前会产生该事件。其语法格式为:

Private Sub Data1_Validate(Action As Integer, Save As Integer)
    ...   '事件处理代码
End Sub

使用 Validate 事件可检查被数据控件绑定的控件内的数据是否被改变。它通过 Save 参数(True 或 False)判断是否有数据变化;通过 Action 参数判断哪种操作触发了 Validate 事件。Action 参数的具体取值如表 12-5 所示。

表 12-5 Validate 事件的 Action 参数

Action 值	描 述	Action 值	描 述
0	取消对数据控件的操作	6	Update
1	MoveFirst	7	Delete
2	MovePrevious	8	Find
3	MoveNext	9	设置 Bookmark
4	MoveLast	10	Close
5	AddNew	11	卸载窗体

在实际编程中,Validate 事件常用来检验数据的有效性。例如,在例 12-1 中,若不允许用户在浏览数据时清空姓名字段的数据,则可编写如下代码:

```
Private Sub Data1_Validate(Action As Integer, Save As Integer)
    If Save And Len(Trim(Text2)) = 0 Then Action=0
End Sub
```

4. 数据控件的常用方法

数据控件常用的方法有 Refresh、UpdateControls、Close 等。

(1) Refresh 方法

如果在设计状态没有为数据控件的有关属性全部赋值,或当 RecordSource 在运行时被改变后,必须使用 Refresh 方法来刷新数据控件,以反映这些变化。该方法执行后,会将记录指针指向记录集的第 1 条记录。

例如,可在 Form_Load 事件中为数据控件设置数据源,代码如下:

```
Data1.DatabaseName="d:\vb\xs.mdb"
Data1.RecordSource="jb"
Data1.Refresh
```

(2) UpdateControls 方法

通过该方法可将数据从数据库中重新读到数据绑定控件中,因此可使用该方法放弃用户对数据绑定控件中数据的修改。

（3）Close 方法

关闭指定的数据库、记录集并释放分配给它的资源，其语法格式为：

对象名 .Close

例如：

Data1.Recordset.Close

将关闭一个记录集。

12.3.2 记录集对象

由数据控件的 RecordSource 属性确定的具体可访问的数据构成的记录集（Recordset），既是数据控件的一个属性也是一个对象，它表示一个或多个数据表中数据的集合，或运行一次查询所得到的记录结果。下面对 Recordset 对象的常用属性和方法做简要介绍。

1. 记录集对象的属性

Recordset 对象的常用属性有 BOF 和 EOF、AbsolutePosition、Bookmark、RecordCount 和 NoMatch 等。

（1）BOF 和 EOF 属性

若 BOF 属性为 True，则表示记录指针位于首记录之前；同样，若 EOF 属性为 True，则表示记录指针位于末记录之后。如果这两个属性同时为 True，则表示记录集中无任何记录。

（2）AbsolutePosition 属性

该属性为只读属性，用于返回当前记录的序号，若是第一条记录，其值为 0。

注意：程序中不能用 AbsolutePosition 属性的值重新定位记录集的指针，因为当执行了删除、添加、查询等操作后，记录的位置可能会改变。但可以使用 Bookmark 属性重新定位记录集的指针。

（3）Bookmark 属性

在打开 Recordset 对象时，系统为当前记录生成一个称为书签的标识值，包含在 Recordset 对象的 Bookmark 属性中。每个记录都有唯一的书签（但用户无法查看到书签的值），Bookmark 属性返回或设置当前记录的书签。在程序中可以使用 Bookmark 属性重新定位记录集的指针。例如，下列语句使指针移到其他位置后迅速返回原位：

```
Dim mbookmark                              '定义一个变体类型变量
mbookmark = Data1.Recordset.Bookmark       '保存当前记录的书签(指针位置)
Data1.Recordset.MoveFirst                  '将记录指针移动到第一条记录
Data1.Recordset.Bookmark = mbookmark       '使记录指针返回到保存过书签的记录上
```

（4）RecordCount 属性

该属性为只读属性，用来获取记录集中记录数。在多用户环境中，该属性的返回值可能不准确，这与记录集对象被刷新的频率有关。为获得准确值，在使用该属性前应先调用 MoveLast 方法将记录指针移到最后一条记录上。

（5）NoMatch 属性

在记录集中进行查询操作时，若找到与条件相匹配的记录，则 Recordset 对象的 NoMatch 属性值为 False，否则为 True。该属性常与 Bookmark 属性一起使用。

2. 记录集对象的方法

数据控件是浏览数据表并编辑数据表内容的好工具，但输入新记录或删除现有的记录还需要编写若干行代码,数据库记录的增加、删除、修改操作可通过 Recordset 对象的 AddNew、Delete、Edit、Update、CancelUpdate 等方法来完成。另外,Recordset 对象还提供了移动指针的一组 Move 方法和用于查询操作的 Find、Seek 方法。其一般语法格式为:

数据控件.记录集.方法名

(1) AddNew 方法

AddNew 方法能够实现向记录集中添加一条新记录,并使新记录成为当前记录。

(2) Edit 方法

如果要改变数据库的数据,可用 Edit 方法来实现。但是必须先把要编辑的记录设为当前记录,然后在绑定控件中完成任意必要的改变。

(3) Update 方法

Update 方法可保存对 Recordset 对象的当前记录所做的所有更改。用户在调用了 AddNew 或 Edit 方法后,只有在执行了 Update 方法或通过 Data 控件移动当前记录时才能确定所做的添加或修改,也就是将缓冲区的数据写入数据库中保存所做的改变。

(4) CancelUpdate 方法

向数据库中添加了新记录或修改了数据库中的内容后,调用 Update 方法更新了数据库的内容,此时如果再调用 CancelUpdate 方法,可以使刚做的更改无效,数据库又恢复原状。

(5) Delete 方法

对于表类型或者动态集类型的记录集,可以用 Delete 方法来删除记录。

(6) Move 方法

使用 Move 方法可代替对数据控件对象的 4 个箭头的操作,遍历整个记录集中的记录,下面介绍 5 种 Move 方法。

- MoveFirst 方法:移到第一条记录。
- MoveLast 方法:移到最后一条记录。
- MoveNext 方法:移到下一条记录。
- MovePrevious 方法:移到上一条记录。
- Move [n]方法:向前或向后移 n 条记录,n 为指定的数值。

(7) Find 方法

使用 Find 方法可在指定的动态集类型和快照类型的 Recordset 对象中查找与指定条件相符的一条记录,并使之成为当前记录,下面介绍 4 种 Find 方法。

- FindFirst 方法:找到满足条件的第一条记录。
- FindLast 方法:找到满足条件的最后一条记录。
- FindNext 方法:找到满足条件的下一条记录。
- FindPrevious 方法:找到满足条件的上一条记录。

4 种 Find 方法的语法格式相同,即:

数据集合.Find 方法   搜索条件

其中,搜索条件是一个指定字段与常量关系的字符串表达式,除了可由普通的关系运算符构成外,还可由 Like 运算符构成。

例如,在由 Data1 数据控件所连接的数据库"xs.mdb"的表"jb"中查找班级为"计算机 06-1"的第 1 条记录,可用下面的语句:

Data1.Recordset.FindFirst "班级＝'计算机 06-1'"

如果要想查找下一条符合该条件的记录,可继续用下面的语句:

Data1.Recordset.FindNext "班级＝'计算机 06-1'"

以上语句中的条件部分也可以改用已赋值的字符型变量,写成如下形式:

Tiaojian＝"班级＝'计算机 06-1'"
Data1.Recordset.FindNext Tiaojian

如果条件部分的常数来自变量,例如,ls＝"计算机 06-1",则条件表达式必须按以下格式构成:

Tiaojian＝"班级＝" & "'" & ls & "'"

又如,若查找姓名中包含"李"的第 1 条记录,可用下列语句:

Data1.Recordset.FindFirst "姓名 like '＊李＊'"

如果 Find 方法找到相匹配的记录,则记录定位到该记录,Recordset 的 NoMatch 属性为 False,否则为 True,并且当前记录还保持在 Find 方法使用前的那条记录上。

如果 Recordset 包含多条与条件相匹配的记录,则 FindFirst 定位于第一条满足条件的记录,FindNext 定位于下一条满足条件的记录,以此类推。

（8）Seek 方法

使用 Seek 方法必须打开表的索引,它只能用于表类型的记录集中,查找与指定索引规则相符的第 1 条记录,并使之成为当前记录。其语法格式为:

数据表对象.Seek 关系运算符,关键字段值

例如,若在数据库 xs.mdb 的学生基本情况表（jb）中索引字段为"学号",索引名称为 "xh",则要查找学号小于 07020171 的第一条记录,可使用以下代码:

```
Data1.RecordsetType = 0              '设置记录集类型为 Table
Data1.RecordSource = "jb"            '打开学生基本情况表
Data1.Refresh
Data1.Recordset.Index="xh"           '打开名称为 xh 的索引
Data1.Recordset.Seek "＜","07020171"
```

例 12-3　在窗体上采用 4 个命令按钮代替例 12-1 中数据控件对象的 4 个箭头按钮的操作,如图 12-17 所示,用于浏览 xs.mdb 数据库中学生基本情况表（jb）的各条记录内容,而"记录查找"命令按钮用于根据用户输入的籍贯地区名称查找满足条件的第一条记录。

图 12-17　数据表内容的显示与查找

本例只要在例 12-1 基础上将 Data1 控件的 Visible 属性设为 False,增加 5 个命令按钮,再利用上述介绍的记录集对象的常用属性和方法对这些按钮进行编程即可。

这里为增加程序的灵活性,在 Form_Load 事件过程中通过代码设置 Data1 的数据源,对 Data1 的 DatabaseName 属性采用相对路径,这样把数据库文件和程序文件放在同一个目录下,以方便以后程序的移植。

```
Private Sub Form_Load()
    Dim mpath As String
    mpath = App.Path                         '返回本例题应用程序所在的路径
    If Right(mpath, 1) <> "\" Then mpath = mpath + "\"
    Data1.DatabaseName = mpath + "xs.mdb"
    Data1.RecordSource = "jb"
    Data1.Refresh
End Sub
'"首记录"按钮的 Click 事件过程
Private Sub cmdFirst_Click()
    Data1.Recordset.MoveFirst                '将记录指针指向第一条记录
End Sub
'"末记录"按钮的 Click 事件过程
Private Sub cmdLast_Click()
    Data1.Recordset.MoveLast                 '将记录指针指向最后一条记录
End Sub
'"上一记录"按钮的 Click 事件过程
Private Sub cmdPrev_Click()
    With Data1.Recordset
        .MovePrevious                        '将记录指针指向上一条记录
        If .BOF Then                         '若记录指针位于首记录之前
            .MoveFirst                       '将记录指针指向第一条记录
            MsgBox "这已是第一条记录"          '给出相应信息提示
        End If
    End With
End Sub
'"下一记录"按钮的 Click 事件过程
Private Sub cmdNext_Click()
    With Data1.Recordset
        .MoveNext                            '将记录指针指向下一条记录
        If .EOF Then                         '若记录指针位于末记录之后
            .MoveLast                        '将记录指针指向最后一条记录
            MsgBox "这已是最后一条记录"        '给出相应信息提示
        End If
    End With
End Sub
'"记录查找"按钮的 Click 事件过程
Private Sub cmdSearch_Click()
    Dim s1 As String, ss As String
    Dim mbookmark
    s1="请输入要查询的籍贯地区名称"
    ss=InputBox$(s1, "输入提示")
    With Data1.Recordset
        mbookmark=.Bookmark                  '保存当前记录的书签(指针位置)
        .FindFirst "籍贯='" & ss & "'"
        If .NoMatch Then                     '若无符合条件的记录
            .Bookmark = mbookmark            '使记录指针仍返回到保存过书签的记录上
            MsgBox "无该地区学生!", vbOKOnly, "提示"        '给出相应信息提示
        End If
    End With
End Sub
```

12.3.3　数据库记录的添加、删除和修改

通过上面介绍的数据控件和相应记录集的常用属性及方法，可以很容易地实现对数据库记录的添加、删除和修改。

1. 添加新记录

添加新记录的步骤如下：

① 调用 AddNew 方法，产生一个新的空白记录，且保存当前记录指针，然后记录指针会移动到新记录上。

② 对新记录中的各个字段赋值。

如果记录集中的字段已与窗体上的一些控件绑定，一旦调用 AddNew 方法后在这些绑定控件中输入内容，只要移动了记录指针，就会将绑定控件中的内容作为其所对应字段的值自动更新到数据库中，无须人工干预。

如不采用绑定技术，则需在代码中对各字段进行赋值。给字段赋值的格式为：

Data1. Recordset. Fields("字段名")＝值

或

Data1. Recordset. Fields(字段序号)＝值　　　　'字段序号从 0 开始

例如，若给 jb 当前新记录的学号字段赋值，可用下列语句：

Data1. Recordset. Fields("学号")＝"101010"

或

Data1. Recordset. Fields(0)＝"101010"

③ 调用 Update 方法，确定所做的添加，将缓冲区的数据写入数据库中。此时，记录指针从新记录返回到添加新记录前的位置，而不显示新记录，为此可使用 MoveLast 方法将记录指针再次移到新记录上。

2. 删除记录

从记录集中删除记录的步骤如下：

① 将记录指针定位到准备删除的记录，使之成为当前记录。

② 调用记录集对象的 Delete 方法。

③ 移动记录指针。因为当删除一条记录后，记录指针仍处于原来的位置，由于已删除的记录不再包含有效的数据，这时再对记录进行操作将会显示出错，因此必须将记录指针下移一条记录。

注意：由于记录一经删除就不可恢复，所以删除记录必须慎重。另外，在调用 Delete 方法时，要防止记录指针已处于 EOF 为 True 的位置。

3. 修改记录内容

如果采用了控件绑定技术，要修改记录内容则非常简单，只要移动到当前要修改的记录处，然后在绑定控件上修改字段的值即可，当记录指针移动后，系统会自动将所做的修改更新到数据库中。

用户也可通过程序代码来修改记录，步骤如下：

① 将记录指针定位到准备修改的记录，使之成为当前记录。

② 调用记录集对象的 Edit 方法。

③ 为该记录的某些字段赋值。

④ 调用 Update 方法,确定所做的修改。

注意:若要放弃对数据的修改,可使用 UpdateControls 方法,也可调用 Refresh 方法重读数据库,刷新记录集,这时由于没有调用 Update 方法,修改的数据只是在缓冲区中,并没写入数据库,所以这些修改的内容会在刷新记录集时丢失。

例 12-4　编程实现对 xs.mdb 数据库中的学生基本情况表(jb)记录的添加、修改、删除,程序界面如图 12-18 所示。

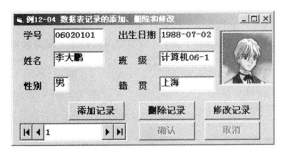

图 12-18　数据表记录的添加、删除和修改

本例在例 12-1 基础上增加了 5 个命令按钮和一个 CommonDialog 控件,因此除了设置数据控件和绑定控件的一系列属性外,还要利用上面已介绍的知识对 5 个命令按钮编写代码来实现记录的添加、修改、删除。

"确认"、"取消"两个按钮用于对添加记录或修改记录两种操作的确认和放弃,在设计时将"确认"、"取消"按钮的 Enabled 属性设置为 False。

CommonDialog 控件用于照片文件的打开和选取,通过 LoadPicture 函数将照片图形文件装入 Picture1 中,使得能对照片字段内容进行输入或修改。

程序代码如下:

```
'在"添加记录"按钮的 Click 中调用 AddNew 方法,并控制几个按钮的可用性
Private Sub cmdAdd_Click()
    On Error Resume Next
    '错误捕获语句,程序运行发生错误将忽略错误行,继续执行下一条语句
    cmdAdd.Enabled = False
    cmdDelete.Enabled = False
    cmdEdit.Enabled = False
    cmdOk.Enabled = True
    cmdCancel.Enabled = True
    Data1.Recordset.AddNew
    Text1.SetFocus
End Sub
'在"删除记录"按钮的 Click 中调用 Delete 方法删除当前记录,由于该方法对当前记录立即删除,不加任
'何提示和警告,所以这里可加入一个删除提示
Private Sub cmdDelete_Click()
    On Error Resume Next
    If MsgBox("删除当前记录?", 17, "删除记录") = 1 Then
        Data1.Recordset.Delete
        Data1.Recordset.MoveNext
        If Data1.Recordset.EOF Then Data1.Recordset.MoveLast
    End If
End Sub
```

```
'在"修改记录"按钮的 Click 中调用 Edit 方法修改当前记录,并控制几个按钮的可用性
Private Sub cmdEdit_Click()
    On Error Resume Next
    cmdEdit.Enabled = False
    cmdAdd.Enabled = False
    cmdDelete.Enabled = False
    cmdOk.Enabled = True
    cmdCancel.Enabled = True
    Data1.Recordset.Edit
    Text1.SetFocus
End Sub
'在"确认"按钮的 Click 中调用 Update 方法,对添加记录或修改记录两种操作进行确认,并控制几个按
'钮的可用性
Private Sub cmdOk_Click()
    Data1.Recordset.Update
    Data1.Recordset.MoveLast
    cmdOk.Enabled = False
    cmdAdd.Enabled = True
    cmdEdit.Enabled = True
    cmdDelete.Enabled = True
    cmdCancel.Enabled = False
End Sub
'在"取消"按钮的 Click 中调用 UpdateControls 方法,对添加记录或修改记录两种操作进行放弃,并控制
'几个按钮的可用性
Private Sub cmdCancel_Click()
    On Error Resume Next
    cmdAdd.Enabled = True
    cmdDelete.Enabled = True
    cmdEdit.Enabled = True
    cmdOk.Enabled = False
    cmdCancel.Enabled = False
    Data1.UpdateControls
    Data1.Recordset.MoveLast
End Sub
'下面 Data1 的 Reposition 事件过程,使得程序运行时,若单击 Data 控件上的某个箭头按钮,则在 Data
'控件标题处显示当前记录号
Private Sub Data1_Reposition()
    Data1.Caption = Data1.Recordset.AbsolutePosition+1
End Sub
```

如果要将每个学生的照片事先存入图形文件中,窗体上的 Picture1 是与照片字段对应的绑定控件,对其 DblClick 编程,通过 LoadPicture 函数将照片图形文件装入 Picture1 中,当移动记录指针或单击窗体上的"确认"按钮,就可以将 Picture1 控件内的照片存入数据库中,从而完成照片字段内容的输入或修改。

```
Private Sub Picture1_DblClick()
    CommonDialog1.FileName = ""
    CommonDialog1.ShowOpen          '利用打开文件对话框进行图形文件的选择
    If CommonDialog1.FileName <> "" Then
        Picture1.Picture = LoadPicture(CommonDialog1.FileName)
    End If
End Sub
```

12.4 结构化查询语言

结构化查询语言(Structure Query Language,SQL)是操作关系型数据库的标准语言,其功能丰富,使用方式灵活,语言简洁易学。在 SQL 中,只要告诉 SQL 需要数据库做什么,而不需要告诉 SQL 如何访问数据库,可以在设计或运行时对数据控件使用 SQL 语句。

12.4.1 SQL 的基本组成

SQL 由命令、子句、运算和合计函数等组成。利用它们可以组成所需要的语句,以建立、更新和处理数据库中的数据。

1. SQL 命令

SQL 的主要命令及其功能如表 12-6 所示。

表 12-6　SQL 的主要命令及其功能

命令	功　　能	命令	功　　能
CREATE	建立新的数据库结构	UPDATE	更新特定记录或字段的数据
DROP	删除数据库中的数据表以及索引	INSERT	向数据库中加入数据
ALTER	修改数据库结构	DELETE	删除记录
SELECT	查找符合设定条件的某些记录		

在表 12-6 中,最常用的 SELECT 查询命令,用来从给定数据库中查询满足一定条件的数据。

2. SQL 子句

SQL 子句用来定义要处理的数据,所用到的子句及其功能如表 12-7 所示。

表 12-7　SQL 的子句及其功能

子句	功　　能	子句	功　　能
FROM	指定数据所在的数据表(一个或多个)	GROUP BY	将选定的记录分组
		HAVING	说明每个群组需要满足的条件
WHERE	指定数据需要满足的条件	ORDER BY	确定排序依据(升序或降序)

3. SQL 运算符

SQL 的运算符有逻辑运算符和比较运算符两类。

逻辑运算符:AND (逻辑与)、OR (逻辑或)、NOT(逻辑非)。

比较运算符:<、<=、>、>=、=、<>等。

4. SQL 合计函数

使用合计函数,可以对一组数值进行各种不同的统计,也可以在查询中直接进行数学运算。表 12-8 列出了 SQL 的合计函数。

表 12-8　SQL 的合计函数

合计函数	功　　能	合计函数	功　　能
AVG	返回指定字段中所有值的平均值	MAX	返回指定字段中的值的最大值
COUNT	返回选定记录的个数	MIN	返回指定字段中的值的最小值
SUM	返回指定字段中所有值的总和		

12.4.2　SELECT 查询命令及其使用

SQL 的功能实际上包括查询、操作、定义和控制 4 个方面，其中最常用的是查询功能。查询数据库通过 SELECT 语句实现，SELECT 语句是 SQL 的核心。

1. SELECT 命令格式

常见的 SELECT 语句包含 6 部分，其语句格式为：

SELECT 字段名列表 FROM 表名 [WHERE 查询条件] [GROUP BY 分组字段]
[HAVING 分组条件] [ORDER BY 字段 [ASC|DESC]]

其中：

① 字段名列表包含了查询结果要显示的字段清单，字段名之间用逗号分开。若查询涵盖了不止一个数据表中的字段，应在字段名的前面加上数据表的名称，并用圆点将其与字段名分隔（参见例 12-7）。

② FROM 后的表名用于指定一个或多个表。

③ WHERE 后的查询条件用于限定记录的选择。在构造查询条件时可使用 VB 中的大多数内部函数和运算符以及 SQL 特有的运算符。

例如，若查询 jb 表中性别为"男"的记录，查询结果中有"学号"、"姓名"、"性别"3 个字段，可以采用下面的语句：

SELECT 学号,姓名,性别 FROM jb WHERE 性别＝"男"

若查询结果中要显示表中的所有字段，可用"＊"代替具体字段名列表，例如：

SELECT ＊ FROM jb WHERE 性别＝"男"

④ GROUP BY 和 HAVING 子句用于分组和分组过滤处理，能把在指定字段列表中有相同值的记录合成一条记录。如果在 SELECT 语句中含有 SQL 合计函数，例如 SUM 或 COUNT，那么就为每条记录创建摘要值。在 GROUP BY 字段中的 Null 值会被分组，并不省略。但是，在任何 SQL 合计函数中都计算 Null 值。另外，可用 WHERE 子句排除不想分组的行，将记录分组后，也可用 HAVING 子句来筛选它们。一旦 GROUP BY 完成了记录分组，HAVING 就会显示由 GROUP BY 子句分组的、且满足 HAVING 子句条件的所有记录。HAVING 与确定要选中的那些记录的 WHERE 类似。

⑤ ORDER BY 子句决定了查找出来的记录的排列顺序。在 ORDER BY 子句中，可以指定一个或多个字段作为排序关键字，ASC 选项代表升序，DESC 选项代表降序。如果未包含 ORDER BY 子句，则数据以无序方式显示。

另外，可在 SELECT 子句内使用 SQL 合计函数对记录进行操作，它返回一组记录的单一值，参见例 12-6。

2. SELECT 命令的使用举例

数据控件的 RecordSource 属性不一定是一个数据表，也可以是数据表的某些行或多个数据表中数据的组合，采用 SELECT 语句设定 Data 控件或 ADO 控件的 RecordSource 属性即可完成。用户可以直接在属性窗口中对 Data 控件的 RecordSource 属性输入 SQL 语句，也可以在代码中将 SQL 语句赋给 Data 控件或 ADO 控件的 RecordSource 属性。

例 12-5 将例 12-2 中的记录数据按学生的出生日期降序排列输出显示,如图 12-19 所示。

图 12-19 记录数据按学生的出生日期降序排列

本例在例 12-2 的基础上除了必须先完成 Data1(不可见)和 MsFlexGrid 控件的有关属性设置(见例 12-2)外,只要增加以下代码即可:

```
Private Sub Form_Load()
    Data1.RecordSource="SELECT * FROM jb ORDER BY 出生日期 DESC"
    Data1.Refresh
End Sub
```

当然,若设计阶段直接在属性窗口中将"SELECT * FROM jb ORDER BY 出生日期 DESC"输入到 Data1 的 RecordSource 属性中,也可不编写代码,其效果一样。

若本例要查询学生成绩表(cj)中高等数学成绩大于 80 的记录,查询结果显示"学号"、"课程名称"、"成绩"3 个字段,只要将 Data1 的 RecordSource 属性进行以下设置:

```
Data1.RecordSource="SELECT 学号,课程名称,成绩 FROM cj WHERE 课程名称='高等数学'AND 成绩>80"
```

例 12-6 用 SELECT 命令统计 xs.mdb 数据库中学生基本情况表(jb)中的各班级人数,输出形式如图 12-20 所示。

本例中,需要在窗体上添加一个数据控件 Data1 和一个网格控件 MSFlexGrid。在设计阶段将 Data1 的 DatabaseName 属性仍指定为 d:\vb\xs.mdb,而将 RecordSource 属性设置为空,将网格控件的 DataSource 属性设置为 Data1。

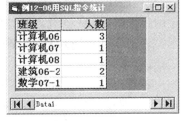

图 12-20 统计各班人数

根据题目要求,要统计各班级人数,需要在 SELECT 命令中用 GROUP BY 子句将基本情况表(jb)的记录按班级分组,"GROUP BY 班级"可将同一个班级的记录合并成一个新记录。要记录统计结果,需要构造一个输出字段,此时可使用 SQL 合计函数 Count()作为输出字段,它按班级分组创建摘要值。若要为统计结果输出字段增加一个标题,可用 As 短语指定一个别名。代码如下:

```
Private Sub Form_Load()
    Data1.RecordSource="SELECT 班级,Count(*) As 人数 FROM jb GROUP BY 班级"
End Sub
```

图 12-21 多表数据显示

例 12-7 用 SELECT 命令从 xs.mdb 数据库的两个数据表(学生基本情况表(jb)和学生成绩表(cj))中选取数据构成记录集,并通过 Data 控件浏览记录集数据结果。输出形式如图 12-21 所示。

本例中,将 Data1 控件的 DatabaseName 属性仍指定为 d:\vb\xs.mdb，而将 RecordSource 属性设置为空，将各文本框的 DataSource 属性设置为 Data1，DataField 属性分别为各字段名，即学号、姓名、班级、课程、成绩和学期。

本例要从学生基本情况表(jb)中选取学生的姓名和班级数据，从学生成绩表(cj)中选取所有字段数据共同构成记录集，而两个表连接的关键字段是学号，代码如下：

```
Private Sub Form_Load()
    Data1.RecordSource = "SELECT cj.*,jb.姓名,jb.班级 FROM cj,jb WHERE cj.学号＝jb.学号"
End Sub
```

SQL 的语法及其使用是学习数据库时应重点掌握的内容，感兴趣的读者可参考相关资料进一步学习。VB 中的可视化数据管理器是一个功能比较全面的数据库管理工具，可用它来验证 SQL 语句，也可用它的"查询生成器"生成 SQL 语句，这已在 12.2 节中叙述。

12.5 ADO 数据访问对象

ADO(ActiveX Data Objects)数据对象是 Microsoft 公司提出的第 3 种数据库访问接口，它是一种最新的数据库访问对象。ADO 采用了被称为 OLE DB 的数据访问模式，使应用程序能以更简单、方便、一致的方式访问和修改众多类型的数据源，例如关系型数据、电子表格、E-mail 中的数据等。ADO 是数据访问对象 DAO、远程数据对象 RDO 和开放数据库互连 ODBC 3 种方式的扩展。

12.5.1 ADO 对象模型

ADO 对象模型主要由 Connection(连接)、Command (命令)、Recordset(记录集)、Fields(字段)、Parameters (参数)、Errors(错误)和 Properties(属性)7 种对象及对象的集合构成，ADO 对象模型的层次结构如图 12-22 所示。表 12-9 对 ADO 对象模型中的各个对象的分工进行了描述。

若要在程序中使用 ADO 对象，必须先为当前工程引用 ADO 的对象库。引用方法是选择"工程"菜单中的"引用"命令，打开"引用"对话框，选择 Microsoft ActiveX Data Object 2.0 Library 选项。关于使用 ADO 数据对象编程本书不做介绍，感兴趣的读者可参考相关书籍。

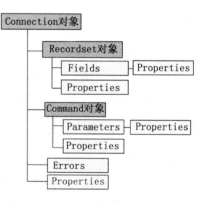

图 12-22　ADO 对象模型的层次结构

表 12-9　ADO 对象模型中的各个对象

对象名	描　　述
Connection	用于建立一个和数据源的连接。在建立连接之前，应用程序可以创建一个连接字符串。字符串包括数据库连接串、用户名和密码、游标类型和路径信息等
Command	用于存放 SQL 命令或存储过程引用的相关信息，例如查询字符串、参数定义等。用户也可以不定义一个命令对象而直接在一个查询语句中打开一个记录集对象
Recordset	由查询得到的一组记录组成的记录集
Fields	包含了记录集中某一个记录字段的信息，如数据类型、精确度和数据范围等
Errors	在访问数据时，由数据源所返回的错误信息
Parameters	与命令对象相关的参数，命令对象的所有参数都包含在它的参数集合中，可以通过对数据库进行查询来自动地创建 ADO 参数对象
Properties	ADO 对象的属性

12.5.2　ADO 数据控件

　　ADO 数据控件与 VB 的内部数据控件(Data 控件)很相似,使用 ADO 数据控件可方便地创建 ADO 对象,建立对数据源的访问,在数据绑定控件和数据源之间快速建立一个连接,使用它可以用较少的代码创建数据库应用程序,以实现对数据库的访问。

　　在使用 ADO 数据控件之前,需通过选择"工程"菜单中的"部件"命令,打开"部件"对话框,选择 Microsoft ADO Data Control 6.0 (OLEDB)选项,将 ADO 数据控件(图标为)添加到工具箱中。

1. ADO 数据控件的主要属性及其设置

　　(1) ConnectionString 属性

　　ADO 数据控件与 Data 控件不同,它没有 DatabaseName 属性,而是使用 ConnectionString 属性与数据库建立连接。该属性是一个由用于与数据库建立连接的相关信息构成的字符串。

　　(2) RecordSource 属性

　　该属性确定具体可访问的数据,这些数据构成记录集对象 Recordset。该属性可以是一个数据库中的单个表名,也可以是一个存储查询或用 SQL 书写的查询字符串。

　　(3) ConnectionTimeout 属性

　　该属性用于数据连接的超时设置,若在指定时间内连接不成功,则显示超时信息。

　　(4) MaxRecords 属性

　　该属性定义从一个查询中最多能返回的记录数。

　　ADO 数据控件的主要属性设置既可通过代码实现,也可在设计阶段采用其属性页设置。例如,若窗体上有一个 ADO 数据控件,要将它连接到 xs.mdb 数据库中的学生基本情况表(jb),其主要属性设置过程如下:

　　① 连接数据源(ConnectionString 属性)。

　　在 ADO 控件上右击,从快捷菜单中选择"ADODC 属性"命令,弹出如图 12-23 所示的"属性页"对话框。

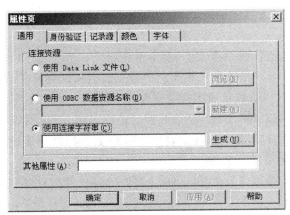

图 12-23　ADO 控件的"属性页"对话框

　　在"通用"选项卡中,允许通过下面 3 种不同方式连接数据源。

　　• 使用 Data Link 文件:该选项表示通过一个连接文件来完成。

　　• 使用 ODBC 数据资源名称:该选项允许使用一个系统定义的数据源名称(DSN)作为

数据源来对远程数据库进行控制。用户可在下拉列表框中选择，也可单击"新建"按钮
添加或修改。

- 使用连接字符串：该选项定义一个到数据源的连接字符串，可单击"生成"按钮，通过
  选项设置自动产生连接字符串。

这里采用"使用连接字符串"方式连接数据源。单击"生成"按钮，则打开"数据链接属性"
对话框，在"提供者"选项卡中选择一个合适的 OLE DB 数据源，xs.mdb 是 Access 数据库，选
择 Microsoft Jet 3.51 OLE DB Provider 选项。然后单击"下一步"按钮或选择"连接"选项卡，
在对话框中指定数据库文件，这里是 d:\vb\xs.mdb。用户可单击"连接"选项卡右下方的"测
试连接"按钮，测试连接是否成功。若成功，可单击"确定"按钮返回如图 12-23 所示的"属性
页"对话框，在"使用连接字符串"下面会自动显示下列字符串：

Provider＝Microsoft.Jet.OLEDB.3.51;Persist Security Info＝False;Data Source＝D:\vb\xs.mdb

② 设置记录源（RecordSource 属性）。

在图 12-23 中选择"记录源"选项卡，则显示记录源属性，如图 12-24 所示。

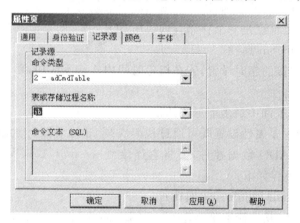

图 12-24　记录源属性

在"命令类型"下拉列表框中给出了 4 种类型，具体含义如下。

- 8-adCmdUnknown：未知命令，默认值。
- 1-adCmdText：允许在"命令文本"文本框中指定一个 SQL 语句。
- 2-adCmdTable：显示所连接数据库内的数据表名和已存储的查询名。
- 4-adCmdStoredProc：显示所连接数据库中有效的存储过程名。

这里选择"2-adCmdTable"，然后在"表或存储过程名称"下拉列表框中选择 xs.mdb 数据
库中的 jb 表，关闭"属性页"对话框。至此，完成 ADO 数据控件的连接工作。

2. ADO 数据控件的事件与方法

ADO 数据控件的主要事件和方法与 Data 控件的事件和方法相同，例如用于添加记录的
AddNew 方法、用于删除记录的 Delete 方法、用于移动记录指针的 Move 方法等，读者可参考
12.3 节。

12.5.3　ADO 上的数据绑定控件

随着 ADO 数据对象的引入，VB 6.0 除了保留以往的一些数据绑定控件外，例如文本框、标
签、图像框、图片框、列表框、组合框、复选框等，还新增了一些绑定控件，例如 DataGrid、

DataCombo、DataList、DataReport、MSHFlexGrid、MSChart 和 MonthView 等控件,用于连接不同类型的数据。当然,这些新增绑定控件必须使用 ADO 控件进行绑定。

绑定控件要显示记录集中的数据,一般要对其 DataSource 属性和 DataField 属性进行设置,具体使用与 Data 控件类似。读者可将例 12-1 中的 Data 控件改用 ADO 数据控件实现,完成一系列属性设置后,运行结果同例 12-1。

例 12-8　使用 ADO 数据控件和 DataGrid 网格控件浏览 xs. mdb 数据库的学生成绩表(cj)中的数据,并具有记录的添加、修改、删除等编辑功能。窗体界面如图 12-25(a)所示。

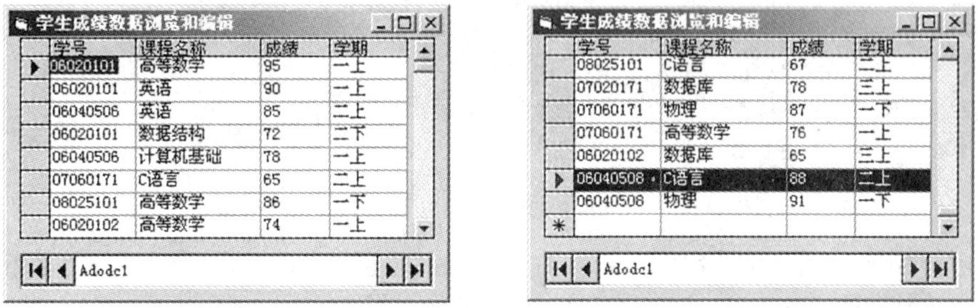

(a)　　　　　　　　　　　　　　　(b)

图 12-25　ADO 数据控件和 DataGrid 网格控件的使用

网格控件 DataGrid 是一种类似于电子表格的数据绑定控件,需要配合 ADO 数据控件使用。它用若干行、列来表示 Recordset 对象的记录和字段,允许用户同时浏览或修改多条记录的数据,功能很强,可用于输入大批量数据。在实际应用时,只需编写少量代码或无须编写代码。

首先通过选择"工程"菜单中的"部件"命令,在弹出的对话框中选择 Microsoft DataGrid Control 6.0(OLEDB),将它(图标为 ▦)添加到工具箱中。

本例不需要编写任何代码即可完成所需的功能,步骤如下:

① 在窗体上添加一个 ADO 数据控件,一个 DataGrid 网格控件。

② 打开 Adodc1 的属性对话框,将 Adodc1 连接到 d:\vb\xs. mdb,将记录源命令类型选择为"2-adCmdTable",选择数据表 cj 作为记录源。

③ 将 DataGrid 网格控件的 DataSource 属性设置为 Adodc1。

④ 在 DataGrid 网格控件上右击,在快捷菜单中选择"检索字段"命令,则 DataGrid 网格控件立即反映出记录集字段名,如图 12-25(b)所示的列标头。

⑤ 如果要使 DataGrid 网格控件除了具有显示功能外,还具有添加、修改和删除等功能,只要设置它的 AllowAddNew、AllowDelete、AllowUpdate 属性即可。这些属性既可通过属性窗口或程序代码设置,也可在 DataGrid 网格控件的"属性页"对话框中设置。在 DataGrid 网格控件上右击,在快捷菜单上选择"属性"命令,可打开其"属性页"对话框,如图 12-26 所示。

⑥ 保存并运行工程,运行结果如图 12-25(a)所示。

拖动 DataGrid 网格控件的垂直滚动条,可查看数据表中的所有记录。若光标已指向最后一条记录,用户又按下了下移光标键或直接用鼠标单击图 12-25(b)所示的最后空行(即标有 ＊ 号的记录行)中的某一个单元格,则在结尾处会自动添加一条记录,并进入编辑状态。输入具体数据后按 Enter 键或将光标移至他处,数据将被写入数据库中。

如图 12-25(b)所示,用鼠标单击某条记录的最左端,可以选中整条记录,按 Delete 键即可删除选中的记录。

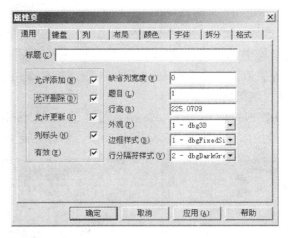

图 12-26 DataGrid 网格控件的"属性页"对话框

例 12-9 计算 xs.mdb 数据库的学生成绩表(cj)中的每个学生的平均成绩、最高成绩和最低成绩,并利用网格控件 DataGrid 和图表控件 MSChart 以图 12-27 所示的形式输出。

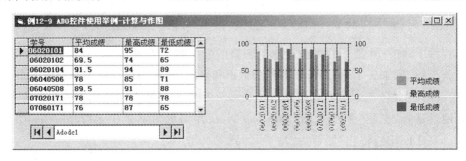

图 12-27 数据计算与作图

VB 6.0 提供图表控件 MSChart 和 ADO 数据控件配合使用,可非常方便地将记录集数据以图表形式显示。在使用这个控件之前,要选择"工程"菜单中的"部件"命令,在出现的对话框中选择 Microsoft Chart Control 6.0(OLEDB)选项,将它(图标为) 添加到工具箱中。

由于学生成绩表(cj)中没有平均成绩、最高成绩和最低成绩这 3 项数据,可以在 SELECT 命令中使用 SQL 的合计函数 Avg( )、Max( )、Min( )产生,并用"GROUP BY 学号"将同一个学生的记录合并成一条新记录。

本例不需要编写任何代码即可完成所需的功能,步骤如下:

① 在窗体上添加一个 ADO 数据控件、一个 DataGrid 网格控件和一个 MSChart 图表控件,调整到合适的大小,并使用它们各自默认的控件名称。

② 打开 Adodc1 的属性对话框,将 Adodc1 连接到 d:\vb\xs.mdb,记录源命令类型选择"1-adCmdText",并将 SQL 命令文本设置为:

SELECT 学号,Avg(成绩) As 平均成绩,Max(成绩) As 最高成绩,Min(成绩) As 最低成绩 FROM cj GROUP BY 学号

③ 将 DataGrid 网格控件和 MSChart 图表控件的 DataSource 属性设置为 Adodc1。

④ 在 DataGrid 网格控件上右击,在快捷菜单中选择"检索字段"命令,则 DataGrid 网格控件立即反映出记录集字段名,如图 12-27 所示的列标头。

⑤ 保存并运行工程,运行结果如图 12-27 所示。

12.5.4　数据窗体向导

VB 6.0 提供了一个功能强大的数据窗体向导,使用它只需几个交互过程即可快速设计出一个处理数据库数据的窗体界面。

数据窗体向导是一个外接程序,所以每次打开一个新工程时,需首先选择"外接程序"菜单中的"外接程序管理器"命令,在弹出的"外接程序管理器"对话框中选择"VB 6.0 数据窗体向导",并设置右下角的加载行为,可选中"加载/卸载"。单击"确定"按钮,则"数据窗体向导"命令已添加到"外接程序"菜单中。下面通过例题说明如何使用数据窗体向导建立一个访问数据库数据的窗体界面。

例 12-10　使用数据窗体向导建立 xs.mdb 数据库中学生基本情况表(jb)的数据访问窗体,如图 12-28 所示。

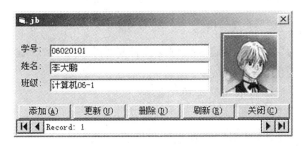

图 12-28　学生基本情况表(jb)的数据访问窗体

① 选择"外接程序"菜单中的"数据窗体向导"命令,进入"数据窗体向导—介绍"对话框,如图 12-29 所示。

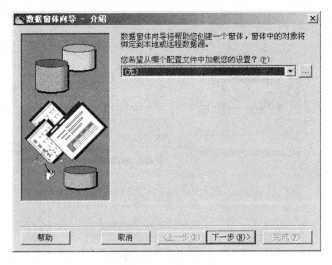

图 12-29　"数据窗体向导—介绍"对话框

② 单击"下一步"按钮,进入选择数据库类型的对话框,选择 Access 数据库类型。

③ 单击"下一步"按钮,进入"数据库"对话框,给出要处理的数据库文件名称。这里选择 d:\vb\xs.mdb。

④ 单击"下一步"按钮,进入"数据窗体向导—Form"对话框,如图 12-30 所示。

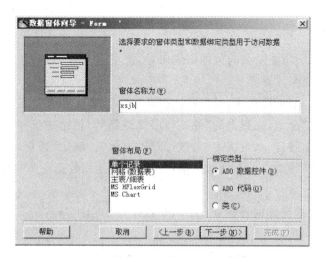

图 12-30　在"数据窗体向导—Form"对话框中定义窗体布局和绑定类型

首先在"窗体名称为"文本框中输入要创建窗体的名称，然后在"窗体布局"列表框中选择合适的布局方式，系统提供了 5 种窗体布局方式。

- 单个记录：窗体上只显示并处理单个记录。
- 网格（数据表）：可以在窗体上显示并处理多个记录，记录呈二维表排列。
- 主表/细表：可以同时处理两张存在关系的表。

其次，选择"绑定类型"。数据源绑定类型可以使用 ADO 数据控件，也可以通过 ADO 对象程序代码访问数据。

这里，"窗体布局"选择"单个记录"，"绑定类型"选择"ADO 数据控件"。

⑤ 单击"下一步"按钮，进入设置数据记录源的对话框，如图 12-31 所示。

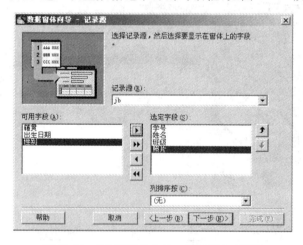

图 12-31　"数据窗体向导—记录源"对话框

这里，选择数据表名或查询名作为数据记录源，并选择要处理的字段名称（即所创建的窗体中要显示哪些字段），以及选择某个字段作为排序依据。

⑥ 单击"下一步"按钮，显示"数据窗体向导—控件选择"对话框，选择所创建的数据访问窗体需要哪些操作按钮，如图 12-32 所示。它提供的可用控件有添加按钮、更新按钮、删除按钮、刷新按钮和关闭按钮。

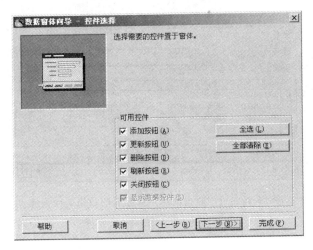

图 12-32　"数据窗体向导—控件选择"对话框

⑦ 单击"下一步"按钮,可以将整个操作过程保存到一个向导配置文件. rwp 中,单击"完成"按钮,即可自动生成数据访问窗体界面及代码,并添加到当前的工程中,如图 12-33 和图 12-34 所示。

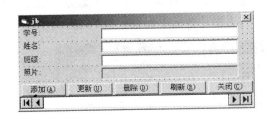

图 12-33　自动生成的数据访问窗体的界面

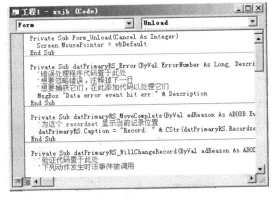

图 12-34　自动生成的数据访问窗体的代码窗口

用户可以根据需要对这个自动生成的数据访问窗体的界面或代码进行调整或修改。例如,本例可将"照片"标签控件删除,并调整显示照片字段内容的图片框的位置和大小,然后保存工程,并选择"工程"菜单中的"工程属性"命令,将生成的数据访问窗体指定为启动窗体,运行程序即可得到如图 12-28 所示的结果。

例 12-11　使用数据窗体向导自动生成一个数据访问窗体,从 xs. mdb 数据库的学生基本情况表(jb)和学生成绩表(cj)中将每位学生的学号、姓名、班级以及各科成绩按图 12-35 所示进行显示。

这里,只要在例 12-10 的第④步中选择"主表/细表";在第⑤步的设置数据记录源的对话框中分别给出主表名(选 jb)、细表名(选 cj)及"可用字段"(主表里是"学号"、"姓名"和"班级",细表里选所有字段),并确定联系两个表的关系字段,该字段一般为两个表中的相同字段,这里选"学号",其他操作与例 12-10 相同。这样就可以建立一个如图 12-35 所示的数据处理窗体,它的数据来自两个存在关系的数据表。

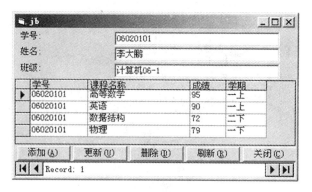

图 12-35　可同时访问两个数据表的数据访问窗体

12.6　报表处理

在数据库应用程序的开发过程中，除了进行数据存储和显示外，还需要经常对数据进行汇总，同时以报表的方式输出。VB 6.0 集成环境中提供了数据报表设计器（Data Report Designer），使得报表的制作非常方便，利用它可进行报表的设计、预览和打印等操作。

12.6.1　数据报表设计器布局窗口

在 VB 中打开数据报表设计器的方法有两种：一种是在新建工程时选择"数据工程"，系统会自动打开报表设计器，同时新建一个空的数据报表；另一种是在已经打开的工程中选择"工程"菜单中的"添加 Data Report"命令，打开数据报表设计器，同时产生一个新的报表对象 DataReport1，并添加到当前工程中。图 12-36 显示了报表设计器的界面窗口和专用控件。

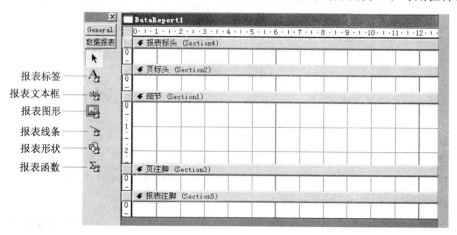

图 12-36　报表设计器与专用控件

报表设计器包含 3 个部分，即数据报表、报表设计器的设计部分和数据报表控件。

1. 数据报表

数据报表包括下面几个对象。

- DataReport 对象：包括一个代码模块和设计器模块，可以用设计器模块设计报表，代码模块用于存放表格操作的过程代码。
- Scction 对象：报表设计器的每一部分都由 Sections 集合中的一个 Section 对象表示。

- DataReport 控件：报表中需要的报表专用控件，在工具箱里可以找到。

2. 报表设计器的设计部分

报表设计器的设计部分包括以下若干区域。

- 报表标头(Report Header)区：用于在整个报表最开头显示报表的标题信息，一个报表只有一个报表标头，可使用报表标签控件建立。
- 页标头(Page Header)区：用于显示每一页顶部的标题信息。
- 细节(Detail)区：用于显示报表的具体数据内容，其高度决定了报表的行高。
- 页脚注(Page Footer)区：用于显示每页底部的信息。
- 报表尾注(Report Footer)区：用于显示报表尾部的信息，一个报表只有一个报表尾注。

3. 数据报表控件

报表设计器中控件的使用和窗体设计中控件的使用类似，但窗体设计中的控件不能应用于报表设计器中。数据报表控件主要包括以下控件。

- 报表标签(RptLabel)控件：用于在报表上放置静态文本。
- 报表文本框(RptTextBox)控件：用于在报表上连接并显示字段的数据。
- 报表图形(RptImage)控件：用于在报表上添加图片。
- 报表线条(RptLine)控件：用于在报表上绘制直线。
- 报表形状(RptShape)控件：用于在报表上绘制各种图形。
- 报表函数(RptFunction)控件：用于在报表上建立公式。

在上述控件中，只有 RptTextBox 控件可以进行数据绑定，其他控件只能显示静态的信息。在 RptTextBox 中有 3 个属性和数据绑定相关。

- DataMember：用来存放在 Data Environment 中保存的 Command 对象的名字，RptTextBox 控件的数据来源于 Data Environment。
- DataField：用来存放在 Data Environment 中的 Command 对象内的字段名。
- DataFormat：指定数据显示格式，以改善数据的输出显示。

12.6.2 报表的建立、预览与打印

利用报表设计器处理的数据需要利用数据环境设计器创建与数据库的连接，然后产生一个 Command 对象连接数据库内的表。下面通过一个示例介绍建立报表的具体步骤。

例 12-12 使用 d:\vb\xs.mdb 数据库中的学生基本情况表(jb)建立如图 12-37 所示的报表。本例窗体设计如图 12-37(a)所示，产生的报表预览效果如图 12-37(b)所示。

(a) 窗体设计　　　　　　　(b) 报表预览效果

图 12-37　例 12-12 图

① 新建一个工程,在窗体上添加两个命令按钮,完成窗体设计,如图 12-37(a)所示。

② 选择"工程"菜单中的"添加 Data Environment"命令,在当前工程中加入一个 Data Environment1 对象。

③ 右击 Connection1 对象,在弹出的快捷菜单中选择"属性"命令,打开"数据链接属性"对话框,在"提供程序"选项卡中选择"Microsoft Jet 3.51 OLE DB Provider"(或 Jet 4.0),在"连接"选项卡中设置要连接的数据库文件名 d:\vb\xs.mdb。

④ 右击 Connection1 对象,在弹出的快捷菜单中选择"添加命令"命令,则在 Connection1 下创建了一个 Command1 对象。然后右击 Command1 对象,在弹出的快捷菜单中选择"属性"命令,打开"Command1 属性"对话框,在"通用"选项卡中设置 Connection1 对象要连接的数据源,即将学生基本情况表(jb)作为需要打印的数据表(也可以是一个 SQL 语句)。

⑤ 选择"工程"菜单中的"添加 Data Report"命令,将数据报表设计器添加到当前工程中,产生一个 DataReport1 对象。设置 DataReport1 的 DataSource 属性为 DataEnvironment1,DataMember 属性为 Command1,从而指定 DataReport1 的数据来源。

⑥ 根据报表格式要求,利用报表专用控件完成需要的设计,例如在报表头区添加一个报表标签控件,用来显示报表的标题"学生基本情况表";在页标头区设置报表每页顶部的标题信息等。

⑦ 对于数据报表细节区要显示的数据,直接将数据环境设计器中 Command1 对象内的字段拖到数据报表设计器的细节区的合适位置即可。这种拖动,默认方式会产生一个报表标签控件(显示字段名),一个报表文本框控件(显示该字段内容)。用户也可在数据环境设计器中通过单击工具栏上的"选项"按钮,打开"选项"对话框,在"字段映射"选项卡中不选中"拖放字段标题"复选框,这样,拖放只会产生报表文本框控件。

⑧ 按照报表打印要求,也可使用工具箱中的数据报表控件在报表上添加表格线、图片、图形等,以使表格更加美观。

⑨ 报表预览可使用 DataReport1 对象的 Show 方法,所以图 12-37(a)窗体上的"报表预览"命令按钮的代码如下:

```
Private Sub Command1_Click()
    DataReport1.Show
End Sub
```

⑩ 报表打印可直接使用报表预览窗口(见图 12-37(b))左上角的"打印"按钮来进行,也可通过代码实现,图 12-37(a)所示的窗体上的"打印报表"命令按钮的代码如下:

```
Private Sub Command2_Click()
    DataReport1.PrintReport True
End Sub
```

另外,报表预览窗口(见图 12-37(b))左上角的第 2 个按钮是"导出"按钮,它的功能是将报表内容输出成文本文件或 HTML 文件。

本章小结

如果要利用 VB 建立数据库应用程序,首先要分析实际问题,定义并建立数据库,然后编写 VB 访问、处理数据库中数据的应用程序。本章介绍了利用 VB 提供的可视化数据管理器创建 Access 数据库的过程,以及 VB 访问数据库的基本方法。

VB 对数据库的访问方式一般有两种,一种是非编码方式,即采用数据控件(Data 控件或 ADO 控件等),并结合众多数据绑定控件进行协同工作,不需要编写代码或只需要编写很少的代码就可以方便地实现对数据库记录的浏览、添加、删除、修改和查询等操作。本章大多数例题较简单,所以都是采用这种方式。另一种是通过编写代码,即利用数据访问对象(DAO)或 ADO 对象等来实现,虽然编写代码要花费更多的时间与精力,但却可以实现更灵活、更复杂的操作。

本章还简单介绍了 SQL 语言的组成和 SELECT 命令的使用,它是学习数据库最基础且极其重要的内容,使用它比自己编写过程访问和操作数据库要快得多,且功能强大。

利用 VB 提供的数据窗体向导和数据报表生成器等工具,可帮助用户快速开发数据库应用程序。

关于 VB 访问数据库技术的内容非常多,感兴趣的读者可参考相关资料。

思考与练习题

一、选择题

1. VB 的 Data 数据控件不能通过其 Connect 属性直接访问的数据库是_____。

   A. Microsoft Access   B. FoxPro

   C. dBASE   D. Microsoft SQL Server

2. 使用文本框控件与 Data 数据控件绑定用于显示字段值,必须设置的属性是_____。

   A. RecordSource 和 RecordField   B. DataSource 和 DataField

   C. RecordSource 和 DataField   D. DataSource 和 DataMember

3. 以下控件中,不能作为 Data 数据绑定控件的是_____。

   A. Label(标签)   B. TextBox(文本框)

   C. OptionButton(单选钮)   D. ListBox(列表框)

4. ADO 数据控件要建立与数据源的连接,必须设置的属性是_____。

   A. ConnectionString 和 RecordSource   B. DatabaseName 和 RecordSource

   C. RecordSource 和 DataSource   D. ConnectionText 和 RecordSource

二、问答题

1. 什么是关系型数据库? 指出关系型数据库中记录、字段、数据表、数据库的含义及它们之间的关系。

2. Access 数据库采用什么样的数据模型? 其数据库文件名的扩展名是什么?

3. VB 中的记录集(Recordset)有几种类型? 有何区别?

4. 数据控件有哪些主要的属性、方法和事件?

5. 对数据库记录进行添加或删除后必须使用什么方法确认操作?

6. 使用 Find 方法查找记录,如何判断查找是否成功? 若没有与查找条件匹配的记录,当前记录指针在哪儿?

7. 记录集的 Bookmark 属性有何作用?

8. 什么是 SQL? 写出 SELECT 命令的语法格式。举例说明如何使用 SQL 语句定义记录集。

实　验　篇

实验准备

一、实验须知

VB 作为一种计算机程序设计语言,是一门实践性很强的课程,要想学好它,学生除了掌握该语言必要的基本概念及语法规则外,重要的就是自己动手编写程序并上机实验,只有善于思考、勤于动手,才能较快、有效地学会 VB 编程,掌握和巩固课堂所学的内容。另外,在实验过程中还要重视程序设计的基本方法,通过实验掌握程序设计的基本过程和基本的程序调试技术。

VB 是面向对象的程序设计语言,简单易学且功能强大,而且 VB 系统提供了良好的集成开发环境、所见即所得的用户界面、事件驱动的运行方式,有助于初学者调试程序、查找错误、提高编程效率。

本书"实验篇"根据教学进度和教学内容安排了 13 个实验,每个实验都明确规定了实验目的,并根据实验要求提供了若干难度不同的实验题,上机实验时可根据教师具体安排及学时要求选择每个实验的部分内容作为练习。

为了提高上机的效率,应按照实验要求在上机前写好上机实验预习报告,内容包括设计应用程序界面、编写程序代码、仔细阅读并检查程序、选择好调试程序的数据、进行静态人工运行、给出程序预期的输出结果。最后再上机实现,这样可以有效地利用上机及教师辅导的时间,从而达到事半功倍的效果。

二、程序设计的一般步骤

计算机是靠程序工作的,程序员采用计算机可以理解的语言(程序设计语言)编写解决某个实际问题的程序,计算机执行该程序,即可得到相应的结果。利用 VB 编程解决实际问题的一般步骤如下:

1. 问题定义及分析

编写一个程序的第一步是必须清楚该程序要做什么(即功能)、需要得到什么结果(即输出)、问题给出的条件或数据(即输入)是什么,还需要给出输入数据和输出结果之间的相互关系。

2. 问题求解算法设计

在分析问题的基础上,找出求解该问题的方法及步骤,即进行算法设计,给出实现该问题较详细的算法说明。关于算法的概念及表示方法,详见"知识篇"4.1 节中的内容介绍。

3. 程序设计

利用 VB 进行应用程序的设计,一般包括界面设计和代码设计两个方面。

- 界面设计:用面向对象的可视化编程技术设计应用程序界面;
- 代码设计:用事件驱动的编程机制以及结构化程序设计思想来编写代码。

在编写一个基于 Windows 的应用程序时,图形化的用户界面是不可缺少的,它是程序与用户进行交互的"桥梁"。大家对 Windows 的一些应用程序，如 Microsoft Word、Microsoft Excel 等非常熟悉，它们的界面都是由窗口以及窗口中的各种按钮、文本框、菜单等对象组成的。在确定如何输入数据以及如何显示输出结果后，就可以确定使用哪种对象来接收输入的数据，以及使用何种对象显示输出；同时确定允许用户采用何种方式（例如：是选用命令按钮控件对象，还是菜单对象或是其他控件对象）来控制程序的运行，由此确定了本程序的用户界面。利用 VB 集成开发环境，可非常方便地创建所需的界面。

代码设计就是程序编码，即利用所学的 VB 知识（各种语言成分及相关语法规则）来描述求解该问题算法中的每一个算法步骤。

4. 运行及调试程序

将已编好的程序输入计算机，运行该程序，看其输出结果是否正确。若存在错误，可进行程序的调试和修改，然后再运行，直至得到正确结果。程序设计中大量的工作是程序调试，在调试过程中大家会遇到各种各样的问题，每解决一个问题就能积累一些经验，这样就能逐步提高自己的编程能力。VB 集成开发环境提供了强大且方便的程序调试工具，详见"知识篇"第 7 章中的内容介绍。

5. 文档的整理与组织

为方便他人使用所编程序，同时也为了程序员自己以后理解和维护该程序，与该程序配套的文档资料是不可缺少的，文档也属于软件范畴。内部文档一般包括实现该问题较详细的算法说明（必要时应给出流程图）、程序源代码清单、程序各部分功能描述、主要符号与关键变量的说明等。如果是商用软件，还必须提供用户使用手册和在线帮助等。

三、程序用户界面设计原则

设计应用程序用户界面的原则与任何基础美术课程的设计原则一样，在计算机屏幕上组合颜色、文字等的基本原则如同在纸上画图。尽管 VB 通过在窗体上拖曳控件的方式为创建用户界面提供了简单的方法，但在上机实现之前，应将设计的窗体画在纸上，以决定需要哪些控件、不同元素的相对重要性以及控件之间的联系等。窗体的设计和规划不仅影响其外观的艺术性，而且极大地影响应用程序的可用性。为了构造一个赏心悦目的有效的用户界面，在设计界面时应遵从一些公认的程序用户界面设计原则，应考虑窗体中控件的位置、大小、一致性、动感、空白空间的使用以及设计的简单性等因素。

1. 了解用户

在设计用户界面之前，应明确设计出的程序将提供给什么样的人使用，他们是否懂得计算机。例如，若用户以前未曾接触过计算机，则不应设计过于复杂的操作界面。在确定用户对象后，就可以根据用户要求集中精力设计界面，以方便用户使用。另外，在设计中要处处为用户着想，如何使用户无须指导就能发现应用程序的各项功能；让用户随时能够知道他们处于应用程序的什么位置，需要时用户可以随时退出应用程序。

2. 控件的位置

在大多数用户界面设计中，并不是所有的元素都具有相同的重要性，精心的设计将保证较重要的元素或频繁访问的元素放在窗体的显著位置，次要的元素处于次要的位置。人们习惯的阅读顺序一般是从左到右、从上到下。可以说，用户第一眼看到的是计算机屏幕的左上部分，因此最重要的元素应当放在这里。例如，一条招聘信息，其名称栏应当处于用户第一眼看到的位置，而类似"确定"、"下一步"之类的按钮则应处于屏幕的右下部分，因为用户通常是在完成了整个窗口的工作后才会用到它们。

在用户界面设计时,将控件和元素按照它们之间的逻辑关系适当分组也是非常重要的,这从视觉效果上比将它们分散在屏幕的各处要好得多。因此,可以尝试根据"功能"或"关系"等来给窗体上的控件划分逻辑信息组,利用框架控件来强化各控件之间的联系。

3. 界面元素的一致性

一致性是用户界面设计的重要原则之一,一致性的外观将体现应用程序的协调性。如果缺少一致性,就会使界面杂乱无序,这样的界面将会使应用程序看起来混乱而不严密,体现不出其应有的价值,甚至会使用户觉得程序不可靠。

VB 提供的控件丰富多样,好像每一种都应该被利用。但是,设计时应该抛弃使用所有控件的想法,选择最适合自己特定应用程序的控件子集。虽然列表框、组合框、网格以及树视图等控件都可用来表示信息列表,但最好还是尽可能使用一种类型。

在应用程序中保持不同窗体的一致性对提高应用程序的可用度来讲也是非常重要的。如果一个窗体选择了灰色背景和三维效果,而另一个窗体选择了白色背景,那么应用程序将显得十分不协调,一定要坚持用同一风格贯穿整个应用程序。

4. 动感应遵循内容与形式的统一

动感是对象功能的可见线索。虽然我们可能对这个术语还不熟悉,但动感的实例随处可见。按下按钮、旋转旋钮和点亮电灯的开关等都能用动感表示,一看到它们就可以知道其用途。用户界面也广泛使用动感,例如用在命令按钮上的三维立体效果,使它看上去像被按下去一样。若设计成平面的命令按钮,就会失去这种动感,因而不能告诉用户它是一个命令按钮。当然在有些情况下,平面的按钮也许是适合的,例如在游戏或多媒体应用程序中,只要在整个应用程序中保持一致就可以。文本框也提供了一种动感,一般选用带有边框(BorderStyle=1)、白色背景的文本框,表示它是一个可编辑的文本;若选用不带有边框(BorderStyle=0)的文本框,则它看起来更像一个标签,这样不能明显地提示用户它是可编辑的。

5. 合理使用空白空间

在用户界面中使用空白空间有助于突出元素和改善可用性。空白空间是指窗体上控件之间以及控件四周的空白区域。一个窗体有太多的控件会导致界面杂乱无章,使得寻找一个字段或控件非常困难。因此,在设计中需要插入空白空间来突出设计元素。各控件之间一致的间隔以及垂直与水平方向元素的对齐也可以使设计更可行。就像杂志中的文本一样,行列整齐、行距一致、界面整齐、易于阅读。利用 VB"格式"菜单中的"排列"、"水平间距"、"垂直间距"和"在窗体中央"等菜单命令可以非常方便地调整控件的间距、排列和尺寸大小等。

6. 保持界面的简洁

设计用户界面最重要的原则是简洁,从美学角度来说,整洁、简单的设计是可取的。

7. 恰当使用颜色和图像

在界面上使用颜色可以增强视觉上的感染力。尽管许多显示器能够显示几百万种颜色,但在设计时要根据所开发的程序使用对象,慎重选择颜色。例如,若应用程序是为儿童开发的,则可以采用红、绿、黄等较为明亮的颜色;若开发一个银行财务程序,则应选择一些柔和、更中性化的颜色。一般应尽量限制应用程序所用颜色的种类,而且要保持色调的一致性。如果可能,最好坚持使用 16 色的调色板。

图形和图标的使用也可以增加应用程序视觉上的趣味性,而且不用文本说明就能通过图像形象地传达信息,因此,选择好的图形或图标能增强程序的易用性,使用户通过识别图标就可以知道其所表示的功能；反之，若图形或图标选择不当，则会事与愿违。在设计工具栏图标时，应查看一下其他应用程序采用了哪些图标。例如，许多应用程序都用有卷边的纸图标 来表示"新建文件"，也许你认为还有比这更好的图标来表示这一功能，但改用其他表示方法会引起用户的混淆或不理解。

总之，用户界面设计不仅仅是编程问题，还需要具有美学修养。这些可在编程中逐步培养，经过一段时间的学习和实践之后，就能巧妙地利用各控件设计出美观的应用程序。

四、程序设计风格

程序设计的最终产品是程序，但仅设计和编制出一个运行正确的程序是不够的。为提高程序的可读性和可维护性，还要养成良好的程序设计风格。在已经选定程序设计语言的情况下，程序设计风格主要表现在以下 3 个方面。

1. 程序设计的风格

好的设计风格是好的程序的基本保证，为此要做到以下几点。

① 结构要清晰：为达到此目的，要求程序是模块化结构，充分使用 VB 中的过程（事件过程或通用过程），并且一个过程完成一个功能，每个过程内部都是由顺序、选择、循环 3 种基本结构组成的。

② 思路要清晰：为达到此目的，要求设计时遵循自顶向下、逐步细化的原则。

③ 在设计程序时应遵循"简短朴实"的原则。

另外，还应注意以下几点：

- 不要滥用 GoTo 语句。
- 过程应是自封闭的，尽量少用全局变量。
- 避免循环的多个出口。
- 不要嵌套太深。
- 尽量使用系统提供的标准函数。
- 用括号可使表达式更清晰。
- 避免使用临时变量。

2. 程序文本的风格

好的程序文本书写风格可提高程序的可读性，用户应注意以下几点：

① 用缩进和对齐格式使嵌套的编排格式层次清晰。

② 标识符命名要规范，且有助于记忆、容易理解。

③ 充分利用注释，把注释看成不可缺少的部分。

④ 在程序中合理地使用空格、空行或续行符来改善程序正文的编排格式。

3. 输入/输出的风格

程序的输入/输出风格决定了用户对程序可以接受的程度。好的输入/输出风格能使用户在轻松的环境中工作，提高输入的可靠性，并获得满意的输出形式。其主要体现在以下几个方面：

① 在需要输入数据时应给出必要的提示，提示内容包括数据的范围和意义、可使用的选择、输入数据的格式要求、结束标志等。

② 以适当的方式对输入数据进行校验，以确认其有效性，同时提高程序的容错能力。

③ 简化用户操作，减少用户的出错处理操作。

④ 输出数据应有必要的文字说明，输出格式应符合用户的使用意图。

实验一　Visual Basic 的基本操作

一、实验目的

（1）掌握 VB 的启动及退出方法。

（2）熟悉 VB 集成开发环境的使用，并利用联机帮助了解集成环境中各窗口、菜单的一般功能。

（3）初步了解开发简单 VB 程序的基本步骤。

（4）了解在属性窗口中设置对象属性的方法。

（5）掌握工具栏上的"启动"按钮 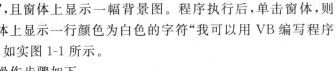、"结束"按钮 ■ 的功能。

二、实验内容

（1）创建一个新工程。该工程只含一个窗体 Form1，从属性窗口修改 Form1 的 Caption、BackColor、Height、Width 等属性，并在执行时观察输出有什么变化。

操作步骤如下：

① 启动 VB。

② 在"文件"菜单中选择"新建工程"命令，然后选择"标准"，单击"确定"按钮。

③ 在属性窗口中将窗体 Form1 的 Caption 属性修改为"实验 1-1"，观察窗体标题有何变化。同样，在属性窗口中将窗体 Form1 的 BackColor 属性选为蓝色，观察窗体的背景色变化。

④ 在属性窗口中修改窗体 Form1 的 Height、Width 属性值，观察窗体的高度和宽度有何变化。

⑤ 在"文件"菜单中选择"保存工程"命令，将窗体保存为"实验 1-1. frm"，将工程保存为"实验 1-1. vbp"。

⑥ 单击工具栏上的"启动"按钮，观察窗体的外观。

⑦ 单击工具栏上的"结束"按钮，结束程序的运行。

（2）编写一个程序。窗体的标题是"这是我的第一个 VB 程序"，且窗体上显示一幅背景图。程序执行后，单击窗体，则在窗体上显示一行颜色为白色的字符"我可以用 VB 编写程序了！"，如实图 1-1 所示。

实图 1-1　实验一程序运行界面

操作步骤如下：

① 启动 VB。

② 在"文件"菜单中选择"新建工程"命令，然后选择"标准"，单击"确定"按钮。

③ 在属性窗口中将窗体 Form1 的 Caption 属性修改为"这是我的第一个 VB 程序"，观察窗体标题的变化。

④ 在属性窗口中将窗体 Form1 的 Picture 属性设置为"C：\Windows\Web\Wallpaper\Tulips.jpg"（读者也可以用其他图片文件）作为窗体的背景图。方法是单击 Picture 属性右侧的

按钮，在弹出的加载图片对话框中选择要设为背景图的图片文件，观察窗体背景的变化。

⑤ 在属性窗口中将窗体 Form1 的 ForeColor 属性设置为白色。

⑥ 在代码窗口的对象列表框中选择窗体对象，在过程列表框中选择 Click 事件，则在代码窗口中将显示：

```
Private Sub Form_Click( )
End Sub
```

在 Sub 和 End Sub 两行代码之间输入以下语句：

```
Print "我可以用 VB 编写程序了!"
```

⑦ 在"文件"菜单中选择"保存工程"命令，将窗体保存为"实验 1-2. frm"，将工程保存为"实验 1-2. vbp"。

⑧ 单击工具栏上的"启动"按钮，单击窗体，观察窗体上的显示内容。

⑨ 单击工具栏上的"结束"按钮，结束程序的运行。

此外，对于本示例，读者可试着通过属性窗口修改窗体 Form1 的 Font 属性，观察程序运行时窗体上显示信息的字体、大小及字体效果。

三、常见错误及难点分析

1. 安装 VB 6.0 时要注意的问题

VB 6.0 安装盘为一张，不包含帮助系统，若要使用帮助功能需另外安装 Visual Studio 系列联机帮助文档 MSDN（两张光盘）。

此外，VB 6.0 的安装有典型安装和自定义安装两种方式。在典型安装方式下，VB 提供的图库并没有装入（在界面设计时会用到这些图形文件），安装完成后，若用户需要，可通过复制文件夹方式直接将光盘中的 Graphics 文件夹内容复制到硬盘对应的 VB 系统下。

2. 在 VB 集成环境中未显示"工具箱"等窗口

选择"视图"菜单中的"工具箱"命令即可显示，同样选择"视图"菜单中的有关命令可显示对应的其他窗口。

3. 标点符号错误

在 VB 中，语句格式里只允许使用西文标点，任何中文标点符号（除在字符串中）在程序编译时会产生"无效字符"错误，系统使该语句以红色显示，将光标定位在错误字符上。

4. 字母和数字形状相似引起的错误

在输入代码时要注意区分 L 的小写字母"l"和数字"1"、O 的小写字母"o"和数字"0"，避免单独将它们作为变量名使用。

实验二 简单的 VB 程序设计

一、实验目的

（1）掌握建立、运行简单 VB 应用程序的全过程，理解事件驱动程序的原理。

（2）掌握窗体的常用属性、事件和方法。

（3）掌握如何向窗体放置控件进行窗体布局，以及控件的基本操作（选中、调整大小、删除、控件对齐等）。

（4）掌握设置对象属性的两种方法（在属性窗口中设置和用程序代码方式设置）。

（5）学会编译 VB 程序及生成 .exe 可执行文件的方法。

（6）掌握常用控件（标签、文本框、命令按钮）的常用属性、事件和方法，以及在实际编程中的应用方法。

（7）掌握常用方法 Print、Cls 和 Move 的使用。

二、实验内容

（1）编写一个程序，输入正方形的边长，求正方形的面积和周长。程序运行界面如实图 2-1 所示。

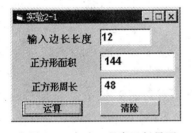

实图 2-1 实验二程序运行界面

操作步骤如下：

① 启动 VB。

② 在"文件"菜单中选择"新建工程"命令，然后选择"标准"，单击"确定"按钮。

③ 在窗体中的适当位置加入 3 个 Label（标签）控件、3 个 TextBox（文本框）控件和两个 CommandButton（命令按钮）控件。

④ 在属性窗口中设置各控件对象的有关属性，属性设置如实表 2-1 所示。

实表 2-1 对象属性设置

默认对象名	设置的对象名（名称）	标题（Caption）	文本（Text）	Font	AutoSize
Form1	Form1	实验 2-1	无定义	默认值	无定义
Label1	lblLength	输入边长长度	无定义	宋体五号加粗	True
Label2	lblArea	正方形面积	无定义	宋体五号加粗	True
Label3	lblGirth	正方形周长	无定义	宋体五号加粗	True
Text1	txtLength	无定义	空白	Arial 五号加粗	无定义
Text2	txtArea	无定义	空白	Arial 五号加粗	无定义
Text3	txtGirth	无定义	空白	Arial 五号加粗	无定义
Command1	cmdCalculate	运算	无定义	宋体五号加粗	无定义
Command2	cmdClear	清除	无定义	宋体五号加粗	无定义

⑤ 在代码窗口中添加以下程序代码：

```
Private Sub cmdCalculate_Click()
    Dim L As Integer
    L = Val(txtLength.Text)
    txtArea.Text = Str(L * L)
    txtGirth.Text = Str(4 * L)
End Sub
Private Sub cmdClear_Click()
    txtLength.Text = ""
    txtArea.Text = ""
    txtGirth.Text = ""
    txtLength.SetFocus
End Sub
```

⑥ 在"文件"菜单中选择"保存工程"命令，将窗体保存为"实验 2-1.frm"，将工程保存为"实验 2-1.vbp"。

⑦ 单击工具栏上的"启动"按钮，在 txtLength 文本框中输入边长长度，单击"运算"按钮，观察窗体上文本框 txtArea 和 txtGirth 的显示内容。

⑧ 单击工具栏上的"结束"按钮，结束程序的运行。

⑨ 在"文件"菜单中选择"生成实验 2-1.exe"命令，在"生成工程"对话框中确定目标文件夹（设为 d:\vb6\sy），在文件名中输入"FirstApp"，并单击"确定"按钮。

⑩ 退出 VB，进入 Windows 的"资源管理器"，选择 d:\vb6\sy，然后双击 FirstApp 图标，即可运行刚建立的应用程序。

（2）编写一个程序，输入圆柱体半径 R 和高 H，求其体积。程序运行界面自己设计，操作步骤略。

（3）建立一个用户注册的登录窗口，要求输入姓名和口令。界面如实图 2-2 所示。

提示：

① 本题窗体中含有 3 个标签和两个文本框，标签用于显示所需的文字，文本框用于输入姓名和口令。对于标签内的字号大小及风格可在其属性窗口中选择 Font 属性设置。另外，还要对口令文本框的 PasswordChar 属性进行设置。

② 在标签控件的 Caption 属性中只能输入一行文字，通过调整标签控件的高度和宽度以及加空格，可以使其内容分多行显示。

（4）如实图 2-3 所示，在窗体上建立 5 个宽度和高度相同的标签控件 Label1～Label5。按实表 2-2 给出的属性设置值设置各标签控件属性，运行后观察显示结果。

实图 2-2　程序运行界面

实图 2-3　建立控件

实表 2-2 对象属性设置

默认对象名	标题（Caption）	有关属性设置
Label1	左对齐	Alignment＝0，BorderStyle＝1
Label2	水平居中	Alignment＝2，BorderStyle＝1
Label3	自动	AutoSize＝True，WordWrap＝False，BorderStyle＝1
Label4	背景白	BackColor＝&H00FFFFFF&，BorderStyle＝0
Label5	前景红	ForeColor＝&H000000FF&，BorderStyle＝0

（5）用文本框制作一个简单的文本编辑器。该编辑器可以输入多行文本，具有水平滚动条和垂直滚动条，而且文本框控件的大小可随着窗体大小的改变而改变，并总是充满整个窗体，界面如实图 2-4 所示。

提示：在窗体上建立一个文本框，设置其 Multiline 属性和 ScrollBars 属性。

若想让文本框控件的大小随着窗体大小的改变而改变，并总是充满整个窗体，只要对窗体的 Resize 事件编写下列事件过程即可：

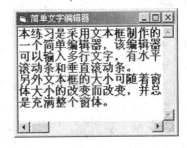

```
Private Sub Form_Resize()
    Text1.Left = 0
    Text1.Top = 0
    Text1.Width = Form1.ScaleWidth
    Text1.Height = Form1.ScaleHeight
End Sub
```

实图 2-4 程序运行界面

运行该程序，用户可在文本框内进行简单的文字编辑操作，还可以利用标准 Windows 热键 Ctrl＋X、Ctrl＋C、Ctrl＋V 等进行剪切、复制、粘贴操作。

（6）创建一个应用程序，程序设计界面和运行界面如实图 2-5(a)和(b)所示。

(a) 设计界面　　　　　　(b) 运行界面

实图 2-5 界面图

窗体中有一个 Label(标签)控件、一个 TextBox(文本框)控件和两个 CommandButton(命令按钮)控件。各控件对象的属性设置如实表 2-3 所示。

实表 2-3 对象属性设置

默认对象名	设置的对象名（名称）	标题（Caption）	Text	Font	AutoSize	ToolTipText
Form1	Form1	标签、文本框、命令按钮	无定义	默认值	无定义	无定义
Label1	lblDisp	Hello,Visual Basic	无定义	Ms SansSerif 12 磅	True	无定义
Text1	txtDisp	无定义	空白	Arial Black 小五号	无定义	无定义
Command1	cmdSend	&Send Text	无定义	默认字体五号加粗	无定义	传递文本
Command2	cmdExit	e&Xit	无定义	默认字体五号加粗	无定义	退出

程序运行后，单击"Send Text"按钮，则在 txtDisp 文本框中显示 lblDisp 标签的内容；单击"eXit"按钮，则结束程序的运行。

思考：

① 程序运行时，把鼠标指针分别移到两个命令按钮上停留，观察鼠标指针下方的提示信息，它是由命令按钮的什么属性设置而产生的？

② 对于本题，若要求在程序运行时按 Enter 键等价于单击"Send Text"按钮，则需对该按钮的什么属性进行怎样的设置？同样，若要求按 Esc 键也可以结束程序，则需对"eXit"按钮的什么属性进行怎样的设置？

③ 若要求程序一运行，焦点就在"Send Text"按钮上，则需对该按钮的什么属性进行怎样的设置？

（7）参考"知识篇"的例 2-10、例 2-12、例 2-13，完成下列程序：窗体上有 3 个命令按钮，单击"显示"按钮，则在窗体上显示如实图 2-6 所示的字符图形；单击"清除"按钮，则清除窗体上显示的内容；单击"移动"按钮，则将窗体移至屏幕左上角，不改变其大小。

将窗体背景色设为蓝色，前景色设为白色，字体大小为 20 磅。

（8）窗体上有两个命令按钮，一个文本框，设计时界面如实图 2-7 所示。单击"显示"按钮，文本框中显示"千里之行，始于足下"，并将该文本框移动到窗体的右上角，同时"显示"按钮变为不可用，如实图 2-8 所示；单击"隐藏"按钮，将文本框隐藏，同时"显示"按钮变为可用，如实图 2-9 所示。

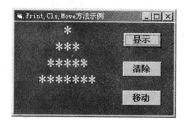

实图 2-6　运行界面

实图 2-7　设计界面

实图 2-8　运行界面 1

实图 2-9　运行界面 2

三、常见错误及难点分析

1. 打开某工程文件时找不到对应的窗体等文件

工程文件（.vbp）仅记录属于该工程内的所有文件（窗体文件.frm、标准模块文件.bas、类模块文件.cls 等）的名称和在硬盘上所存放的路径，因此，保存工程时不要忘记保存窗体及其他模块文件。若用户需要将文件复制到其他地方（如优盘），应复制工程文件和属于该工程的所有其他文件，否则，下次打开工程时就会显示"文件未找到"的提示信息。

当用户在 VB 环境外，利用 Windows 资源管理器将窗体文件等改名，而工程文件内所记录的还是原来的文件名,这样也会造成打开工程时显示"文件未找到"的提示信息。解决此问题的方法,一是用文字编辑软件打开工程文件,修改其中的有关文件名;二是通过选择"工程"菜单中的"添加窗体"命令,然后选择"现存"选项,将改名后的窗体添加到该工程中。

2. 对象名称(Name)输入错误

在窗体上创建的每个控件都有其默认名称,用于在程序中唯一地标识该控件对象。系统为创建的每个对象提供了默认对象名,例如 Text1、Text2、Command1、Label1 等。用户也可以在属性窗口中将名称属性改为自己指定的名称,例如 txtInput、txtOutput、cmdOk 等。

若用户在程序代码窗口中将某对象名称输错,系统会显示"要求对象"的提示信息,并将出错的语句以黄色背景显示,此时用户可单击代码窗口中的"对象列表框"检查该窗体所使用的对象名称。

3. 对象名称(Name)属性和对象标题(Caption)属性混淆

对象名称(Name)属性的值用于在程序中唯一地标识该控件对象,在窗体上不可见;而对象标题(Caption)属性的值是在窗体上显示的内容。

4. 对象的属性名或方法名输入错误

在程序代码中若将对象的属性名或方法名输错,系统会显示"方法或数据成员未找到"的提示信息。在编写程序代码时应尽量使用自动列出成员的功能,即当用户在输入正确的对象名及句点后,系统自动列出该对象在运行模式下可用的属性和方法(如图 2-28 所示的对 Text1 对象自动列出其成员),用户在该列表框中按空格键或双击鼠标左键即可选择所需的内容,这样既可减少输入也可防止此类错误出现。

5. Print 方法中输出内容的定位问题

Print 方法中输出内容的定位可通过 Tab 函数、Spc 函数和最后的逗号、分号和无符号来控制。

(1) Tab(n)函数与 Spc(n)函数的区别

Tab(n)函数从最左侧第 1 列算起定位于第 n 列,若当前打印位置已超过 n 列,则定位于下一行的第 n 列,这往往是定位不好的主要原因。在格式定位中,Tab 函数用得最多。

Spc(n)函数从前一打印位置起空 n 个空格。

(2) 紧凑格式";"分号的使用

使用紧凑格式";"分号,即输出项之间无间隔。但对于数值型,在输出项之间系统会自动空一列,而由于数值系统自动加符号位,因此,对于非负数值,实际空两列。字符型之间无空格。

例如,运行下面程序,显示结果如实图 2-10 所示。

实图 2-10　程序运行结果

```
Private Sub Form_Click()
    Print "1234567890"
```

```
    Print Tab(2); " *** "; Tab(4); "%%%"; Spc(2); "$ $ $"
    Print 1; -2; 3; 0
    Print "12345"; "67890"
    Print "A"; "B"; "C"; "D"; "E"; "F"; "G"; "H"; "I"; "J"
End Sub
```

从该例用户可以看出 Tab 函数与 Spc 函数的区别，以及数值和字符在紧凑格式输出上的差异。

6. Form_Load 事件中 Print 方法、SetFocus 方法不起作用

因为系统在窗体装入内存时无法同步地用 Print、SetFocus 方法显示或定控件的焦点。解决办法如下：

① Print 显示解决的方法：在属性窗口中将窗体的 AutoReDraw 属性值设置为 True（默认值是 False），或在代码中先使用窗体的 Show 方法。

② SetFocus 定位解决的方法：在属性窗口中对要定位焦点的控件将其 TabIndex 值设置为 0 即可。

实验三　数据类型、常量、变量、表达式

一、实验目的

(1) 掌握 VB 的标准数据类型。

(2) 掌握常量和变量的概念、变量的声明和使用。

(3) 熟练掌握 VB 中各类运算符的作用及表达式的正确书写规则。

(4) 掌握 VB 中常用内部函数的使用。

(5) 进一步熟悉 VB 程序的设计过程。

二、实验内容

(1) 编制一个摄氏温度和华氏温度相互转换的程序,程序界面如实图 3-1 所示。

摄氏(℃)与华氏(℉)温度转换的公式如下:

$$F = \frac{9}{5}C + 32$$

$$C = \frac{5}{9}(F - 32)$$

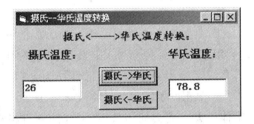

实图 3-1　实验三程序运行界面

要求:在摄氏温度文本框中输入摄氏温度,单击"摄氏一>华氏"按钮,则在华氏温度文本框中得到相应的华氏温度;而在华氏温度文本框中输入华氏温度,单击"摄氏<一华氏"按钮,则在摄氏温度文本框中得到相应的摄氏温度。

(2) 理解大小写转换函数 UCase、LCase,以及求字符串长度 Len 函数的作用。在文本框中输入英文字母,单击"转大写"按钮,文本框中的文本变为大写;单击"转小写"按钮,文本框中的文本变为小写;单击"求长度"按钮,则在窗体上显示其长度。程序界面自己设计。

(3) 模仿"知识篇"中的例 3-7,设计一个应用程序求出第 3 章的基本概念题 2 中的各表达式的值。

提示:在窗体的 Click 事件中用 Dim 语句声明所需变量,并用赋值语句将表达式赋给相应的变量,然后使用 Print 方法将变量的值输出到窗体上;或直接采用 Print 方法输出表达式的值。

(4) 在窗体上输出几个特殊角的三角函数值。程序界面如实图 3-2 所示。

注意:这里的自变量采用的单位是度,在求其三角函数值时应转换为弧度。

提示:在实图 3-2 所示的界面中,窗体上出现的空行可用不带任何输出列表的 Print 方法实现。

(5) 输入一个四位正整数,然后将其逆序输出(如输入的正整数为 1234,输出为 4321)。

程序界面如实图 3-3 所示。窗体上放置了两个标签控件、两个文本框控件和两个命令按钮。属性设置略。

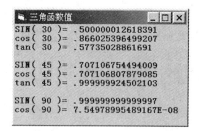

实图 3-2　程序运行界面

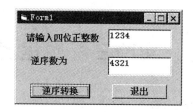

实图 3-3　程序运行界面

提示：该问题可用以下两种方法解决。

方法 1：将正整数按位拆成单个数字后逆序组合。例如四位正整数 x 的千位数 a 为 $x\backslash1000$，百位数 b 为 $x\backslash100-a*10$，以此类推，可得到十位数 c 和个位数 d。这样，x 的逆序数为 $d*1000+c*100+b*10+a$。

方法 2：将正整数当成字符串处理，用 Mid 函数将字符串分解后重新组合。

（6）在文本框中输入一个字符串，对字符串进行字体放大和缩小操作。实图 3-4 所示的是经过放大操作后的界面状态。

实图 3-4　程序运行界面

要求：

① 在文本框中输入一串文字，单击"转换"按钮，则利用 Trim（去掉空格）函数去掉字符串前后的空格，并把字符串中的字母全部转换为大写字母。

② 单击"放大"按钮，将文本框中的字符串放大（字体放大），放大的倍数为 1～3 的随机正整数。

③ 同样，单击"缩小"按钮，将文本框中的字符串缩小（字体缩小），缩小的倍数也为 1～3 的随机正整数。

④ 单击"还原"按钮，将文本框中的字符串的字体恢复成初始状态，"放大"和"缩小"按钮也变为可用。

⑤ 在进行放大或缩小操作后，为防止程序运行时发生错误（字体过大或过小），不应该连续进行放大或缩小操作。也就是说，在执行完放大操作后，"放大"按钮应变为不可用（设置其 Enabled 为 False），"缩小"按钮应变为可用（设置其 Enabled 为 True）；同样，在进行完缩小操作后，"缩小"按钮应变为不可用，"放大"按钮应变为可用。

提示：为了实现"还原"功能，需要在窗体的"通用声明"处声明一个窗体级变量 size。

```
Dim size As Integer
```

这样，通过在窗体的 Load 事件中获得文本框最初字体大小的值（即设计阶段在属性窗口中设置的），代码如下：

```
Private Sub Form_Load()
    size = Text1.FontSize
End Sub
```

这样，无论是通过放大还是缩小改变了文本框中字体的大小，只要在"还原"按钮的 Click 事件过程中通过下列代码即可将文本框字体还原成最初的大小：

```
Private Sub cmdRestore_Click()
```

```
    Text1. FontSize = size
    cmdSmall. Enabled = True
    cmdGreat. Enabled = True
End Sub
```

三、常见错误及难点分析

1. 由于变量名输入错误造成运行结果不正确

用 Dim 声明的变量名,如果在后面语句中将该变量名输错,则 VB 编译时会认为是两个不同的变量,系统将为这两个不同的变量各自分配内存单元,从而造成计算结果不正确。例如,下面程序段求 $1 \sim 10$ 整数的和,将结果放在 Sum 变量中:

```
Dim Sum As Integer, i As Integer
  Sum = 0
  For i = 1 to 10
    Sum = Sun + i                    'A 语句
  Next i
  Print Sum
```

显示的结果为 10,而正确结果应为 55。原因就是 A 语句"Sum＝Sun＋i"中右边的变量名 Sum 误写成 Sun。

VB 对变量声明有两种方式,可以用变量声明语句显式声明,也可以隐式声明,即不声明就直接使用。为了防止变量名写错,可限制变量声明为显式声明方式,也就是在通用声明处加上 Option Explicit 语句。

2. 语句书写位置错误

在代码窗口中的"通用声明"处,除了出现使用 Dim 等声明变量语句、Option 语句外,任何其他语句都应在事件过程中,否则程序运行时会显示"无效外部过程"的提示信息。另外,若要对模块级变量或全局变量进行初始化操作(即赋初值),一般放在 Form_ Load()事件过程中。

3. 给符号常量赋值错误

```
Const S1＝"China"
S1 = "English"
```

符号常量通过 Const 关键字定义后,编译系统对符号常量的处理仅是一个符号代换,并不分配内存单元。因此,不允许给符号常量赋值。

4. 续行符使用注意事项

续行符(一个空格后面跟一个下划线"_"),可将长语句分成多行,以便于在代码窗口中阅读程序。但应注意在使用续行符时,下划线"_"前至少要加一个空格。

5. 字符串连接运算符"＋"和"＆"的区别

```
Private Sub Form_Click()
  Dim n As Integer
  n = 500
  Print "n 的值为:    " + n           '该语句产生"类型不匹配"错误
End Sub
```

错误原因及改正办法:字符串连接运算符"＋"要求两边的运算数均为字符类型,而这里变量 n 是整型,应该用"＆"连接运算符或 Str(n)函数将 n 转换成字符类型。

6. 逻辑表达式输入错误(编译时没有产生语法错而形成逻辑错)

例如,若判断学生成绩 x 为"良好"的数学表达式为 $80 \leqslant x < 89$,用 VB 的逻辑表达式表

示，有的用户会写成如下形式：

80＜＝x＜89

在 VB 中，该逻辑表达式不产生语法错误，程序能继续运行，但无论 x 取值为多少，表达式的值始终为 True。其值的计算过程如下：

① 根据 x 的值计算 80＜＝x，结果总为 True(-1)或 False(0)。因为在 VB 中，逻辑常量 True 转换为数值型的值为-1，False 为 0。

② 根据①计算的结果(-1 或 0)与 89 比较，结果永远为 True。

因此，尽管程序能正常运行，但其结果却不是期望值，而形成逻辑错。

用正确的 VB 表达式书写应为：

80＜ ＝ x And x＜89

另外，不要将逻辑与运算符"And"写成"&"。

7. 标准函数使用问题

（1）标准函数名输入错误。VB 提供了许多标准函数，如 Sin、Cos 等数学函数，Mid、Left、Right 等字符串操作函数，以及其他一些函数等。在输入程序代码时，若将函数名写错，系统会显示"子程序或函数未定义"，并将该写错的函数名选中提醒用户修改。

判断标准函数名等 VB 系统关键字是否写错，最简便的方法是当该语句写完后，按 Enter 键，系统会把被识别的上述名称自动转换成规定的首字母大写形式，否则为错误的名称。

（2）将标准函数名定义为普通变量名问题。例如，若有下列语句：

Dim Sin As Integer

虽然该语句在语法上没有错误，但由于 Sin 是标准函数名，若定义为普通变量名，则 Sin 函数将无效，建议不要这样使用。

8. 如何输出字符串中包含的西文双引号""

若字符串本身含有西文双引号""需要输出，则可以采用下列方法：

用两个连续双引号""""表示，例如，若在窗体上输出一句英文"He said,"I am a student""，则可用下列代码：

```
Private Sub Form_Click()
    Print "He said, ""I am a student"""
    'Print "He said, " & Chr(34) & "I am a student" & Chr(34)    '或用双引号的 ASCII 码值 34
End Sub
```

同样，要用 Asc 函数求双引号 ASCII 码值，应写成 Asc("""")。

实验四　顺序结构和选择结构程序设计

一、实验目的

(1) 掌握赋值语句的使用。

(2) 掌握用户交互函数 InputBox 与 MsgBox 的使用。

(3) 掌握程序对数据的基本输入/输出方法。

(4) 掌握逻辑表达式的正确书写形式。

(5) 掌握单分支、双分支及多分支条件语句的使用。

(6) 掌握 Select Case 情况语句的使用及其与多分支条件语句的区别。

(7) 掌握顺序结构和选择结构的程序设计方法。

二、实验内容

(1) 编写一个彩电销售金额汇总程序,输入 3 种彩电的单价和台数,输出销售总金额。程序界面如实图 4-1 所示。

提示:首先按实图 4-1 所示完成窗体布局(窗体上有 7 个标签、6 个文本框和两个命令按钮),然后进行各对象的属性设置,最后再对两个命令按钮的 Click 事件编程。

(2) 编写一个简单的信息处理程序,程序设计界面如实图 4-2 所示,窗体上有一个标签和两个命令按钮。

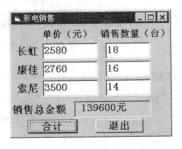

实图 4-1　程序运行界面

实图 4-2　程序运行界面

① 单击"输入"按钮,则调用 InputBox 函数,弹出输入对话框,如实图 4-3 所示。在向输入对话框输完文本信息后,单击"确定"按钮,则用户输入的文本信息将在窗体的标签中显示,如实图 4-4 所示。

② 单击"退出"按钮,则调用 MsgBox 函数,显示退出警告信息框,如实图 4-5 所示,程序根据用户此时单击"是"按钮还是"否"按钮来决定是否结束程序的运行。

(3) 工资调整。若基本工资大于等于 1600 元,增加工资 10%;若小于 1600 元大于等于 1400 元,增加工资 15%;若小于 1400 元,增加工资 20%,请根据用户输入的基本工资计算出调整后的基本工资。程序运行界面如实图 4-6 所示。

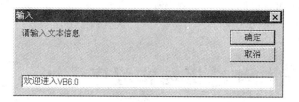

实图 4-3　程序运行界面

实图 4-4　程序运行界面

实图 4-5　程序运行界面

实图 4-6　程序运行界面

（4）根据上网时间 t（小时）编程计算上网费用 y（元）。计算方法是：

$$费用\ y = \begin{cases} 30\ 元（基数） & t \leqslant 10\ 小时 \\ 每小时\ 2\ 元 & 10 < t \leqslant 50\ 小时 \\ 每小时\ 1.5\ 元 & t > 50\ 小时 \end{cases}$$

同时为了鼓励用户多上网，每月收费最多不超过 150 元。程序界面如实图 4-7 所示。

（5）试将学生的百分制成绩转换为等级制，90 分以上为 A，80～89 分为 B，70～79 分为 C，60～69 分为 D，60 分以下为 E。程序界面如实图 4-8 所示。

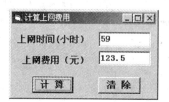

实图 4-7　程序运行界面

实图 4-8　程序运行界面

程序运行时，在第一个文本框中输入成绩，单击"判断"按钮，则在第二个文本框中显示等级，并且要求当输入的成绩不是数字时，应用 MsgBox 语句输出"数据错误"提示信息框。当单击"清除"按钮时，则清除两个文本框中的内容，同时将焦点定位在第一个文本框中。当单击"结束"按钮时，则结束程序的运行。

要求：分别用多分支 If 语句和 Select Case 语句编程实现。

（6）显示当天的日期，格式如实图 4-9 所示。窗体中只含有一个标签控件，用于显示信息。

实图 4-9　程序运行界面

提示：系统日期可用 Date 函数获得，年号、月份、日期和星期号可分别通过 Year、Month、Day、Weekday 等函数获得。应该注意的是，通过 Weekday 获得的星期号是数值表示的 1～7，而不是大写的"星期一"～"星期日"，必须借助于一个多分支语句加以转换。

（7）输入年份、月份，判定该年是否为闰年，以及该月属于哪个季度、该月有多少天。程序界面如实图 4-10 所示。

要求：对输入的年份(必须为 1000~2100 之间的正整数)和月份(必须为 1~12 之间的正整数)进行校验,若输入数据不合法,应显示出错信息,重新输入。

(8) 求一元二次方程的根。输入二次方程 $ax^2+bx+c=0$ 的系数 a、b、c,计算并输出其根 x_1、x_2。程序界面如实图 4-11 所示。

实图 4-10　程序运行界面

实图 4-11　程序运行界面

要求：

① 为保证程序正确运行,对输入的 3 个系数 a、b、c 要进行校验。若发现输入的数中有非法数字,则显示出错信息,并利用 SetFocus 方法定位于出错的文本框处,重新输入。

② 为使程序具有通用性,应全面考虑方程的根与系数的关系：

- 若 $a=0$ 且 $b=0$,则方程无意义。
- 若 $a=0$ 且 $b\neq0$,则方程只有一个根 $-c/b$。
- 若 $b^2-4ac>0$,则方程有两个实根 $x_{1,2}=\dfrac{-b\pm\sqrt{b^2-4ac}}{2a}$；若 $b^2-4ac=0$,则方程有两个

相等实根 $x_1=x_2=\dfrac{-b}{2a}$；若 $b^2-4ac<0$,则方程有两个虚根 $x_{1,2}=\dfrac{-b\pm\sqrt{4ac-b^2}\,i}{2a}$。

提示：关于虚根的输出,可采用以下字符串连接方式。

```
Text4.Text=-b/(2*a) & "+" & Sqr(Abs(b^2-4*a*c))/(2*a) & "i"
Text5.Text=-b/(2*a) & "-" & Sqr(Abs(b^2-4*a*c))/(2*a) & "i"
```

(9) 编写程序计算某位学生可获奖学金的级别,以 3 门功课成绩 M_1、M_2、M_3 为评奖依据。标准如下：

一等奖：符合下列条件之一者,① 各门功课的平均分大于 95 分者；② 有两门功课成绩是 100 分,且第三门功课成绩不低于 80 分者。

二等奖：符合下列条件之一者,① 各门功课平均分大于 90 分者；② 有一门功课成绩是 100 分,且其他两门功课成绩不低于 75 分者。

三等奖：各门功课成绩不低于 70 分者。

说明：符合条件者就高不就低,只能获得高的那项奖学金。程序界面自己设计,要求显示获奖的级别。

三、常见错误及难点分析

1. 同时给多个变量赋值,编译时没有产生语法错而形成逻辑错

例如,要同时给 a、b、c 3 个整型变量赋初值 1,有的用户会用以下赋值语句实现：

```
a=b=c=1
```

在 C 语言中,上述语句可以实现同时对多个变量赋值,而在 VB 中规定一条赋值语句只能给一个变量赋值,但上述语句并没有产生语法错,运行后,a、b、c 中的结果均为 0,而不是 1。原因如下:

VB 将上述 3 个"="解释为不同的含义,最左边的一个表示赋值号,其余"="表示为关系运算符进行等于判断,即把 $b=c=1$ 作为一个关系表达式,再将该表达式的值赋给 a。由于在 VB 中默认数值型变量的初值为 0,且关系运算符优先级相同,按照从左到右的顺序先算关系表达式"$b=c$"的值为 True(-1),再进行"$-1=1$"的判断,结果为 0,因此表达式 $b=c=1$ 的值为 0,所以 a 赋得的值为 0,而 b、c 变量的值保持原默认值 0。

2. 选择结构 If 语句的书写及使用问题

① 在单行式的 If 语句中,必须在一行上书写,当 Then 或 Else 后出现语句块时要用":"分隔语句,若一行写不下,可用续行符进行连接,不能直接用 Enter 键做换行处理。

② 在多行式的 If 语句中,书写要求严格,即关键字 Then、Else 后面的语句块必须换行书写,且应有配对的 End If 语句结束,否则,在运行时系统会显示"块 If 没有 End If"的编译错误。

③ 在多分支 If 语句中,ElseIf 选择子句的关键字 ElseIf 中间不能有空格,即不能写成 Else If。

④ 在表示多个条件表达式时,应从最小或最大的条件依次表示,要考虑各条件的蕴涵关系。例如本实验的第 5 题,根据学生的百分制成绩显示对应五级制的评定。以下几种表示方式在语法上均没错,但执行后结果有所不同,用户可分析哪些正确?哪些错误?并说明其原因(其中,方法 1、3、5 正确,其余错误)。

方法 1:
```
If score >= 90 Then
    Text2="A"
ElseIf score >= 80 Then
    Text2="B"
ElseIf score >= 70 Then
    Text2="C"
ElseIf score >= 60 Then
    Text2="D"
Else
    Text2="E"
End If
```

方法 2:
```
If score >= 60 Then
    Text2="D"
ElseIf score >= 70 Then
    Text2="C"
ElseIf score >= 80 Then
    Text2="B"
ElseIf score >= 90 Then
    Text2="A"
Else
    Text2="E"
End If
```

方法 3:
```
If score < 60 Then
    Text2="E"
ElseIf score < 70 Then
    Text2="D"
ElseIf score < 80 Then
    Text2="C"
ElseIf score < 90 Then
    Text2="B"
Else
    Text2="A"
End If
```

方法 4:
```
If score >= 90 Then
    Text2="A"
ElseIf 80 <= score < 90 Then
    Text2="B"
ElseIf 70 <= score < 80 Then
    Text2="C"
ElseIf 60 <= score < 70 Then
    Text2="D"
Else
    Text2="E"
End If
```

方法 5:
```
If score >= 90 Then
    Text2="A"
ElseIf 80 <= score And score < 90 Then
    Text2="B"
ElseIf 70 <= score And score < 80 Then
    Text2="C"
ElseIf 60 <= score And score < 70 Then
    Text2="D"
Else
    Text2="E"
End If
```

3. 情况语句 Select Case 的书写及使用问题

① Select Case 语句应有与其相对应的 End Select 语句。

② 在 Select Case 语句中,Case 子句的"表达式列表"中不能使用"变量或表达式"中出现的变量。例如,本实验的第 5 题若改用 Select Case 语句实现,以下几种表示方式哪些正确?哪些错误?

方法 1：

```
Select Case score
    Case Is >= 90
        Text2="A"
    Case 80 To 89
        Text2="B"
    Case 70 To 79
        Text2="C"
    Case 60 To 69
        Text2="D"
    Case Else
        Text2="E"
End Select
```

方法 2：

```
Select Case score
    Case Is >= 90
        Text2="A"
    Case Is >= 80
        Text2="B"
    Case Is >= 70
        Text2="C"
    Case Is >= 60
        Text2="D"
    Case Else
        Text2="E"
End Select
```

方法 3：

```
Select Case score
    Case score >= 90
        Text2="A"
    Case score >= 80
        Text2="B"
    Case score >= 70
        Text2="C"
    Case score >= 60
        Text2="D"
    Case Else
        Text2="E"
End Select
```

方法 1、方法 2 正确,而在方法 3 的 Case 子句中出现了运行时不管 score 的值为多少始终执行 Case Else 子句的情况,运行结果不正确。

③ 在"变量或表达式"中不能出现多个变量。本实验的第 9 题根据 3 门功课成绩判断奖学金等级问题,只能用多分支 If 语句,而不能用 Select Case 语句实现。

实验五　循环结构程序设计

一、实验目的

（1）熟练掌握使用 For…Next 语句、Do…Loop 语句实现循环的方法，并能在程序设计中用循环结构实现常用算法（如累加、累乘、穷举、递推、判断素数、求最大公约数等）。

（2）掌握如何设计循环条件，防止死循环或不循环。

（3）掌握循环嵌套的使用方法。

二、实验内容

（1）编程求出所有的水仙花数，并在窗体上显示出来。所谓水仙花数，是指一个三位数，其各位数字的立方和等于该数本身。例如，153 是水仙花数，$153=1^3+5^3+3^3$。程序界面自己设计。

提示：求解此题的方法有以下两种。

方法 1：利用三重循环，将 3 个数字连接成一个 3 位数进行判断。

方法 2：利用单循环，将一个 3 位数逐位分离后进行判断。

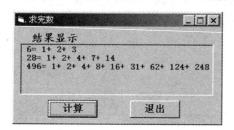

实图 5-1　程序运行界面

（2）编程求出 1000 之内的所有完数。所谓完数，是指一个数恰好等于它的所有因子（包括 1 但不包括本身）之和，如 6 的因子为 1、2、3，$6=1+2+3$，因而 6 就是完数。程序运行界面如实图 5-1 所示。其中，图片框 Picture1 用于结果显示。

提示：本题为了构造界面所要求的输出格式，可定义字符串变量 s 用来存放某数连接其所有因子形成的字符串。部分代码提示如下：

```
For n = 1 To 1000
    sum = 0                              'sum 存放因子和
    s = Str(n) & "="
    For i = 1 To n\2                     '求所有因子
        If n Mod i = 0 Then
            sum = sum+i
            s = s & Str(i) & "+"
        End If
    Next i
    If … Then
        s = Left(s, Len(s) − 1)          '符合条件输出时去掉 s 末尾的"+"
        …
    End If
Next n
```

（3）对于输入的 x 值，用下面两种方式求 $e^x=1+x+\dfrac{x^2}{2!}+\dfrac{x^3}{3!}+\cdots+\dfrac{x^n}{n!}+\cdots$ 的近似值。

① 直到第 50 项。

② 直到最后一项小于 10^{-6}。

程序界面自己设计。

（4）输入正整数 N，求满足 $1+2\times2+3\times3+\cdots+K\times K<N$ 的最大 K 值。程序界面如实图 5-2 所示。

提示：用循环求累加和 Sum，直到 Sum 大于等于 N 为止，退出循环，输出 $K-1$ 即可。

（5）从输入的字符串中找出所有的大写字母并按逆序输出。程序界面如实图 5-3 所示。

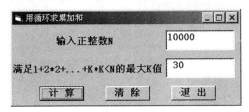

实图 5-2　程序运行界面　　　　　　实图 5-3　程序运行界面

（6）编程求出所有小于或等于 50 的自然数对。自然数对是指两个自然数的和与差都是平方数，如 8 和 17 的和 $8+17=25$ 与其差 $17-8=9$ 都是平方数，则 8 和 17 称为自然数对。程序界面如实图 5-4 所示。其中，图片框用来显示求出的自然数对。

提示：判断一个正整数是否是平方数，可用关系表达式 $\text{Sqr}(N)=\text{Int}(\text{Sqr}(N))$ 来判断。

（7）利用格里高利公式求圆周率 π 的近似值：

$$\frac{\pi}{4}=1-\frac{1}{3}+\frac{1}{5}-\frac{1}{7}+\cdots$$

直到最后一项的值小于 eps（如 10^{-6}）。程序运行界面如实图 5-5 所示。

实图 5-4　程序运行界面　　　　　　实图 5-5　程序运行界面

提示：该公式中无穷级数各项规律如下。

$$t_1=1\quad t_n=\frac{(-1)^{n-1}}{2n-1}\quad n=2,3,4\cdots$$

（8）在窗体上用 Print 方法并结合循环语句输出显示如实图 5-6(a)、(b)所示的图形。

当单击"清屏"按钮时，清除窗体上所显示的图形。

提示：关于图形(b)的输出，既可参考"知识篇"4.4.3 节中的例 4-15 采用二重循环来实现，也可用 String 函数通过单循环实现。

其主要代码段如下：

```
For i = 0 To 9
    Print Tab(12-i); String(2 * i+1, CStr(i))
Next i
```

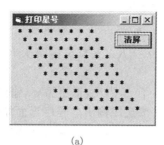 

(a)   (b)

实图 5-6   程序运行界面

关于 String、CStr 函数的用法可参见"知识篇"中 3.5.2 节和 3.5.3 节的介绍。

实图 5-7   程序运行界面

（9）将字符串 s1 中出现的字符串 s2 全部删掉，并统计从 s1 中删掉了几个 s2。程序运行界面如实图 5-7 所示。

提示：

① 要在 s1 字符串中查找 s2 字符串，可利用 InStr()函数，若找到，函数返回 s2 在 s1 中最先出现的位置，再用 Left()、Mid()函数从 s1 中删除当前找到的这个 s2。

② 考虑 s1 中可能存在多个或不存在 s2 字符串，用 Do While 循环结构实现。

部分程序代码如下：

```
position = InStr(s1, s2)                '在 s1 中查找 s2
Do While position>0                     '在 s1 中找到了 s2
    count = count+1                     '统计 s2 在 s1 中出现的次数
    temp = temp+Left(s1, position-1)
    s1 = Mid(s1, position+Len(s2))     '取余下的字符串待处理
    position = InStr(s1, s2)            '继续在 s1 中查找 s2
Loop
…                                        '输出 temp + s1 即为结果
```

（10）将正的十进制纯小数转换成十六进制小数，要求精确到小数点后第八位。若输入的不是正的纯小数，则给出错误提示，要求重输。程序运行界面如实图 5-8 所示。

提示：

① 十六进制数有 16 个符号，即 0、1、2、3、4、5、6、7、8、9、A、B、C、D、E、F。其中，A 代表 10，B 代表 11，C 代表 12，D 代表 13，E 代表 14，F 代表 15。

实图 5-8   程序运行界面

② 十进制小数转换为十六进制小数采用"乘 16 取整法"。具体方法是：用 16 乘十进制小数，得到一个整数部分和一个小数部分；再用 16 乘小数部分，又得到一个整数部分和一个小数部分；继续这个过程，直到余下的小数部分为 0 或满足精度要求为止。

部分程序代码如下：

```
Dim x As Single, n As Integer, s As String, t As Integer
x = Val(Text1)
    …                               '判断输入数据的合法性
s= "0.":t=8
```

```
Do While x<>0# And t<>0
    x = 16 * x:n=Int(x)
    x =x−n
    Select Case n
        Case 10:s=s+"A"
            ...                              '读者自己完善这部分
        Case 15:s=s+"F"
        Case Else:s=s+CStr(n)
    End Select
    t=t−1
Loop
    ...                                      '输出 s
```

三、常见错误及难点分析

1．不循环或死循环的问题

若出现不循环或死循环的情况,主要原因有:

① 循环条件、循环初值、循环终值、循环步长的设置有问题。

例如,以下循环语句不执行循环体:

```
For i=1 To 20 Step −1        '步长为负,初值必须大于等于终值才能循环
For i=20 To 1                '步长为正,初值必须小于等于终值才能循环
Do While False               '循环条件永远不满足,不循环
```

例如,以下循环语句为死循环:

```
For i=1 To 20 Step 0         '步长为零,死循环
Do While 1                   '循环条件永远满足,死循环
```

② 循环体中没有使循环条件的逻辑值发生变化的语句,循环无法结束而形成死循环。例如要计算 $\sum\limits_{1}^{100} I^2$,若用下列程序段实现,则会出现死循环,因为 I 值始终为1。

```
I = 1
Do
  Sum = Sum + I * I
Loop Until I > 100
```

改正方法:在循环体里加上语句"I=I+1"。

2．如何终止死循环

当编写含有循环结构的程序时,若循环条件或循环体等设计不合理,有时会产生死循环(无穷多次),此时只要同时按 Ctrl+Break 键即可终止死循环。用户可找出死循环的原因,修改程序后再运行。

3．For 循环语句的使用问题

① 在 For 循环语句中,初值、终值和步长在循环体内发生变化,不会影响程序的执行次数。例如:

```
c=1: e=16: s=2               c=1:e=16:s=2
For i=c To e Step s          For i=1 To 16 Step 2
    c=c+1                         c=c+1
    e=e+1           等价于         e=e+1
    s=s+1                         s=s+1
    Print i                      Print i
Next i                       Next i
```

② 若循环控制变量在循环体内被重新赋值，则循环次数有可能发生变化。例如：

```
Private Sub Command1_Click()
    For i = 1 To 20
      i = i + 2              '循环控制变量 i 被赋值,改变了循环的次数
        Print i
    Next i
End Sub
```

这里，循环次数为 7 次，而不是 20 次。

用户在使用 For 循环语句时，在循环体内可以引用循环控制变量但不要对其赋值，否则将影响循环次数，引起混乱。

4. 循环结构中缺少配对的结束语句

For 循环语句没有配对的 Next 语句；Do 语句没有一个终结的 Loop 语句，等等。

5. 循环嵌套时，内、外循环交叉，或内、外循环使用了同名循环控制变量

循环嵌套时，内、外循环交叉：

```
For i=1 to 4
  For j=1 to 5
    ...
  Next i
Next j
```

内、外循环使用了同名循环控制变量：

```
For k=1 to 4
  For k=1 to 5
    ...
  Next k
Next k
```

循环体的交叉，运行时显示"无效的 Next 控制变量引用"。外循环必须完全包含内循环，不得交叉。

内、外循环若使用了同名循环控制变量，则运行时会显示"For Control 控件变量已在使用"，并选中内循环 For 语句，提示用户修改。

6. 循环结构与其他控制结构间相互交叉

错误程序段 1：

```
For i=1 to 4
  If 表达式 Then
    ...
  Next i
End If
```

错误程序段 2：

```
Select Case ...
  For I= ...
    ...
  Case ...
    ...
  Case ...
    ...
  Next I
  ...
End Select
```

错误程序段 3：

```
If 表达式 Then
  ...
  For I= ...
    ...
  End If
    ...
  Next I
```

当循环结构与其他控制结构之间嵌套时，应注意每个控制结构的完整性，即选择结构要完全包含循环结构，或者循环结构完全包含选择结构。

另外，下列程序段运行时会显示"Next 没有 For"的错误信息，其原因不是 For 循环语句

没写全,而是循环体中包含的 If 语句的书写不对。

```
For i = 1 To 4
  If i > 2 Then
    Print "****"            'If 语句缺少配对的 End If
Next i
```

7. 关于二维图形的输出问题

如果要输出一个二维图形,其算法思路为用二重循环嵌套来控制行与列,根据打印次序,由上而下,由左到右,外循化控制行变,内循环控制列变。例如,下列程序运行后将产生如实图 5-9 所示的图形。

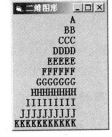

```
Private Sub Form_Click()
  For i = 0 To 10            '外循环控制行变化
    Print Tab(10 - i + 1);   '定位每行的起始位置
    For j = 0 To I           '内循环控制列变化
      Print Chr(65 + i);     '内循环体输出该行内容
    Next j
    Print                    '换行,准备下一行的输出
  Next i
End Sub
```

实图 5-9　程序运行界面

实验六　数　　组

一、实验目的

(1) 掌握数组的声明、数组元素的引用、数组的输入和输出方法。

(2) 掌握定长数组和动态数组的使用差别。

(3) 应用数组解决一些实际问题,并掌握与数组相关的常用算法(如排序、查找、插入、删除、求最大值/最小值、求平均值等)。

二、实验内容

(1) 数组 A 中的 10 个元素是 20～80 之间的随机数,要求将其内容按颠倒次序重放。程序界面自己设计。

注意:

① 本题并不是要求按逆序输出数组元素的值,而是要求按逆序重新放置数组内容。

② 编程时,只能借助于一个临时变量 t,不允许再另外开辟数组。

提示: 只要将数组的第一个元素与最后一个交换,第二个元素与倒数第二个交换,……,以此类推,如实图 6-1 所示。

可用下面程序段来完成:

```
For i =1 To 10\2
    t=A(i)
    A(i)=A(10-i+1)
    A(10-i+1)=t
Next i
```

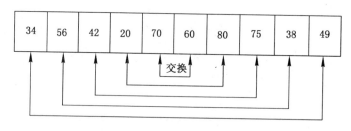

实图 6-1　元素交换图

(2) 电视歌手大奖赛设有 10 名评委,评分规则是去掉一个最高分,去掉一个最低分,其他分数取平均,编程计算某歌手的得分。评委打的分数(5～10 之间的实数)可利用 InputBox 函数输入存放在一个数组中。程序界面自己设计。

(3) 二维数组的基本操作。程序运行界面如实图 6-2 所示,窗体上有一个图片框、3 个命令按钮和 4 个标签。设有一个 5×5 的方阵(注意应将其声明为窗体级二维数组),单击"输入"按钮,则用 InputBox 函数输入该数组中的元素,要求输入时的提示信息要表明当前是数组的哪个元素(参见"知识篇"中 5.2.1 节的内容),如实图 6-3 所示。单击"显示"按钮,则在窗体的图片框中按实图 6-2 所示的矩阵形式输出该数组。单击"计算"按钮,则求出:

① 该方阵中的最大元素及其所在下标位置。

② 主对角线上的元素之和。

③ 上三角元素之和与下三角元素(不包括主对角线)之和,并在窗体上用标签显示计算结果。

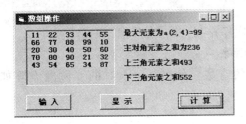 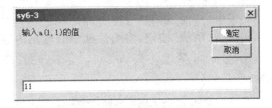

实图 6-2 程序运行界面   实图 6-3 程序运行界面

(4) 声明一个动态数组 A,将 2~100 之间的素数放入该数组中,最后在窗体中显示 A 数组中的各元素(每行显示 6 个素数)。程序界面自己设计。

(5) 利用随机函数生成元素为两位正整数的 5 阶方阵,然后以行的次序按递增排列所有元素,如实图 6-4 所示。窗体中有两个图片框,分别用于显示原来生成的方阵和按要求排序后的方阵。

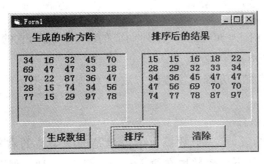

实图 6-4 程序运行界面

提示:排序只能对一维数组进行,因此要对二维数组按题目要求排序,可将二维数组中的各元素先放入一个一维数组中,然后对这个一维数组排序,最后将排好序的一维数组按行的次序再放入原二维数组中。

将二维数组中的元素按逐行的次序放入一维数组中,有关代码如下:

```
Dim a%(5, 5), b%(25)          '定义为窗体级数组
...
For i=1 To 5
    For j=1 To 5
        b((i-1) * 5+j)=a(i,j)
    Next j
Next i
```

(6) 产生 10 个 20~50 之间的随机整数,先将它们按从大到小排序,然后用二分查找方法查找其中是否有 36 这个数,若有,请输出其在数组中的位置;若没有,请给出相应的提示信息。可参考"知识篇"中 5.4 节的例 5-6、例 5-7 和例 5-9。程序界面自己设计。

(7) 输入一系列字符串,按递减次序排列。程序运行界面如实图 6-5 所示。

提示：

① 在窗体的"通用声明"处声明一个窗体级变量 n（存放所输入字符串的个数）和一个窗体级字符串数组 $S()$（动态数组）。

② 对文本框的 KeyPress 事件编程，使得在文本框中每输入一个字符串，按 Enter 键，表示该字符串输入结束，就把它存放到数组 $S()$ 中，并清除文本框中的当前内容，焦点仍定位在文本框，可继续输入。

③ 单击"排序"按钮，将输入的字符串按递减次序排列，并在图片框中输出。

④ 单击"清除"按钮，将图片框中的输出内容清除。

（8）显示 n 阶魔方阵，$n \geqslant 3$，是不超过 10 的奇数。例如，$n = 5$ 时的 5 阶魔方阵如实图 6-6 所示。

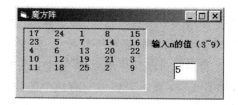

实图 6-5　程序运行界面　　　　　　实图 6-6　程序运行界面

所谓 n 阶魔方阵，是由 $1 \sim n^2$ 自然数排列而成的 $n \times n$ 方阵，它的每行、每列和两个对角线上元素之和相等，其值为 $n(n^2 + 1)/2$。

提示： 确定这些自然数在方阵中位置的方法如下（假定行下标为 i，列下标为 j，为简化程序，数组下标的下界为 1）。

① 第一行中间置 1。

② 对于其余 $2 \sim n^2$ 的数，下一个数填入的位置是前一个数的右斜上方。也就是说，若当前位置在第 i 行、第 j 列，则下一个数填在第 $i-1$ 行、第 $j+1$ 列。但要考虑以下情况：

- 若当前数是 n 的倍数，则接着填入的数放在紧接其下面的单元中，即 j 不变，i 增加 1。
- 若右斜上方 $i-1$ 后小于 1，则 i 的值为 n，即将这个数填入该列中的最后一行上。
- 若右斜上方 $j+1$ 后大于 n，则 j 的值为 1，即将这个数填入该行中的第一列上。

若以上 3 种情况都不满足，则 $i = i-1, j = j+1$。

③ 形成 n 阶魔方阵后，将其显示在图片框中。

生成魔方阵的部分程序代码如下：

```
t=1:i=1:j=(n+1)\2
a(i,j)=1
t=t+1
For t=2 To n*n
    If (t-1) Mod n=0 Then
        i=i+1
    ElseIf i-1<1 Then
        i=n:j=j+1
    ElseIf j+1>n Then
        i=i-1:j=1
    Else
```

```
        i=i-1:j=j+1
     End If
     a(i,j)=t
Next t
```

三、常见错误及难点分析

1. 通过声明动态数组解决程序通用性问题

当数据规模不可预知时,事先无法确定需要多大的数组,需要在程序运行时才能决定。为解决此类程序通用性的问题,若定义一个"足够大"的定长数组,会浪费存储空间,此时可使用动态数组,方法如下:

```
Dim a( ) As Integer
n = InputBox("输入数组的上界")
ReDim a(1 To n)                 '用变量来表示数组下标的上界
```

但应注意,在用 Dim 语句定义定长数组时,要求数组下标的上、下界均为常量,不能是变量。因此,下列用法是错误的:

```
n = InputBox("输入数组的上界")
Dim a(1 To n) As Integer        '错误用法
'程序运行时将在 Dim 语句处显示"要求常数表达式"的出错信息
```

2. 数组下标越界错误

程序运行时若出现"下标越界"的出错信息,则是因为引用了不存在的数组元素,即下标超出了数组声明时的下标范围。例如:

```
Option Base 1
...
Dim a(4) As Integer
For i=0 to 4                     'a 数组无 a(0)元素,出现"下标越界"错误
  Print a(i)
Next i
...
```

另外,在 ReDim 语句里加上 Preserve 关键字时,若改变了数组的维数,也会出现"下标越界"错误信息。例如:

```
Dim a( ) As Integer
Redim a(1 to 25)
...
Redim Preserve a(3,5)
```

因此,在 ReDim 语句里使用 Preserve 关键字时,不能改变数组的维数,但可以改变多维数组中最后一维的上界。

3. 数组维数错误

数组声明时的维数与引用数组元素时的维数不一致。例如,下列程序为形成和显示一个 3×4 的矩阵。

```
Private Sub Form_Click()
    Dim a(3, 4) As Integer      '声明 a 数组为二维数组
    For i = 1 To 3
        For j = 1 To 4
            a(i) = i * j         '引用的 a 数组为一维,错误
```

```
            Print a(i); "";
         Next j
         Print
     Next i
 End Sub
```

程序运行到 a(i)＝i ＊ j 语句时出现"维数错误"的信息,因为在 Dim 声明时是二维数组,引用时是一个下标。在例题中,将 a(i)均改为 a(i, j)即可。

4. Aarry 函数的使用问题

Aarry 函数可方便地对数组进行整体赋值,但此时只能声明 Variant 的变量或仅由括号括起来的动态数组。赋值后,数组大小由赋值的个数决定。

```
Dim a( )                          '或 Dim a ,或不声明
a＝Array(1,2,3,4,5,6,7)
```

注意：在上面语句中,赋值号左边只能写数组名,不用加括号。另外,Aarry 函数只能用于一维数组,不能对二维或多维数组赋值。

5. UBound 和 LBound 函数使用举例

Array 函数可方便地对数组进行整体赋值,但在程序中如何获得数组的上界、下界,以保证访问的数组元素在合法的范围内,可通过 UBound 和 LBound 函数来实现。

例如,若要打印数组 a 的各个值,可通过下面的程序段实现：

```
For i＝LBound(a) To UBound(a)
  Print a(i)
Next i
```

对于多维数组,要获得指定维的上界或下界,只要增加一个参数即可,例如：

```
Dim a(3,5,4) As Integer          '声明了三维数组
i＝UBound(a)                      '获得第 1 维数组的上界,值为 3,默认为第 1 维
i1＝UBound(a,1)                   '获得第 1 维数组的上界,值为 3
j＝UBound(a,2)                    '获得第 2 维数组的上界,值为 5
k＝LBound(a,3)                    '获得第 3 维数组的下界,值为 0
```

6. Option Base n 语句的使用

Option Base n 语句应放在通用声明处,且在所有动态数组定义前,否则会出现"数组维数已定义"的错误信息。例如：

```
Dim a( )As Integer
Option Base 1                     '语句位置错
```

实验七　过　　程

一、实验目的

(1) 掌握自定义函数过程和 Sub 子过程的定义和调用方法。

(2) 掌握形参和实参的对应关系,理解按值传递和按地址传递的概念和传递方式的差异。

(3) 掌握变量作用域的概念,全局变量、窗体/模块级变量、局部变量的使用,静态变量的特点。

(4) 掌握递归的概念和递归过程的设计方法。

(5) 熟悉程序设计中的常用算法。

二、实验内容

(1) 输入 x,计算 $y=x^2+\text{sh}(x)$。要求编写一个通用函数过程,求双曲正弦函数的值:
$$\text{sh}(x)=(\text{EXP}(x)-\text{EXP}(-x))/2$$
程序界面自己设计。

(2) 窗体界面上有一个命令按钮和两个文本框,如实图 7-1 所示。在左边文本框中输入一个整数,则可以单击"成绩评定"按钮对该数进行判断。若该数大于等于 0 且小于 60,则在右边文本框中显示"不及格";若该数大于等于 60 且小于等于 100,则在右边文本框中显示"及格";否则,在右边文本框中显示"数据错误"。

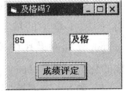

实图 7-1　程序运行界面

要求:定义一个函数过程 Passed 来判断给定的一个分数(百分制)是否为合格的成绩,在命令按钮的单击事件中调用 Passed 函数来判断成绩是否合格。

(3) 设 a 为一个正整数,如果能使 $a^2=\text{xxa}$ 成立,则称 a 为"守形数"。例如 $5^2=25,25^2=625$,则 5 和 25 都是守形数。编写一个通用函数过程 AutoMorphic,其形参为一整数,判断其是否为守形数。然后在命令按钮的单击事件过程中调用它,找出 $1\sim1000$ 之间的所有的守形数。程序界面如实图 7-2 所示。

提示:判断整数 a 是守形数,其满足的条件可用关系表达式 $\text{Val}(\text{Right}(\text{CStr}(a*a)),\text{Len}(\text{CStr}(a))))=a$ 判断。

(4) 若正整数 A 的所有因子(包括 1 但不包括自身,下同)之和为 B,而 B 的因子之和为 A,则称 A 和 $B(A\neq B)$ 为一对亲密数对。例如,220 的因子之和为 $1+2+4+5+10+11+20+22+44+55+110=284$,而 284 的因子之和为 $1+2+4+71+142=220$,因此,220 与 284 为一对亲密数对。求 3000 以内的所有亲密数对。程序运行结果如实图 7-3 所示。

要求:

① 编写一个自定义函数过程 FacSum (n As Integer),函数的返回值是给定正整数 n 的所有因子(包括 1 但不包括自身)之和。

实图 7-2　程序运行界面　　　　　　　　　实图 7-3　程序运行界面

② 在窗体的 Click 事件过程中调用已定义的函数 FacSum，寻找并在窗体上输出 3000 以内的所有亲密数对。在输出每对亲密数对时，要求小数在前，大数在后，并去掉重复的数对。

（5）用迭代法编制函数过程，求 $x = \sqrt{a}$（a 为正实数）。

求平方根的迭代公式是：

$$x_{n+1} = 1/2 * (x_n + a/x_n)$$

取 $x_0 = a/2$，精确到 $|x_{n+1} - x_n| < 1e-5$ 为止。a 值为 4、8、16，分别调用函数过程并显示结果。

提示：所编制函数过程开始语句可以定义为如下。

Function f(ByVal a As Single) As Single

其中，形参 a 代表要求其平方根的那个正实数。函数过程体中迭代算法程序的编制可参见"知识篇"的第 4 章中的填空题 10。

（6）在标准模块中编写一个求最大公约数的函数过程，然后在窗体模块中调用它以实现对分数的化简，程序界面如实图 7-4 所示。窗体中的两条横线是用 Line 控件画的直线。

（7）模仿"知识篇"的第 6 章中的例 6-10，将冒泡法排序书写为一个通用的自定义过程，然后在窗体的单击事件中随机产生 20 个四位正整数，并调用该排序过程将数据按从小到大排序。程序界面自己设计。

（8）编写一个自定义函数过程，对于已知正整数，判断该数是否是回文数。所谓回文数，是指顺读和倒读数字相同，即最高位与最低位相同，次高位与次低位相同，以此类推。当只有一位数时，也认为是回文数。程序运行界面如实图 7-5 所示。

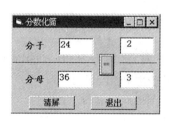

实图 7-4　程序运行界面　　　　　　　　　实图 7-5　程序运行界面

要求：

① 为保证输入的是数值，要对输入的数据进行判断。若为非法数据，则用 MsgBox 过程显示出错信息，重新输入。

② 在文本框中不断输入数据,每输入一个,按 Enter 键,则对其进行判断,并在图片框中显示。若为回文数,则在该数后显示一个"★"。

提示:判断回文数的实现算法有多种,其中一种可用循环逐次取出原数各位,并按反序拼接,形成反序数,再判断反序数和原来数是否相等。另外,也可利用 Mid 函数对输入的数(按字符串类型处理)从两边往中间逐位比较,若不相同,就不是回文数。

(9)用递归法编写程序计算 Legendre 多项式函数:

$$P_n(x)=\begin{cases}1 & n=0\\ x & n=1\\ [(2n-1)x\times P_{n-1}(x)-(n-1)\times P_{n-2}(x)]/n & n>1\end{cases}$$

(10)编写一个判断某自然数是否为素数的自定义函数过程,并利用它验证"哥德巴赫猜想":任何不小于 6 的偶数均可表示为两个素数之和。编程将 6～50 之间的偶数表示为两个素数之和的形式。程序界面如实图 7-6 所示。

提示:

① 对于给定的一个偶数,先确定一个小于它的素数,然后用这个偶数减去已确定的素数,再判断其差是否也是一个素数,若是,则找到了所要的两个素数;若不是,再重新确定一个小于该偶数的素数,重复以上步骤,直到找到两个素数为止。

② 假定一个偶数 even$=x+y$,判断 x 和 y 是否为素数,由一个自定义函数过程确定。

③ 在实图 7-6 中,文本框 Text1 用于显示结果。设置其 MultiLine 属性值为 True,设置其 ScrollBars 属性值为 2(加垂直滚动条)。在文本框中回车换行可用控制符 VbCrLf 实现。

(11)用随机函数生成 16 个三位正整数,分别赋给一个 4×4 方阵中的各元素,将此方阵在窗体上的图片框中显示出来,并求出该 4×4 方阵的主对角元素之和。程序界面如实图 7-7 所示。

实图 7-6 程序运行界面

实图 7-7 程序运行界面

要求:

① 定义一个函数过程 Trace,该函数的功能是计算并返回 4×4 方阵的主对角元素之和。因此,函数要用数组作为参数。

② 在命令按钮的单击事件中调用 Trace 函数完成程序要求的功能。

(12)随机产生 n 个 10～100 的整数,求其中的最大值、最小值、总和及平均值。

要求:

① 定义一个 Sub 子过程 Mmsa,该过程的功能是计算并返回一维数组的最大值、最小值、总和及平均值。因此,该子过程要用数组作为参数,另外还含有 4 个按地址传递的参数,其开始语句可以定义为:

Sub Mmsa(a() As Integer, max%, min%, sum&, ave%)

② 在窗体的单击事件中，随机产生 n 个 $10 \sim 100$ 的整数（n 从键盘输入），并调用 Mmsa 过程完成程序要求的功能。

（13）用递归法编写求 C_m^n 的函数过程。求 C_m^n 的递归公式如下：

$$C_m^n = \begin{cases} 1 & n=0 \\ m & n=1 \\ C_m^{m-n} & m<2n \\ C_{m-1}^{n-1}+C_{m-1}^n & m \geqslant 2n \end{cases}$$

（14）用定长矩形法求定积分 $\int_2^5 (x^3+2x^2+5x+6)\mathrm{d}x$ 的近似值，并与其精确值进行比较。界面及代码设计可参考"知识篇"的第 6 章中的例 6-21。

三、常见错误及难点分析

1. 程序设计及算法设计的问题

本章程序的编写难度增大，主要是有些题目算法的构思有困难，这也是程序设计中最难学习的阶段。但是对于每一位程序设计的初学者，没有捷径可走，一定要多看、多练、知难而进。在上机前一定要先编写好程序，仔细分析、检查，这样才能提高上机调试的效率。为此，大家可试着按"一读、二仿、三编、四练"的学习口诀，掌握正确的编程方法。"一读"就是在刚开始学习编程时，一定要仔细阅读别人编的程序，即教材中典型的例题，领会其编程思路；"二仿"就是模仿别人的程序试着编写功能较为简单的程序；"三编"就是在前两个阶段的基础上过渡到自己独立编写程序；"四练"就是多练。

2. 确定通用过程是用 Sub 子过程还是函数过程

一个通用过程是完成某一数据处理或某一特定任务的独立程序单位，是公用的，一次定义，可供其他过程多次调用。过程和主调过程之间通过参数的虚实结合进行数据的传递。

Sub 子过程与函数过程的区别是前者子过程名无值，后者函数过程名有值。若过程有一个返回值，则习惯使用函数过程；若过程无返回值，则使用 Sub 子过程；若过程返回多个值，一般使用 Sub 子过程，通过实参与形参的结合返回结果，当然也可以通过函数过程名返回一个，其余结果通过实参与形参的结合返回。

另外，过程与过程间的数据传递还可通过非局部变量（如全局变量）进行。

3. 在过程中确定形参的个数和传递方式

初学者在定义通用过程时较难确定形参的个数和传递方式。

过程中参数的作用是实现过程与主调过程的数据传递。一方面，主调过程为子过程或函数过程提供初值，这是通过实参传递给形参实现的；另一方面，子过程或函数过程将结果传递给主调过程，这是通过地址传递方式实现的。因此，决定形参的个数就是由上述两方面决定的。

初学者往往喜欢把过程体中用到的所有变量作为形参，这样就增加了主调过程的负担和出错概率；也有的初学者全部省略了形参，因此无法实现数据的传递，既不能从主调过程得到初值，也无法将计算结果传递给主调过程。

VB 中形参与实参的结合有传值和传地址两种方式，区别如下：

① 在定义形式上前者在形参前加 ByVal 关键字，后者在形参前加 ByRef 关键字或省略。

② 在作用上值传递只能从外界向过程传入初值,但不能将结果传出;而地址传递既可传入又可传出。

③ 如果实参是数组、自定义类型、对象变量等,形参只能是地址传递。

4. 变量的声明及作用域问题

① 在过程中,不能用 Public、Private 定义变量(或数组),只能用 Dim 或 Static 声明变量(或数组)。用 Dim 声明的变量,当对该过程调用时分配该变量的存储空间,当过程调用结束时收回分配的存储空间,也就是调用一次,初始化一次,变量值不保留。

② 在窗体通用声明处,可用 Public、Private 定义全局变量或窗体模块级变量,但不能用 Public 定义全局数组或定长字符串。

③ 对于窗体模块级变量,当窗体装入时,分配该变量的存储空间,直到该窗体从内存卸掉才收回该变量分配的存储空间。

④ 对于全局变量,当程序运行时分配该变量的存储空间,直到该程序结束才收回该变量分配的存储空间。由于全局变量在各个过程中均起作用,可以利用全局变量实现在不同过程中传递数据的目的。

⑤ 若想某变量在过程结束后仍保留其值,应声明为 Static 静态变量、全局变量或窗体级变量。

⑥ 在定义通用过程时,若在 Sub 或 Function 前加上 Static,则说明该过程的所有局部变量均是局部静态变量。例如运行下列程序,多次单击窗体,分析其结果。

```
Private Static Sub p(x As Integer)
    Dim i As Integer
    x = x + 1
    i = i + 1
    y = y + 1
    Print x, i, y
End Sub
Private Sub Form_Click()
    p 5
End Sub
```

这里,i(尽管又用 Dim 声明)和 y 均是局部静态变量。

5. 出现"当前范围内的重复声明"错误

程序运行产生"当前范围内的重复声明"的编译错误,原因主要有:

① 在同一过程中声明的两个变量同名。

② 过程中声明的某变量与该过程的某形参同名。

③ 过程中声明的某变量与该过程名同名。

在 VB 中,不同过程或函数中的变量可以同名,不同作用域的变量可以同名,但在同一过程或函数中的变量不能同名,且不能与形参同名,不能与所在的过程同名。

实验八　常用控件

一、实验目的

(1) 熟练掌握单选钮、复选框、框架和滚动条控件的常用属性、事件和方法。
(2) 熟练掌握列表框、组合框和时钟控件的常用属性、事件和方法。
(3) 学会根据题目要求合理使用常用控件来完成窗体界面设计。
(4) 了解 VB 中的鼠标事件、键盘事件及拖放。

二、实验内容

(1) 编写一个应用程序实现货币兑换,将输入的人民币金额按指定的要求兑换为美元、欧元或英镑。已知美元、欧元、英镑和人民币的兑换比分别为 1∶6.12、1∶8.31、1∶9.87。程序运行界面如实图 8-1 所示。

实图 8-1　程序运行界面

要求:单击某个单选钮,则在文本框中显示兑换额(结果保留两位小数),同时标签控件 Label2 的 Caption 属性发生相应的变化。

(2) 编写程序,计算职工的实发工资。计算工资的公式如下:

离、退休人员:　　　　　实发工资＝基本工资＋职称补贴
在职人员:　　　　　　　实发工资＝基本工资＋职称补贴－税收
税收标准:　　　　　　　(收入－2000)＊税率

税率与收入的关系如实表 8-1 所示。

实表 8-1　税率与收入的关系

收入 s(基本工资＋职称补贴)	税率	收入 s(基本工资＋职称补贴)	税率
$0 < s \leqslant 2000$	0	$4000 < s \leqslant 6000$	0.10
$2000 < s \leqslant 4000$	0.05	$s > 6000$	0.15

要求:程序界面如实图 8-2 所示。单击"计算"按钮,计算税收和实发工资并显示在相应的文本框中;单击"清除"按钮,清除所有文本框中的内容;单击"退出"按钮,结束程序的运行。

提示:在"计算"按钮的 Click 事件中,使用多分支条件语句或情况语句来判断收入的范围。

(3) 设计一个应用程序,界面如实图 8-3 所示。界面上包括所有数值运算符、字符运算符,请输入数据验证上述运算符的运算规则。

要求:对于单选钮控件必须用单选钮控件数组来设计。

提示:

① 在"除"、"整除"和"求余"的单击事件过程中需要判断除数是否为 0,并给出相应的提示信息。

② 在实图 8-3 中,单选钮控件"连接(&)"的 Caption 属性的设置方法是在需要显示"&"的地方输入"&&"。

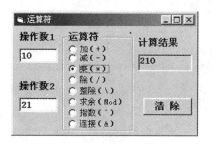

实图 8-2　程序运行界面　　　　　　　　实图 8-3　程序运行界面

（4）设计一个应用程序，界面设计如实图 8-4 所示。

要求：

① 在窗体上使用两个框架，"输入各科成绩"框架内有 4 个文本框供用户输入数据，"求和科目"框架内有 4 个复选框供用户选择参加求总分的课程。

② 当用户输入成绩并选择参加求总分的科目后，单击"总分"按钮，显示计算结果。

③ 在输入成绩时，要检查所输入的数据是否介于 0～100 之间，如果不是，则给出提示信息，并清除原数据。

实图 8-4　程序运行界面

提示：对于"输入各科成绩"和"求和科目"框架中的各控件可分别采用一个文本框控件数组和一个复选框控件数组来设计。

部分程序代码可编写如下：

```
For i=0 To 3
    If Check1(i).Value=1 Then
        sum=sum+Val(Text1(i).Text)
    End If
Next i
```

（5）交换左、右两个列表框中的项目，其中，左边列表框（LstLeft）中的项目按加入的先后顺序排列，右边列表框（LstRight）中的项目按字母的升序排列。当在 LstLeft 或 LstRight 中双击某个项目时，该项目从当前列表框中消失，并出现在另一个列表框中。界面如实图 8-5 所示。

提示：在窗体上建立两个列表框 LstLeft 和 LstRight，LstLeft 的 Sorted 属性取默认值，LstRight 的 Sorted 属性设置为 True、Style 属性设置为 1。

（6）使用组合框设计一个简单的文字编辑器，界面如实图 8-6 所示。在窗体上有两个组合框和一个文本框，当单击组合框中的某列表项时，文本框中文字的字体或字号做相应的变化。其中，字体组合框中的列表项有"宋体"、"楷体_GB2312"和"隶书"，字号组合框中的列表项有 16、20 和 24。

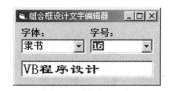

实图 8-5　程序运行界面　　　　　　　　实图 8-6　程序运行界面

提示：通过组合框中的选择来设置文本框中文字的字体或字号，需要使用组合框的 Text 属性或 List(Combo1.ListIndex) 来实现。

(7) 设计一个通讯录应用程序，设计界面如实图 8-7 所示。运行界面如实图 8-8 所示。在窗体上使用一个下拉式列表框，要求在下拉式列表框中选择姓名，在文本框中显示对应的电话号码。选中"单位"复选框，显示工作单位；选中"住址"复选框，显示家庭住址。对于"工作单位"和"家庭住址"，设计时的 Visible 属性为 False。

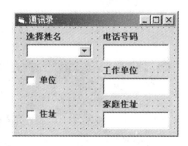

实图 8-7　程序运行界面

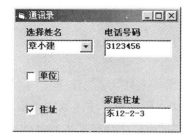

实图 8-8　程序运行界面

提示：可以使用 4 个变量数组分别保存通讯录中的详细信息，即 name1 数组、phone 数组、unit 数组和 address 数组。在组合框中选择姓名，然后在其他文本框中显示对应信息，需要用组合框的 ListIndex 属性作为对应数组的下标。例如，txtPhone.Text＝phone(Combo1.ListIndex)。

实图 8-9　程序运行界面

(8) 设计一个如实图 8-9 所示的应用程序，使用 3 个水平滚动条作为输入物体初速度、加速度和时间的工具，在单击"计算"按钮后，能显示出物体的降落高度和当前末速度值。

要求：初速度的取值范围在 0～20 之间，加速度的取值范围在 0～50 之间，运动时间的取值范围在 0～600 之间。

提示：求末速度的公式为 $v_0＋a*t$(v_0 指初速度，a 指加速度，t 指运动的时间)；求降落高度的公式为 $v_0*t＋\frac{1}{2}*a*t*t$(v_0、a、t 的含义同前)。

(9) 设计一个笑脸，使其在滚动条的控制下改变闪烁的速度。所谓闪烁，是指图形交替地显示和隐藏。这可以通过计时器的 Timer 事件过程改变图像框控件的 Visible 属性来达到目的，用滚动条调节闪烁速度，如实图 8-10 所示。

要求：在窗体上设计 6 个控件，包括一个图像框(Picture 属性为"vb\Graphics\Icons\Misc\face03.ico")，一个计时器，一个水平滚动条，3 个标签。其中，一个标签的 Caption 属性值为"请移动滑块来改变笑脸闪烁的速度"，该属性值在程序代码中设置。

提示：在对计时器进行设置时，因为 Interval 属性值将从滚动条的 Value 属性获取，时间间隔越大，对应的闪烁速度越慢，所以应把滚动条的 Max 属性值设为小于 Min 属性值。

(10) 设计如实图 8-11 所示的计数程序，设计时计时器的 Enabled 的值为 False。程序运行时，单击"开始计数"按钮，就开始计数，每隔 1 秒，文本框中的数加 1；单击"停止计数"按钮，则停止计数。

提示:需要定义一个窗体级变量或在时钟的 Timer 事件中定义一个静态变量来计数。

(11) 编写一个运行界面如实图 8-12 所示的倒计时程序。单击"选择倒计时秒数"中的单选钮,读入倒计时时间;单击"计时开始"按钮,开始倒数读秒,并以"mm:ss"格式显示在标签中,若时间到,则在标签中显示"时间到!"。

实图 8-10　程序运行界面

实图 8-11　程序运行界面

实图 8-12　程序运行界面

提示:时钟控件的 Timer 事件过程中的部分代码提示如下(其中,t 定义为窗体级变量,通过单选钮的单击事件获取倒计时的时间):

```
mm = t \ 60
tt = t Mod 60
Label1.Caption = Format(mm, "00") & ":" & Format(tt, "00")
t = t - 1
If Label1.Caption = "00:00" Then
    Label1.Caption = "时间到!"
    Timer1.Interval = 0
End If
```

(12) 设计一个如实图 8-13 所示的应用程序。其中,下拉式列表框中的选择项有北京、上海、东京、巴黎、伦敦和纽约。当单击列表框中的任一城市时,在标签中显示该城市的当前时间。已知东京与北京的时差为 1 小时(即"北京时间+1 小时=东京时间"),巴黎与北京的时差为 7 小时,伦敦与北京的时差为 8 小时,纽约与北京的时差为 13 小时。

实图 8-13　程序运行界面

提示:可以设计一个通用 Sub 子过程解决时差问题,分别用 Hour、Minute 和 Second 函数来获取小时、分钟和秒。

Sub 子过程的程序代码如下:

```
Private Sub clock(ByVal dt As Integer)
    Dim hr As Integer
    hr = Hour(Time) + dt
    If hr >= 24 Then hr = hr - 24
    Label1.Caption = hr & ":" & Minute(Time) & ":" & Second(Time)
End Sub
```

(13) 本程序的功能为模拟航天飞机发射的过程,程序的设计时界面和运行时界面分别如实图 8-14(a)和(b)所示。在窗体上有两个图片框,名称分别为 Pic1 和 Pic2,其中的图片分别是一个航天器和一朵云;还有一个计时器控件和一个"发射"按钮。

要求:设置计时器控件的属性,使其在初始状态下不计时;在运行时单击"发射"按钮,航天飞机每隔 0.1 秒向上移动一次,当到达 Pic2 的下方时停止移动。

提示:航天飞机在发射过程中的速度是要越来越快的,因此,向上移动的幅度也要发生变化。其部分参考代码如下:

```
Static a%
a = a + 1
If Pic1.Top > Pic2.Top + Pic2.Height Then
    Pic1.Move Pic1.Left, Pic1.Top - 5 - a
Else
    ...
End If
```

(a) 设计界面

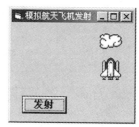
(b) 运行界面

实图 8-14　程序运行界面

（14）设计一个输入教职工信息的应用程序，如实图 8-15 所示（Form1）。其中，"民族"和"党派"是下拉式列表框；"职称"是简单组合框（列表框和组合框中的项目自己设计）；"外语熟练程度"的范围值介于 0～100 之间。当单击"确定"命令按钮后，在另一个窗体（Form2）上输出这些信息，如实图 8-16 所示。将 Form2 窗体上的图形化命令按钮 的 ToolTipText 属性值设置为"返回输入界面"，若单击该按钮，则返回到 Form1 窗体。

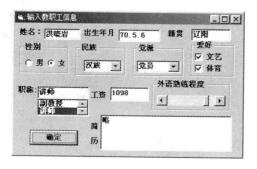
实图 8-15　程序运行界面

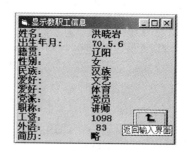
实图 8-16　程序运行界面

（15）设计一个追逐小游戏，如实图 8-17 所示。当把鼠标指针移动到命令按钮上时，命令按钮立即向上、向下、向左或向右跳。

提示：定义一个窗体级变量 direction 标记下一次跳的方向，使用命令按钮的 MouseMove 事件来实现该功能。

部分程序代码如下：

```
If direction=0 Then
    Command1.Top=Command1.Top+Command1.Height    '向下跳
    direction=1                                   '下次向上跳
ElseIf direction=1 Then
    Command1.Top=Command1.Top-Command1.Height     '向上跳
    direction=2                                   '下次向左跳
ElseIf direction=2 Then
    Command1.Left=Command1.Left-Command1.Width     '向左跳
```

```
                direction＝3                              '下次向右跳
       Else
                Command1.Left＝Command1.Left＋Command1.Width    '向右跳
                direction＝0                              '下次向下跳
       End If
```

（16）编写一个运行界面如实图 8-18 所示的简单购物程序,用户能从"日用品"列表框
（List1）和"水果"列表框（List2）中选择物品,然后拖动到"所购物品"列表框（List3）中。

实图 8-17　程序运行界面

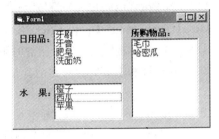

实图 8-18　程序运行界面

要求：用手动拖放的方式实现。

提示：

① 将列表框 List1 和 List2 的 DragMode 和 MultiSelect 属性均设置为 0。

② 当源对象被拖动时,源对象作为 Source 参数传入目标对象的 DragDrop 事件过程中,
通过 Source.Name 属性可以确定被拖动到的是哪个列表框。在目标列表框的 DragDrop 事件
过程中,将源列表框中选定的项目添加到目标列表框中,然后将源列表框中的相应项目删除。

List1 的 MouseDown 事件过程如下：

```
List1.Drag 1
```

List3 的 DragDrop 事件过程如下：

```
If Source.Name＝"List1" Then
     If List1.ListIndex＞－1 Then
          List3.AddItem List1.Text
          List1.RemoveItem List1.ListIndex
     End If
End If
```

三、常见错误及难点分析

1. 列表框的 Text 属性

当列表框的 MultiSelect 属性值为 1 或 2 时,用列表框的 Text 属性不能获得在列表框中
所选中的多个列表项,而仅得到在列表框中最后一次单击的列表项内容。如果需要得到所有
选中的列表项内容,需要使用 Selected 属性和 List 属性,详见"知识篇"中的例 8-2。

2. 计时器的 Timer 事件

当计时器的 Enabled 属性值为 False 或 Interval 属性值为 0 时,计时器的 Timer 事件过程
是无效的。在默认情况下,计时器的 Enabled 属性值是 True,但 Interval 属性值是 0。因此,
在程序设计中,要使计时器的 Timer 事件能够正常运行,必须确保 Enabled 属性值是 True,同
时对 Interval 属性进行时间间隔的设置。

3. 滚动条的 Change 事件和 Scroll 事件

滚动条的 Change 事件是当滚动条的 Value 属性值发生改变时触发的事件。在拖动滑块的过程中，虽然滑块的位置发生了变化，但 Value 属性值并没有变，因此在此过程中不会触发 Change 事件。只有当拖动滑块结束后，Value 属性值才会改变，同时相应地触发 Change 事件。

滚动条的 Scroll 事件是仅当拖动滑块时才触发的事件，而其他（如单击滚动条两端的箭头或单击滑块两端的空白处）操作均不能触发 Scroll 事件。

4. MouseDown、MouseUp 和 Click 事件发生的次序

当用户在窗体或控件上按下鼠标键时触发 MouseDown 事件，即 MouseDown 事件肯定发生在 MouseUp 事件和 Click 事件之前。但是，MouseUp 和 Click 事件发生的次序与单击的对象有关。

① 当用户单击标签、文本框或窗体时，其触发顺序为 MouseDown→MouseUp→Click。

② 当用户单击命令按钮时，其触发顺序为 MouseDown→Click→MouseUp。

③ 当用户双击标签或文本框时，其触发顺序为 MouseDown → MouseUp → Click → DblClick→MouseUp。

其中，①的测试参考代码如下所示，单击窗体，结果界面如实图 8-19 所示。②和③的测试代码与之类似。

```
Private Sub Form_MouseDown(Button As Integer, Shift As Integer, X As Single, Y As Single)
    Print "MouseDown"
End Sub
Private Sub Form_MouseUp(Button As Integer, Shift As Integer, X As Single, Y As Single)
    Print "MouseUp"
End Sub
Private Sub Form_Click()
    Print "Click"
End Sub
```

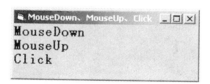

实图 8-19   程序运行界面

实验九 界面设计

一、实验目的

（1）根据题目需要，学会使用通用对话框进行界面设计及相应编程。

（2）掌握下拉式菜单和弹出式菜单的特点及设计方法。

（3）掌握工具栏、图像列表框和状态栏控件的创建及其对应程序代码的编写。

（4）综合应用所学的知识编写具有可视化界面的应用程序。

二、实验内容

（1）设计一个如实图 9-1 所示的应用程序。当单击"设置文本框背景颜色"或"设置文本框前景颜色"按钮时弹出"颜色"对话框，为文本框选择一个背景或前景颜色；当单击"编辑文本文件"按钮时弹出"打开"对话框，选定一个文本文件，单击"确定"按钮调用 Windows 记事本程序编辑该文本文件。

提示：当通用对话框的 Action 属性值为 3（"颜色"对话框）时，使用其 Color 属性设置文本框的前景和背景颜色；当 Action 属性值为 1（"打开"对话框）时，使用其 FileName 属性获得需要打开的文本文件名，然后用 Shell 函数打开记事本编辑该文件。

部分程序代码如下：

实图 9-1 程序运行界面

```
'设置文本框的背景颜色
CommonDialog1. Action＝3
Text1. BackColor＝CommonDialog1. Color
    …
'编辑文本文件
CommonDialog1. Action＝1
pathname＝"c:\windows\notepad. exe"＋" "＋CommonDialog1. FileName
retrval＝Shell(pathname, 1)
```

（2）在窗体上放置通用对话框、命令按钮和图片框。通过单击命令按钮弹出"打开"对话框，在该对话框中只允许显示图形文件。当选定一个图形文件后，单击"打开"按钮，在图片框中显示所选择文件中的图片内容。程序界面自己设计。

提示：

① 通过 CommonDialog1. Filter 属性设置只显示图形文件。如果在程序中设置该属性，则必须将设置语句放在 ShowOpen 方法之前。

② 使用 LoadPicture 函数将所选择图形文件装入图片框中。

（3）设计一个菜单应用程序，使之能对文本框的颜色、字体和文字大小进行设置，菜单项属性设置如实表 9-1 所示。程序运行界面如实图 9-2 所示。

实表 9-1　菜单项属性

菜 单 项	名 称	快 捷 键
颜色(&C)	mnuColor	
....前景色	mnuForecolor	Ctrl+F
....背景色	mnuBackcolor	Ctrl+B
....退出	mnuEnd	Ctrl+E
字体(&F)	mnuFont	
....宋体	mnuSong	Ctrl+S
....楷体	mnuKai	Ctrl+K
....黑体	mnuHei	Ctrl+H
大小(&B)	mnuBigsmall	
....12	mnuTwelve	
....16	mnuSixteen	
....20	mnuTwenty	

提示：如果要改变文本框的背景色和前景色,可以在"颜色"菜单中选择相应的菜单项；如果要改变文本框中文本的字体,可以在"字体"菜单中选择相应的菜单项；如果要改变文本框中文本字体的大小,可以在"大小"菜单中选择相应的菜单项。对于"颜色"的设置,使用通用对话框来实现(即单击前景色或背景色菜单项,弹出"颜色"对话框)。

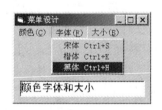

实图 9-2　程序运行界面

(4) 对第(3)题中的"字体"菜单创建弹出式菜单。

提示：使用 PopUpMenu 方法。

(5) 分别用手工创建工具栏和用 ToolBar 控件创建工具栏的方法对本实验第(3)题中的各菜单项设计工具栏,并编写相应的代码,使之功能与菜单对应。

(6) 在第(5)题的基础上,再在窗体下方加入有两个窗格的状态栏。程序运行时,当在文本框中按下 Shift、Ctrl 和 Alt 键时,则在状态栏的第 1 个窗格中显示相应的键名；第 2 个窗格显示时钟。

提示：

① 将状态栏的第一个窗格和第二个窗格的 Style 属性分别设为 sbrText、sbrTime。

② 使用文本框的 KeyDown 事件判断对键盘的操作。KeyDown 事件提供 KeyCode 和 Shift 两个参数,KeyCode 参数为所按键的代码,Shift 参数是响应 Shift 键、Ctrl 键和 Alt 键状态的一个整数,分别对应 1、2 和 4。

Text1 的 MouseDown 事件过程如下：

```
Private Sub Text1_KeyDown(KeyCode As Integer, Shift As Integer)
    Select Case Shift
        Case 1
            StatusBar1.Panels(1).Text="按了 Shift 键"
        ...
    End Select
End Sub
```

（7）菜单、工具栏和状态栏综合实验。设计窗体上的菜单、工具栏和状态栏，要求如下：

① 设计如实图 9-3 所示的菜单。

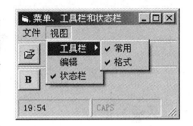

② 设计两个工具栏，为简化设计，每个工具栏上仅使用一个按钮，分别为"常用"工具栏和"格式"工具栏，它们分别对应实图 9-3 所示的"视图"菜单的"工具栏"子菜单中的"常用"和"格式"选项。在窗体下方加入一个状态栏，状态栏内有两个窗格，状态栏与"视图"菜单中的"状态栏"选项对应。

实图 9-3　程序运行界面

③ 当程序启动时，两个工具栏均处于隐藏状态，窗体上仅显示菜单与状态栏。

④ 当单击"视图"菜单的"工具栏"子菜单中的"常用"或"格式"选项时，根据"√"出现与否，决定是否显示工具栏。

⑤ 当单击"视图"菜单中的"状态栏"选项时，根据"√"出现与否，决定是否显示状态栏。

三、常见错误及难点分析

1. 通用对话框的属性设置没有效果

在程序中，通用对话框的属性设置语句必须放在打开对话框语句之前，否则本次打开对话框时该属性设置语句将不起任何作用，但是这些属性设置在下一次打开对话框时会起作用。

2. 菜单的 Caption 属性和 Name 属性

菜单的 Caption 属性相当于一般控件的 Caption 属性，是菜单的标题信息。菜单的 Name 属性是菜单项的名称，用于在代码中唯一区分各菜单项，因此在菜单设计中，其 Name 属性值不可以重复出现，也不可以为空。

实验十 文   件

一、实验目的

(1) 熟练掌握驱动器列表框、目录列表框和文件列表框的常用属性、事件和方法。

(2) 熟练掌握顺序文件、随机文件和二进制文件的特点和区别。

(3) 熟练掌握不同类型文件的打开、关闭和与读/写操作有关的命令及函数的使用方法。

(4) 学会利用文件建立简单的应用程序。

二、实验内容

(1) 使用文件系统控件制作简单的文本浏览器,界面如实图 10-1 所示。当单击文件列表框中的文件名时,将对应的文件内容显示在左边的文本框中。

提示:在窗体上设计一个驱动器列表框、一个目录列表框、一个文件列表框和一个文本框。其中,文件列表框的 Pattern 属性值设为"*.txt",单击某一文本文件,使用顺序文件的读语句将该文件读出,并在文本框中显示。

(2) 随机产生 20 个 30~70 之间的正整数,并将它们写入 data.txt 文本文件中。

提示:顺序文件的写入可以用 Print ♯语句和 Write ♯语句来实现,不妨用 Print ♯语句将正整数写入到 data1.txt 文件中,用 Write ♯语句写入到 data2.txt 文件中,然后通过记事本应用程序观察执行结果,并比较两种语句的不同之处。设计界面如实图 10-2 所示。

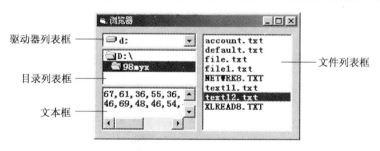
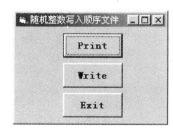

实图 10-1　程序运行界面　　　　　　　　　实图 10-2　程序运行界面

(3) 创建一个用顺序文件对学生成绩进行读/写操作的应用程序。对于"写操作",可运用 InputBox 函数从键盘上输入学生姓名和学生成绩,然后写入文件 grade.txt(当学生姓名输入"♯♯"时,结束写入操作);对于"读操作",则将文件 grade.txt 读出,并显示在窗体上。运行界面如实图 10-3 所示。

(4) Print 方法与 Print ♯语句的比较。在窗体上显示如实图 10-4 所示的图形,并将该图形写到文本文件 D:\TuXing.txt 中,可通过文本编辑器查看所建立文件的内容。

实图 10-3　程序运行界面

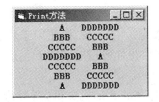

实图 10-4　程序运行界面

（5）设计如实图 10-5 所示界面的程序。窗体上有一个列表框、一个命令按钮和两个标签，其中，将列表框的 MultiSelect 属性设为 1（即允许多选）。程序运行后，单击"保存"按钮，则将列表框中所选列表项的数量显示在标签 Label2 中，同时用 MsgBox 弹出如实图 10-6 所示的提示框。在提示框中如果单击"是"按钮，则把选中的列表项保存到文件 d:\list.txt 中；如果单击"否"按钮，则结束程序的运行。

实图 10-5　程序运行界面

实图 10-6　程序运行界面

（6）设计一个应用程序，求二维数组 $A(1 \text{ to } 3, 1 \text{ to } 3)$ 的转置（所谓转置，就是把矩阵 $A_{m \times n}$ 的行与列交换得到的 $B_{n \times m}$ 矩阵称为 A 矩阵的转置矩阵），界面如实图 10-7 所示。单击"写文件"按钮，则将 1、2、3、4、5、6、7、8、9 写入文件 array.txt；单击"读文件"按钮，则将文件 array.txt 中的数据读入二维数组 A 中，并在左边的图片框中以二维格式显示出来；如果单击"求转置"按钮，则求数组 A 的转置，并将转置后的二维数组显示在右边的图片框中。

提示：

① 本题需要定义一个窗体级的二维数组 a(1 to 3, 1 to 3)。

② 求二维数组转置的代码如下：

```
For i = 1 To 3
    For j = 1 To 3
        b(i, j) = a(j, i)
    Next j
Next i
```

（7）设计一个应用程序，用于输入一个班 10 个学生的成绩，数据按随机文件存取方式存放，界面如实图 10-8 所示。其中，"记录号"和"总分"自动显示。

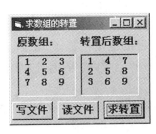

实图 10-7　程序运行界面

实图 10-8　程序运行界面

要求：窗体上有 4 个命令按钮,其中,"追加记录"按钮用于将学生信息作为一条记录添加到随机文件末尾;"上一条"按钮用于显示当前指针所指记录的上一条记录的信息;"下一条"按钮用于显示当前指针所指记录的下一条记录的信息;如果单击"返回"按钮,则结束程序的运行。

提示：

① 本题建立的是随机文件,所以应先在标准模块中自定义记录类型,用于定义学生的详细信息,即：

```
Public Type stud                         '自定义 stud 类型
    iNo As Integer                       '学号
    strName As String * 20               '姓名
    strClass As String * 10              '班级
    sMark(1 To 4) As Single              '4 门课的成绩
    sTotal As Single                     '总分
End Type
```

② 模仿"知识篇"中的例 10-9 编写相应的程序代码,部分代码如下：

```
'定义窗体级变量
Dim student As stud
Dim Record_No As Integer
'"追加记录"命令按钮的 Click 事件过程
Private Sub cmdAppend_Click()
    student.strName＝txtName.Text
    student.strClass＝txtClass.Text
    student.sMark(1)＝Val(txtMath.Text)
    student.sMark(2)＝Val(txtChinese.Text)
    student.sMark(3)＝Val(txtEnglish.Text)
    student.sMark(4)＝Val(txtPhysical.Text)
    student.sTotal＝student.sMark(1)＋student.sMark(2)＋student.sMark(3)＋student.sMark(4)
    txtName＝"": txtGrade＝"": txtMath＝"": txtChinese＝""
    txtEnglish＝"": txtPhysical＝"": lblNo＝"": lblTotal＝""
    Open "stud.dat" For Random As ＃1 Len＝Len(student)
    Record_No＝LOF(1) / Len(student)＋1
    student.iNo＝Record_No
    Put ＃1, Record_No, student
    Close ＃1
End Sub
```

(8) 对第(7)题所建文件中的数据进行统计处理,求出每位学生的平均成绩、全班各门课程的平均成绩。界面自己设计。

(9) 尝试使用随机文件建立通讯录,通讯录内容包括姓名、电话和邮政编码,窗体界面如实图 10-9 所示。其中,"读写记录号"文本框用来输入要进行操作的记录号;如果单击"写入"按钮,则将输入的信息写入由"读写记录号"指定的记录位置,即替换所指定的记录,若"读写记录号"省略或超过文件总记录数,则将输入的信息追加到文件末尾;单击"读出"按钮,将"读写记录号"指定的记录内容显示出来,若输入的"读写记录号"超过文件总记录数,则用 MsgBox 过程显示"记录号超出范围!"提示信息;单击"删除"按钮,删除当前指针所指的记录内容;单击"退出"按钮,则结束程序的运行。

实图 10-9　程序运行界面

提示：本题设计方法可参考第(7)题和"知识篇"中的例 10-9。

三、常见错误及难点分析

1. Open 语句中的文件名

Open 语句中的文件名可以是字符串常量,也可以是字符串变量。如果文件名是字符串常量,则要在文件名的两端加双引号;如果文件名是字符串变量,则不能在文件名的两端加双引号,直接用变量名表示即可,否则会导致文件打开失败,并显示出错信息。

2. Open 语句与 Close 语句

一般情况下,Open 语句与 Close 语句要成对出现。但是,如果打开一个文件进行读操作(Input)后没有立即使用 Close 语句进行关闭,又出现 Open 语句打开该文件进行读操作(必须使用不同的文件号),这种情况是可以的,不会出现错误。相反,如果打开一个文件进行写操作(Output),写完后没有立即使用 Close 语句进行关闭,紧接着又用 Open 语句打开该文件进行写或读操作(不管所使用的文件号与上面是否相同),则系统会显示"文件已打开"的出错信息。

3. Input(读操作)函数的使用问题

当使用 Input(LOF(文件号),♯文件号)函数一次读入顺序文件中的所有数据时,如果顺序文件中有汉字,则会遇到"输入超出文件尾"的错误。其原因主要是:LOF(文件号)函数获得文件内容的字节数(西文是单字节,汉字是双字节);而 Input(字符数,♯文件号)函数读的是文件中由"字符数"决定的一串字符,在 VB 中,一个西文字符和一个汉字均为一个字符。因此,如果文件内容中含有汉字,在使用 Input(LOF(文件号),♯文件号)函数时会产生"输入超出文件尾"的错误信息。

为防止此类错误,一般使用 Line Input 语句逐行读入,这样最安全。

4. 随机文件的记录长度

在随机文件中,一般用 Type 语句自定义记录类型,并且随机文件是以记录为单位进行存取的,因此每条记录的长度必须是固定的,这就要求用 Type 语句定义记录类型时,如果记录中的某个成员是 String 类型,则必须定义为定长字符串类型,否则会影响文件的存取。

5. 读随机文件的所有记录

一般来说,随机文件是按记录号读取的,当需要读出全部记录时,也可以使用类似于读顺序文件的方式,采用循环结构加无记录号的 Get 语句即可。实现该功能的程序段如下:

```
Do While Not EOF(1)
    Get ♯1, , 记录变量
Loop
```

当对随机文件进行读或写操作时,如果不写记录号,对于读操作则表示读出当前记录后的一条记录,对于写操作则表示在当前记录后的位置插入一条记录。

实验十一 图形操作与多媒体应用

一、实验目的

(1) 了解 VB 的图形功能。
(2) 掌握 VB 的图形控件和绘图方法。
(3) 掌握建立容器坐标系的方法。
(4) 掌握常用几何图形的绘制方法。
(5) 了解动画的制作原理和简单动画的设计方法。
(6) 掌握常用多媒体控件的使用方法。

二、实验内容

(1) 在窗体 Form1 上建立一个坐标系，X 轴的正向向右，Y 轴的正向向上，原点在窗体中央。在坐标系上用 Pset 方法绘制 $y = 2\cos(2\pi x/3)$ 余弦曲线，如实图 11-1 所示。

(2) 创建一个窗体，在窗体上的图片框中绘制动态点阵，如实图 11-2 所示。

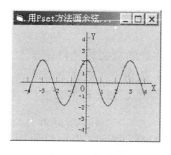

实图 11-1 余弦曲线

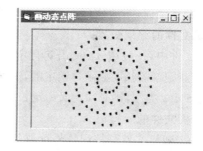

实图 11-2 动态点阵

提示：在窗体上设计一个图片框 PicShow 和一个时钟控件 Tmr，设置 Tmr 控件的 Interval 属性值为 100。

程序代码如下：

```
Dim IndexX As Integer, IndexY As Integer, R As Integer
Private Sub Form_Load()
    PicShow.AutoRedraw=True
    PicShow.DrawWidth=4
    IndexX=PicShow.Width/2
    IndexY=PicShow.Height/2
    R=1000
End Sub
Private Sub Tmr_Timer()
    Static I As Single
    PicShow.Cls
```

```
    I=I+0.2
    For J=1 To 32
      PicShow.Pset (IndexX+Cos((I+J) * 3.14/16) * R, _
          IndexY+Sin((I+J) * 3.14/16) * R), QBColor(0)
    Next J
    For J=1 To 16
      PicShow.Pset (IndexX+Cos((I+J) * 3.14/8) * R/2, _
          IndexY+Sin((I+J) * 3.14/8) * R/2), QBColor(0)
    Next J
    For J=1 To 32
      PicShow.Pset (IndexX+Cos((I+J) * 3.14/16) * R * 3/4, _
          IndexY+Sin((I+J) * 3.14/16) * R * 3/4), QBColor(0)
    Next J
    For J=1 To 16
      PicShow.Pset (IndexX+Cos((I+J) * 3.14/8) * R/4, _
          IndexY+Sin((I+J) * 3.14/8) * R/4), QBColor(0)
    Next J
End Sub
```

（3）用 Line 方法在窗体上绘制函数 $y=x^2$ 的曲线（$-10\leqslant x\leqslant 10$），如实图 11-3 所示。

提示：可将曲线看成由很短的折线组成的，每个折线可用直线绘制。在绘制前，可先用 Scale 方法定义坐标系，横坐标的范围为 $-20\sim20$，纵坐标的范围为 $-10\sim110$。

（4）用 Line 方法在窗体上绘制一个三棱锥，如实图 11-4 所示。

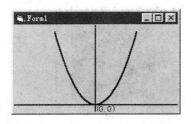

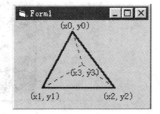

实图 11-3　程序运行界面　　　　　　　　实图 11-4　程序运行界面

（5）用循环语句编写一个程序，在屏幕上同时显示不同的形状和填充图案，如实图 11-5 所示。

提示：可设计一个 Shape 控件数组。

（6）用 Circle 方法绘制如实图 11-6 所示的图形。

程序代码如下：

```
Private Sub Form_Click()
    Scale (-15,14)-(15,-14)                '定义坐标系
    Circle (0,0),10                         '画圆
    Circle (0,0),10, , , ,2.5               '画垂直方向的椭圆
    FillStyle=7                             '网格线
    Circle (0,0),10,RGB(255,0,0), , ,0.4    '画水平方向的椭圆,红色边框
End Sub
```

（7）窗体上有一个图像框、一个垂直滚动条、一个命令按钮，它们的 Name 属性均采用默认值。设计界面如实图 11-7(a)所示。

实图 11-5　程序运行界面　　　　　　　实图 11-6　程序运行界面

要求：

① 当程序运行时，在 Form_Load 事件中，图像框装入图片 pic1.jpg，但此时命令按钮完全遮住图像框，如实图 11-7(b)所示。

② 在不改动 Image1 的 Height 和 Width 属性的情况下，当拖动垂直滚动条中的滑块时，图片会随着滚动条的滚动进度逐渐显示出来，效果如实图 11-7（c）和实图 11-7(d)所示。

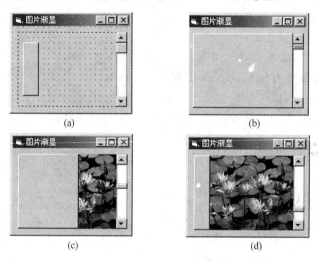

实图 11-7　程序运行界面

提示：

① 为了让装入的图片能自动缩放以适应图像框的大小，需要将图像框的 Stretch 属性设置为 True。

② 在加载窗体时，通过 LoadPicture 函数在图像框中装入图片。此时，为了使命令按钮完全遮住图像框，可以设置命令按钮的 Width、Height、Top 及 Left 属性与图像框的相应属性一致。另外，要将垂直滚动条的 Max 属性值设置为与图像框的 Width 属性值一致。

③ 当改变滚动条滑块时，只要将命令按钮的 Width 属性减小，即可使图像框中的图片逐渐显露。

注意：在程序运行阶段不要改变图像框的大小，如果有改变，一定要将垂直滚动条的 Max 属性值设置为与图像框的 Width 属性值一致。

程序代码如下：

```
Private Sub Form_Load()
    Image1.Picture = LoadPicture("D:\pic1.jpg")
    Command1.Width = Image1.Width
```

```
        Command1. Height = Image1. Height
        Command1. Top = Image1. Top
        Command1. Left = Image1. Left
        VScroll1. Max = Image1. Width
End Sub
Private Sub VScroll1_Change()
        Command1. Width = Image1. Width - VScroll1. Value
End Sub
```

(8) 用 MCI 控件设计一个 AVI 文件视频播放器,窗体界面设计如实图 11-8 所示。

程序运行后,单击"打开文件"按钮,可在弹出的对话框中选择要播放的 AVI 文件(这里选择了 c:\windows\clock.avi),然后单击 MCI 控件的播放按钮,则会自动打开如实图 11-9 所示的播放窗口。

实图 11-8　窗体界面设计

实图 11-9　播放 AVI 视频文件窗口

提示:窗体放置了一个 MCI 控件、一个通用对话框控件和一个命令按钮。

"打开文件"命令按钮的 Click 事件过程中的部分代码如下:

```
With MMControl1
    . Command= "close"
    . Notify= False
    . Wait= True
    . Shareable= False
    . UpdateInterval= 1000
    . DeviceType= "AVIvideo"
    . FileName= CommonDialog1. FileName
    . Command= "open"
End With
```

三、常见错误及难点分析

1. 坐标系的设置

在 VB 中,构成一个坐标系需要坐标原点、坐标轴、坐标轴的长度与方向。坐标单位由容器对象的 ScaleMode 属性决定。默认的坐标原点(0,0)为对象的左上角,横向向右为 X 轴正方向,纵向向下为 Y 轴正方向。

2. 在 Fom_Load 事件内无法绘制图形

用绘图方法在窗体上绘制图形时,如果将绘制过程放在 Fom_Load 事件内,由于窗体装入内存有一个时间过程,在该时间段内同步地执行了绘图命令,因此所绘制的图形无法在窗体上显示。如果要解决这个问题，可采用以下两种方法。

方法 1：将绘图程序代码放在其他事件内。通常，在 Paint 事件中完成绘图，当对象在显示、位移、改变大小和使用 Refresh 方法时都会发生 Paint 事件。

方法 2：如果将绘制过程放在 Form_Load 中，可将窗体的 AutoRedraw 属性设置为 True，则窗体上任何以图形方式显示的图形对象都将在内存中建立一个备份。当窗体的 Fom_Load 事件完成后，窗体将产生重画过程，从备份中调出图形。在将 AutoRedraw 属性设置为 True 时，Paint 事件不起作用。

3. 如何清除已绘制的线条

当 Line 控件在窗体上移动时，原位置不会留下图形痕迹。如果用 Line 方法代替 Line 控件，则每次在新位置上画直线前需要清除原来位置上的线条。在这种情况下，可用背景重画一次达到清除目的。

4. 保存窗体、图片框、图像框中的图形文件

在用 VB 编制绘图程序时，有时需要将窗体或图片框上的绘图结果形成一个定制的图形文件保存起来，以便以后浏览或修改。这一功能可以用 VB 本身自带的 SavePicture 语句来完成。SavePicture 语句将窗体、图像框或图片框中的图形图像保存到磁盘上的一个文件中，这些图像可以是使用绘图方法 Line、Circle、PSet 设计出来的，也可以是通过设置窗体或图片框的图片属性（或者通过 PaintPicture 方法或 LoadPicture 函数）载入的图像。这些载入的图像可以是 .bmp、.ico 或 .wmf 图形文件。

注意：

① 在使用 SavePicture 语句之前，必须先将窗体或图片框的 AutoRedraw 属性设为 True，否则保留的将是一张空图。

② 在程序设计时，对于使用窗体或图片框的 Picture 属性载入或通过 LoadPicture 函数载入的图像，使用 SavePicture 语句保存时，存储的文件格式同其载入前的文件格式一样。如果要保存用绘图方法 Line、Circle、PSet 或 Print 画出来的图形，则在 SavePicture 语句中需使用 Image 属性，这种情况下的图形总是以 .bmp 文件格式保存。

例如，创建一个窗体，在其中设计一个图片框控件 Picture1，将 Picture1 的 AutoRedraw 属性设置为 True。在 Form_Load() 事件中，加入以下程序代码：

```
Private Sub Form_Load()
    Dim CX As Integer
    Dim CY As Integer
    Dim Limit As Integer
    Dim Radius As Integer
    CX=1000
    CY=1000
    Limit=1000
    For Radius=0 To Limit
        Picture1.Circle (CX,CY), Radius, RGB(Rnd * 255, Rnd * 255, Rnd * 255)
    Next Radius
    SavePicture Picture1.Image, "D:\custom.bmp"
End Sub
```

执行上述程序就会把图片框 Picture1 中的图像保存到 D 盘根目录下的 custom.bmp 图像文件中。

5. 使用绘图方法绘制图形有时会出现与预想的效果不同的情况

使用绘图方法绘制图形,有时出现的结果与预想的效果不同。例如,执行以下程序代码:

```
Private Sub Command1_Click()
    Scale (-1000,1000)-(1000,-1000)
    Line (-1000,0)-(1000,0)
    Line (0,1000)-(0,-1000)
    Line (100,100)-(500,500),,B
    Circle (300,-300),200
End Sub
```

该程序的功能应该是在坐标系的第一象限内绘制一个正方形,在第四象限内绘制一个圆形。但程序运行后的结果却是在第一象限内绘制的是矩形,在第四象限内绘制的圆形超出了象限的范围,如实图 11-10 所示。

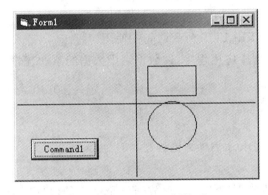

实图 11-10　程序运行界面

造成图形失真的原因与坐标系有关。在 VB 坐标系中,每个坐标轴都有自己的刻度测量单位。当使用[对象.]Scale (xLeft,yTop)-(xRight,yBottom)定义了坐标系后,对象在 X 方向的坐标被 xRight-xLeft 等分,Y 方向的坐标被 yBottom-yTop 等分,并将 ScaleMode 属性值设为 0。

如果绘制的图形对象的位置采用数对(x,y)的形式定位,则 x 与 y 的值按各自坐标轴上的等分单位测量。例如,虽然 Scale (-1000,1000)-(1000,-1000)将窗体坐标系定义为正方形区域,X 轴与 Y 轴的等分数相同。但每个单位的实际大小可能不同(与窗体实际长度和宽度有关),在屏幕上显示时将根据显示器的大小及分辨率的变化而变化(除非采用像素为单位)。为了能得到正确的结果,在设计时应考虑图形载体有效的长宽比。

当用 Circle 方法绘制图形时,圆心(x,y)按各自的坐标轴的等分单位定位,而所绘图形估计的 y 值按 X 轴的单位推算。当窗体的宽度大于窗体的高度时,绘图时用 X 轴上的单位在 Y 轴上定位就造成了上述程序的运行结果。正确的设计方法是拖放窗体大小时,将有效区域的长宽比(默认坐标系下 ScaleHeight 与 ScaleWidth 的比)设置为 1。

实验十二 数据库访问技术

一、实验目的

（1）理解数据库的结构和数据表的结构，并掌握在 VB 环境中建立 Access 数据库和在数据库中添加数据表的方法。

（2）掌握 Data 数据控件和 ADO 数据控件的使用。

（3）掌握数据绑定控件的使用。

（4）掌握 SQL 语言中 SELECT 命令语句的使用。

（5）能编制简单的数据库应用程序，如数据表中数据的添加、删除、修改，以及查询和生成报表等。

二、实验内容

（1）编制一个简单的通讯录信息浏览程序。

要求：

① 使用可视化数据管理器建立一个存放通讯录信息的数据库 tx. mdb，其中包含一个表名为 classmate 的数据表，表结构如实表 12-1 所示。

实表 12-1　通讯录（classmate）表结构

字段名称	类　型	字段长度	字段名称	类　型	字段长度
编号	Text	4	家庭住址	Text	20
姓名	Text	10	电话	Text	20
出生日期	Date	8	Email 地址	Text	20

② 在上述表中添加如实表 12-2 所示的记录数据。

实表 12-2　通讯录（classmate）表中的记录数据

编号	姓名	出生日期	家庭住址	电话	Email 地址
0001	陈小兵	89/5/6	北京中关村 45 号	010-68686868	chenxb@126.com
0002	马洪庆	89/6/5	南京市广州路 81 号	025-86543298	hqma@163.com
0003	李丽	90/5/12	上海市南京路 10 号	021-77668899	Lili@sina.com
0004	童飞飞	91/8/19	济南市青浦路 11 号	0531-1234543	feiftong@sohu.com
0005	张秉林	90/5/4	常州市淮海路 6 号	0519-8989989	binglinz@126.com
0006	翟林生	89/3/20	无锡市中山路 18 号	0510-5656677	zhails@sina.com

③ 仿照"知识篇"中的例 12-1～例 12-3，使用 Data 数据控件和绑定控件浏览数据库 tx. mdb 中的数据。窗体界面自己设计。

（2）使用可视化数据管理器建立一个教师信息数据库 teacher.mdb，其中包含两个数据表，即教师基本情况（js）表和教师任课情况（rk）表。这两个数据表的表结构如实表 12-3 和实表 12-4 所示。

实表 12-3　教师基本情况（js）表结构（建立"工号"索引 gh）

字段名称	类　型	字段长度	字段名称	类　型	字段长度
工号	Text	6	系名	Text	20
姓名	Text	10	职称	Text	20
性别	Text	2	工资	Single	4

实表 12-4　教师任课情况（rk）表结构

字段名称	类　型	字段长度	字段名称	类　型	字段长度
工号	Text	6	课程名称	Text	20
学期	Text	20	学时数	Integer	2

（3）设计一个简单的教师任课信息管理系统，该系统包含 4 个窗体，即主窗体、"教师基本情况浏览与编辑"窗体、"教师任课情况浏览与编辑"窗体和"教师任课情况一览"窗体，如实图 12-1～实图 12-4 所示。

实图 12-1　系统主窗体界面

实图 12-2　"教师基本情况浏览与编辑"窗体界面

实图 12-3　"教师任课情况浏览与编辑"窗体界面

各窗体的功能要求如下：

① 主窗体是系统启动窗体，具有 3 个菜单标题，通过其 Click 事件使用 Show 方法打开相应的其他窗体。

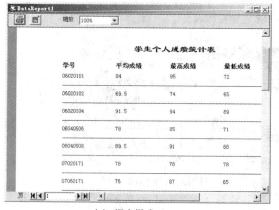

实图 12-4　"教师任课情况一览"窗体界面

② 对于"教师基本情况浏览与编辑"窗体，仿照"知识篇"中的例 12-3 和例 12-4，使用 Data 数据控件和绑定控件，完成对数据库 teacher.mdb 的教师基本情况（js）表中数据的浏览和编辑。

③ 对于"教师任课情况浏览与编辑"窗体，仿照"知识篇"中的例 12-8，使用 ADO 数据控件和 DataGrid 网格绑定控件，完成对数据库 teacher.mdb 的教师任课情况（rk）表中数据的浏览和编辑。

④ "教师任课情况一览"窗体显示某一教师各学期的任课情况，可仿照"知识篇"中的例 12-10 和例 12-11，使用数据窗体向导，选择"主表/细表"形式，产生一个数据访问窗体，能同时显示教师信息数据库 teacher.mdb 的教师基本情况（js）表和教师任课情况（rk）表中的数据。

（4）使用数据报表生成器，打印第 12 章中例 12-9 产生的数据，样式参见实图 12-5（a），窗体设计如实图 12-5（b）所示。

(a) 报表样式　　　　　　　　　　　　　　　　　(b) 窗体界面

实图 12-5　程序运行界面

提示：

① 本实验可参照"知识篇"中的例 12-12 的步骤完成报表的建立，只要在 Command1 对象属性设置中，将其数据源设置为下面的 SQL 语句即可：

SELECT 学号，avg(成绩) As 平均成绩，max(成绩) As 最高成绩，min(成绩) As 最低成绩 FROM cj GROUP BY 学号

② 在报表的细节区用 RptLine 控件添加表格线。

③ 在窗体上提供菜单，通过其 Click 事件，仿照"知识篇"中的例 12-12 的代码完成报表的预览和打印。

三、常见错误及难点分析

1. 含有数据库的应用程序复制到其他地方,出现找不到文件的错误

可能是数据库文件没有复制下来,或程序中数据库的连接采用的是绝对路径。建议将程序文件和数据库文件放在同一个文件夹中,用 ADO 控件连接数据库时一定要采用相对路径,或用代码实现连接。

2. 不能绑定到字段

若数据绑定控件的 DataField 属性设置的字段在记录集中不存在,则运行时将产生"不能绑定到字段或数据成员"的错误,可检查数据表,重新指定字段。

3. 数据编辑时无法写入数据库

直接由数据控件连接的数据库,在数据编辑后,必须单击数据控件对象上的按钮移动记录,所做的修改才有效。另外,为使用户对数据库进行修改,必须将数据控件的 Readonly 属性设置为 False。

4. 绑定控件无法获取记录集中的数据

数据控件的连接设置必须先于数据绑定控件的 DataSource 和 DataField 属性的设置,否则数据绑定控件将无法获取记录集中的数据,通常会给出"未发现数据源名称并且未指定默认驱动程序"的提示信息。另外,应注意 OLE DB 类型的数据绑定控件的 DataSource 只能使用 ADO 数据控件。

5. 数据控件的 RecordSource 属性重新设置后记录集无变化

在数据控件的 RecordSource 属性重新设置后,必须用 Refresh 方法激活这些变化,否则数据控件连接的数据源还是原来的记录集。

6. 记录删除后被删记录还显示在屏幕上

在执行了 Delete 命令删除记录后,显示屏上显示的内容还是被删除的那一条记录,必须移动记录指针才能刷新显示屏。

7. 条件正确,使用 Find 方法找不到所要的记录

使用 Find 方法查找记录,必须指明查找的出发点,如果不指明,则从当前位置开始查找。另外,使用 Find 方法查找记录还与查找方向有关。

实验十三　VB综合测试

一、实验目的

（1）运用所学知识设计一些综合性的实用程序，进一步提高程序设计的能力。
（2）理解和掌握函数、过程和文件在程序设计中的重要作用。
（3）熟悉常用算法，理解算法设计的作用。

二、实验内容

（1）根据以下近似公式：

$$\cos(x) = 1 - \frac{x^2}{2!} + \frac{x^4}{4!} - \cdots + (-1)^n \frac{x^{2n}}{(2n)!} + \cdots$$

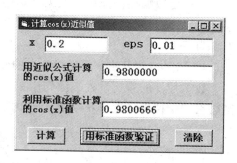

实图 13-1　程序运行界面

求 $\cos(x)$ 的值，计算精度为第 n 项的绝对值小于 eps，并用系统提供的标准函数验证结果。程序运行界面如实图 13-1 所示，输入 $x = 0.2$，分别求当 $eps = 10^{-2}$ 及 $eps = 10^{-6}$ 时的近似值，并比较。

（2）打开 Windows 中的"记事本"应用程序，建立含有以下数据的学生成绩顺序文件（score.txt），并保存到 D 盘根目录下。

90,97,89,91,67,74,88,56,77,100,73,94,93,75,92,74,84,72,68,79

编程实现以下功能：

① 读此文件内容，将数据放入一维数组 A 中，并显示在窗体的图片框中，每行显示 5 个数据，同时将学生总人数显示在指定文本框中。

② 统计优（90 分以上）、良（80～89 分）、中（70～79 分）、及格（60～69 分）、不及格（小于 60 分）各等级人数，并求全班平均分和最高分，将统计结果在窗体上的相应文本框中输出。程序界面如实图 13-2 所示。

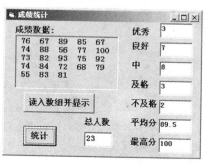

实图 13-2　程序运行界面

提示：

① 本程序有两个事件过程，都要用到存放学生成绩的数组及学生总人数，所以要在通用声明处声明它们，即：

Dim a() As Integer, n As Integer　　'定义为窗体模块级，且 a 为动态数组

② 将文件中的数据读出并放入数组中，主要代码如下：

```
Open "d:\score.txt" For Input As #1
Do While Not EOF(1)
    n = n + 1
    ReDim Preserve a(n)
```

```
    Input #1, a(n)
Loop
...
```

（3）用 Windows 中的"记事本"应用程序建立含有以下数据的顺序文件（cj.txt），并保存到 D 盘根目录下。

```
10801,79,79
10802,94,96
10803,78,74
10804, 100, 90
10805, 67, 91
10806, 66, 82
10807, 73, 89
10808, 94, 98
```

其中，第一列数据表示学号，第二列数据表示英语成绩，第三列数据表示数学成绩。

要求：

① 在程序中采用文件操作命令读取该文件中的数据作为数组中元素的值。

② 根据学号计算学生的总分，并按总分从高到低的顺序在窗体上显示学生成绩名次表（要求每个学生的信息包括名次、学号、英语成绩、数学成绩和总分等项）。

程序运行界面如实图 13-3 所示。

提示：本题的关键是如何将排序处理和名次处理统一起来。显然，名次问题并非就是排序问题，因为名次问题还必须考虑如何处理同名次者——成绩相同者必须列为同一名次，而同名次的处理则需要用名次计数器与相应的选择结构配合来解决。此外，应注意学号、英语成绩、数学成绩、总分是构成学生信息不可缺少的重要组成部分，必须把它们看成一个整体。因此，在比较两位学生的总分时，若需要交换两个学生的信息，必须同时整体交换。

实图 13-3　程序运行界面

主要代码如下：

```
Dim a(1 To 8, 1 To 5) As Integer
'读入数据
Open "d:\cj.txt" For Input As #1
For i = 1 To 8
    For j = 2 To 4
        Input #1, a(i, j)
    Next j
    a(i, 5) = a(i, 3) + a(i, 4)              '计算各人总分
Next i
'将学生信息（即数组各行元素）按总分排序
For i = 1 To 7
  For j = i + 1 To 8
    If a(i, 5) < a(j, 5) Then
      For k = 2 To 5
          t = a(i, k)
          a(i, k) = a(j, k)
          a(j, k) = t
```

```
        Next k
      End If
    Next j
  Next i
'求学生成绩名次
m = 1: a(1, 1) = m                              'm 是名次计数器
For k = 2 To 8
  If a(k, 5) <> a(k − 1, 5) Then m = m + 1
'若当前学生的总分与上一位学生不同,将名次计数器增1
    a(k, 1) = m
Next k
```

（4）编写一个生成 $n=1\sim20$ 的 Fib 函数表的程序,运行界面如实图 13-4 所示,其中列表框用于存放生成的函数表。已知:

$$\mathrm{Fib}(n)=\begin{cases}1 & n=1\\1 & n=2\\\mathrm{Fib}(n-1)+\mathrm{Fib}(n-2) & n>2\end{cases}$$

要求:

① 程序中应定义一个用于求 Fib 函数第 n 项值的递归函数过程。

② 单击"生成表"按钮,生成函数表(如实图 13-4 所示);单击"清除"按钮,清空列表框。

（5）设计一个文本加密程序,窗体界面如实图 13-5 所示,窗体上有两个标签、两个多行文本框、两个命令按钮、一个框架,框架内有一个单选钮控件数组(含有 3 个元素)。

实图 13-4　程序运行界面

实图 13-5　程序运行界面

要求:

① 用 Windows 中的"记事本"应用程序建立一个包含若干行字符串的文本文件 data. txt,并保存到 D 盘根目录下。

② 单击"读入"按钮,将 D 盘根目录下的文本文件 data. txt 的内容读出,并显示在 Text1 中。

③ 单击"加密"按钮,将 Text1 中的文本加密,并将加密后的文本显示在 Text2 中。加密规则是:非字母字符不加密,字母字符根据选中的单选钮上的标题显示的不同数字 $n(n=2$ 或 4 或 6)逐一把 Text1 文本中的字母改为它后面的第 n 个字母。

提示: 本题加密部分的程序代码可参考"知识篇"的第 4 章中的例 4-22。

（6）编写一个应用程序,完成数组元素的输入、添加、插入和删除等操作,程序运行界面如实图 13-6 所示。

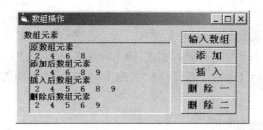

实图 13-6　程序运行界面

要求：首先对下列每个功能分别用一个用户自定义子过程（或函数）来实现。

① InputArr(a( ) As Integer，n As Integer) 过程——读入一个 n 个元素的数组。

② AddArr(a( ) As Integer，x As Integer) 过程——在数组的后面添加一个元素。

③ InsertArr(a( ) As Integer，k As Integer，x As Integer) 过程——在数组的第 k 个元素前插入一个元素 x。

④ DeleArr(a( ) As Integer，k As Integer) 过程——删除数组中的第 k 个元素。

⑤ Findx(a( ) As Integer，x As Integer) As Integer——检索用的函数，检索指定值 x 是否是数组中的元素，当检索成功时，函数返回值为找到的元素的下标，否则返回 0。

⑥ DispArr(a( ) As Integer) 过程——将任意一个一维数组输出到窗体的图片框中。

程序运行时，单击"输入数组"按钮，则首先用 InputBox 函数输入数组元素的个数，然后分别调用 InputArr 过程和 DispArr 过程完成数组元素的输入和输出。

单击"添加"按钮，则用 InputBox 函数输入要添加元素的值，然后分别调用 AddArr 过程和 DispArr 过程完成数组元素的添加和添加后数组元素的输出。

单击"插入"按钮，则用 InputBox 函数输入要插入元素的位置和要插入元素的值，然后分别调用 InsertArr 过程和 DispArr 过程完成数组元素的插入和插入后数组元素的输出。

单击"删除一"按钮，则用 InputBox 函数输入要删除元素的位置，然后分别调用 DeleArr 过程和 DispArr 过程完成数组元素的删除和删除后数组元素的输出。

单击"删除二"按钮，则用 InputBox 函数输入要删除元素的值，接着调用 Findx 函数判断该值是否在数组中。若 Findx 函数的返回值为非 0，则该值在数组中，可分别调用 DeleArr 过程和 DispArr 过程完成数组元素的删除和删除后数组元素的输出。

提示：

① 在窗体的"通用声明"处定义一个动态数组 $a( )$。

② 在自定义过程中应注意 ReDim 语句的使用，应随时调整数组的大小。

(7) 将本书中的每个实验汇总组合成一个工程，菜单运行界面如实图 13-7 所示。

实图 13-7　程序运行界面

要求：

① 当选择"实验一"菜单中的"实验 1-2"选项时，执行已编制的实验一中的第 2 个题目，其

他以此类推。

② 在前面所完成的实验题的窗体上添加一个"返回"按钮,如实图 13-8 所示。当执行完该实验题后,单击"返回"按钮,应返回如实图 13-7 所示的主界面。

③ 在"实验汇总"窗体上右击,可弹出如实图 13-9 所示的快捷菜单,并为其菜单项编写相应的事件过程。

实图 13-8　程序运行界面

实图 13-9　程序运行界面

提示：本实验题是一个多窗体程序设计题,在完成主界面的菜单设计后,将各个实验题通过"添加窗体"命令(选择"现存"选项卡)加载到"实验汇总"工程中即可,应注意若干个窗体的 Name 属性不能有相同的名称。

附　录　A

附录 I　ASCII 码表

十进制 ASCII 码	字　符	十进制 ASCII 码	字　符	十进制 ASCII 码	字　符	十进制 ASCII 码	字　符
000	NUL	032	空格	064	@	096	`
001	SOH	033	!	065	A	097	a
002	STX	034	"	066	B	098	b
003	ETX	035	#	067	C	099	c
004	EOT	036	$	068	D	100	d
005	ENQ	037	%	069	E	101	e
006	ACK	038	&	070	F	102	f
007	BEL	039	`	071	G	103	g
008	BS(退格)	040	(	072	H	104	h
009	SH	041	)	073	1	105	i
010	LF(换行)	042	*	074	J	106	j
011	VT	043	+	075	K	107	k
012	FF	044	,	076	L	108	l
013	CR(回车)	045	—(负号)	077	M	109	m
014	SO	046	·	078	N	110	n
015	SI	047	/	079	O	111	o
016	DLE	048	0	080	P	112	p
017	DC1	049	1	081	Q	113	q
018	DC2	050	2	082	R	114	r
019	DC3	051	3	083	S	115	s
020	DC4	052	4	084	T	116	t
021	NAK	053	5	085	U	117	u
022	SYN	054	6	086	V	118	v
023	ETB	055	7	087	W	119	w
024	CAN	056	8	088	X	120	x
025	EM	057	9	089	Y	121	y
026	SUB	058	:	090	Z	122	z
027	ESC	059	;	091	[	123	{
028	FS	060	<	092	\	124		
029	GS	061	=	093	]	125	}
030	RS	062	>	094	^	126	~
031	US	063	?	095	_(下划线)	127	

附录Ⅱ　常用控件简介

控　件	常用属性	常用方法	常用事件
文本框 (TextBox)	Name Text MaxLength MultiLine Alignment ScrollBar PasswordChar SelStart SelLength SelText	Refresh SetFocus	Change LostFocus GotFocus KeyPress
命令按钮 (CommandButton)	Name Caption Cancel Default	SetFocus	Click
标签 (Label)	Name Caption Alignment AutoSize WordWrap BorderStyle	Refresh	
单选钮 (OptionButton)	Caption Alignment Value	Refresh	Click
复选框 (CheckBox)	Caption Alignment Value	Refresh	Click
框架 (Frame)	Caption		
列表框 (ListBox)	ListCount ListIndex Text Sorted List	AddItem RemoveItem Clear	Click
组合框 (ComboBox)	ListCount ListIndex Text Sorted List Style	AddItem RemoveItem Clear	Style＝0 Or 2 　　Click Style＝1 　　DblClick Style＝0 Or 1 　　Change

续表

控 件	常 用 属 性	常 用 方 法	常 用 事 件
图片框 （PictureBox）	Picture AutoSize	Print Cls	Click
图像框 （Image）	Picture Stretch	Refresh	Click
水平滚动条 （HscrollBar） 垂直滚动条 （VscrollBar）	Min Max LargeChange SmallChange Value		Change Scroll
定时器 （Timer）	Enable Interval		Timer
驱动器列表框 （DriveListBox）	Name Drive		Change
目录列表框 （DirListBox）	Name Path		Change
文件列表框 （FileListBox）	Path Pattern FileName		Click
基本属性	Name、Caption、Font、Left、Top、Height、Width、Enabled、Visible、ForeColor、BackColor、BackStyle、BorderStyle、Alignment、TabIndex、AutoSize、WordWrap		

参 考 文 献

[1] 教育部高等学校计算机科学与技术教学指导委员会. 关于进一步加强高等学校计算机基础课程的意见暨计算机基础课程教学基本要求(试行). 北京：高等教育出版社,2006.
[2] 张艳. 新编 Visual Basic 程序设计教程. 北京：清华大学出版社,2010.
[3] 张艳. 新编 Visual Basic 程序设计教程. 徐州：中国矿业大学出版社,2009.
[4] 张艳. 新编 Visual Basic 程序设计教程. 徐州：中国矿业大学出版社,2007.
[5] 张艳. Visual Basic 程序设计. 徐州：中国矿业大学出版社,2005.
[6] 张艳. Visual Basic 程序设计教程. 徐州：中国矿业大学出版社,2001.
[7] 龚沛曾,杨志强,陆慰民. Visual Basic 程序设计教程.3 版. 北京：高等教育出版社,2007.
[8] 龚沛曾,杨志强,陆慰民. Visual Basic 程序设计实验指导与测试.3 版. 北京：高等教育出版社,2007.
[9] 牛又奇,孙建国. 新编 Visual Basic 程序设计教程. 苏州：苏州大学出版社,2009.
[10] 龚沛曾. Visual Basic 程序设计经典实验案例集. 北京：高等教育出版社,2012.
[11] 陈丽芳. 程序设计基础——Visual Basic 学习与实验指导. 北京：人民邮电出版社,2008.
[12] 邱李华,曹青,郭志强. Visual Basic 程序设计教程. 北京：机械工业出版社,2007.
[13] 龚沛曾,陆慰民,杨志强. Visual Basic 程序设计简明教程.2 版. 北京：高等教育出版社,2003.
[14] 孙一平,吴琼雷. Visual Basic 程序设计学习指导与试题解析. 南京：东南大学出版社,2004.
[15] 盛明兰. Visual Basic 程序设计学习指导教程. 北京：清华大学出版社,2008.
[16] 邵洁. Visual Basic 程序设计.3 版. 南京：东南大学出版社,2006.
[17] 刘炳文. Visual Basic 程序设计教程.3 版. 北京：清华大学出版社,2006.
[18] 刘瑞新,崔淼. Visual Basic 程序设计.. 北京：机械工业出版社,2003.
[19] 孙建国,海滨. 新编 Visual Basic 实验指导书. 苏州：苏州大学出版社,2008.
[20] 江苏省高等学校计算机等级考试中心. 二级考试试卷汇编——Visual Basic 语言分册.苏州:苏州大学出版社,2011.
[21] 龚沛曾,陆慰民,杨志强. Visual Basic.NET 程序设计教程. 北京：高等教育出版社,2005.
[22] 教育部考试中心. 全国计算机等级考试二级教程——Visual Basic 语言程序设计(修订版).北京：高等教育出版社,2006.